四川美术学院校企联合培养硕士研究生 2018（第五期）
PLD 刘波设计顾问有限公司深圳工作站
中国中建设计集团有限公司北京工作站

Sichuan Fine Arts Institute And Enterprise Joint Training Workstation Of Postgraduate Students 2018 (Phase 5)
Paul Liu Design Consultants Co., Ltd Shenzhen Workstation& China Construction Engineering Design Group Corporation Limited Beijing Workstation

开题会议过程照片

顾

四川美术学院艺术创客众创空间研究成果
深圳校企艺术硕士研究生联合培养基地
产教融合与设计创新

Retrospecting

The Research Achievements of SCFAI Art
Innovation Workshop

MFA Joint Training Base of Shenzhen
Enterprises and University

Integration of Education and Design Innovation

潘召南　主　编

赵宇　刘波　张宇锋　副主编

Pan Zhaonan
Zhao Yu , Liu Bo , Zhang Yufeng

四川美术学院　·PLD 刘波设计顾问有限公司
·中国中建设计集团有限公司
校企联合培养研究生工作站（环境设计学科）

Sichuan Fine Arts Institute & Paul Liu Design Consultants Co., Ltd &
China Construction Engineering Design Group Corporation Limited
The College And Enterprises Joint Postgraduates Training Workstation
(Environmental Design)

中国建筑工业出版社
CHINA ARCHITECTURE & BUILDING PRESS

四川美术学院艺术创客众创空间研究成果

The Research Achievements of SCFAI Art Innovation Workshop

四川美术学院 · PLD 刘波设计顾问有限公司 · 中国中建设计集团有限公司

校企联合培养研究生工作站（环境设计学科）

Sichuan Fine Arts Institute & Paul Liu Design Consultants Co., Ltd & China Construction Engineering Design Group Corporation Limited
The College And Enterprises Joint Postgraduates Training Workstation (Environmental Design)

项目管理：四川美术学院研究生处、四川美术学院设计学院

Project Managers: Postgraduates Office of Sichuan Fine Arts Institute
                  Design College of Sichuan Fine Arts Institute

---

学术委员会 Academic Council

（按姓氏拼音排序　In alphabetical order by pinyin of last name）

段胜峰 Duan Shengfeng	王天祥 Wang Tianxiang
郝大鹏 Hao Dapeng	肖　平 Xiao Ping
琚　宾 Ju Bin	余　毅 Yu Yi
龙国跃 Long Guoyue	周炯焱 Zhou Jiongyan
彭　军 Peng Jun	周维娜 Zhou Weina
庞茂琨 Pang Maokun	赵　宇 Zhao Yu
潘召南 Pan Zhaonan	张　月 Zhang Yue
孙晓勇 Sun Xiaoyong	张宇锋 Zhang Yufeng
苏永刚 Su Yonggang	

工作站负责人 Studio Directors

潘召南（校方站长）College Director：Pan Zhaonan
刘　波（企方站长）Enterprise Director：Liu Bo
张宇锋（企方站长）Enterprise Director：Zhang Yufeng

导师团队 Tutors

校方导师
（四川美术学院）潘召南　龙国跃　赵 宇　余 毅　马一兵
（清华大学美术学院）张 月
（西安美术学院）周维娜
（天津美术学院）彭 军
（四川大学艺术学院）周炯焱
College Tutors:
(Sichuan Fine Arts Institute) Pan Zhaonan，Long Guoyue，Zhao Yu，Yu Yi，Ma Yibing
(Academy of Arts&Design, Tsinghua University) Zhang Yue
(Xi'an Academy of Fine Arts) Zhou Weina
(Tian Jin Academy of Fine Arts) Peng Jun
(Arts College of Sichuan University) Zhou Jiongyan

工作室导师
刘 波　张宇锋　颜 政　杨邦胜　琚 宾　孙乐刚　严 肃　肖 平　程智鹏
张 青
Enterprise Tutors:
Liu Bo，Zhang Yufeng，Yan Zheng，Yang Bangsheng，Ju Bin，Sun Legang，Yan Su，Xiao Ping，Cheng Zhipeng，Zhang Qing

工作组 Administration Group

校方管理人员 – 钱星烨　郭 倩
企业管理人员 – 陈 园

College Group: Qian Xingye，Guo Qian
Enterprise Group: Chen Yuan

进站学生：
（四川美术学院）唐 瑭　张 毅　张美昕　闻翘楚
　罗 娟　陈秋璇　陈依婷　杨蕊荷　夏瑞晗
（清华大学美术学院）朱楚茵
（西安美术学院）戴阎呈
（天津美术学院）王常圣
（四川大学艺术学院）王 泽
(Sichuan Fine Arts Institute) Tang Tang，Zhang Yi，Zhang Meixin，Wen Qiaochu，Luo Juan，Chen Qiuxuan，Chen Yiting，Yang Ruihe，Xia Ruihan
(Academy of Arts&Design, Tsinghua University) Zhu Chuyin
(Xi'an Academy of Fine Arts) Dai Yancheng
(Tian Jin Academy of Fine Arts) Wang Changsheng
(Arts College of Sichuan University) Wang Ze

"四川美术学院校企联合培养硕士研究生工作站"项目简介

Introduction of Sichuan Fine Arts Institute and Enterprise Joint Training Postgraduate Workstation

---

校企联合培养研究生工作站（环境设计专业·深圳站、北京站）简介

Introduction of the College and Enterprises Joint Postgraduates Training Workstation (Environmental Design · Shenzhen、Beijing)

四川美术学院校企联合培养硕士研究生工作站（环境设计专业），简称"校企联合培养研究生工作站"，2019 年（第五期）由 PLD 刘波设计顾问有限公司主持深圳站的联合培养教学，并增加了由中国中建设计集团有限公司主持的北京站。校企联合培养研究生工作站本着"互惠共享、互利共赢、共同发展"的原则，于 2014 年 5 月在中国深圳市正式挂牌成立，是中国设计学科环境设计专业第一个跨区域、跨行业、跨校际的联合培养研究生平台。

The Joint Sichuan Fine Arts Institute & Shenzhen & Beijing School—Enterprise Training Workstation of Graduate Students(Environmental Design subject), is also abbreviated to "The College and Enterprises Joint Postgraduates Training Workstation". In 2019 (Phase 5), PAUL LIU DESIGN CONSULTANTS CO., LTD presided over the joint training and teaching of Shenzhen workstation, and added the Beijing workstation presided over by CHINA CONSTRUCTION ENGINEERING DESIGN GROUP CORPORATION LIMITED. Based on the principle of "reciprocal sharing, mutual winning, common developing", the workstation was formally founded in China, Shenzhen in May 2014, which is the first domestic cross—regional, cross—discipline and intercollegiate joint training platform of graduates in the major of Environmental Design.

宗旨 Aim

校企联合培养研究生工作站充分发挥四川美术学等5所参与院校设计学科优势和深圳、北京设计机构的行业优势，双方共建发展平台，共享信息资源、人力资源、科技资源，创新学校人才培养模式，提升企业综合发展实力，实现"跨区域、跨行业、跨校际"的远程培养新模式，以"育人、用人、塑人"的培养路径，搭建创新与共享一体化的培养平台。

The College and Enterprises Joint Postgraduates Training Workstation give full play to the advantages of the design disciplines of five participating colleges and universities including Sichuan Fine Arts Institute, and the industry advantages of Shenzhen and Beijing design institutions. We have achieved development collaboration in sharing enormous resources of information, manpower and scientific—technologies. To improve corporate comprehensive development strength, we have realized cross—regional, cross—discipline and intercollegiate new patterns of talent cultivation. Through the cultivation—employment—characterization mode for talents, an innovation—sharing integrated training platform is established.

运作方式 Operating Mode for Environmental Design Postgraduates

整合高校学科资源和企业社会资源，建立高校与企业合作的平台，通过设计企业的优秀设计师带项目课题进站，成为驻站导师；在校研究生通过遴选进站的方式，成为进站学员。驻站导师在企业里指导研究生参与实际项目或者进行课题研究，将最前沿、最实用的经验传授给学生；进站研究生进入到企业实际的工作环境中，实现在校生与企业员工身份的磨合与过渡，通过这种身份的转换实现真正意义的产、学、研结合的目标，并获得在校园里无法学习到的知识与能力。

By integrating college academic resources with enterprise social resources and by building the platform of cooperation between colleges and enterprises, excellent designers will bring in projects to become residency tutors, while postgraduates in school will become residency students after selection. Residency tutors teach students cutting-edge and most practical experiences by mentoring them in doing actual projects or researches in companies; residency postgraduates fully achieve the goal of combining manufacturing, learning and researching and gain knowledge as well as capabilities that are not taught in school during the transition from a student to an employee in a real working environment.

每期进站研究生培养时间为一学期，每年 9 月 1 日至寒假前，每期于下学期的 6 月在工作站所在地或主办学校所在地（重庆）举行工作站学习成果汇报展览和结题活动。

Each season, the practice in workstation will last one semester, from September 1 to start of winter vacation. In June of the next semester, the workstation learning achievement report exhibition and closing activities will be held at the workstation location or the host school location (Chongqing).

建站意义 The Significance of Postgraduates Training Workstation

作为环境艺术设计专业国内第一个校企联合培养研究生工作站，针对目前高校设计学科研究生培养与社会企业需求脱节的问题，为高校培养高层次人才创建全新的平台和专业环境，并为建站及进站企业所需高层次、核心竞争人才及核心队伍建设提供坚实和可持续的支持与保障。

As the first college and enterprises joint postgraduates training workstation of environmental design in China, the workstation gives attention to the gap between design postgraduate education in college and the demand of enterprises in society and then provides a new platform with professional environment for colleges to cultivate advanced talents so as to provide firm and sustainable supply of advanced talents and teams with core competitive capacities to meet the demand of residency enterprises.

校企联合培养研究生工作站将通过建立校企、校校多边联盟的方式，促进企业与高校的广泛合作与交流，创新设计教育高端人才培养模式，推动设计教育与设计行业接轨，传承中国设计精神，激发青年学子设计强国的梦想与热情。

Through the establishment of school enterprises and the multilateral alliance, the College and Enterprises Joint Postgraduates Training Workstation will promote cooperation and communication between enterprises and colleges, create a new mode for high-end design talents training to promote the integration between design education and design industry, inherit the Chinese design spirit and stimulate young students' dream and passion to make China a strong country of design.

校企联合培养研究生工作站（环境设计学科·深圳站）站长简介

潘召南
Pan Zhaonan

毕业院校：四川美术学院

工作单位：四川美术学院

职务：四川美术学院创作科研处处长

专业职称：教授、硕士生导师、资深室内设计师、国际 A 级景观设计师

代表性作品与获奖经历

■ 2010 年 10 月，作品"丽江古城民居风貌旅游度假酒店（五星级）建筑、环境、室内设计"获首届中国国际空间环境艺术设计大赛"筑巢奖"铜奖。

■ 2012 年 10 月，设计作品"重庆中国当代书法艺术生态园规划设计"获中国美术家协会环境艺术委员会主办第五届"为中国而设计"最佳创意奖。

■ 2014 年 1 月，参与主研科技部"十二五重大国家科技支撑项目——中国传统村落民居营建工艺保护、传承与利用技术集成"。

■ 2014 年 5 月，完成重庆科技学院艺术馆建筑方案设计。

■ 2014 年 11 月，合作作品"四川美术学院校园环境设计"获第十一届全国美展铜奖。

■ 2016 年 6 月，主持重庆市教委研究生教改重大项目"艺术设计学科产教合作创新性人才培养模式实践"。

■ 2016 年 12 月，主持重庆市艺科联重点项目——"西部美丽乡村建设中的地方性立场与民族性视域"16ZD033。

■ 2016 年 12 月，主持重庆市社科联重点项目——"西部乡建的设计伦理重构研究"2016WT31。

著作与教材

《生态水景观设计》，西南大学出版社；《室内设计师培训考试教材》，中国建筑工业出版社；《景观设计师培训考试教材》，中国建筑工业出版社；《寻、行、拓、聚——环境设计学科研究生校企联合培养的探索与实践》。

个人荣誉

■ 2004 年 8 月，被中国建筑装饰协会评为首届全国杰出中青年室内建筑师。

■ 2005 年 4 月，被感动中国建筑设计高峰论坛评为"中国最具影响力的设计师"。

■ 2006 年 3 月，被中国建筑装饰协会评为"全国资深室内建筑师"。

■ 2006 年 9 月，劳动部与国际商业美术设计协会授予"A 级景观设计师"。

■ 2007 年 12 月，光华龙腾奖"中国设计业十大杰出青年"全国评委。

■ 2011 年 1 月，任重庆市设计委员会主任委员。

■ 2012 年，中国建筑装饰协会学术委员。

■ 2015 年 3 月，获"2014 中国设计年度人物"荣誉。

■ 2015 年 11 月，光华龙腾奖"中国设计业十大杰出青年"全国评委，国科奖。

■ 2015 年 12 月，被聘为吉林艺术学院兼职教授。

■ 2016 年 4 月，被聘为教育部人文社科项目评审专家。

■ 2017 年 2 月，被聘为国家社科基金艺术学项目评审专家。

设计主张

设计的社会角色

设计师都有自己的理想，但我们要清醒地认识到设计在社会工作中的任务和角色。设计不能给人们创造幸福和快乐，设计只能通过设计师理解的方式创造让人们找寻快乐的条件，只有通过自己在体验环境条件的同时才能感受到是否快乐。这要求设计师在设计时必须拟己化，打动自己、体验到快乐，才能打动他人，让他人感到快乐。这是设计的伦理，也是设计的方法。

关于创新

设计最可贵的是创新，但不是凭空想象，不是所有的新事物都是有价值的，我们之所以感到责任之重、工作之艰苦，是因为限制太多、条件相同、要求相似、方式相近，而教条一样。因此，我们要通过自己的认识、体验、理解、判断，去寻求突破、创新。这是最艰辛，也是最有价值的劳动。

校企联合培养研究生工作站（环境设计学科·深圳站）站长简介

刘 波

Paul Liu

PLD 刘波室内设计（深圳/香港）有限公司创始人

社会职务

深圳市空间设计协会会长

住房和城乡建设部建筑装饰协会专家

亚太酒店协会专家委员会专家

深圳市政府建筑装饰行业专家评审委员会专家

2018 粤港澳大湾区十佳酒店会所设计师

2018 粤港澳大湾区设计行业代表人物

《中国室内》编委

个人简介

　　Paul 作为一个拥有近 30 年酒店室内设计经验的设计师，乐于在设计专业领域里探索求新。擅长处理复杂内部空间，设计风格稳健而富于变化，在色彩和造型处理上更是得天独厚，颇有心得。在与多个国际品牌酒店管理公司及酒店开发商合作过程中，积累了众多成功合作的经验，深谙五星级酒店功能和形式的和谐统一之道，并成功将国际酒店管理理念和价值观与每个项目的当地特色完美结合。

　　Paul 确信有一种美可以在东方与西方、古代与现代、时尚和经典之间通行自由，并且以此为团队和个人的追求目标。由于深知在专业的道路上，永无止境可言，在创造出能感动人心的作品的过程中，得以深知，自由是源于自律，空间是来源于凝聚，而创造出能经历时间考验，无拘于东方和西方形式的经典，必然是来自于人们内心深处的虔诚。

部分项目荣誉及个人成就

■ PLD 荣获 2019 第十四届金外滩奖佳酒店空间设计。

■ 2018 新加坡 SIDA 国际室内酒店类别金奖。

■ PLD 荣获美国 IDA 国际设计奖。

■ PLD 荣膺 2018 金堂奖。

■ PLD 荣获英国伦敦设计大奖。

■ PLD 荣获法国双面神"GPDP AWARD"国际设计大奖。

■ PLD 荣获世界设计冠军联赛卓越奖。

■ PLD 荣获美国 Hospitality Design Awards 酒店设计优秀奖。

■ 刘波先生荣获 2018 华人设计杰出人物。

■ 刘波先生荣获 2017 金殿奖年度杰出设计师奖。

■ 刘波先生荣获中国室内装饰协会"中国室内设计卓越成就奖"。

■ 大中华区最具影响力设计机构。

■ 深圳室内设计行业杰出贡献奖。

■ 1989–2009 中国室内设计二十年杰出设计师。

校企联合培养研究生工作站（环境设计学科·北京站）站长简介

张宇锋

Zhang Yufeng

中国中建设计集团有限公司党委委员、总经济师
中建城镇规划发展有限公司董事长

社会职务

中国建筑学会工程总承包专业委员会秘书长

四川美术学院硕士研究生导师

中央企业青年联合会副秘书长

中央企业青年志愿者协会副主席兼秘书长

中国建筑青年联合会执行秘书长

中国青年企业家协会理事

北京市人力资源和社会保障局评标专家

个人简介

张宇锋先生为国家发改委 PPP 专家库、财政部 PPP 专家库专，曾参与中国平安全国后援中心项目获中国建筑工程鲁班奖、全国建筑装饰奖、上海市建设工程"白玉兰"奖；参与上海环球金融中心项目获全国建筑装饰工程奖；参与北京香格里拉饭店项目获第 15 届亚太地区室内设计大奖金奖；参与大连国际机场航站楼工程获北京市建筑装饰优良工程；参与中国华能大厦装饰工程获 2010 年美国 LEED 绿色建筑金奖；参与中国国际贸易中心三期工程获中国建筑工程鲁班奖；参与徐州北三环高架环线工程获中国建筑工程鲁班奖等。

项目荣誉及个人成就

■ 2001 年大连极地海洋动物馆项目获辽宁省优质工程奖。

■ 2001 年双威视讯网络有限公司办楼工程获北京市优质奖。

■ 2007 年中国平安全后援心工程获建筑鲁班奖、获全国建筑工程装饰奖、获上海市建设工程"白玉兰"奖、获上海市优秀建设工程优秀建设工程"金石奖"。

■ 2007 年北京香格里拉饭店餐厅工程获第十五届亚太区室内设计金奖。

■ 2010 年大连周水子国际机场新航站楼工程获全建筑装饰奖。

■ 2010 年北京华能大厦办公楼获 美国 LEEDLEEDLEEDLEED 绿色建筑金奖、获中国际空 获中国际空 间环境艺术设计大赛办公工程类"筑巢奖"金

■ 2010年取得"多层木积材造型艺术墙"实用新专利(号: 201020269231.X)。

■ 2011 年中国际贸易心三期工程获建筑鲁班奖。

■ 2010 年主持《 高档酒店建筑装饰成套施工技术集研究 》。

■ 2011 年参与国家 "十二五"科技支撑计划项目、装配式建筑原型科技支撑计划项目：装配式建筑原型设计、备及全装修集成技术研究与示范。

■ 2012 年在中国建筑装饰设计界成绩显著获中国照明设计应用大赛金奖。

■ 2017 年徐州北三环高架线工程获中国建 筑工程鲁班奖 。

■ 2004 年获中国杰出青年室内建筑师。

■ 2006 年全国建筑工程装饰奖获项目经理 。

■ 2006 年获北京市建筑装饰行业科技进步个人。

■ 2006 年《环境与人的关系》获"中华制漆杯"科技论文二等奖。

■ 2006 年获全国建筑装饰优秀项目经理称号。

■ 2007 年获全国建筑装饰优秀项目经理称号。

■ 2008 年获全国建筑装饰优秀项目经理称号。

■ 2008 年在中国建筑装饰设计界成绩显著获全国有成就的资深室内建筑师。

■ 2009 年获全国建筑装饰优秀项目经理称号。

■ 2010 年获全国建筑装饰优秀项目经理称号。

■ 2011 年在中国建筑装饰设计界成绩显著获。

校企联合培养研究生工作站·企业导师

颜 政

Yan Zheng

YZED– 梓人环境设计有限公司 设计总监

Le CNAM（法国国立工艺学院）设计管理

设计主张

　　颜政是一位有着良好服务意识的设计师，能赢得众多建设方及业主的信任，多从建设方的角度出发，具有把作品个性与业主需要结合的较为出色的综合能力。这些都离不开她突出的创新意识与艺术修养，并且擅长于项目的综合统筹。

　　设计主持过的项目范围广泛，注重完整空间中的细节探索，强调作品个性与精致的深度表达。

　　除在环境设计方面，大学时代学习服装设计，涉猎多项设计领域的兴趣和经历奠定了她综合全面的素养，这也使得她的作品从对气氛、灯光、材质、工艺及至家私布艺、配置品领域都有较纯熟的把握，常能赋予作品鲜明独到的设计语言。

　　她的作品多次获得国内与国际室内设计大奖，她所获得的国际奖项主要有德国 "INTERIOR ARCHITECTURE INTERIOR DESIGN"（简称 IF）设计大奖、英国 SBID "Finalist of New Build & Development Category" 及 "Best Residential Project under 1 Million" 国际设计大奖、英国 London Design Awards 两项国际设计大奖、意大利 A' Design Award 三项国际设计大奖和美国 IDA Honorable Mention 荣誉奖。2018 年，她的作品再次蝉联意大利 A' Design Award 金奖及银奖两项国际设计大奖。

杨邦胜

Yang Bangsheng

YANG 设计集团创始人、总裁、首席设计师

APHDA 亚太酒店设计协会副会长

中国室内装饰协会（CIDA）副会长

中国建筑学会室内设计分会（CIID）副理事长

中国陈设艺术专业委员会（ADCC）副主任

中国装饰设计业十大杰出青年评审委员会执行主席

设计主张

1. 设计是解决问题，机电、灯光、景观、建筑、室内设计、酒店服务必须相互配合和谐统一，才会让人感到舒适。

2. 设计的价值不是简单的风格和创新，而是根植其中的文化属性。

3. 设计从来不是无中生有。对于传统文化，取其精髓，创新求变。唯有思变，方能传承。

4. 文化特性是酒店设计的核心，但文化的传达不应只是触碰事物表面。

5. 风格是多变的，唯有文化恒存。

6. 中国酒店设计方向应是站在民族、地方特色的本位，审视世界酒店的流行风向，这也是室内设计师的立足之本。

7. 做吝啬的设计。在地球资源有限的今天，设计师应力求通过简单、极致的设计，通过创意去改变空间的美感，创造项目的价值。

8. 保持内心的本真纯粹，才能做出无谓的作品。

设计主张

"无创新，不设计"

致力于研究中国文化在建筑空间里的运用和创新，以个性化、独特的视觉语言来表达设计理念，以全新的视觉传达来解读中国文化元素。

在作品中，将"当代性"、"文化性"、"艺术性"共溶、共生，以此作为设计语言用于空间表达。从传统与当下的共通、碰撞处，找寻设计的灵感；在艺术与生活的交错、和谐处，追求设计的本质。在历史的记忆碎片与当下思想的结合中，寻找设计文化的精神诉求。

琚 宾
Ju Bin
设计师、创基金理事、水平线设计品牌创始人兼
首席创意总监

设计主张

设计首先是实用美术的范畴，是要为人服务的，开展一项设计，再好的理念也应满足这项基本要求，设计师应站在生活的前沿，适度、适时地把新的生活方式和新的体验融入设计中，带给使用者全新感受。好的作品如一缕清风，吹及内心，好的设计也应体现投资方的价值需求，是艺术表达和使用要求的合体。

孙乐刚
Sun Legang
毕业院校：法国 CNAM 学院
工作单位：广田装饰集团股份有限公司
职务：董事、副院长、一分院院长（兼）
专业职称：高级室内设计建筑师

肖 平
Xiao Ping
毕业学院：四川美术学院
广田集团设计院联合创办院长
中国建筑装饰协会设计委员会执委会委员、四川
美术学院设计学（环境设计）专业硕士研究生导
师、中国建筑装饰协会专家库专家

设计主张

　　讲一个故事，先打动自己，再去感动别人；做一个产品，自己先试用，再推向市场。设计无优劣之分，只有不足之处，好用、好看，匠心精湛，别无他求。

严 肃
Yan Su
高级室内建筑师、高级景观设计师，清华大学高
级建筑室内设计高研班，瑞士伯尔尼建筑科技大
学硕士、北京林业大学景观设计研究生毕业。现
任深圳市广田建筑装饰设计研究院副院长、罗湖
区旧改项目设计师、中国饭店协会设计与工程委
员会常务理事、中国饭店协会国家级评审会

设计主张

　　严肃从事设计行业二十多年，擅长建筑空间、园林景观，灯光、照明等设计领域，他主持设计的"百事达白金乐酒店"、"甘肃省陇能商务大酒店"、"百色右江景观带"、"宁波华诚花园样板房"、"成都世季映像小区售楼处景观项目"等项目包揽了全国建筑工程优质工程管理与设计奖、国际环艺创新设计大赛酒店设计工程的一等奖、国际环艺创新设计大赛景观设计类一等奖、中国国际空间空间环境艺术设计大赛"筑雀奖"、国际环境艺术创新设计"华鼎奖"景观类一等奖等知名设计奖项。他还被评为中国设计年度人物提名、中国国际世纪艺术博览会年度资深设计师、中外酒店白金奖中国十大室内设计师等。

　　在丰富的项目实践基础上，严肃深入研究、总结、撰写并公布发表了《环境心理学理论浅析对设计创作的影响》、《中外室内装饰设计风格比较》、《灯光在酒店空间的运用》、《可持续性的景观设计》等多篇学术论文，在业界享有极高的声誉。

　　严肃以"注重人性化，平和中彰显个性"的独特设计风格，致力于可持续设计，在设计思考中平衡经济、环境、文化、道德因素。赋予建筑、景观可持久的生命力，让城市的发展保持活力。

程智鹏

Cheng Zhipeng

毕业学院：北京林业大学

深圳文科园林股份有限公司副总裁兼文科规划
设计研究院院长、中国勘察设计协会理事、深
圳市城市规划学会理事广东园林学会常务理事、
武汉大学海绵诚实研究中心专家

设计主张

　　在风景园林行业多年的探索与实践中，深感风景园林行业应该高瞻远瞩，生态文明建设
的大背景下，发挥全面的主导作用。风景园林应当承担起多专业协作的组织者和践行者的角色，
以更宏观的视野广泛吸纳并融合产业链上下游专业及平行专业的方法与工作，以地脉、文脉
风景和绿色基础设施引导新一轮的城市化建设，这也赋予了新时代下的风景园林新的使命：
1. 倡导生态评估及风景评价，发挥风景园林在生态文明建设中的先导作用。
2. 深化"海绵城市"及"城市双修"实践，发挥风景园林在构筑绿色基础设施中的载体作用。
3. 参与"田园综合体"建设，发挥风景园林在创造美好人居环境、提供优质生态产品中的保障作用。
4. 着手"生态都市主义"探索，发挥风景园林在多学科协作中的融合作用。

　　风景园林应当从全球生态系统出发，在构建人类命运共同体的基础上，践行"探索生态
命运共同体"的构想，统筹人居环境各行各业，树立包容、协同、可持续的生态观，共同、综合、
合作、可持续的新安全观，主动担负起传承传统园林文化、引领科学创新的使命，为构建生
态命运共同体贡献力量。

张　青

Zhang Qing

毕业院校：海南热带农业大学（现海大）

深圳市筑奥景观建筑设计有限公司创
始人

设计主张

　　不断发现美，就是创造的过程。—— 让生命有温度！

　　绘画不只是画画，可能就是一种思维方式，也可能是一种解开问题的渠道，也可能是自我认知
的一种方式。美是没有目的和功利的，美是一种无目的的快乐。美是看不见的竞争力，关键就是如
何保持高度的创造力！蒙娜丽莎的微笑，看到与否？生命都存在遗憾！如果经由很大的信仰和渴望，
他会很美。如果不是智慧的方法，就会让人痛苦。

　　当需求满足于感官的时候，会对身边的美失去审视和欣赏。这是一种扭曲，反自然的，其实感
官世界一败涂地，包括了整个社会的感官世界的泛滥，人对人的不尊重和不信任，不能沉静下来领
悟，更不会关照自己。找回自己的状态，安静下来，会听到很多声音，这是一种空的状态。美需要
进入每个个体，各有各的领悟。领悟、领悟不到不是很重要。什么时候懂，什么时候领悟都是在发
现美的过程。艺术有理论的部分和实践，但终究还是回到对美的欣赏与感受。王国维说阅读有三个
境界：1. 昨夜西风凋碧树，独上高楼，望尽天涯路。2. 衣带渐宽终不悔，为伊消得人憔悴。3. 众里
寻他千百度，蓦然回首，那人却在灯火阑珊处。美需要积累和发现，大量的库存和积累，不经意间
就会出现。美让生命对待压力、痛苦等，会以此释放情绪。我们现实中是不可能纯粹的，会有很多
牵挂。美是现实生活的补充。春日在天涯，天涯日又斜。莺啼如有泪，为湿最高花。美不可旁观，
一定要摄入，在其中，才会被感动。

校企联合培养研究生工作站 · 校内导师

张 月
Zhang Yue

毕业院校：中央工艺美术学院
清华大学环境艺术设计系教授、中国室内装饰
协会设计委员会副主任 、中国建筑装饰协会设
计委员会副主任 、北京人民大会堂室内设计
专家评委、2015 年米兰世博会中国馆展陈设计
项目负责、米兰理工大学客座教授

设计主张

设计的好坏应该考虑到它影响了多少人，很多所谓高大上的设计作品，虽然观念前卫，技术先进，但功能有限，影响范围有限，并不能成为社会生活的日常参与者，也就不可能成为改变生活的力量。设计应该保持生活的本色而不是装腔作势，"过度设计"不可取。空间环境是用来生活的，不是艺术品，也不是设计师的玩物。设计师是发现问题，寻找对策并解决问题，而不是不管三七二十一地做个作品。很多的设计者走入了误区，他们太想通过设计展现什么，太关注设计本身的专业问题，反而忽略了设计本来的目的——人的需求。设计师应该更多关注的是"人"而不是"设计"。把设计降低到服务于人的需求的主题之下，而不是设计一家独大。我们总在设计的语境里讨论问题会比较关注设计自身。但如果从生活的语境来说，人们更关注设计解决了什么生活的需求。

彭 军
Peng Jun

毕业院校：天津美术学院
天津美术学院环境与建筑艺术学院教授、天津
市级高校教学名师、匈牙利佩奇大学客座教授、
中国建筑装饰协会设计委员会副主任、中国室
内装饰协会设计委员会副秘书长、中国美术家
协会会员

设计主张

创新是设计最本质的要求。

设计是创造美好生活、提高生活质量的重要环节。设计的创新不仅仅是简单的装饰美化、设计符号的堆叠，而是一种创造。没有创新的设计是无源之水，无本之木，设计创新要有与时俱进的理论支撑、设计实践的相互促进，才能使设计的创新达到更高的水平。创新性设计是一个设计师所要努力追求的能力高度。设计不是复制，而是要形成自己独特的设计语言与风格，而如何形成自己独有的设计语言，又和设计师本人的专业素养和文化修养息息相关，因此要不断地丰富生活经验，积累历史知识和专业能力储备。

周维娜

Zhou Weina

毕业院校：西安美术学院

西安美术学院建筑环艺系主任／教授、陕西省美术
家协会设计艺术委员会委员／副秘书长、中国工艺
美术学会展示艺术委员会常务副理事长、陕西省教
学名师、西安市第十六届人大代表、中国室内装饰
协会设计艺术委员会委员

设计主张

设计是有生命的。

设计本身是一个具有生命体征的系统性工程，设计的对象是有生命的，也是有
生命周期的。所以，从设计的认知角度来说，首先要对产品有一个生命体征、生命
周期和所处环境多样性的系统性认知，每一件产品都是一个独立的生命体，同时它
与周边环境具有必然的和谐共生关系。当今设计的基本目的已不再是追求外表的形
式设计，而是建立人与自然和谐的共生关系，在满足人类健康生活方式基础上，倡
导遵循客观规律和生态循环、探索生命持续发展与共生的一种生态设计。

周炯焱

Zhou Jiongyan

毕业院校：四川美术学院、俄罗斯国立师范大学博士

四川大学艺术学院艺术设计系主任／副教授、四川大
学艺术研究院副院长、中国建筑装饰协会特聘专家、
中国建筑协会室内设计分会理事、四川专委会副主任、
四川省高校环境艺术研究会副会长

设计主张

做一个设计更多应该思考的是设计本身的问题，每个空间因为地理位置、环境、
内部使用功能的不同，是独特而不可复制的，我们不能用现有的流行趋势去追随，
设计的自洽也因此而产生。摒弃所谓的"风格"、"观念"与"样式"，做出最符
合项目本身条件的设计，是设计最大的乐趣所在。就像医生看病，不是只用名贵药材，
而是对症下药，药到病除就是价值的体现。

而在信息充斥的时代下，如何利用信息，挖掘背后的文化内涵与艺术价值，为
用户创造符合他们个性的、最适宜的产品，并在此基础上引导正确的、朴素的、生
态的价值观和审美观，是设计师的社会责任。

龙国跃
Long Guoyue
四川美术学院环境艺术设计系教授、高级室内建筑师
中国美术家协会会员、中国建筑装饰协会设计委委员、
中国室内装饰协会设计委委员、重庆市规划委员会专家

设计主张

　　当下艺术设计教学呈现多元化的趋势，很难形成一种标准的尺度，对学生专业能力的培养一直是我们美术学院最为关注的，我认为艺术设计教学培养学生的审美创造力是非常重要的，也就是培养学生在艺术设计审美中能动创造的能力，艺术设计中的审美创造力是我们美术学院学生专业和非专业的一种基本能力，在一定程度上反映出学生创造新认知、新思维、新观念、新手法的能力和创造新审美意象的能力。

　　艺术设计的审美创造力决定其原创性创造力，再创性、整合性创造力等不同形态和层次，艺术设计教学培养学生的审美创造力有助于提高学生自身的审美感受力、判断力、概括力、想象力、审美意象创造力等形象思维能力以及意境创造力、艺术表现力、审美评价能力等综合艺术设计能力。

赵 宇
Zhao Yu
毕业院校：四川美术学院
四川美术学院设计艺术学院环境设计系主任、
四川美术学院教授、中国建筑装饰协会设计委
员会委员、重庆市建设工程勘察设计专家咨询
委员会园林景观和装饰装修专业委员会委员

设计主张

　　艺术源于生活而高于生活，艺术≠生活，设计亦如此。

　　设计为人的需要服务，比艺术更接近生活，更贴近个人。所以，设计容易被误认为是单纯满足用户需要的服务。当人的需要具体到个人的要求时，这种需要往往会变得无聊甚至可怕。无聊尚可忍受，然而，一旦可怕的个人选择能够左右设计的时候，设计的命运，设计之下的社会的、人类的命运，将是充满危机的冒险。因此，设计需要底线——为人服务的底线、可持续生存的底线、亲和友好的底线。

　　设计应该为生活树立表率！

设计主张

　　设计从来不是无中生有，它来源于生活，又回归生活。设计创造美好，空间设计是集理性与感性、艺术与科学为一体。根据设计项目需求从多角度考量，以人为本，具有同理心，洞悉使用者的感受，传递感动；设计需要创新，在设计时结合本土文化，力求寻找独特的、具有感染力的设计语言，塑造新的设计形态；设计追求精益求精，注重空间设计的整体把握和细节的推敲；设计教学需要技巧，不仅要注意"授之以鱼"，更要"授之以渔"，强调设计教学与社会接轨，使理论学习与社会实践紧密结合。

余 毅
Yu Yi
毕业院校：四川美术学院
四川美术学院教授、中国高等教育学会实验室管理
工作分会理事、全国高校景观设计毕业作品展学术
委员、中国建筑装饰协会设计委员会委员、中国建
筑学会室内设计协会会员

设计主张

　　空间设计，遵循自然生命原理，顺从自然社会伦理，基于对现实的尊重，充满关怀，解决问题，艺术介入，促进循环，生态环境，营造美好生活。

马一兵
Ma Yibing
四川美术学院副教授，环境设计专业硕士研究生导师

序 | **Preface**

温故 知新

●

黄 政
Huang Zheng

　　首先，应该祝贺四川美术学院·深圳校企联合培养研究生工作站成立 5 周年。回想 2014 年创办之初，我亲临并见证了深圳校企联合研究生工作站的创建，对它寄予厚望。同时也夹杂一丝顾虑，担心这个有益的探索仅仅凭借热情而不可持续，因此，常常关注这个产教融合平台成长的情况。这些年看着它由弱变强，一步步成长为开放、稳定的设计学科研究生培养平台，并被行业、企业称赞、兄弟院校认同，其结果很好地证明了它本身具备的价值和意义。5 年 5 期值得回顾和总结。从培养一个学校的研究生到 6 所知名大学共享，从一个企业承办到 9 个企业轮值，从 5 个导师到 10 个工作站导师，共培养 46 名研究生。这几个数字本身不代表轰轰烈烈，却吸引了众多的注意力，6 所知名大学的数十位师生走出习以为常的校园、课堂，与相向而行的十位素昧平生的设计精英共聚深圳，历时数年，共同探索中国设计人才培养的路径。其次，祝贺四川美术学院·北京中建产教融合研究生培养基地在今年再次启动。该基地从 2012 年建立以来为我校环境设计学科培养了多名研究生，由于某些种原因暂停数年，恰逢深圳工作站 5 周年之际再次启动，可喜可贺。由此形成四川美术学院设计学科依托中国南北两地经济文化最发达、设计行业最前沿的地区开展校企联合研究生培养，构建了无法复制的高端平台。无疑为参与院校设计学科的发展、促进中国设计学科研究生教育改革、设计行业、企业的人才队伍建设、研究生们的择业就业，贡献了丰富而有价值的探索经验。

2018 年底，我陪同教委学位办陈主任参加工作站第 5 期联合培养中期检查，目睹 11 名来自四川美术学院、清华大学美术学院、天津美术学院、西安美术学院、四川大学等 5 所大学的研究生，在企业导师、行业领导和导师企业的培养、磨炼下，成长为一群有活力、有目标、有思想的学子。听取他们当时的学习汇报深有感触，他们与我们熟悉的在校学生有很大的不同，在状态上、在设计思考的方向上、在对专业的理解上，已经产生了明显的差异。而这种差异正是我们所希望看到的，更是积极的。为此，我们要感谢深圳、北京两地的设计师导师们，你们是当今中国市场上最忙碌的人，面临企业发展巨大的压力，仍然抽出时间、精力、资金，培养、支持来自各个学校的、与你们素昧平生的研究生们，这种情怀和大爱是对学生们最好的教育。同时，我们感谢重庆市教委领导的关系与支持，没有上级主管部门给予的项目支持与鼓励，四川美术学院的校企联合培养研究生平台不可能如此顺利的发展，并具备广发的影响力。最后感谢参与院校所有的导师们，没有大家积极全力的投入与付出，工作站与基地的培养效果不可能一年比一年更有成效。

从校企联合培养研究生工作站所集成果上明显反映的出 5 年艰苦的探索历程，《寻》、《行》、《拓》、《聚》4 本书，100 余万字，数十篇论文，凝结了多少导师们的心血、同学们的努力和学校的期望。这些来自于校园外的学习成果，是对我们现行研究生培养模式的反思与印证，在鲜活的实际项目和企业激流勇进的竞争状态中，中国设计学科的人才培养是否应该因势利导的进行改变。目前，在全国高校以"双一流"建设为目标，带动学科教育内涵式发展，不断要求提升教育服务经济社会发展的能力。重庆市市委书记陈敏尔为此专门强调高校教育的职责，做到学科建设贴近重庆发展任务、学术研究贴近重庆发展要求、学生培养方向贴近重庆发展需求。为此，四川美术学院在深圳、北京两地所建校企联合培养研究生工作站，尤其显现出特殊的价值和意义，因为学生最终的去处是走向社会面对市场。

在回顾 5 年历程之际，我们期望"四川美术学院校企联合培养硕士研究生工作站"面向未来，积极探索、不断创新，为中国设计人才的培养贡献智慧和方法。

"路虽远行则必至，事虽难做则必成"。

目录　Contents

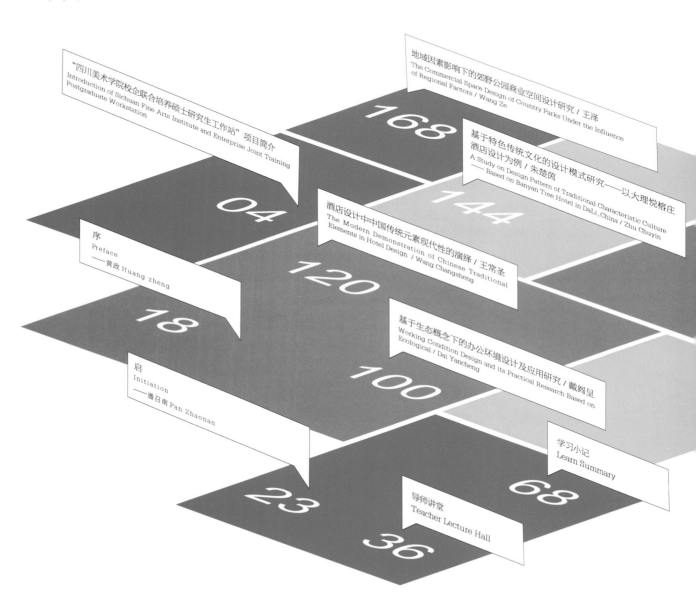

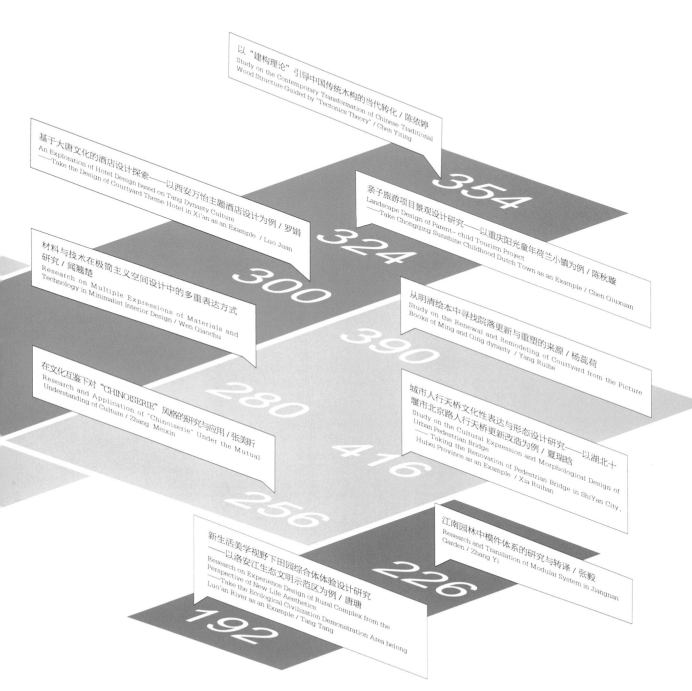

以 "建构理论" 引导中国传统木构的当代转化 / 陈依婷
Study on the Contemporary Transformation of Chinese Traditional
Wood Structure Guided by "Tectonics Theory" / Chen Yiting

354

基于大唐文化的酒店设计探索——以西安万怡主题酒店设计为例 / 罗娟
An Exploration of Hotel Design based on Tang Dynasty Culture
——Take the Design of Courtyard Theme Hotel in Xi'an as an Example / Luo Juan

324

亲子旅游项目景观设计研究——以重庆阳光童年荷兰小镇为例 / 陈秋璇
Landscape Design of Parent-child Tourism Project
——Take Chongqing Sunshine Childhood Dutch Town as an Example / Chen Qiuxuan

300

材料与技术在极简主义空间设计中的多重表达方式
研究 / 闻翘楚
Research on Multiple Expressions of Materials and
Technology in Minimalist Interior Design / Wen Qiaochu

390

从明清绘本中寻找院落更新与重塑的来源 / 杨蕊荷
Study on the Renewal and Remodeling of Courtyard from the Picture
Books of Ming and Qing dynasty / Yang Ruihe

280

在文化互鉴下对 "CHINOISERIE" 风格的研究与应用 / 张美昕
Research and Application of "Chinoiserie" Under the Mutual
Understanding of Culture / Zhang Meixin

416

城市人行天桥文化性表达与形态设计研究——以湖北十
堰市北京路人行天桥更新改造为例 / 夏瑞晗
Study on the Cultural Expression and Morphological Design of
Urban Pedestrian Bridge
——Taking the Renovation of Pedestrian Bridge in ShiYan City,
Hubei Province as an Example / Xia Ruihan

256

226

江南园林中模件体系的研究与转译 / 张毅
Research and Translation of Modular System in Jiangnan
Garden / Zhang Yi

新生活美学视野下田园综合体体验设计研究
——以洛安江生态文明示范区为例 / 唐瑭
Research on Experience Design of Rural Complex from the
Perspective of New Life Aesthetics
——Take the Ecological Civilization Demonstration Area belong
Luo'an River as an Example / Tang Tang

192

Retrospecting
The Research Achievements of SCFAI Art Innovation Workshop

顾 四川美术学院艺术创客众创空间研究成果

启 Initiation

《顾》

潘召南
Pan Zhaonan
四川美术学院设计艺术学院教授

　　"第五季"在自然的时节中是不存在的，但在一年一度的校企联合培养研究生的实验性活动中，却会一直排续下去。"第几"是对活动周期的记录，"季"则是对每次活动不同表征的寓意。不知不觉已到"第五季"，四川美术学院校企联合培养硕士研究生工作站（以下简称工作站）已成立五周年，岁月如此蹉跎，不禁让人罔顾自怜，计较生命的消耗和期待的成效，换算得失的功利。

　　"五年"对于一群又一群往来于工作站的研究生们只是生命中的一瞬间，但对我们这些大部分已过"知天命"年龄的学校导师和终日忙碌于市场一线的中年设计师们则是不可忽视的生命印记。因此，对"第五季"的回顾是必要的。不仅仅是为查找五批研究生们成长的痕迹，更重要的是过问工作站所有导师在这五年中的付出与感悟，在得与失的效率运算中找到平衡点，慰藉良心、增添信心、盼望未来五年如何创新发展。顾与盼是在这样一个特殊时间里所要做出的必然反应，从哪里来？到哪里去？来源与归宿无论大小事件都会回归到这个终极性的问题。瞻前顾后是为更周全地考虑事情的缘由因果，不为过程的枝节问题所困扰，这是工作站能够持续五年发展的关键原因，但像这样进行周期性的总结，目前却仅此一次。

一、回顾

自 2014 年初，创四川美术学院·深圳校企联合培养研究生工作站，一直处于埋头奋进的状态。由于各方支持关注，初生命好，所遇困难很快迎刃而解，未曾遭遇大挫，成长顺利。三年完成了由创建到成型的生长期，并开始产生较强的影响力、自我生长力和适应力，在随后的发展中很好地顺应了多方诉求，而拓展出新的架构。

1. 从一企担值到多企轮值

迈出校企联合培养研究生实质性的第一步是非常艰难的。回想起来，至今仍然感谢深圳广田股份公司的叶远西董事长和时任广田设计院院长的肖平先生，没有他们在资金、环境、人员、师资等方面的大力支持，工作站万难建成。合作协议签订时间为三年，初创名称为"四川美术学院·广田校企联合培养研究生工作站"。在这期间，以一企之力承担了多个企业合作，开展联合培养的、事无巨细的管理工作，并安排两名管理骨干专职负责研究生们的学习与生活事务，可谓尽心尽责。有资金和管理方面的保障，让学校放心跨区域培养研究生的安全和实效。通过前两年的磨合，使学生、工作站导师、企业、学校以及管理人员形成了很好的运行关系，在实践中探索、在运作中调整，工作站顺利地稳步发展。鉴于三年在广田设计院的合作经验，为更好地让学生在深圳设计之都这块多元化的环境中认识优秀企业各自的特色，根据工作站导师的要求和未来发展的需要，决定将工作站定点设置的固化管理模式，改为导师企业流动管理的轮值模式，这样既解决了一个企业所承担的经费负担和管理压力，又让研究生们体验不同设计企业的多样化运行特点和专长优势。虽然轮值企业在接受工作站之初会带来管理上的不适应，但毕竟学生规模不大，加之各导师在两年的指导过程中已经对工作站运行情况非常了解，轮值管理很快进入正轨。这个尝试虽然有一定的风险，但很有意义，为工作站的后续发展和运行模式的建立打下良好的基础。

2. 从一校培养到多校共享

自 2014 年的第一季开始到 2016 年的第二季结束，工作站进站研究生都是来自四川美术学院学生，虽学源结构单一，但在初创期便于管理，也有益于与研究生管理部门监管与协调。在工作站两季的培养过程中，由于得到多方面的支持和知名的设计企业、设计师的参与，以及重庆市教委领导、学校领导和行业领导的重视，工作站很快引起设计行业和艺术院校设计学科的高度关注。

通过两季培养的成果（著作、展览、研讨会）呈现，获得了兄弟院校的高度认可和重庆市教委的充分肯定，该工作站因此获批重庆市教委研究生教改一般项目和重大项目，并被推荐给国务院学位办作为研究生教改示范案例。

在持续的探索实践中不断扩大工作站的影响力，也相继收到多个专业艺术院校同仁的要求，希望共同参与这个具有实验意义的研究生教改项目之中，协力构建这个已经具备良好基础的产教融合研究生培养平台，使之成为中国设计教育领域中一块寄予希望的实验田。在多个院校同仁和工作站导师们的群策群力的支持下，自 2016 年第三季开始迄今，工作站已吸纳了来自四川美术学院、中央美术学院、清华美术学院、天津美术学院、西安美术学院、四川大学、中南大学等 7 所知名院校的 40 余位学子，真正实现了开放共享的预期目标。由于参与院校的不断增加，也促使工作站在导师队伍的建设上加大力度引进更多的优秀设计师和设计企业参与其中，从初始的 3 个企业 6 位导师，到现在 8 个企业 11 位导师。随着工作站规模、影响与作用不断扩大，原以广田一个企业命名的工作站已无法概括它的现状和未来发展前景，经过工作站学术委员会认真讨论决定，将"四川美术学院·广田校企联合培养研究生工作站"改为"四川美术学院·深圳校企联合培养研究生工作站"。以深圳设计之都的行业优势资源为中国设计教育领域的人才培养贡献力量，并将此力量作用于来自全国多地的知名高校，带动中国设计教育机制和人才培养模式的改革，强化设计这一应用学科的研究生培养回归到学以致用为源头起点之中。

3. 育人、用人、塑人

工作站自始以来，我们清楚地认识到它的培养方式、作用与定位，绝非对长久形成的现行研究生教育体制的颠覆和革新，而是强调在中国市场经济条件下设计学科研究生培养应该如何对接市场的变化、行业发展、企业需要。针对设计教育长期形成教学与市场割裂，人才培养与社会需求脱节的现象，将研究生三年学历教育中的研二学生进驻工作站，分为上学期进入的导师企业，亲身体验设计企业对人才的需要，岗位对人才的要求，以及项目合作的方式与态度。通过亲身体验让学生真正理解专业，认识企业，理解自身能力建设的重要，并为今后择业与从业做好准备。下学期回归本校，通过网络视频开展工作站联合培养。工作站的育人方式是高校学历教育的补充和能力的添加，虽然跨出校园进行培养，其教学主体仍然以学校的学科体系为主，只是在借鉴欧美设计学科教育方法的基础上，融合了中国艺术专业院校设计学科教育的机制和特征进行有针对性的改变。将较为自由的研究、实践学习阶段进行明确而合理安排，并根据导师的专业优势、企业的项目特点，列出相应的研究课题方向，展开有目标的研究和实践。因此，导师在育人的过程中，也是企业在用人和选人，经过一学期的师生磨合，彼此都清楚是否可留、可用，为企业队伍建设打下基础。

五年来，五批出站的研究生中已有3批20余人毕业，其中有三分之一到了深圳，留在导师的企业中任职，成为企业中的骨干力量，并在这样的环境里继续接受职业的塑造。工作站之所以能够收到来自多方面的支持，重要原因在于：学校需要在研究生培养上进行有效的改革，在教学方式与专业知识结构上需要改进；企业需要引进适应自身发展的高层次人才；研究生需要了解企业、岗位和强化自身能力；行业需要新鲜血液充实发展；学科需要外力加强不断建设。工作站恰如其分地结合了各方的诉求，并在培养的过程中得以体现，同时在后期持续中发酵，真正打通了育人、用人、塑人的进出通道。

4. 二个教改项目的持续推进

2014年创建深圳广田工作站之初便得到重庆市教委研究生处与重庆市学位办的支持。以"环境设计学科研究生校企联合培养探索与实践"的选题申报教委研究生教改项目，很快获批立项。这对于我们这群在校的师生和怀有理想情怀的设计师无疑是一个增强信心的肯定，通过两年的共同努力，工作站稳步发展，在业内获得普遍好评，并引起兄弟院校和上级主管部门的重视。2016年重庆市教委和学位办领导在四川美术学院相关负责人的陪同下，亲自到深圳参加校企联合培养工作站的中期检查，亲临研究生汇报现场，感受工作站师生们的互动状态，深受感染，主动参与教学讨论的环节。不辞辛劳地参加了整整一天的教学研讨活动，并在总结时给予培养成效高度评价。同年6月该教改项目顺利结题，在结题汇报会的同时，教委领导当场宣布在此项目的基础上，由重庆市学位办直接委托四川美术学院原项目组，继续承担研究生教改重大项目"艺术设计学科产教融合创新人才培养模式实践"。这是对所有参与工作站的师生、企业工作人员和配合该项目的教职人员的高度肯定，也是对该项目在中国设计教育领域探索寻路的充分认同。随着工作站平台影响力的不断扩大，跨校际合作已是必然，这也成为第二个教改重大项目的主要提升点和创新之处。其成果于2017年被重庆市学位办推荐给国务院学位办作为研究生教改示范案例，使得该项目步入一个更高的层次。

5. 稳定的阶段性培养流程

工作站通过近五年的运行，无论是导师的指导经验，研究课题的准备，导师讲堂的开设，还是学生们的阶段性学习要求，工作站的管理运行，以及学校与工作站管理人员的常态化沟通，都已经达到了成熟的运行状态。在一学期的培养过程中，第一步：从导师预先开设选题，到研究生对于导师个人、企业、选题的理解与选择，再到志愿申请和工作站调配，最后确定进站的师生组合关系。这是介入工作站的前期流程，通常在每年的 6 月～8 月间完成。第二步：进站开班仪式，学校相关负责人赴深圳参加师生见面活动，强调学习任务、培养要求与遵循的相关规则，并由企业轮值站长为该批学生开展进站培训，在 9 月初集中进行。第三步：为及时掌握培养情况，保证培养质量，每期培养在一个半月后，通常在 10 月中下旬，由四川美术学院组织参与院校的导师、学校相关部门负责人前往深圳工作站，开展教学情况检查和研究开题汇报；在 12 月中旬再次由四川美术学院组织参与院校的导师和学校分管领导、行业领导和教委相关领导前往深圳工作站，进行校企联合培养中期检查和阶段性研究成果汇报。第四步：在第二年的 1 月下旬，进站研究生第一阶段在深圳导师企业学习结束，返回各自学校，并在开学后的第二周，由四川美术学院定期组织所有进站研究生和导师启动联合培养阶段性工作视频汇报会。每月两次，继续展开第二阶段的联合培养，直至 6 月联合培养成果汇报展结束。第五步：在下学期的 6 月，每一批进站的研究生将完成历时两学期的校企联合培养，并在四川美术学院的组织下，邀请教委领导、学校相关领导、行业领导和参与院校导师、兄弟院校专家等举办常态化的"校企联合培养成果汇报展和主题研讨会"。对本期培养情况和学生的学习成果进行研判与总结，并为下一期的进站学生作咨询和推荐。进站的每一个阶段都有相应的具体要求，通过表格的形成发放给导师和研究生，以便实时了解师生在各阶段培养情况，同时提示大家对不同阶段培养的要求和需要完成的任务。

6. 二个阶段、一本教改著作、一个展览、一次研讨

五年的磨合、调整、完善，工作站已逐步形成了相对稳定的培养周期和较为成熟的管理流程。作为历时一学年的进站联合培养周期，分成上下两个阶段在不同环境条件下进行。第一阶段（9 月～第二年的 1 月）在深圳工作站导师企业学习，第二阶段（2 月下旬～6 月上旬）在各自学校完成研究论文和项目设计深化，并定期组织网络视频汇报会，继续开展联合培养。两个阶段培养充分利用了不同时间、不同空间和所有资源条件的合理调配，既拓展了研究生培养的知识架构，

又符合了各院校在研究生学籍管理的制度要求。因此，有的放矢地利用研二较为自由的时间开展校企联合培养，强化了研究生的研究能力、实践能力和理论水平；通过组织多形式的教学检查与针对性研讨，加强了学校导师和企业优秀设计师的交流，促进了设计理论与设计实践双向结合。

　　每年每季的结束都需要完成三项成果，一本著作（教改项目研究报告、学生论文与作品集），一个展览（一学年的联合培养设计成果于过程文献），一次研讨会（主题性研讨），这已是历届形成的惯例，也是工作站联合的主要成果指标。对于进站研究生，每人跟随导师进入企业，除了开展既定的课题研究，同时还要在企业中参与项目设计实践，并结合理论研究对项目进行有针对性的设计延伸，最后完成一篇研究论文和一项设计方案。这两项成果在一学年的周期中完成，看似进展缓慢，周期过长，成本较高，但实则是功利平衡的。英式的研究生培养通常是一年，而其成果大多是专项研究论文加一项设计实践。从工作站进站研究生的学习强度和研究任务上看，并不轻松。首先是对研究项目的了解，大多学生从未接触过较大规模和具有一定影响的项目，更不要说独立进行前期分析和原创设计；其次是理论研究和论文撰写，他们中几乎没有人具备研究的能力和经历，更没有写过上 5000 字的文章。因此，方法的培养、能力的提升、意识的强化都要在这一学年期间完成，并获得开创性的成效。每季的联合培养真正发挥了集所有导师智慧为学生成长所用。日常的指导在工作站导师（第一阶段为主）和学校导师（第二阶段为主）双导师合作下进行，定期检查指导则是在导师群和行业领导、学校领导的共同关注下展开，最后形成一万字以上的研究论文和具有明确研究方向的设计方案。其成果历程形成的艰辛和师生在此的自我纠结难以言表，没有设身处地的经历是无法理解学生成长的困难与导师付出的艰辛，可以说是得之不易。每季最后一场在四川美术学院的研讨会，既是总结又是反省，还是咨询。校企双方的导师、外校专家、设计行业精英和学校领导以及相关部门负责人一同参加讨论，根据工作站的培养成果和学生反映出的状态进行综合研判，评价其结果是否达到预期。

　　7. 自我管理、主动求知

　　虽然每一季都有轮值企业负责联络、管理研究生们各阶段的学习和生活情况，但毕竟身处异地，学生们的安全、培养的质量是否能够得到保障，却是我们常常担忧挂念的问题。因此，在进站之初的开班培训会上，就一再强调安全性和理智的处事，并且在研究生中选出两名同学作为组长，负责联络同学、对接导师、联系学校等工作。要求研究生们做到自我约束，主动学习。工作站导师除每周定期的检查和指导他们的学习进度和问题外，都在忙于企业繁杂的事务，无暇顾及更多，这就要求他们学会控制自己，建立同学间相互的探讨与交流的机制。好在从他们的培养成果和日常学习文献中，真实地反映出对项目研究的思考和研究过程中所开展的针对性阅读，使这些平时少于看书的研究生们意识到阅读的重要性，以及研究项目的基本方法。

导师讲堂是工作站联合培养的重要方法之一，目的是充分利用企业导师各自不同的专长优势，以及实践经验，多方面的影响学生。每月 2~3 次由研究生们主动联系各自导师安排时间为大家开设专题讲座，所有导师每季作 1~2 次巡讲，使工作站真正发挥联合共享的作用，也使得我们提倡的双导师制不仅仅局限与两个导师，而是在工作站中受教于校企两个方面导师的共同指导。

二、环顾

1. 南北两翼的拓展

2018 年 9 月开始的第五季迄今又近尾声了，此次与以往不同之处不仅是人数上的增加，同时在"跨区域"进行了拓展，恢复了 2012 年在中国建筑装饰设计院建立的研究生培养基地。随着四川美术学院设计学科研究生招生规模的不断扩大，对于培养质量的要求成为学科评估的重要指标。根据"国务院办公厅关于深化产教融合的若干意见（国办发〔2017〕95 号），关于教育综合改革的决策部署，深化职业教育、高等教育等改革，发挥企业重要主体作用，促进人才培养供给侧和产业需求侧结构要素全方位融合，培养大批高素质创新人才和技术技能人才，为加快建设实体经济、科技创新、现代金融、人力资源协同发展的产业体系，增强产业核心竞争力，汇聚发展新动能提供有力支撑。教育要校企协同，合作育人。充分调动企业参与产教融合的积极性和主动性，强化政策引导，鼓励先行先试，促进供需对接和流程再造，构建校企合作长效机制……"在国家针对教育提出的政策精神指导下，在原有校企联合培养研究生工作站提前践行了产教融合的平台基础上，根据学科面向和行业发展趋势，加大推进力度，构建深圳以民营设计实体为代表的、市场化、特色化的联合培养平台；构建北京以中建大型央企为代表的、规模化、体现国家需求和促进产业需求侧结构优化的产教合作平台。北京的四川美术学院·中建校企联合培养研究生基地的恢复，虽然目前仅此两人，但指导的导师团队人数却不少，培养流程和过程阶段完全同深圳工作站是并行的模式。由此形成结合行业特征和学校学科发展需要的南北两翼人才培养的战略布局，使第五季校企联合培养研究生工作站兼具了深圳、北京两个不同区域和不同企业特性的人才培养实验。本届是工作站创建以来人数最多（13人）、跨度最大（深圳、北京展开）的一次教改实践活动，也是希望多校通过与不同企业性质的合作，在不同市场运营方式和不同项目实践中发现各自的设计优势与人才需求，同时，为研究生未来发展提供更为宽广的路径。

2. 在困境中坚持与在转变中发展

2018年9月，第五季工作站落户与深圳刘波设计公司，该公司在发起人刘波的带领下发展至今已有近20年的历史。企业规模虽不算太大，但仍然在业内具有较高的知名度和专业影响力，设计业务主要从事酒店设计，刘波本人也是国内著名的设计师，有许多佳作。同时，他还有一个身份就是四川美术学院校友，这显得对工作站的关注度上更进一步。由于在四川美术学院学艺术出身，身上自然沾染些对艺术更多的偏爱，这也影响到他的公司，企业环境中无处不在的放置各种著名艺术家的画作和艺术品，潜移默化地感染设计师们的审美意识和创新的思想。

第五季可以用三个点来概括：转折点、关注点、难点。转折点是指通过五年的建设，工作站将如何面对未来研究生培养的需要和企业行业发展的需求，以及在新的社会背景、科技条件、学生诉求等因素的影响下，进一步理解设计学科教育未来的发展走向，深入地思考工作站与之结合的方式和所产生的助力作用。关注点：一是指社会的关注，是否能够继续下去？是否发挥更好地作用？二是指行业的关注，是否能在设计行业增长放缓的现状下，依然坚持为行业培养优秀的人才？三是学校的关注，是否能将四川美术学院首创的设计学科"跨区域、跨行业、跨校际"校企联合培养研究生的教改示范项目坚持下去。难点在于两个方面，一是参与学校的积极性与热情度持续升温，要求参与的院校和人数快速增长；二是企业轮值的压力，由于市场原因，国家整体经济增速减缓，深圳设计企业所面临的行业竞争加剧，导致无法分出更多的时间、精力和经费投入到工作站的培养、运行与管理当中。使得工作站后继发展面临困境，虽然刘波公司支持了第五季的轮值工作，但问题始终存在，依然需要大家群策群力想办法加以解决，否则仅仅靠参与院校单方面的热情而合作企业压力过大终究无以为继。为此，工作站参与的各方都在积极想办法摆脱困境。

2018年底重庆市教委为加强研究生教改力度，推进产教融合创新发展和构建校企合作长效机制，推出了一系列政策措施，这无疑为工作站的后续发展带来政策性利好，随后当即组织相关申报材料，争取政策支持。天道酬勤是一个带有普遍性的真理，由于深圳工作站一直以来的坚持和不懈的努力，积累了实实在在的成果和创新的方法，具有较高的影响力，无论是申报材料和事实行动上都具有充分的说服力。因此，顺利获批"深圳校企艺术硕士研究生联合培养基地"和"产教融合创新团队"两项建设项目，并得到每年的项目建设经费的支持。该项目经费的获批，解决了未来两年工作站所需大部分运行经费的问题，为企业的积极参与解决了资金压力的问题。与此同时，我们也在积极争取重庆市教委、教育部等方面的相关项目的支持，主动联系行业，力争通过努力获得行业基金会的资助，形成常态化的经费来源条件，并在此基础上思考建立相对稳定的管理团队，更好地与工作站轮值方式进行有效对接，建立更为合理、适用的管理运行模式。

3、关注与回应

至于关注，是要回应社会的关注、行业的关注、学校的关注。工作站五年成长的历程也是各方关注支持的结果，从培养的成果上可以窥见一斑，但无可获全。结果仅仅代表某种现象，是显性的，重要的是培养的过程，学习的过程、研究的过程、纠错的过程、创新的过程、师生相互讨论的过程，而这些过程往往隐性的。对于培养效果的优劣不能仅仅靠一个设计项目展览来完全概括，对校企联合培养工作站的实效质疑从现象上理解是存在多种可能和假设的，大家已经习惯了在申报书上进行渲染和描绘，却难以付诸实际的行动，更不要说是持续五年的"跨区域、跨行业、跨校际"的校企合作形式，可操作性、可控性和不可预见性都是容易引起质疑的因素。因此，回应质疑最好的方式是实地观察、现场体验、过程参与。为什么从第一季开始至今，每一次课题汇报、中期教学检查以及展览和研讨会等，都要邀请关注工作站建设并给予大力支持的各方人士参加，其目的就是让他们了解校企联合培养研究生工作站真实的育人情况，真实地了解一群设计师、企业、教师他们为理想的付出。中国的设计教育本身存在许多问题，应试教育的结果使我们无法较为深入全面地了解一个学生是否适合从事于某个方面的研究学习，更不能轻易拒绝一个经历千辛万苦的学子，这也是中国传统教育所提倡的"有教无类"的育人精神。在这样的条件下工作站的培养是给这些能力、水平良莠不齐的学生从社会与职业的角度补齐一些知识短板，加强一些能力建设，作为硕士学历教育的添加剂，这些都是隐性的，在过程中完成。

鉴于第五季的特殊性，本届的中期教学汇报会上我们特邀了四川美术学院党委书记黄政教授、重庆市学位办主任陈渝女士和中国建筑装饰协会科技委孙晓勇秘书长参加，他们一大早专程赶到深圳参加历时一天的教学检查，认真听取每一位研究生的研究论文和设计项目实践的进展情况汇报，并积极参与下午的研讨。这对于在座师生和工作站的情况是真实深入的了解，也是最好的鼓励和支持。最后三位领导从不同的角度提出了中肯的建议，并给予了培养效果高度的肯定。这个结果对于工作站的导师们应该是预料之中，因为他们在五年期间实实在在投入了自己的精力、时间和热情，学生的汇报与导师的点评都在完全真实的状态中进行，没有掩饰、编演。因此，历届参加中期教学汇报检查的领导都会有同样的感动。但对于研究生们则是非常兴奋，因为他们在学校读书期间没有受到过如此的关注，面对比他们人数多出一倍以上的导师和领导显得有些紧张，以至于汇报时出现语塞、口误、超时等现象。但这些都不重要，关键是他们反映出对设计思考的目的性，对理论研究的方向性和条理性已经让在座的人真实感受到明显的变化。对于我这个项目发起人来说，他们分别代表学校、上级主管部门、行业的领导，检查、监督、关注、支持，无疑都是出自对学生们的负责，对学校研究生教育改革的重视，对行业发展的期待。联合培养中期教学汇报是每一季重要的师生交流活动，也是各院校导师和设计师们共同探讨的机会，是促进产教融合最现实的体现。我想，这是对于关注、质疑最好的无言的回应。

三、展望

最近我时常问自己工作站未来将何去何从，是保持目前的状态持续运行下去，还是寻求更多的突破。当然，这不是由我个人决定的问题，需要工作站的参与者们共同讨论的问题，找出为期一学年的培养周期中存在的种种症结。无论保持现状还是寻求突破都要从问题出发，以问题为导向去展开相应的工作。因此，查找问题是未来发展的前提因素。

1. 问题查找

问题出现往往是在于对事物的兴趣与关注，而企图改变则是对事物认识、理解后的表态，态度成为查找问题的关键点，决定对问题查找的深入程度、重视程度，并关系到解决问题的具体措施。我想今年的第五季研究生教改研讨会以此为主题进行讨论，以求得到来自各方面的意见反馈。

2. 加强两个阶段的联系、完善规则

从第三季开始就形成了进入工作站分两个不同时间、不同地点、不同条件的联合培养方式，迄今为止，在阶段性培养上显得已经稳定成熟。但在导师的关注度上也明显形成了一个不成文的规矩，即在深圳工作站由企业导师负责指导管理学生开展项目研究，学校导师为辅，直到离开深圳。而第二个阶段返校后，网络视频指导则是以学校导师为主，企业导师参与不多。当然，我们可以理解企业导师主业永远是企业发展和项目获取，可是研究生的研究课题进展程度和项目设计深入情况肯定是前后相关，持续不断。两个阶段虽在时间和地点有所改变，但培养对象和研究内容从未改变，由于空间与时间的调整而导致培养方式的缺乏延续性，尤其是设计项目方案的进一步深化，缺少企业导师的指导将会造成方案完整性不足。为此，第一阶段在导师指导的主次关系上应加强相互间的联系交流，为进入第二阶段的关系重组打下基础；同时，强调企业导师始终以指导设计实践为主，使设计概念形成到方案深化保持在一个整体思路上，而学校导师以理论研究指导为主的原则。这样才能扬长避短，真正发挥校企联合培养的实效作用。

经过五年的运行，第一阶段的异地培养在备受大家重视的条件下日趋成熟，不同时间的培养要求与管理也很明确，学生们的学习状态也很积极；第二阶段的情况较为松懈，回到学校熟悉的人和环境所造成的干扰更多，导师如果缺少对其要求，容易造成懈怠，常常出现在开学第一次研究进度汇报上，部分学生论文与设计进展出现停滞现象。这对于后期成果的形成会带来负面的影响，也给工作站对第二阶段的培养提出警示，同样是一个学期，不能虎头蛇尾。强化阶段性要求、明确实效性成果是未来在培养目标和管理机制上必须制定的基础，也是评价校企联合培养成果的重要依据。

3. 重塑与建立

第五季是一个新的起始点，许多工作需要重新思考，许多规则需要重新建立，在这个特定的时期，总结与重启是一样的重要。前面我们已经进行了分类总结，也在第五季的实践中展开了反省和梳理，随后的工作就是重塑；至于建立必须分两个层面开启：一是依靠群体智慧讨论存在的问题；二是针对发展需要进行创建新的规则。前者有待于6月的探讨，后者应在展览开幕式上宣布执行。

首先，建立对学生的奖励机制。前四季对于培养成效的评价仅仅在研讨会上一带而过，甚至没有指名提及培养成果在学生的反映中的优劣，这容易造成努力与懈怠的均衡化，畏难怕苦与知难而进的结果一样，这是缺乏公平性的机制。建立奖励机制，鼓励治学态度严谨、努力，学习成果突出的学生，也是对进站学生们的一种鞭策。

其次，建立导师付出的荣誉条件。无论是企业导师还是学校导师，参与校企联合培养都是为中国设计教育额外的付出。他们本可以在各自岗位上安居乐业，却要自寻所谓的价值和意义为此付出时间、精力和金钱。他们没有在这里获得如何的利益，却一直坚持指导与己无关的人和事，如果仅仅用"情怀"两字去概括，显得很单薄。归结为理想和责任，乃至于追求付出的意义更为贴切。他们五年来从不提为什么，只求耕耘不问收获；他们为学校、学生、行业做出了重要的贡献，但学校能给他们什么？学生们能给他们什么？行业能给他们什么？在这个特殊的时间点上，唯一想到的是对他们付出的认可和荣誉上的肯定。经过共同努力，为下一任聘书认定获得相关各方认同，这仅仅是对于他们数年来不辞辛劳的投身于设计教育的微薄慰藉。

最后，在这五年之际，再次感谢所有支持、付出、努力的志同道合者！感谢刘波先生及其企业工作人员的支持付出！感谢积极参与、持之以恒的工作站导师们以及我们共同培养的对象——研究生！

2019 年 5 月 1 日于重庆大学城

导师讲堂 | Teacher Lecture Hall

孙乐刚

深圳广田装饰设计研究院院长

讲题名称：空间设计中的情感暗线连接
讲堂时间：2019 年 1 月 15 日
讲堂地点：深圳广田装饰设计研究院一分院

　　本堂课上，我想首先跟同学分享一些我们公司做过的项目案例，让同学们对我们公司有个初步的了解。将来若是有一些设计上的想法，同学们也可以拿来与我沟通。我认为值得一提的部分，也会放大与大家深入交流。其次，是想跟大家分享我们现在所处的广田设计一分院空间设计的过程。通过这一案例，以点带面地告诉大家设计应该如何去思考和开始，以及控制和呈现。

　　如今生活在城市里，我们难免有很多感受，对于这些感受，有时候同学们会认为是没有价值的，没有任何意义的，苍白的。但在我看来，实际上，在城市生活的人，要懂得如何把自己在生活中的感受和城市、建筑以及室内空间联系起来。这种联系会在不经意间对你们的设计产生影响。大家应该尝试尽可能地在学习以外多出去走走看看，类似旅行、摄影等爱好，对于设计都是有所帮助的，可能不会直接体现，但是一定会在将来的某一刻，对你的灵感产生帮助。我有一个小兄弟，他的设计是和他的兴趣爱好相关联的，他很喜欢车，所以在做一些精品酒店的时候，就会把一些类似于宾利的豪车内饰设计理念，以及一些豪华游艇的内部装饰理念运用到室内设计中。实际上，有时你不经意的一个点，其实是源于你过去的某一个爱好，这时你就为这个原本看似平庸的设计加上了某种符号，这一符号别人没有，这就是很有价值的地方。现在也有很多高端酒店设计得十分不错，但是时常看起来大家又会有种大同小异的感觉，没有什么特殊记忆点。那么，在商业设计中，这种产品的价值就不会很高。所以，我想表达的设计，是一个广阔而宽泛的范畴，任何一个生活中的点都可能是你作品中的闪光点。再有就是，当你看到一个好的酒店，入住后，你会觉得身心

图 1 孙老师讲述公司设计源头（图片来源：自摄）

图 2 广田集团设计院一分院入口（图片来源：自摄）

图 3 广田集团设计院一分院大厅（图片来源：自摄）

放松，心情愉快，甚至想谈恋爱，这都是一种感动的表现形式。所以这样的空间，是设计师设计之前有意想要表达的，最终他的情感得以在这个空间中展现出来。

这一过程中，实际上对自己也是一种鞭策。因为我所从事的也是商业设计，需要考虑生存，同样也要考虑如何遇到更好的机会。对于企业来说，运营需要考虑的东西数不胜数，可谓压力山大。所以在这种情况下，遇到一个很好的项目，恰好自己也有空档时间可以去发挥，是一件很幸运的事，可遇而不可求，那么这个项目就值得用心去尝试。但现实是，大部分情况下我都没有那么幸运，所以当你碰到不尽然满意的项目时，我建议作为设计师，一定要坚持把你想表达的东西放进去，这是一个很有趣的碰撞过程，像是在变一个魔术，通过你预设的所有环节，这个魔术在最终呈现的一瞬间，别人恰好是接受的，那时，你的那种愉快感将是非常强烈的。所以，我个人认为设计一定要不走寻常路，一定要展现出自己的符号。人无我有，才是你存在的价值。而至于风格，我认为应当弱化。中国的一些设计机构在早些年一直追求所谓的风格，什么欧式、新中式、美式、田园式……这些都是一定时期的表现形式。当你忽略掉这些表面现象时，便会发现实际上有一条暗线是永远穿透时代、穿透其中的，这条暗线就是"情感"，这个部分一定是最重要的。

在酒店设计中，需要创造一些私人空间，但这也仅仅只针对度假酒店，城市中的商务酒店是没有这种可能性的。在度假酒店的情境下，首先，人们入住的时间偏长，通常都是在三天左右。携家带友，行李通常比较繁复，因为在度假酒店的环境中，人们待得比较久，度假的心情会很放松，慢慢地享受生活。所以，在这种情况下，私人空间的设计在客房设计中的必要性就会被凸显出来。人们可以把喜欢的物品放在那样的空间去展示，甚至去营造一种类似家的气氛。真正好的空间，是让入住者感受到似家非家的情景。似家是因为家的温馨感和体贴感仍在，而非家则是又别一番的新鲜感。所以，在真实的设计场景中能把这些思考加进去，对设计本身而言，是相当出彩的。

项目不在于多，而在于一种启发，这种启发能帮助扩展同学们的设计思路。

　　接下来我们广田一分院的设计，也是我想要跟大家分享的。一分院整体的设计理念，秉持的一条暗线就是情感。将情感融入其中，使你不经意间产生感动。在入口处，大块的关系形成之后，最需要的就是来自于材料的点睛之笔。材料之间要有语言，如果你所有的部分都是沉闷的，缺乏亮点来衬托，没有光来凸显，缺少细节，就只有大的体块而并不出彩。因此，大家看门口是亚光的锈板材质，但 logo 却用镀铬的材质加背打光，整体就会在这种旧的、具有年代感的载体上产生一种新的视觉语言，这是很有意思的。从入口处的天花开始，就有一条线，直穿楼梯，一直延伸到二楼迎宾处。我这么处理的原因，是想让来访人员从一楼往二楼走的过程自然形成，夹带着一种自然引导性，顺着天花就可以无须迎宾人员，一直走到二楼的迎宾处。而这一设计的实际意义就在于可以减少人员的配备。如果在酒店设计中，这样的设计就帮助客户节省了相当一部分的后期运维成本，这是很有趣的过程。大家可以看到公司外部的居民楼有一种很破旧的感觉，在未对公司产生任何好的印象前，如何开始打破，重组，再建立，再协调，是设计之内的想法部分。所以当你走到楼上大厅后，会看到所有视觉上的立体呈现。然后，你会马上听到音乐，这些音乐来自精心挑选的日本著名吉他手，以衬托空间的幽雅安静。因为在这里工作的设计师节奏也很快，所以我试图用这样的方式让他们得以在一种平缓的氛围里工作，这是听觉上的。其次是嗅觉。在试闻了 30 种香水后，我最终选择了一款淡雅而平静的香味，令它充斥在整个公司中。淡淡气味配合着轻柔的音乐，就像我想要孕育的企业文化一样，让你默默感受，一点一滴地浸入深层，润物细无声。用这样的方式连同设计一起给到客人，这便是这个设计最初最纯粹的想法。

　　包括你看到很多单独的办公室，都是很有个性的、属于使用者个人符号的空间，这其实也是我们当初的想法之一。设计公司为什么总是要以循规蹈矩的方式来进行设计呢？不如我在所有的公共空间里形成一条主线，整体风格看起来是连贯的，但在关起门后的个人空间里，又充分尊重居住人，场所主人的需求。所以这种空间中，互相之间不会产生干扰，同时，你的个性可以在规定的范围中得到充分发挥。

　　身为一个设计师，不只要精通本专业的知识和技能，专业之外的部分都要尝试去涉猎。所以我认为，今天在这里探讨的不仅仅设计，也是将来我们在从事这个行业时所需要拥有的状态。还是希望把一些未来可能会帮到我，或曾经已经帮助过我的所谓的设计方法及管理经验传递给同学们，大家各尽所能地去领悟，能学会多少，就学多少，若在将来某一时刻对你们有些许帮助，我会为此感到欣慰。

讲堂问答

问：孙老师，在运营设计公司的过程中，如何平衡设计者与管理者的身份转换？

答：身为一个设计师不只要精通自己本专业的知识，专业之外的部分也要涉猎，包括管理。这会在你做其他部分工作时，给出一些可行的建议，也有助于整体运营的把控。

杨邦胜
YANG 设计集团创始人、总裁、首席设计师

讲题："远走高飞"杨邦胜分享会

开讲时间：2018 年 11 月 16 日

讲堂地点：YANG 设计集团总部

一、期盼

进入 YANG 设计集团学习已有两个多月，在这样一个拥有 600 多人的国际化大型设计公司里，办公场所每天都高速运转，设计与创意不断碰撞，中国一大批的酒店设计创意在此诞生。"学然后知不足，教然后知困。知不足，然后能自强也。"是在此地真切的感受体会。

我的导师杨邦胜先生和我想象中一样，亲切、和蔼、学识渊博，每次和他对话，都能启迪我新的设计思路，受益良多。只可惜杨老师工作繁忙，交流的时间总是转瞬即逝，我们的话题总是环绕着选题而展开。关于设计之外，还有诸多问题和困惑，渴望被解答。所以，当杨老师的分享会即将开展时，我的心情和同学们一样，简直求知若渴，我们罗列出近 20 个问题希望得到解答（图1~图3）。

二、对话

Q：杨老师做设计的这些年，常用装饰材料技术工艺有什么样的变化趋势？

A：这个问题我认为是技术和材料的革命，现代科技完全能够让人更舒适和人性化。创新驱动下的网络化、信息化、智能化的普及，给我们带来了很多劳动力成本的降低，现在中国酒店行业

已经有了信息科技的融入，虽然技术还不够成熟，但是对未来的酒店有着不可回避的影响。我认为新技术与新科技与设计的结合，是未来设计发展的必然趋势。

Q：企业从小到大，是什么样的企业文化和理念来支撑企业的发展？

A：YANG 设计集团的理念是用爱筑家。在这里我们分享我们的财富，分享设计的快乐，也分享我们设计的管理。我们认为公司第一要有爱、第二要有分享，这是我们企业发展当中的两个核心。另外就是我们公司的设计理念，文化个性的一致，这个是支撑我们公司由小到大的一个重要理念基础。

Q：如何看待室内和景观之间的关系，在景观和室内里面如何让体现地域文化？

A：对我来说，我的设计观念是从小界达到无界。所谓小界，指的是景观，室内和景观之所以分为两个专业，是因为室内更多注重空间的形态、家具、灯具、艺术品等物理环境。而景观更多的是自然、植物、水被与室内之间的关联。我认为一个好的设计，它应该是在建筑的统帅下，让室内和景观拥有一个和谐的系统并形成一个整体。

关于地域文化这个问题，首先我们要发现地域文化。举个例子说，中国建筑大师王澍，他很强调建筑的构造与构建，而中国传统榫卯就是他建造中进行的连接方式。做设计要从传统走来，找到当下的语言来表达并用当代的生活方式来诠释。所以，我今天在这里给大家分享几个公司近年做的项目，也是对地域文化的挖掘及应用的思考。

泉州洲际酒店

洲际是洲际集团的顶级品牌，泉州洲际酒店是洲际集团在泉州的首家酒店，传承传统闽南文化，并与现代时尚理念相结合的设计风格以及豪华舒适的理念。酒店大堂以古代建筑"轩"为设计理念，采用"房中起屋"的方式，以闽南古厝的屋架结构作为内饰，尽显古朴大气而不失国际感。酒店每一设计细节都来源于本地元素，酒店主色调带入了大量的红色和白色，使人联想到车水马龙的泉州骑楼和在中国白瓷做得最好的德化瓷，植入色彩的结合，以现代手法完美糅合。

图 1 导师讲堂（图片来源：自摄）

图 2 导师讲堂（图片来源：自摄）

图 3 导师讲堂（图片来源：自摄）

图 4　安吉悦榕庄酒店（图片来源：
YANG 设计集团）

图 5 香格里拉希尔顿花园酒店（图
片来源：YANG 设计集团）

安吉悦榕庄酒店

悦榕庄位于浙江省湖州市的安吉县，安吉被誉为"中国第一大竹乡"也称为"竹海"，这里的白茶尤为出名。悦榕庄的建筑内容是悦榕庄自己的团队做的，我们做它的软装设计。我们从当地文化中提炼出竹、茶等元素，在餐厅吊顶位置我们就用了一片片玻璃制成的安吉白茶作为软装配置，我们试图诠释着清净淡泊的文化内涵。我们通过对安吉的历史风物理解，希望通过更符合当下生活的手法去传达悦榕庄的传统气质，在此创造"宁静的奢华"、"当代的雅致"的美学观念，衔接人与自然的彼此对话与感知。

香格里拉希尔顿花园酒店

香格里拉，在藏语里的意思是"心中的日月"，这座月光之城，在蓝色苍穹之下，神圣而纯洁地俯卧在青藏高原横断山区的腹地，仿若一部写满经文的秘卷，在岁月的激荡下，吟诵着亘古的传奇。

如今，这座秘境天域迎来一位古老而崭新的朋友——香格里拉希尔顿花园酒店。我们尝试扩大中空，增加挑空高度，让大堂空间宽敞通透。并将藏地风情中最具代表性的转经筒提炼为空间符号点缀其间，配合沉静的光影，似有生命轮回之奥义。吉祥结作为藏地最具象征性的图腾之一，被设计师重新演绎，运用现代金属材料，复刻印落在入口正对的墙面，寓意着吉祥如意的美好愿景。充分挖掘其神秘而悠远的藏族文化，用现代化的设计语言，将其抽象化、符号化，保留藏文化中质朴、真实的感动，却又营造出一种更理想的生活状态，以设计的名义，讲述着生命，续说着永恒。

二、有感

从上午 9 点到下午 3 点，在近 6 小时的精彩分享中，我们心中的疑问逐一找到答案。我想这堂生动的导师讲堂教会给我们的，除了酒店设计，及中国文化的持续探索和传承。还有杨邦胜老师身上所看到的，保持设计的初心，心中有爱，才能远走高飞。

严 肃

讲题名称：可持续设计

讲堂时间：2018 年 12 月 26 日

讲堂地点：深圳广田建筑装饰设计研究院

　　年轻人可能觉得社会发展一向如此，但是对于我们这个时代的人，会觉得社会转型的趋势是十分明显的。因为会有不断的需求和变化，但资源却又是有限的。因此在设计之初，如果没有好的解决方案，我们的生存空间和生活质量都不会太好。从政策层面到我们每个设计师都应该无意识地去关心这些问题，这些问题应该是存在于我们血液里面，必须学会倒立思考，重视可持续，关注自然大环境。

　　什么是可持续设计？可持续设计就是满足当前的需求，但是并不危及未来发展需求的设计模式。如曾经的雾都伦敦，污水横流，以及我国资源利用不当导致的水土流失，这些天灾实质上也是人祸。在这样的问题中，需要我们探索一些不危害未来的设计模式。

　　公益组织：社会很多公益组织，已经做了很多这样的宣传和行动，比如 2009 年就提出的"地球一小时，一人一力量"，甚至到我们未来的无纸化办公，都是每个人在为可持续做一些力所能及的事情。过去 30 年间的气候变化也是我们不得不面对的未来问题。在 2001 年的时候，联合国的杂志就已经报道，很明确地表达出了很多气候的变化是由人类的活动所引起的。

　　水资源：我们的淡水资源很宝贵，只有 1.57% 的湖泊水是适合人类食用的，很多严重缺水的国家地区由于没有蓄水的设备，因此只能在下雨天用桶接水，甚至是在泥沼中打水过滤。我们国家的南水北调工程是由于有了这样的技术和经济条件，才能够改变一些缺水的状况，一旦地下水遭到污染，将会面临十分漫长的净化周期。

　　大气资源：能源的采集是要和水发生关系的，因此会产生一些废气。实际上很多废气的排放在一些重工业城市依然是一个比较严重的问题。而风是能够最好地清除有害气体的天然手段，如在城市里，密集的建筑群和城市边缘是完全不一样的，这取决于建筑密度和风速。

　　垃圾管理：垃圾的管理需要有一个很完善的与经济利益联系的系统，才能够推广下去。一些

图1 严肃导师讲堂现场（图片来源：自摄）

图2 严肃导师与学生合影 （图片来源：自摄）

城市会建设垃圾填埋场，但也因此会限制城市的正常发展。也有一些城市从每个家庭到各层政府都会遵守垃圾分类的准则进行分类管理，瑞士甚至有专门负责监督的垃圾管理警察。另一方面，在相当完善的体系下，需要与经济相联系，就如同取消免费塑料袋的使用，或者通过奖罚制度控制垃圾生产量，就是控制垃圾生产比较好的辅助方式。

绿色建筑：我们的专业经常会说到绿色建筑、低碳建筑，绿色设计，但是我们究竟能够为环境问题做些什么呢？我认为我们可以加强对碳足迹的认识，尤其是在设计项目中，对材料、工艺等的碳排放进行控制。虽然各个国家对绿色建筑、绿色设计的定义各有不同，但大方向就是节能排污、循环利用。建筑行业是消耗能源相当大的行业，我国单位建筑面积的耗能更是发达国家的三倍，消耗这么多能源将怎么进行节能？我们目前分了两种技术手段，即低技术手段和高技术手段，赫尔佐格和德梅隆就是当代利用高技术手段的建筑大师。虽然我们不是专业做建筑设计的，但我们的专业要求我们了解更广泛的知识，有整体的意识才会对我们的专业更有帮助，室内、景观的空间关系离不开对整体建筑空间关系的把控。此外，风环境对建筑的影响也是需要我们考虑的，不同建筑形态对于风的影响以及风对建筑的影响是我们需要去了解的，如在设计社区活动交流的空间时，风是重要的参考条件，不能只考虑美观要避免出现被挤压后非常尖锐的风，这些会对人的空间体验产生负面的效果，在比较理想的空间状态中，都可以通过建筑对风的开敞与阻隔满足人在四季的不同体验。

我们应该关注社会资源与社会群体的关系，即"设计向善"，这植根于我们思想中的意义不仅仅是对生活的关注和道德问题，它涉及我们的创新能力。心存善意的关注点会激发不一样的思维方式，因此我也希望大家未来可以成为有道德的、心存善意的设计实践者！

程智鹏

深圳文科园林公司设计院院长

讲题名称：知黑守白——做最好的准备，作最坏的打算

讲堂时间：2019 年 1 月 17 日

讲堂地点：深圳文科园林股份有限公司、深圳文科规划设计研究院

一. 设计行业的发展趋势

首先，我将结合文科规划设计研究院 2019 年的业绩情况，包括部分具体的数据分析，来阐释近两年景观行业的发展趋势。从 2018 年一整年签约、产值、回款、利润的目标数据与实际数据的对比中不难看出，除了利润收益部分，其他数据相对合理，与公司规模基本匹配，也与景观行业发展趋势基本符合。设计行业，尤其对深圳企业来说，2008 年，2009 年是发展的断崖期，其后 2012 年和 2015 年，断崖再次出现。虽然行业发展总体下滑，但每一次断崖后又都会有一个触底反弹的空间。2018 年，恰恰因为上一年的断崖，累积了许多需建项目。因此，2018 年签约得到释放，工程也预计在 2019 年相继释放。如果说整个过程中有什么不尽人意的地方，那就是所释放出的项目整体设计周期被拉长，产值增长被放缓。

其次，设计院整体发展较为良性，近三年各项指标基本成比例增长。但随着签约额的增长，利润变化却不明显。这是由于随着设计企业体量逐渐变大，管理与运营成本也就逐步提高，边际成本的递减效应也随之减弱。设计作为一种定制性、个性化的服务，它的效应并未根据量的变大而增长，反而成本递增加剧。这也是设计行业的缺陷所在，即利润并未随公司体量的增大而提高。

再者，从设计所属的勘察设计行业来看（图 1），2018 年行业总体营收为 4 万亿，相较历年营收呈增长趋势。这主要是由于城镇化的建设推进，基础设施的建设加大，以及人们对美好生活的需求提高等。具体看来，行业营收增速的变化基本符合上述的行情波动。项目量的增长，带来企业成本的上升，这也同样导致了整个勘察设计行业的景气指数和信心指数看似暴增，实则仍属下跌。

正如罗永浩所说："只有不停地往前奔跑，才能留在原地。"设计行业只有力保增长，才能立足原地。

图 1 中国勘察设计行业发展趋势（图片来源：网络）

二. 设计体系构建

　　如今，越来越多的项目选择以生态评估和风景评价作为指导进行设计，深汕特区的设计建设也正是如此。深汕特区是生态合作区，距深圳约一百公里。该区域主干道设计以生态评估和风景评价为指导的方式进行，利用无人机收集资料，通过对地方敏感度的生态评估，选择适合建设的区域，并结合风景评价改变市政路桥的格局，并对其进行设计。最终，该项目高分中标，评价良好。因此，我认为从生态评估和风景评价的角度切入设计，是较为宏观和科学的方法。

　　无论是景观还是风景园林，大到国家公园、自然保护区，小到城市廊道以及廊道里的每一个细分单体，生态安全格局尺度都是没有边界的。它包括空间维度，也包括时间维度。以深圳为例，城市设计部门布置了三横十八纵的生态廊道，横向即山、城市、海三个廊道，而纵向生态廊道则形式多样，可以理解为一个需要保护的区域。

　　故而，当我们拿到一个设计项目，并思考该如何构建设计体系时，首先还是应从生态安全着手，其次，到中关应注重风景与人的关系，最后则是五境与五感。从这三个层次进行设计思考，会让设计更有趣，也会让项目变得更耐人寻味。其中，生态评估和风景评价作为基础，保证了项目的顺利进行；景观设计作为核心，促使找到风景互动的元素；而文创文旅则作为导向，引导挖掘当地文化文脉。随着项目的深入，更是需要多专业多学科的合作，而团队建设也需要组织更多志同道合的人。

三．实际项目分享

三角岛湖泊整治及生态修复景观规划方案（图2）是一个针对一平方公里无居民海岛的开发项目。由于对砂石的开采，导致岛内生态系统遭到严重破坏。所以，我们提出以生态修复与景观设计来实现旅游升级。概念的提出，是由于项目位于无人岛，规划过程中需要依靠人为去创造网红点和有价值的IP来撑起其文化内核，而这也需要多专业的参与与协调。

我们是从绿色的安全格局、水的安全格局、地形的安全格局、廊道的安全格局几个方面进行敏感度研究，并从风景的角度进行评估与感受，希望找到这块地形中山与海的关系，这也是传统设计中比较容易忽略的部分。要尊重对一个场地最初的感性与原始的感动，并在设计中保留。为此，我们选择三步走的策略，一是通过生态修复来固本，二是景观营造实现场景的多元化，最后是实现旅游的升级与旅游IP的激活。我认为这个设计思路不仅仅适用于景观设计，同样也适用于室内设计，例如室内的局部景观或者某种室内的设计故事线。通常建筑师在设计时会先设计建筑，然后设计景观，最后设计室内。若将室内设计前置到建筑设计之前，在建筑设计阶段就开始与室内设计的协调，会不会更好呢？

四．师生问答

问：针对亲子景观，家长和设计师分别最看重什么？

答：其实个人认为两者看重的点没有太大区别。作为设计师，考虑问题会纯粹一些，但通常也会偏执一些；当你成为父母，某些方面就会发生转变，可以说是棱角被磨圆了，又或说是你屈从了，会把事情考虑得更综合，这可能就是所谓的下一个层级。至于说当下，你在做一个亲子社区或亲

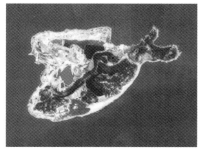 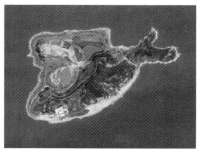 

现状平面图 ·········▶ 生态修复平面图 ·········▶ 景观规划平面图

图2 三角岛湖泊整治及生态修复景观规划方案（图片来源：文科园林方案文本）

图 3 导师讲堂合影（图片来源：笔者拍摄）

子乐园的设计，对儿童的需求、家长的需求考虑不完善，可以通过和他人合作的方式来弥补，问题就会迎刃而解。

问：怎样锻炼自己的口才和提升自己的逻辑思维？

答：我有两个建议。第一，阐述话语时，尽量不要反复使用"然后"，应尝试分点表述，这样会让人觉得你逻辑比较清晰。第二，当你回答问题时，首先应对前者的表述进行总结，这不仅为你提供一个缓冲的时间来思考如何回答问题，而且会让别人感觉到你对其的尊重，同时还能通过你的转述把不利信息过滤掉。虽然逻辑思维能力是会随着你的知识、技能、专业的增长变得没那么重要，但是诸如此类简单的技巧，值得你们去尝试。

问：程老师觉得在北林学到的最重要的东西是什么？

答：倡导现代风格景观的孙晓祥先生当年问过这样一个问题："假如草地上有根骨头，狗是会沿着弯曲的道路过去，还是对直跑过去？"他这个问题，若你仔细思考，会有很多它的背景、取向意义。我在一个园林里面走路，我是要看到金子然后去捡吗？不是。我可能只是想牵着女朋友的手走慢一点。孙晓祥先生那个问题虽不能解释原理，但却引人深思。所以，思考是我在北林学到的最重要的东西。

问：设计师必须经历哪些阶段？

答：第一个阶段，工作前3年应该尝试更多的可能性，不需要太早给自己定性，但需找到自己未来发展的方向。第二个阶段，工作的3~5年后，你将完成从助理设计师到能够独立负责项目的设计师跨越。而你负责什么，也就是我刚才所说的方向，它能让你在同辈设计师里脱颖而出，找到自豪感。否则那个阶段将成为设计师最辛苦的阶段。然后，工作的5~8年又会是一个新的阶段，你需要去弥补自己的短板，成为一个比较全面的人，同时你对自己的定位应从一个专业负责人转向一个团队负责人，不但能管理项目，还可以管理团队，能够组织团队内部各因素之间协调生产，团队成员都能很快乐地朝着同一个方向前进。以上，就是我认为的对设计师来说很重要的三个阶段。

琚 宾

深圳市水平线室内设计有限公司创始人、创意总监，创基金理事，清华美术学院、中央美术学院
实践导师，四川美术学院研究生导师、高级建筑室内设计师

讲题名称：载体与独白
讲堂时间：2018 年 11 月 30 日
讲堂地点：深圳市南山区华侨城东方花园水平线室内设计有限公司

我今天为同学们分享的题目是"独白与载体"，跟大家分享一下我这几年的心得。设计师这
个群体多数时候会和很多人对话，但是我觉得设计师最终是要跟自己对话。设计师的任务就是要
将建筑实践从纯美学的思维中释放出来，回归到初衷。

一、设计与场所、关系、时间

第一个给同学们分享的是尖山天主堂，这是我做过的唯一一个教堂。我认为教堂、寺院、图
书馆三者都承载了一种价值，拥有指向精神内核的力量，不管面向东方还是西方，这种回归到内
心深处的能量是一样的，都是人类创造文明的阶梯。

这个教堂在莆田，地方非常美，背山面海，周边全部都是农村，居民多数信天主教，要盖的
房子在一片树林之间。所以，它是一个什么场所？我觉得它是凝聚村民的场所。有了最开始对场
地的全面分析之后，我做了很多自称为"广度设计"的研究，通过这个研究我们可以知道，这个
场地上到底放什么样的房子是适合的。

接下来讲的是关系。在这里农村的房子推开窗就是大海，这时候我脑子里面浮现一个愿望：
我是否可以营造一个空间，实现我规定的动作，让村民从这个视角里看见他已经看惯但是完全不
一样的大海。所以，我将建筑的造型做到最简单、最纯粹，花心思在内部空间打造体验效果。

除了场所和关系以外，还有一点是时间。当这个教堂和村里的人产生关系之后，形成的故事、
指向的时间才有意义和价值。

教堂外壳是发光的贝壳面。入口由水磨石和混凝土构成，内院有雕塑性的楼梯，院里的树木
随着时间的流逝会慢慢变老。

顺着山上的道路进入到教堂去，会经过一个掌控视线的通道。这其中重要的就是视线，坐下

图 1 莆田天主山教堂（图片来源：
HSD 水平线）

图 2 莆田天主山教堂（图片来源：
HSD 水平线）

来的时候看到海，站起来的时候只能看到天，规定了你的行为。村民在家里可以随时打开窗户看海，而这里面只有一个动作，是要坐下来才能和海产生关系。

二、设计与自然、传统、地域

第二个给同学们分享的是阳朔的项目 Alila 酒店，我今天介绍这个项目是基于两种身份：参与设计的身份和体验者的身份。

上一个项目主要讲的是场地、关系、时间。这个项目里我们第一个考量的是和自然的关系。我曾写下过一段话——设计的本质来源于自然，温度来源于乡土，感动来源于人文，而高贵来源于学养。

传统文化、新中式……我不希望别人给我贴标签。谈到传统，我的态度非常明确，出新意于法度之中。一个设计师要创造出好的东西，就要在别人给予你的条件里去解决问题。

作为职业的设计师，在任何地方都要和当地的地域性进行很好的结合。地域性，这是在设计当中非常值得关注的，比讲得更广泛的文化来得更有力量。我们在历史当中，踩着历史，也创造历史。

之后我们对糖厂进行了第一次修复。照片里我的左右两边分别是大杨和小杨，是发现这个地方的人，是他们把我变成了股东，从一个设计师转换成一个设计组织工作的人，参与建筑设计、室内设计甚至酒店开张的筹备，这些也给我对设计的理解打开了很多扇门。

整个建筑的关系体现在一组词上，重和轻。盖房子最终都要回到材料本身，材料代表了设计师的理念。这个项目建筑使用了两个材料，当地石头和氢气块。虽然会用很重的材料，但是体现的关系还是很轻的。如果我们理解了透明性，就理解了重和轻。这两个词语对亚洲、东方非常重要，都指向了建筑、艺术。

这个过程中我们要控制成本，有一段时间我们自己开车到街上去找便宜的树，而且还要长得非常不一样的、没有修剪过的树。对空间装置的艺术我们也做了一些梳理，包括结构体系的应用，还让农民大哥用自己的方式，像他们在老家一样砌筑河堤。

图 3 阳朔 ALILA 酒店（图片来源：
HSD 水平线）

图 4 阳朔 ALILA 酒店（图片来源：
HSD 水平线）

三、设计与入画

接下来介绍的西塘 Naera 度假酒店项目。在室内我们有两套体系，一个是老房子的体系，一个是新房子体系。新房子全部是住的空间，老房子则提供公共空间的体验。

怎么让老房子有记忆、有对抗、有色彩？手法上我们采用蓝色、金色作为主色调，同时保留原有的机器、墙面，让人走在这个老房子里，能够感觉到这个老房子确确实实有民国时期的能量。经过庭院，会经历从亮到暗过程，再从暗处打开门，进入到空间里面，这是心理的、文学叙述性的体验。

离开酒店，马路对面就是 40 公顷的农场，方便一家人互动。这里面有玫瑰园、儿童活动科普中心、有机农场。这个空间是沉浸式的，也规定了你的行为。经过一个坡地下去，之后眼睛的视线和河塘的荷叶关联在一起，这是用新型的结构解决问题。

同学们一定要具备文学叙事的能力，编故事也要编得高级，电影、艺术都是如此，故事也要指向思考甚至哲学。

西塘的项目承载了我对于设计的多角度理解，从对组织工作到对建筑设计，从如何做酒店到如何与中国当下社会做结合，更长远一点的还有离开城市之后的生活方式。这些课题怎么解决，也是未来十几年摆在所有设计师面前必须回答的问题。

最后给大家分享一段话——艺术和设计之间一直有一种译码的存在，通过既有知识储备去解构、过滤、筛选，进而转化为一个个原点的启示。

这句话对我很重要，在我的视野和生活当中有一个三角形，建筑、艺术、文学。艺术会让你有很多想法出现，文学会让你具有诗意。

四、同学们的提问环节

Q：琚老师，我问一个问题。就是我也跟着老师做过一些项目，看过现场，但是每次看完现场感觉脑子里也没有什么想法。不能像您一样，看完现场后，几天都会在想，像变形金刚一样会有很多思路，像这样的场地感能不能锻炼出来？

图 5 师生合影（图片来源：自摄）

图 6 琚宾老师分享方案（图片来源：自摄）

图 7 琚宾老师为同学解惑（图片来源：自摄）

图 8 琚宾老师为同学讲解模型（图片来源：自摄）

A：能锻炼的，这就是时间问题。比如你大脑里面插的这些"筛片"，就是我经常说的，比如我大脑里面有 20 层，你现在有 3 层。以后你每次的任务就是给你的大脑里面多插一层"筛片"，像成本控制、人文价值等等。所以你的"筛片"插得越多，扔一个东西进去，你一筛出来，它就不一样了。我们每个人都在做这个，最后变得那么有智慧，是因为基于他脑子里面一个问题分析下来的所有角度、视野、广度和逻辑。你现在还是学生，可以不用强求，但是我今天告诉你这些，只要你有这个思维，就是你的大脑里思维原点当中应该具备的面，只要不缺就行了。对场地有感觉，是需要培养的。

Q：琚老师，我看过您的一篇文章。里面提到过，把空间的元素消解掉，还要感觉这个空间是东方的，是中国的。那比如说这些窗花、符号、山水都消失掉后，怎么还能让他感觉空间是中国的？

A：明白，那你认为安藤忠雄的房子够不够日本？你从里面看到了日本的格子窗了吗？什么都没有吧？他就是清水混凝土吧？他就是尺度的转换，心理的变化，比如园林里的尺度的转换。你如果能把剥离掉文化元素符号之后的尺度，在你手里面这一副牌打出来，能打出中国，那你就非常牛了，这是每一代设计师孜孜不倦的追求。

精彩语录

1. 在艺术和设计之间，一直有一种译码的存在，通过既有的知识储备去解构、过滤、筛选、进而转化为一个个原点的启示。

2. 当你把建构、逻辑都做好了之后，要打破模式、打破逻辑，放不确定性、放感性。设计的魅力就是这样的，你一旦进入这个区域里面，你就会跟它一辈子相关，永远离不开。

3. 看书学习时要有窗，高窗，这样专注便不会被具体风景影响，坐着时只能看见树梢，只能看见光。这样看的字会带着微阳初曙，句子会伴着雨帘薄雾，那种记忆不止带着学习的内容本身，还有隐约的花香和鸟啼。

4. 传统需要"出新意于法度之中"。所有的项目从传统艺术文化中提取相关元素，通过解构与演变，以传统的基本元素为基础加以提取，作为母体的传统文化艺术赋予空间完整的灵魂。从文化的历史碎片中捕捉和拾取，从建筑和艺术中寻找传统和当代的关系。

颜 政
深圳市梓人环境设计有限公司设计总监

讲题名称：真善美的捕捉
讲堂时间：2019 年 1 月 3 日
讲堂地点：深圳市梓人环境设计有限公司

内容概述：

此次导师讲堂的分享，会从大家比较感兴趣的服装设计作为切入点，并结合我自身的经历来讲述服装设计与环境设计之间的关联。我会为大家介绍三位我最喜欢的服装设计师以及他们的设计品牌，同时也为大家分享我近期完成的一些室内设计案例。此次的分享可能会与以往有些许不同，因为有很多服装的东西同大家分享，所以这会是一个美的盛宴。其实在有限的时间内能给大家讲到的东西不多，所以很多知识我会给大家扔一个线头，给大家分享一些优秀的作品来诱发大家内心生动的想法和感受。针对同学们提出的各种问题，我会用案例和图片将问题分类进行解答（图1）。

问题 1：谈谈您对服装设计的理解？
问题 2：您认为服装设计对您日后室内设计最大的影响是什么？
问题 3：服装设计对您设计历程的影响？

回答：这个话题非常大，比如它是生活的需要，每个人对它的理解都不一样，我们把这个问题缩小，就讲一下我对服装设计的理解是怎样的。早期我接触服装设计的机会十分偶然，20 世纪 70 年代，父母对我的影响十分巨大，例如父亲收藏的比亚兹莱插画（图2），母亲收集的好莱坞明星照片，里面时尚优雅的装扮是我对服装设计最初的印象。同时比亚兹莱的绘画作品中纤细优雅的线条多多少少对我后来的设计风格产生了影响，以至于在后来我所做的室内设计作品中会流

图1 导师讲堂现场照片（图片来源：作者）

图2 比亚兹莱插画（图片来源：网络）

图3 迪奥、纪梵希、圣罗兰（图片来源：网络）

露出某些痕迹。

至于服装设计对室内设计的影响，我认为它们之间明不存在直接的联系，我们要明白不论从事何种专业，我们的修养和审美是不变的，设计的本质都是创造美的东西，只是表达的通道和工区不同而已。我大学期间学习的是服装设计专业，在此期间学习了设计相关的基础知识，包括色彩、构成、素描、雕塑、手工制作等。当时的教学环境以及各个专业同学之间的相互交流使我接触到了一些室内设计的知识，例如效果图的绘制等。所以我对于室内设计并不陌生，工作后，我了解到当时国内服装设计的现状并不是我所喜欢的，所以便去到了室内设计公司。

最初对于室内设计相关知识的学习和积累我认为也是十分重要的经历。从学习绘制施工图到进入工地跟进项目，到后来参与方案的设计、投标等，这是一个漫长的学习过程。我自己总结室内设计的学习很像唱歌，软装更是这样，它是易学难精，摸两下可以，但是想深入地做出更好的作品和系统需要学习的东西其实特别多。我认为年轻的时候对专业知识的学习千万不要太计较，不要刚开始就患得患失，服装和室内都是一样，决定了就要把它做好。后来学了室内设计我仍然保持这个习惯，这些好的习惯和信念，对我产生了重要的影响，使我越过了学室内设计的一些比较困难的过程。

问题4：如何在设计中体现高级感和品质感？

回答：为大家分享三个我很喜欢的服装设计师：迪奥（Dior）、纪梵希（Givenchy）、圣罗兰（YSL）（图3），要知道这些非常顶尖的产品背后是一些对人性的洞察特别敏感和到位的大师，他们能够做得成功以至于在社会上赢得某一个群体的喜爱，是因为它对人的洞悉是很准确的。有的时候时尚未必是进步的，而某些好的作品是跨时代的，有些人对于某种特质的捕捉真的是前无古人后无来者。我们看这些作品很多是20世纪四五十年代的，但是至今也无人能够再超越，在西欧，现在也很难再有这样的名媛（图4）。虽然我们是环境设计公司，但是常年都在订阅vogue杂志。其目的是在于让大家了解奢侈品牌背后的意义。

问题5：希望颜老师从东方设计和西方设计的联系与区别聊一聊我们可以借

图4《vogue》杂志插图（来源：网络）

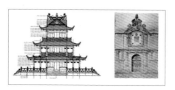

图5中西建筑立面对比（来源：网络）

图6亚林西方案实景图（来源：梓人设计）

图7讲堂师生合影留念（来源：作者）

鉴和学习的地方？

　　问题6：在颜老师的设计中，东西方语言之间的协调关系是如何处理的？

　　回答：我们来看一下中式建筑和欧式建筑立面的对比，在进行东西方的比较学习时，有一些书籍资料的参考，例如张绮曼的《室内设计资料集》，以及一些有关古希腊和罗马建筑的书籍。我们通过观察图片可以发现东西方建筑的某种比例感其实是相似的，虽然这两种文化之间并没有过多的交流，包括其他国家的传统建筑也有相似的特征和规律。因为对美本身的诉求是有规律的，很多装饰纹样的产生就是为了装饰结构和建筑的节点，而且每一个阶段的技术表达能力是比较相似的，所以形成了相似的造型（图5）。我们再来看一下18世纪传统的巴洛克、洛可可建筑，其实可以发现所有经典的建筑在设计之初的产生是由一个虚幻的意境开始的，是从人内心的感受出发的，所以最后形成的作品也会传达出十分强烈的情感信号。如果抛开这种整体感受只是从某一个点去进行表达，这种断章取义的方式显然是不行的。尤其在商业空间的设计中，激发感受的目标可能是分散的，这就更需要我们去捕捉最适合的心理感受。

　　至于东西方设计之平衡这个问题：我想说当经济发展十分繁荣时，不同文化之间的交流和碰撞就会变得更加频繁，这时人的生命体验也会随之变得多样。"Chinoiserie"就是在这样的碰撞中产生的风格，东方的艺术品经过了西方的混合和再理解之后创造了一种新的东西。今天再做中国的东西，一定是中西交融的风格，因为今天的中国已经不是单单坚持和固守传统的时代，作为今天的中国人一定会有与过去古人不一样的感受。

　　问题7：想问颜老师在现代设计中如何对巴洛克、洛可可这类看似繁复的风格做减法，但去繁从简后又不失其风格本身的韵味？

　　回答：在回答这个问题时我会带入前段时间完成的亚林西的设计方案（图6）。我在八年前做欧式风格的别墅是直接拿着欧美经典建筑的图纸来做参照，进行十分深入详尽的学习。很多时候我们做设计时，比例和均衡和舒适度是最重要的，不要只看到某一个构件，要去看建筑的骨骼以及比例的分配关系。东西方在对美的规律总结很多时候是有相似性的，我们首先要做的就是熟悉和掌握这种规律，在遇到空间尺度与传统建筑空间不相适的时候，不能只是简单的等比缩放，一定要依据具体的空间特征对比例和形制进行适当的调整，准确地捕捉这种风格韵味下形制与比例的规律。当然想要具备这个能力需要大量的训练和累积，但当你具备了这种能力之后，就会形成对这种风格独特的理解和感受。

回到亚林西的设计之中，这个方案从构想到完成用了三年多的时间，耗费了大量的精力和财力。我们可以看到其中对于中西方元素的应用有时并不是刻意的，我只是对于法式和中式这两种风格都十分喜爱难以割舍，所以希望在空间中把两种东西同时展现出来。空间中有很多我喜爱的古董艺术品，仔细观察空间中的很多陈设品你会发现它们的 DNA 都是一样的，虽然它们来自不同的国家地域，但是其触及人生命的感受是相似的。值得我们注意的是，文化的融合一定不能只是生硬的嫁接，这种融合一定是由内而外触发的。包括在对繁复的装饰做减法时，也不能盲目的简化，首先要找到装饰中最核心的部分是什么，在保证核心的基础上再去考虑其简化的方式。

至此同学们的问题已经回答完毕，我们的课堂也已接近尾声，最后简单地总结一下我最想向同学们传递的思想：设计师的品位与多边的艺术修养是支撑设计品质的重要因素。当你捕捉到了各种文化中能够成为经典的部分和它们之间共同的元素，并能将其落实到设计的具体技术环节中，这样无论是何种行业，你做的作品一定是打动人的。同时，一个人最重要的是培养一个良好的思维习惯，并对自己所从事的行业有很大的热情和高度的投入，有了这样的初心，你一定会成为一个优秀的人。

肖 平

讲题名称：以设计为原点，不谈设计

讲堂时间：2018 年 11 月 18 日

我觉得今天我们可以围绕着一个主题聊聊天，以设计为原点，不谈设计。当然我们内心的自我认可肯定是一个设计师，虽然我们不谈设计。那么，当我们把设计放下，我们还能聊点什么？我认为解决一件事情，不能就事论事，不能用这件事去解决这个问题，用另外的方式方法去解决你当前顶要紧的问题，可能会达到四两拨千斤的效果。大家可以去沿着这个思路，或者说是这个方法去思考。到了研究生层面，我个人更关注你们的思想性和行为性，因为这个更重要。如果说上来我就搬出几个案例，是不尊重你们走到今天的勤奋与努力，我觉得那不应该是我需要讲的，也不是你们远道而来想要听的。就像我跟前几届的同学们所说的："我希望你们更多地学一点我们身上坏的东西，多学一点超出所谓标准范畴以外的东西，这个应该是更有意思的，它会帮助你们成长。"

老师分为几类，我特别不喜欢那类一板一眼的老师，教出来的学生通常没有独立的人格，没有独立的立场，最重要的是，没有批判性，没有颠覆性，没有反抗性，便永远是一个跟从性的人。不管是做设计师还是艺术家，搞电影，搞戏剧，搞音乐，搞纯艺术，永远是一个很随性的人。所以我觉得这个更重要。所以说，我们今天可以很轻松地打破一些范畴，打破一些规律性的东西，我想我们要有独立的个性，独立的立场，也许你们的人性已经开启，但也许还并不清晰。我想我们要反模式、反规范、反传统的东西，哪怕有百分之一能帮到你们的设计工作，我就觉得是很有价值的。你们可以准备一点问题，有问题才有意思。设计师是解决问题的，艺术家是制造问题的。谁来抛出一个问题，我们可以延展。

问：最近看到一个概念，我很喜欢——现在应该做一个丁字型人才或是说 T 型人才，要有很长的横向。我们学设计已经五六年时间了，但是它其实是一个专精的点。如果我想要做出一点自己的东西，横向还是非常重要的。就是说设计之外的手段，做一些新的，跨界的东西。我觉得这是我们的一个突破点。

答：是的，这个思维是没有问题的。就像我方才说的，用设计去解决设计的问题，总是不尽

图 1 肖平导师讲堂现场（图片来源：自摄）

图 2 肖平导师讲堂现场（图片来源：自摄）

人意的。如果说没有一个横向的积累，到了一定的时候总是会有问题的。这也是我们所说的绝对实力和综合能力都要有。把自己过早地归到一个类型里，不会游刃有余，不会随着自己的愿望走，到了一定的时候就觉得手高眼低。就像有些艺术家，陶醉于艺术，自娱自乐，我觉得基本上就是对艺术的犯罪。我个人认为你说的丁字形的人是需要的，它还是有一个支点，它的横向和纵向都应该具备。尤其如果说你要是一个具备解决问题的能力的人的话，要有一系列绝对的实力。什么是绝对的实力呢？是不可被轻易替代，这个很抽象，能做到这一点已经很优秀了，如果说你再具备一个综合能力的话，那我觉得你就会更加快乐。因为你做东西的通道和路径很多。很多困难、很多流言蜚语、很多嫉妒、很多挑战是不会轻易击垮你的。你会找到很多消解它的办法。那么如此一来，就会形成一个强大的心脏，这就更重要了。面对失恋，面对家庭琐事，面对老师，面对这个社会的不公等，你都会找到通道。如果你只是想成为一个优秀的设计师，那么前面的各种情况都会阻碍你成为一个优秀的人。如果说没有成为一个既开放又专注的人，会很快夭折的。做这一行的人很多，但是优秀的却很少。所以说内心很重要，这很抽象，但是它也是有量化标准的，它是靠很多支撑点支撑起来的，这些需要在学习和生活中一点一点地建立，根据你们自身的性格和特点，找到适合自己的点。

问：现在您作为设计师和管理者，已经很成功了，为什么会在这个时间点选择回到学校当老师呢？

答：因为做老师光荣。人生一晃眼就到了这个年纪，无奈是肯定有的，它还是阶段性的，在什么样的阶段就该真实地体验什么样的生活，也就是说你没有选择的权利，只有社会选择你。我刚来深圳的时候挺艰难的，有五十多天找不到工作，但是自我感觉能力也不错，可是为什么不被人认可呢？最后才明白，你没有权利和资格选择自己想做什么，只能遵从于社会整体的价值需求。所有的设计知识都是我通过自学得来的，但也得益于四川美术学院培养的审美能力和知识面，在后来的学习中起了决定性的作用。因为设计做到一定的程度便是审美的问题，而不是技术的问题。所以，当时也只能做这样的工作。我不喜欢设计，但是不等于我不认真做它。这是对社会，对商务，对家庭的一份责任，是一种职业素养。就像我过去对设计师说的，不是你们看在我的面子上，而是我们都看在钱的面子上做这件事情。客户前期投入金钱、时间、人际资源，明天拿不出方案，人家会跳楼的。所以，说是无奈走上了这条路。本科时建立的纯艺术知识体系在实用美术中运用不了多少，一个是制造问题，一个是解决问题。所以当老师更好，让我这种不太讲规矩的人继续不讲规矩。

其实我现在的感受，就是做老师在时间上比较宽松，公司工作的压力太大，很多同学因此希望毕业后就去做老师。事实上我不太建议大家这样，年轻人多少要出去工作，现在我对这个问题的认知更全面。如今你们研究生毕业后，实际上是无法胜任老师这一职业的，还有很长的时间要去跟从。因为，你们现在还尚不具备做老师的自信和教学体系。

问：做一个设计管理者需要什么样的特质呢？

看了你们的汇报，我就能大致判断你们的特质，一个设计师的特质就是解决问题的思维方式。很多同学有成为优秀设计师的潜质。而做设计管理与做设计不同。设计管理就要做出很多牺牲，退到后面，放弃很多光彩的东西，否则会很辛苦，但是你要有这样的一种胸怀和胸襟。管理者分两种，一种是带专业能力的管理者，还有一种就是纯粹不懂专业，职业的经营者，这种很少有成功的案例。前一种可能不会出彩，但是也绝不会犯很多初级错误。

刘 波

PLD 刘波设计顾问有限公司创始人，深圳市室内设计师协会、SZAID 会长、中国建设部建筑装饰协会专家

讲题名称：设计与独白

讲堂时间：2018 年 10 月 24 日

讲堂地点：PLD 刘波设计顾问有限公司

讲堂内容：

首先刘波老师简要介绍了公司的发展历程、主要人员构成、公司部门及其公司的设计流程等。(图1)

讲堂以问答的形式展开（图2）

问：您工作几年的时间里，是什么机缘让您萌生了成立公司的想法？

答：现在回头想想，也会觉得自己创业挺早的。现在的社会环境和以前不同。20世纪90年代，国家大力发展经济，需要大量人才，所有行业都有发展的契机。对于我们设计行业来说，很多城市的建设都需要人才，对于那时候的我来说，觉得开公司是一件水到渠成的事情，并没有说我一定要开公司之类太多刻意的想法。总言之，其实是当时的时代环境促使我去做了这么一件事。

问：对我们这一代年轻人自主创业您是怎么看的？

答：首先，时代背景不同，所以对于创业这件事，我不能用以前的眼光来审视，而是要根据时代的需求来看待这个问题。其次，设计行业在中国已经发展了二十余年，做得好的、规模大的、知名度高的设计公司也有很多。因此，我觉得如果在必要条件（资金、专业、管理能力等）准备得不是很充分的情况下，会比较主张先以积累经验为主，或许十年，也许不用那么久，待自身的专业知识比较成熟后再去创业，可能结果会更好。再者，就是在工作中要保持工作和生活相平衡的状态，对工作要有热情，不是为了生活去开公司，而是要把它作为你一生的兴趣和事业来进行，才会更好。

问：为什么您创业不久后，就把公司定位于高端酒店设计呢？

答：这其中的缘由比较复杂。20世纪90年代末的中国，1999年澳门回归，当时深圳有一个宾馆正在设计，第一期我们公司有参与其中，而到了第二期，公司便单独接了酒店的项目。后面陆续开始接酒店设计的项目。而当时在中国做酒店设计的公司很少，当时和美国排名前五的酒店设计公司有项目上的往来，他们想打开中国市场，于是我们便萌发了定位于高端酒店设计的想法。在这个过程中，我认为酒店设计是一个具有挑战的项目，它的功能性十分复杂，并不是单一地考虑某一些因素就可以的。你要懂酒店运营，前后场之间关系。不单只是设计客房，还有中餐厅、宴会厅、会议室、健身房、游泳池、别墅区……涉及很多功能区，让我觉得做酒店设计是一件极有挑战性又同时很有成就感的事情。

问：刘波老师，您觉得在学校的学习生涯中，有没有对您比较重要人或事？

答：那个年代，师生关系和现在不太一样。老师管教比较松，师生关系较疏远，而现在的师生关系要比我们当时紧密得多。在大学之外，遇到几个对我有知遇之

图1 刘波老师介绍公司情况
（图片来源：自摄）

图2 刘波老师与学生互动
（图片来源：自摄）

图3刘波老师与学生合影（图片来源：自摄）

恩的人，他们给予了我莫大的帮助。一是带领我学习绘画的老师，引我进入了艺术的殿堂，并且喜爱上了绘画。其二，是培训班的绘画老师，在帮助我巩固基础的同时，也让我得以成功入学高中。其三，是大学快要毕业时遇到的第一个深圳老板，也正是这个老板，告诉我有一个叫深圳的地方，为我以后来到深圳奋斗埋下了伏笔。

这里刘波老师也向大家提出一个问题，

刘波老师问：大家怎么看待加班的问题？

对此刘波老师自己做了总结："加班也是你对工作保持热情的体现，但是我个人却不太提倡熬夜加班。因为我认为工作之外要学会享受生活，同学们除了设计之外要有广泛的兴趣爱好，工作才会有更好的状态。但是工作时间的安排也是相对的，建议刚入行时要多花时间和精力在工作上，才能在前期有一个好的积累和沉淀。告诫男生一定要选择适合自己的工作，男怕入错行。20~30岁就是你们要努力拼搏奋斗的时期，为自己和家庭打好经济基础，这样才是有责任有担当的男人。坚持对自己工作的专一度，切忌用几年的时间去选择好几个行业，这样下去，几年过去后反而不会学到东西。设计这个行业持之以恒很重要，时间在一定程度上会让你成为专家和大师"。

问：设计师的核心竞争力是什么？

答：做设计师最重要的是创意！创意是设计的灵魂，但是创意也讲究天赋。天赋决定了设计师的上限，但只要努力坚持做下去，都会在这行里有所成就。

问：老师在深圳动画公司实习的经历如何？

答：（刘波老师翻出以前的老照片开始声情并茂地讲述。）当时刚毕业，我就去一个日本的动画绘图公司应聘。公司要求十分严格，而在场的都是各大美院的毕业生。经历了几轮激烈的面试、笔试、面试，最终十几个人里面留下三个。我当时觉得自己是幸运的，在公司里绘图也是非常开心的，在绘制过程中，也磨炼了我的绘制技法，为以后从事室内设计绘制效果图打下了坚实的基础。

最后，在大合影后结束了此次刘波老师精彩的讲座（图3）。

张 青

深圳市筑奥景观建筑设计公司设计总监

讲题：认知自己

讲堂时间：2018 年 9 月 21 日

讲堂地点： 深圳市筑奥景观建筑设计公司

学习

张青老师：什么是学习？

王常圣： 我认为学习是了解一件事的起因经过结果，是从本质上全面地了解一件事情。

唐糖： 除了学以外，还应该包含学会怎么去模仿和运用实践它。

戴阎呈： 我认为是对自己未知的东西的一种探求和满足。

张美昕： 是将自己吸收到的东西进行重新整合积累、转化成一种可见的成果。

张毅：学是有目的、有需要的探索未知，拓宽视野。习是方法总结，吸取经验，有准备的去实践。

孔子曰：学而时习之，是学习一件事物之后不断实践它，这是学习的阶段或解释之一。我理解的学是学习认知的过程，是我们学会了解和认知；习是通过我们的理解后作为指导思想引导实践，通过实践来论证和指导之后需要做的事情，通过学习训练来实现项目和成就。将学习的知识转换为个人的能力指导个人的行为，是学习能力的一种展现。如有的人不会驾驶，学完理论知识后学会了驾驶，通过会驾驶车辆来印证所学的知识。当面对各种复杂环境时，学车教练没教我们如何在沙漠里驾驶，如何涉水，这就需要我们把学习的知识进行实践达到一种能力。就像我们学习时用同样的书本，时间和老师，但因为实践和认知过程中的不同，每个人得到的结论和获得的个人能力也不同。

在开始学习这件事情上，有的同学说是带着目的学习，这是学习的一种。另一种是广泛的学习，想不到自己喜欢什么。这个过程会找到自己想要的知识和方向。第三种是我们在学习中不断查漏补缺学习新知识。从哲学的角度讲，学习中遇见的问题是人本身从哪里来到哪里去。我们认知世界时，认知面越广对世界认知的渠道会越不一样，而我们所设定的边界也会越大，未知的东西也会越多。当未知越多时学会找突破点，通过突破点得到我们需要的理论，然后用理论来推演其他东西。有的人触类旁通就是通过突破某一点来印证其他的方式，医学、物理、化学相应的一些道理来推演出我们对未知世界的认识，对未知学科的一种延伸。

知识

学习过程中提到的旧知新知，如何理解新知旧知，我问过我女儿读书为了什么？以前我的父母告诉我读书是为了找一份好工作，但随着我的成长和认知地增长，我在思考，对子女的认识也在不断变化。老师教孩子学习知识，告诉他们学习更多，能力更强时有选择的权利过更好的生活。而我告诉她知识的存在，一大部分是古人学成之后总结的，不好界定新知旧知的概念，一个知识对于我来说是新知，对于更有能力的人是旧知。我们学知识的目的是什么？我和她说古人总结的知识是限定在一个框子里的，我们学习的目的是要学会了解认识后不被界限限定，要有自己的认知和思考。当学完知识会提问题时，就表示你在理解和思考。如果提不出问题时，就说明学知识的表浅深度的不同。

"知"是了解一件事物或个体时所表现出的内容。例如，定义"一个人"：直立行走，高超智商。当描述清楚定义时，我们如何认识它的存在？通过可辨识性的词语来确定"知识"的界定范围。我们探讨事情的好和坏，或者它的实用性，实际上都存在于一定范围内，如果超出了界定范围便不适用。如牛顿力学，脱离地球以外就不适用了。所以要找到一定的环境空间里所达到的认知性，同时学会去打破它的存在和认知。我们既在学又在突破，不断地创立打破，这才是不断学习、调整认知、学习新事物的过程。我们看到很多东西的变革，实际上不是舒适者愿意做的事，就像诺基亚，它不希望手机变成现在这样，因为它的常规体系和成本已控制到最大承受范围，但苹果就在无意中把它淘汰了。这就是我们所认为合理合适的认知只是在自己的知识层面里，当认知出现不可预见或来自外力因素影响时，要学会承受理解并面对，不要抵抗它，积极应对是勇于认识失败和新事物的存在，同时也懂得如何调整。

古人总结的知识是他们认知的世界。当量子力学出来时就告诉了我们很多的未知性，地球46亿年，人类历史五千年，中国人存在和庞大的数字比起来是渺小的存在，这是宇宙的一部分。我们的认知只能是古人告诉的一部分和未来要知道的一小点。所以我们的知识面很窄，有的东西存在和发展不是我们单一能控制或者能想象的。宇宙的存在，地球的伟大远远超过人类。我们对存在的生物本身要予以尊重敬畏，它们来到这个世界的时间远比我们久远。中国传统的知识告诉我们，宇宙由天地产生，地是承载世间万物的个体。它作为大地母亲一直忍受或接受着我们的一切。但实际上它并不在乎人的存在。就像台风，说来就来，如果再猛烈一些，可能某些生物都会受到影响。所以人类的认知和时间维度都是有限的。而我们理解的三维四维空间严格讲是人类赋予的概念。时间就是因为我们要记住某件事情，表述某样东西才赋予时间，但它并不存在。我们说一亿年就是一秒钟也行，但这维度太大人类接受不了。所以，提到五维、六维、七维空间时不能否定它的存在。只能说明我们人认知的世界宽度太窄，所以我们应该不断地学习下去。

知行合一

回过头想想人存在的意义，为什么王阳明说知行合一很重要，一件事情存在是先知还是先行？知行为什么要合一？他提出是把两者并行着做是相辅相成的关系。我自己也在思考，首先知行合一，是方式不是目的。往往我们在做一些事情的时候，会把方式方法变成目的，就像有的人开公司是为了赚钱，而赚钱只是方法，开公司的目的是拿赚到的钱做想做的事。王阳明说，通过知行合一，目标是要达到良知。我们如何通过这些方法来提高自己？有时候我们容易犯知我所知，行我所信的错误。我们的行为习惯在决策一件事情的时候，总喜欢找人来印证自己想做的决策是对的，所以学习过程中行为习惯的促成，导致我们认知中的狭隘性，最后造成在认知和做事情上不准确，不开放，不客观。所以希望大家在做事情时，多思考，多否定一下过往，客观地从另一个角度看待自己。我们的学习并不希望是老师说的就是对的，而是在这个基础上来做思考。

同时希望大家在这个过程中，不要迷失自己，守住自己那份初心。举个例子，在抗战时期，面对日本的严刑拷打谁能挺得住？当钉子钉在手上，手背断裂，牙齿被打掉的时候，不是每个人都挺得过来，可能每个人耐痛程度不一样，但在临界点上一定会崩溃。所以希望同学们充分认识自己，别怕回避和面对困难，在认知过程中不断往更高层面，更好的价值发展，这才能支撑你做好事情。当你面对困难时突然间有一样东西能支撑你，就会不断形成人生观、价值观和认识世界的状态。

图 1 张青老师讲解公司发展（图片来源：自摄）

图 2 张青老师讲座中（图片来源：自摄）

图 3 张青老师与同学们的合照（图片来源：自摄）

张宇锋

中国中建设计集团有限公司总经济师、中建城镇规划发展有限公司董事长

讲题：未来，让空间与自然对话

开讲时间：2018 年 11 月 22 日

讲堂地点：中建大厦 A 栋 7 楼会议室

期盼

  北京的秋天，有两种自然所赐的景致是最有味道的：一种是红叶，一种是银杏，深秋时节的银杏，树上、地上金黄一片，是活生生的、金灿灿的秋日童话。在这秋高气爽之日，中建设计集团以"增进国际合作、开拓设计思维"为目的，邀请日本藤本壮介建筑事务所创始人藤本壮介一行进行座谈交流。在张宇锋老师的带领下，我们也有幸参与其中。

  所有的未来建筑形式都是以探寻建筑的本质为出发点的。未来，我们将以怎样的方式生活？人与空间、人与自然、个体与共体之间的关系又将如何？日本当红年轻建筑师藤本壮介，始终保持对自然与城市空间的关注态度，思考未来建筑的多种可能，表述他对未来城市空间的现实思考。就此张老师与藤本壮介大师进行交流洽谈。

"自然"与"人为"之间

1. 蒙彼利埃"白树"集合住宅

  最近设计的作品"White Tree"是一栋层的集体住宅。这栋建筑充满未来感，120 户家庭都具有最大程度接收阳光的开阔阳台，阳台层层叠叠不规则向外伸出，像拼命捕捉阳光的树叶一般。在考虑当地气候与传统生活方式的前提下，足以摆下用餐长桌的开阔阳台模糊了室内与室外的界限；"白树"超现实的建筑形态也与自然巧妙融合。因为阳光充足，人们平时会经常在阳台上活动。所以，我就如何让当地传统生活方式融入这一新住宅进行思考。我很想创造一种所有人都能分享的舒适环境，从当地的历史和气候等非常现实的情况去考虑，这很基础但也因此可信和可靠。尊重传统文化与当地气候等条件意味着我们需要找到其中的本质部分，再将其融入当下的生活。我认为未来建筑会更多地展示每家每户的生活，形成于生活场景中的美丽建筑。

图1 我们与藤本壮介的合照（图片来源：作者自摄）

图2 作品图片——蒙彼利埃"白树"集合住宅（图片来源：藤本壮介作品集册）

图3 作品图片——匈牙利音乐厅（图片来源：藤本壮介作品集册）

图4 作品图片——巴黎"垂直村落"综合体（图片来源：藤本壮介作品集册）

图5 作品图片——"重塑巴黎"竞赛17区潘兴地块——城市综合体（图片来源：藤本壮介作品集册）

2. 匈牙利音乐厅

项目位于布达佩斯市中心一个非常漂亮的丛林公园，是音乐厅及音乐博物馆。在这样一个森林基地中建造音乐厅会有怎样的可能性？这是我在设计之初思考的问题。我想让大家回到森林：音乐家在树林中演奏乐器，大家在听。怎样把这种梦境般的场景转换成建筑呢？我的想象是一个向森林开放的透明音乐厅。从施工剖面图上可以看到，地下室是一座音乐博物馆。这个博物馆是体量比较大的黑盒子，所以我将其置入地下。建筑的地面层是玻璃围合的空间，音乐厅、入口大厅、演讲厅全部向森林开放。

整个屋顶是一个圆形，并且是起伏的波浪状。这是因为场地位于公园中央，圆形的建筑可以让人从四面八方前来，建筑屋顶的很多孔洞光线可以落到地面层，营造出自然环境的氛围。此外，还有一些原有树木从其中几个洞中穿出，让人工屋顶与自然"屋顶"重叠在一起。在茂密的树林中，人们走着走着就来到这个屋檐下面，走进入口大厅，进入音乐厅，从森林中不知不觉地来到室内。另外，音乐大厅的玻璃墙是折叠的，这会更多地反射到周边的自然景象，使景观与建筑更加融合。但是玻璃外墙让音乐厅的声学设计变得很有难度。我们跟声学专家一起进行了很多设计研究，让玻璃外墙也能符合声学要求。室内顶棚采用了镜面设计，现在则采用像叶子一样的三角形单元组合图案，呈现出淡淡的金色，与外面的自然景观融合在一起。并且建筑没有使用自然素材，但从森林到建筑逐渐融合的体验，营造了一种全新的人工自然场所。晚上，当音乐厅开始演奏，玻璃墙后的森林将成为舞台背景。顶棚会有淡淡的反射，像是森林的延续，使人们获得在森林中听音乐的体验。

3. 巴黎"垂直村落"综合体

这是我在法国设计的"垂直村落"式建筑，具有办公、商业、体育等多种功能，是参加竞赛设计并获胜的地标性建筑，距离巴黎市向西的地区约有20分钟车程。

建筑总高约80米。从上面看是南北向的，位于一个长条状场地中。场地南部有一个小小的住宅区，北侧则有很多高大的办公楼和购物中心。这里的挑战在于怎样融合较小的住宅尺度与较大的城市尺度这两个对立面。建筑从南边低矮的房子开始慢慢升高，直到最北面，形成了一座山。场地旁边将来会有地铁站建成，所以我们在建筑中间做了一条比较宽的街道，作为城市中交通集散的地方。

建筑像山一样有点高低起伏，建筑整体是巨大的，却由这些小尺度阳台空间组合而成，因此，大和小的关系被很好地结合在了一起。阳台以后会长出树木等植物，让建筑不仅看上去像自然山峦，并且被绿色柔和地覆盖着。住宅室内的效果，位于下层的植物也会长到上一层，让住在高层的人也与自然十分贴近。这种由许多阳台组成的建筑物越到上面越显得轻柔，直至消失在天空中。

"垂直村落"的设计尊重了周边的情况、气候、风土、文脉、文化等方面。我将这些条件重新整理，最终形成建筑本身，即一种表现了场地特征的自然景观式建筑。

4. "重塑巴黎"竞赛 17 区潘兴地块——城市综合体

有一个项目在巴黎。建筑的概念是让巴黎的中心浮现出一片森林。大家应该知道，巴黎市区街道的建筑限高约 30 米，整个街道的建筑层高几乎在一条线上。我们的设计，是希望让一片森林出现在建筑群中，这将创造一个崭新的景象，让巴黎的街道与森林既形成对比又相互协调。

在模型图上，我们可以看到建筑上面的屋顶有一片树林。树林中间，有很多小房子，就像一个自然村落或一条小街漂浮在巴黎上空。另外，由于整栋建筑的主体类似一个倒锥形，接近地面层的空间也获得了森林般的景观设计。

建筑最上面是森林和一栋栋房子，在那里，人们可以一览巴黎全景。巴黎市区里其实没有这样的"村落"的形态，所以我们算是把一种新的生活方式和风景带到了这座城市。浮在空中的森林景观，也会是个非常抢眼的地标。

建筑上面是集合住宅，中间是办公层，最下面是商业设施。巴黎的特色之一是形状多样、可爱的小尺度屋顶，我们也把这种屋顶形态赋予了位于项目屋顶的小住宅。新设计重叠在老设计上，形成了不一样的建筑空间。

传统和新事物并不是对立的，我们可以在尊重历史传统的基础上创造新设计。

图 6　作品图片——未来森林——住宅与商业写字楼（图片来源：藤本壮介作品集册）

表面上来看，我们似乎把自然直接搬到了人工建筑上，但自然和建筑的对比还涉及周边城市文脉、自然的意义等更深层的关系。比如，这个离路面层比较近的广场，在商业建筑中是地景式的设计，让人可以很方便地从路面走入森林。建筑和自然就这样融合在一起，形成了一种新颖的城市环境和生活环境。

5. 未来森林——住宅与商业写字楼

这是广州白云区的一个住宅楼项目，那里的山景非常有特色。所以，我想把白云的山景带入建筑，将白云山峰起伏的形态设计到整个建筑的屋顶上。

建筑的最高处是 100 米左右的住宅楼。屋顶的"山峰"形成山坡，缓缓向下一层层递减，逐渐变矮。在这个总面积约有 10 万平方米的巨大建筑中，屋顶花园形成的连续斜坡覆盖了整个建筑群，形成了整体如山的设计。屋顶既是自然景观，又有一些小房子作为居民的公共活动设施，是提供了一个很大的屋顶花园。"山脉"顺着坡道折叠而下，一片回旋的屋顶把整个建筑群里的八栋楼房连接在一起。

相对来说，更多地把自然的景观直接移植到了建筑项目上，形成了一种建筑和自然融合的新形式。这是把山景形态融入建筑，创造风景般的建筑，而不仅仅是在屋面上做绿化。

有感

藤本壮介讨论的面向未来的建筑并不意味着前所从未有的奇形异态或是放之四海而皆准的某种理想模型，而是对于目标地区的历史维度与在地维度的把握，再结合使用者的需要，在这些条件下寻找更合适与舒适的各种可能。将自然氛围植入建筑之中，打造拥抱森林的城市空间。未来建筑，不是强加个人概念给用户，而是寻找一种用户需求与引导未来生活方式的平衡。如他所言，未来是不可知不可靠的，在每一次实践中对于当地的历史、气候与生活方式传统的考量等基础工作才是可信的。不仅仅是树木、绿色和建筑的结合，而更多地把内和外、简单和复杂、传统和未来等各种不同的对立事物关联、糅合起来。这才是未来建筑的设计尝试。

学习小记　　　Learn Summary

戴阁呈

学　　校：西安美术学院
学　　号：122017201
学校导师：周维娜
企业名称：深圳广田装饰设计研究院
企业导师：孙乐刚
研究课题名称：基于生态概念下的办公环境设计及应用研究

　　听说可以被选去到深圳工作站时的新鲜与期待我到现在都是记忆犹新的。可以在设计行业中顶端的机构进行学习和实践是多么珍贵的机会。却也的确不能处之坦然，也有些许的压力，同期一起学习的同学们也都是十分优秀。而我们到底能否在这设计之都留下一丝痕迹都是未尝可知的。心中所有的波澜仿佛都渐渐兴起，又渐渐落下。

　　初到深圳的感觉是凉爽的，也有着一丝的闷热，像是清醒中又带着满腔热血的我们一样。总是听说设计界的前辈们在深圳打拼的经历，而今站在这片土地上，也似乎充满着不真实的感觉。在罗湖区找到了住处后大家开始相互熟悉，又仿佛找到了统一战线上的战友一样，一起期待着即将面临的学习。

　　随之而来的是顺利进入了公司之中，也真切地目睹了在这设计之都中那一件件好的设计作品的始发地。忙碌着的人们却也有条不紊。分工明确、条理清晰、头脑风暴、办事高效是进入公司后我最直观的感受。我被分配到的小组主要是做办公空间设计，熟悉之后才发现同事们许多年纪都比我小，看着他们处理着这么大的项目也让我深切地感受到设计行业真的需要努力，自己需要学习的还很多很多。

　　每半个月的导师讲堂是我们最为期待的活动，正面与设计行业的顶尖人群交流和学习是难能可贵的机会，每个人仿佛都是一块渴望吸取知识的海绵，看向老师们的眼神中仿佛有着一道光芒，

图 1 工作站师生合影

图 2 琚宾老师讲堂

图 3 琚宾老师讲堂

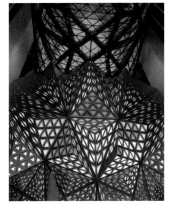

图 4 扎哈设计澳门 Morpheus 酒店

我也不例外，老师们讲的东西都像是对自己的人生总结，明明是在讲设计，可是总觉得听出了一种时间的沉淀，也许是足够热爱，才能将设计与自己的生活一起成长起来。所有的理念都是那么质朴，总以为达到这个水平的设计其理念需要多么的新颖和创意，可是听到老师的讲解后才发现，这些我们看起来的创意和新颖，都是来源于设计者足够的了解人之后带来的震撼。这时候我们才知道，我们被震撼到的其实并不是它的表现形式，而是它传递出的精神内核。"设计是伟大的，它的目的是规定人们的生活方式"，琚宾老师的这句话是我最为受益的。就这样安静地听着，脑海中也幻想着日后自己是否可以成为像他们一样的行业精英，期待着也紧张着。

在深圳的好处有很多，去香港、澳门体验不同的生活文化与设计也是其中之一。最喜欢的设计当属贝聿铭的中银大厦，当我站在这座建筑的下方时真的想要流泪，那种感受仿佛如沐春风，我站了很久，离去时还在不停回头观望，那一刻我也体会到了人与建筑是可以交流的。当所有物质在时间面前消逝时，唯有建筑在说话。在澳门的设计又是另外一种感觉，它是一种绝对的感官刺激，所有的元素仿佛要占满你的眼睛，夸张的手法应用，强烈的色彩对比，使人大呼过瘾。

在忙碌的深圳我们仿佛一个旁观者，静静地观察着人们的生活、烦恼、梦想，这一切的展现都是那么鲜活，我们的学习阶段也仿佛是一个安全的港湾，在最繁忙的城市中可以慢慢地行进，慢慢地，一切也都是在准备着。拼搏的人们仿佛也是明天的自己，都在为自己的成长积累着。

闻翘楚

学　　校：四川美术学院
学　　号：2017120142
学校导师：潘召南
企业名称：深圳广田集团
企业导师：肖　平、孙乐刚
研究课题名称：材料与技术在极简主义空间设计中的多重表达方式研究

　　如果城市有一个"理想形态"，那大概就是深圳的样子吧！这是深圳给我的最初印象，一个标准的，不含杂质的城市的形态，甚至连人们生活的烟火气息都是微弱的。通勤路上行色匆匆的年轻人说着不一样的方言，路边的小店里能品尝到世界各地的味道。深圳最吸引人的地方在于，它什么都有，而它让人感到疲惫和乏味的理由也是如此，它拥有城市所能拥有的一切，并且不断汲取更多养料，不断生长。在深圳我时常会看着街景想，深圳路上的车和人看起来似乎永远都不会停下来，永远在路上，就连那些成片的玻璃幕墙大厦，似乎都是一直向前的。

　　每天早晚坐地铁时习惯观察上下班的人们，早上通勤时间的地铁里永远挤满了人，人和人之间没有一丁点缝隙，直到换乘站的车门打开，车厢如同一个装得满满的袋子被截破了一样，人们从缺口处流出来，一路奔跑到另一个车站。通勤时期地铁站里的人仿佛形成了一阵浪潮，向前翻滚奔涌，直到车厢内稍微松散了，人们又重新变成了一个一个独立的个体。下班时间依旧如此，换乘站的地铁门前永远排着长队，每一列路过的地铁都要装载到它的极限再离开。这是深圳给我留下的最深的印象，地铁里向前奔跑的疲倦的年轻人，每个人都有他们背后的故事，都有他们留在深圳的理由。

　　深圳是一个年轻的城市，来这里之前就期待在这里能接触到更新颖的设计和思想。深圳有更多的参加讲座和参观展览的机会，也能够看到更前沿的设计品牌。在深圳期间听了王受之老师的讲座、理查德·罗杰斯与何镜堂的讲座等，也体验了许多或是有趣或是深刻的展览。这也是深圳让人停留的理由，总是有有趣的事情发生，总是有新鲜的事物等着被探索。

图 1 2018 光华龙腾奖—中国设计业
十大杰出青年颁奖典礼

图 2 深圳广田建筑装饰设计研究院
建筑室内设计作品学术交流大会

图 3 前海·建筑大师对话讲座

图 4 "超景观"展

在这里记录一个和朋友去画美术馆的周末上午，参观了"超景观"展览。展览 Makkink & Bey 工作室策划，以设计为媒介，以多样的方式，探讨了未来产品、人以及景观之间的关系，并且将城市规划、建筑、景观建筑的理念融入产品设计之中，以宏观的视角创造微观的革新。展览将根据场景主题划分为四个主要的区域：绘图室、模型室、起居室以及教学室。展品介于艺术装置与设计模型之间，整个展览给人以根植于现实场所的奇幻感受，视角、思维不断随着展品流动。

在深圳的五个月时间里，最大的收获并不是知识和技术，而是我自身的改变，成长是观点重塑的过程，观点在交流中碰撞、分解、组合，在新的意识中重生。每周的导师讲堂是一次与校外导师交流的机会，导师们将自己的经历和思考分享给我们，根据这些内容，我们再提出问题。人很难在一夜之间发生质的变化，但是经历一次又一次的交流，不知不觉间，我们思考的方式、做事的态度以及交流的能力都产生了变化。另外，经历了两次的答辩，从最开始决定时的优柔寡断，直到能够在适当的时机做出决断，并且能够为清晰地表达观点，做出充分的准备。

最深的迷惘来源于未知，工作站为从未离开过校园的我提供了望向未来的窗口，而未知仍旧是未知的，深圳在变化，我们在变化，世界永远是朝向多元的方向前进的。只不过比起最初混沌的迷惘，看到了更多的选择。未知并不完全是可怕的，它的背后蕴藏着巨大的可能性。

陈依婷

学　　校：四川美术学院
学　　号：2017120155
学校导师：赵 宇
企业名称：HSD 水平线设计
企业导师：琚 宾
研究课题名称：以"建构理论"引导中国传统木构的当代转化

在获知能参加四川美术学院·深圳校企联合培养工作站之际，我就对此次学习实践之旅充满了期待，对于一个还暂且未有实习经验和工作经验的我来说，这是一个实属难得的机会，能为今后更好地步入公司、融入社会打下基础，所以我非常珍惜在深圳的日子。

时间悄然而逝，可在深圳的收获不可悉数。我先是有幸进入琚宾老师的 HSD 水平线设计公司实习。在此之前，我对琚老师早有耳闻，他的作品里有一种东方美学的气质，一种细腻的朦胧感；他的文字更是辞致雅赡，恰到好处；然而更吸引我的是琚老师对设计的那片赤忱，对设计的严谨，那种从骨子里透露出来的热爱。每一次和琚老师交流的时候，都会令我兴奋且紧张，记得第一次和琚老师的交谈、第一次看公司的内部汇报会，我异常激动，似乎完全释放了对设计的热情，对未来四个月的实习充满了期待，希望能在 HSD 真正地做自己一直以来所想的、所坚持的、所喜欢的设计。

周末闲暇之余，有去到深圳的宝安图书馆找一些学习资料。尽管是周末，图书馆也是座无虚席，能找到一个角落坐下来也不太容易。虽然人很多，但却很安静，缓步找到一个书桌，便可享受一天的书香与宁静。深圳是个令人向往的城市，气候好，学习氛围浓厚，汇聚了积极上进的年轻人，不似蓉城般安居乐俗。习惯了在校园里安逸的学习生活，到了深圳，却也被它的热情和活力吸引了，自己也不自觉加快脚步，努力跟上深圳的节奏。

除了在 HSD 水平线设计公司学习实践外，还能去到工作站的其他优秀导师的公司听学术交流讲座，和导师们、小伙伴们进行交流和学习，充分开拓了学习视野。每位导师对设计的看法和角

图 1 深圳宝安图书馆外景

图 2 前海·建筑大师对话讲座现场

图 3 理查德·罗杰斯与何镜堂院士合影

度都不同，杨邦胜老师从生活到设计，设计到生活，毫无保留地分享给我们了一些新的学习方法和经验；肖平老师从设计之内到设计之外，自信地侃侃而谈，跳脱设计的圈从第三者的角度来看设计；颜政老师向我们分享了方案从抽象到物化的过程，让迷茫的我似乎有了如何进行实践的方向。除此之外，还有幸参加了理查德·罗杰斯和王受之老师的讲座。罗杰斯认为建筑是不固定的，是可以改变的，因为"建筑是一个框住活动的框架"，向我们简述了他的设计思想："建筑应该应时代改变"，任何建筑都应是适合当代的，是当代语言的一种展现，而每一个细节、构造都是建筑的语言。王受之老师看待设计的角度犀利，能敏锐地洞悉设计和现实问题本身，让我对设计有了一些新的感知。

回想这短短数月，深圳带给我太多美好的回忆与成长，"蓬生麻中，不扶自直"，这似乎是我成长最快的五个月。在这里由衷地感谢赵老师、潘老师以及学校给我这个机会，能在深圳有所成长与进步，似乎我能通过设计这"一山"，看到"山有小口，仿佛若有光"。

罗 娟

学　　　校：四川美术学院
学　　　号：2017120148
学校导师：余 毅
企业名称：PLD 刘波设计顾问有限公司
企业导师：刘 波
研究课题名称：基于大唐文化下的酒店设计探索——以西安万怡主题酒店设计为例

　　九月份的艳阳高照里，心心念念的深圳之行终于提上日程，怀着激动的心情在工作站启动仪式之后来到了 PLD 设计公司，开始了新的旅程。在深圳五个月的时间里，通过参与公司实习工作和企业导师讲堂，外出考察，观看艺术展览，参加设计论坛。一系列活动使我眼界大大提升，其中最令我受益匪浅的是从各位老师身上学到不一样的知识。

　　一、导师教堂的收获总结

　　整个导师讲堂下来，让我感触最深的是从各位导师身上学到的为人处世之道。张青老师作为公司管理者，每天高强度的工作压力下，依然保持着一颗热爱生活的心，用他的生活态度感染我们只有积极地去拥抱你的生活，生活才会回馈于你更好的期待；刘波老师让我懂得在工作和生活之间要游刃有余地切换，在自己未来的专业领域里坚持做好这一件事，踏实、勤奋、刻苦钻研才会有所成就，最笨的方法其实也是最快捷的路径；杨邦胜老师随时向生活挑战的勇气和决心，在工作上不服输的精神；琚宾老师和颜政老师告诫我们平时要善于阅读思考，注重知识的积累，随时收集和总结优秀的设计案例。设计这个行业需要你用热爱和专注去浇灌，要勇于探索设计创新的可能性和新材料的研发；孙乐刚老师鼓励我们作为中国设计师，设计作品中应当融入我国传统文化，脱离日本、欧洲设计的影子，寻找属于我们传统文化设计的语言；肖平老师告诉我们只有适当地给自己施加压力，不断突破自己才会变得越来越优秀，做事尽力而为，保持谦卑，水满则溢，月满则亏，人满则骄。对己负责，对人信用的为人处世之道。程智鹏老师从公司管理的角度上启发我们，做事要遵守几个原则：1.处事冷静，不优柔寡断；2.做事认真，不求事事完美；3.关注细节，

图 1 与王受之老师、何健翔先生的合影

不拘泥小节；4. 善于协商工作等。严肃老师启发我们重视生态化的设计理念，谨遵设计师的职业操守。

二、"建筑空间如何介入教育"的论坛总结

2018 年 11 月和深圳工作站的小伙伴们一起有幸听了由王受之老师主持的"建筑空间如何介入教育"的论坛（图 1），香港建筑大师严迅奇先生和知名独立建筑师何健翔先生作为受邀嘉宾，其中让我感受最深的是何健翔先生的观点，他认为建筑不仅仅作为一个空间的量化存在，而是与建筑内在的内容和精神同步，建设设计对教育来说会起到相辅相成的作用，空间是养育人的容器，可以塑造人的气质，学生在学校待得时间很久，学校的环境完全塑造了学生的气质，如果在一个粗制滥造的空间里学习，对"教育"来说本身就不是一件好事，不同的学校绝对是完全不同的气质，在一个有精神、有设计、有思想的空间里面，建筑就是塑造人的气质、品格、品行的容器。

同时还看了几个精彩的艺术展览，感受到深圳这个一线城市丰富的艺术资源，超前的城市建设，会让人在无形之中被潜移默化，城市人被城市改变，同时城市人又改变了这个城市。难忘这几个月充实而感动的深圳工作站之行。

最后，要特别感谢以潘老师为首的各位学校导师，以刘波老师为首的各位企业导师，还有我的研究生导师余毅老师，感谢你们不辞辛苦的付出，感恩。

唐 瑭

学　　校：四川美术学院
学　　号：2017110074
学校导师：龙国跃
企业名称：深圳文科园林规划设计研究院
企业导师：程智鹏
研究课题名称：新生活美学视野下田园综合体体验设计研究

　　深圳于我而言早不陌生，从盛夏到寒冬，这短暂的四个半月，我工作着、学习着、生活着，遇见着不同的人，经历着不同的事，明白了一些道理，学会了一些做事做人的方法，或许这就是重返深圳于我的意义所在。

　　有幸成为程智鹏老师的学生，并于文科规划设计研究院工作学习。大约是由于心态与角色的转变，这四个半月的工作经历与以往大相径庭，这次我作为一个旁观者去审视设计企业的运作与流程。在设计院商务总监张工的带领下我参与了周一不变的例会，各岗位管理者汇报工作进度，探讨工作难题，安排接下来的事务，除了了解了企业的日常运作情况，我也感受到了作为企业管理者的不易。为了维护企业的正常运作，实现战略目标，这些管理岗工作者们既要处理项目上的技术难题，还需协调企业与客户的关系，更需解决企业内部矛盾、完善企业制度，为设计师们提供一个良好的工作环境与晋升平台。在张工的推荐下我阅读了陈阳老师的《白话设计公司战略》，系统地了解设计公司的类型、发展阶段、战略定位矩阵，并学习了三轴试组织框架的构建以及产品流程轴与资源轴的制定。书中提到"无论是规划行业还是建筑行业，城镇化初期的建设狂潮已过，积极转型本是应有之义。"通过参与设计院改革制度的编制，我认识到无论是市场、技术、人才、文化，每个企业都有着独一无二的资源本底，而改革就像是园丁修剪多余的枝丫，它植根于脚下的土壤，是不变中的变化。项目评审会也是我必定会参加的，从启动、一审、二审、三审到完成，我见证了一个项目从无到有的设计流程，同时还开拓了设计维度。例如，一次田园综合体项目的启动会上，来自清华的林博士提到了由政府引导的田园综合体项目立项将经历地形地貌资源评估，

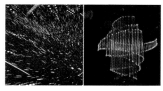

图 1 "每当星辰变幻时"展览

图 2 大鹏之旅合影

划定场地边界与初步产业体系，与地方政府初步沟通，根据已有村规划重新划定场地边界与产业体系，最后再次与政府沟通确立项目这 6 个阶段，这首次让我从田园综合体立项的角度去思考设计与落地的关系。

为了完成本次深圳工作站所选课题，在工作之余，我阅读了一些文献与专著，大多与田园综合体和新生活美学相关的。其中我最喜欢的是蒋勋先生的《池上日记》，他用温柔的文字和摄影，还原了理想生活的全貌，向人们传达生活的诗意。蒋勋先生无疑是一个善于发现生活之美的人，置身池上，春夏秋冬四季变换，人与土地交织交融，朴素而平凡，这是来自自然与土地最真挚的感动。生活在现代都市，高楼林立，人们终日与手机、电脑为伴，行色匆匆，很多人都已忘记了花朵绽放的欣喜，忘记了清晨的阳光和树梢上穿来的鸟叫。而蒋勋先生以泰然的姿势站立在田野之间，笑如孩童，向我们讲述着生活的美学。

作为设计之都的深圳，向来不缺乏讲座与展览，工作之余，同学们会挑选比较感兴趣的讲座或展览结伴前往。"每当星辰变幻时"（图 1）是一场沉浸式艺术科技展，它通过最新的科学技术通过互动性体验使参观者获得多维度的感官享受，宛如跌入梦幻世界拥抱宇宙星辰。如今的人们更加关注科技与艺术，"每当星辰变幻时"就是用新媒体的方式去表达科学与艺术相结合所迸发出的创造力。艺术作为科技传递的媒介，使它不再仅停留在冰冷的技术层面，而是成为感官体验的集合，与人们的情绪情感形成了有温度的互动。换言之，艺术与科技最大的魅力便是对人们意识的转换，而它也不应仅仅停留在一场展览，在未来，人们将感知到更多艺术与科技的存在，或许在高楼之间，又或许在田垄之上。

这次深圳之行让我结识了来自四校的小伙伴，每个人都各不相同，但每个人都显得格外的可爱。大鹏之旅（图 2）为这四个多月的相伴画上了完美的句号，我们一起在海边奔跑撒欢，一起唱着歌涮着锅，我们聊理想，也谈论年少的烦恼，一切都显得那么美好。四个半月虽稍纵即逝，但我认为离别是为了更好的再见，愿大家都以梦为马，不负韶华。

王 泽

学　　校：四川大学
学　　号：2017221055106
学校导师：周炯焱
企业名称：深圳广田集团股份有限公司
企业导师：严 肃
研究课题名称：地域因素影响下的郊野公园商业空间设计研究

　　深圳半年若白驹过隙，忽然而已。记得研一下学期才开始了解校企联合培养计划，对于当时正处于职业规划迷茫期的我算为一种不可多得的机遇。伴同机遇的常常是一定的挑战，联合培养计划参与的企业都是如今设计领域首屈一指的行业标杆，企业导师们也凭借着众多压倒元白的作品一举成为业内领跑者。但机会最后只留给 5 所院校。9 位企业导师、9 位校内导师和 11 位硕士研究生组成了 2018 年深圳校企联合培养计划的师生团队。半年的深圳时光无论是在学习上、工作上还是生活上都感受颇深，受益匪浅，结识了众多卓尔不群的良师益友，感受了温馨和谐的工作氛围，体验了多元包容的深圳文化。转眼却已稛载而归，百感交集，由此作一篇小记，回顾之余作亦小结。

　　学习中，校企联合培养计划通过导师讲堂、专家讲座、展览考察、会议指导、项目实践等多种方法为学生成员提供学习专业技术与学术理论的门路，然而使我感触最为深刻的是每位企业导师关于自身学习与企业成长的经历和经验分享。杨邦胜老师在中国文化与科学技术之间寻求引领设计的风向标；琚宾老师将东方哲学智慧与文人寄世情愫融入现代设计以此"出新于法度之中"；严肃老师立足术有专攻，打通发散思维，关注设计向善，言传身教做一名有社会责任感的设计实践者；颜政老师从永恒的经典与优雅的质素中通过"边界的过度"追求设计的精益求精；孙乐刚老师在空间气质与商业模式中不断探寻设计的温度与情感的共鸣。此外，肖平老师置身于设计界限之外对设计的思考与探索、张青老师对学习和生活的感悟与剖析、程智鹏老师和刘波老师以企业发展为载体对职业的解读。种种教导有风有化，不仅为我们打开视野、指引方向，更是提供了

图 1 开题报告师生合影

图 2 琚宾与颜政带领学生参观样材

图 3 平安夜 party 学生合影

独出己见的思维模式和耳目一新的学习方法。

工作中，我有幸加入国内行业巨擘广田集团，结识了众多奋发有为的同事与胸怀大志的领导，并在他们的帮助与鼓励下从了解企业业务版图、运营模式、工作流程到具体实践操作，受益颇多。印象最为深刻的是 9~10 月份参与的香港亚洲电视台总部屋顶花园设计，从概念设计、深化设计到施工图设计，短短一个月时间需要对方案不断推敲、不断优化。除此之外，材料与工艺对成本的控制、结构与植载对承载的控制、空间与功能对体验的控制都需要通过各职能的对接与协调进行反复思量与掂酌。最终完成的方案虽然存在一定的遗憾，但在此过程中脚踏实地的付出依然得到了同事与领导的认同，从而也更多地收获了一份自信与自豪。

生活中，11 位伙伴虽然来自天南海北，却志同道合，时常在学习、工作之余相聚交流。学习方法、生活轶事、职业规划、人生理想，我们有千言万语，我们侃侃而谈。能言善辩的张毅、材优干济的常圣、饶有风趣的小戴、才思敏捷的依婷、豁达开朗的罗娟、慧心巧思的秋璇、乐天达观的唐瑭、娴静端庄的楚茵、大巧若拙的翘楚以及蕙质兰心的美昕。每位同伴虽然性格不一，却独一不二，各有千秋，都使我留下深刻的印象。学习上我们相互督促、工作上我们相互交流、生活上我们相互关心，深圳这片温暖的土地见证了我们的友谊，我们也将继续把这一份份得来可贵的情义铭记心中，在未来的奋进道路上继续相互帮扶。

如今虽然已经回到熟悉的成都，但当耳边响起"深圳"二字时，脑海中霎时回忆起的便是导师们讲堂中的谆谆教导、同学们课余中的谈笑风生、同事们的会议中的各抒己见，除此之外还有深圳金色的晚霞、银色的浪花和不经意间流走于咖啡杯口的春树暮云。

杨蕊荷

学　　校：四川美术学院
学　　号：2017120153
学校导师：潘召南
企业名称：中国中建设计集团有限公司
企业导师：张宇锋
研究课题名称：从明清绘本中寻找院落更新与重塑的来源

　　北京这个城市应该不会陌生吧，就算没有来过，在新闻联播里面出镜率也是很高的。北京是中国的首都，是人人都向往的一座城市，这里有来自五湖四海的人们，包罗万象的风格、传统的历史遗迹和丰富多样的美食。作为曾经的北漂一族，不得不说北京的物价和房价都是很高的，但是这样一座城市，却让人来了就不想走了。

　　在参加北京校企联合培养期间，在导师企业里面学习，跟着老师参加项目洽谈，从中学到许多实战经验。这里不再像学校上课那样由老师传授与教导，而需要自己主动地学习，积极地接触项目，请教同事。通过跟导师的交流，我慢慢发现，学习不仅仅是在学校里的事，学习是一个长久的、无处不在的修行，工作时间我跟着导师做项目，学设计；休息时间我阅读了大量书籍，充实自己。日子过得越忙碌，越觉得正能量满满，充满干劲儿。听从导师的建议，我读书的题材包括但不限于我的专业，这样就慢慢开阔了思维，打开了格局，感觉收获很大。实习期间，导师讲堂也邀请了专家来讲课，不仅向我们传授了丰富的工作经验，让我们少走弯路，更主要的是分享了许多个人经历和感受，引发了我的很多思考，对我有很大触动收获颇丰。

　　这次学习还有一个主要任务，就是针对自己的选题有计划地收集一些资料，通过实地考察对北京的历史文化进行一定的了解。下图为在前门大街胡同里考察时，遇到的一家正在修建的传统木结构房屋，我在这里停留了许久，仔细观察并向工人请教，这是一次对建筑结构直观学习的好机会。

　　要了解中国的传统文化，北京的故宫博物院和首都博物馆是必须要去的地方。故宫是清代保

图 1 前门大街传统木构房改建

图 2 前门大街传统木构房改建局部

图 3 前门大街传统木构房改建材料

存最完好的传统建筑群，也陈列着许多历史文物。故宫建筑群给我留下了深刻的印象，从建筑本身，是中国古代建筑技艺的传承，无论是从规模、等级、开间形式、空间尺度、细节精致程度、材料及技艺手法来说，都是传统建筑杰出的代表。我们可以根据现存的建筑来推想当时的繁荣景象。首都博物馆地下展厅馆藏藏品对于了解传统文化也有很多参考价值。对于中国文化，不光要了解传统，现代最前沿科技创新信息也是需要我们时刻关注的。首都博物馆的"庆祝改革开放 40 年大型展览"里面展示了我国最新的科学技术成果，了解新型材料，新技术，生态、智能、可持续发展对于未来人居有着重要的意义。

此次行程我参观都市·生活——18 世纪的东京与北京展览本展分别展示了城市营造、城市生活、城市艺蕴三个主题，让我们更好地了解中国与日本两个国家的历史。经过两千多年的文化交流，中日两国的发展和建设都受到了彼此的影响。城市营造，通过图片、模型、建筑构建分别展示了北京与江户两座城市的营建与发展。城市生活，运用比较对比的方法进行历史片段展示，从居住、服饰、教育、节日庆典等方面展示日常生活，让我们可以更直观地感受到当地生活。城市艺蕴，通过屏风、卷轴、版画等形式展示了江户时代文化技艺。通过展览可以更好地了解同一时期两个国家衣食住行，可以感受到人们生活方式和城市的建筑形式，让我们更好地理解当地的历史文化。通过展示图片、模型、建筑构建、绘画等一系列展品，通过绘画中的建筑形式、空间环境和人物行为等，让我们感受到当时生活情景，这要比文字描述更容易被大家接受，也更直观。

北京文化底蕴深厚，是一个古典与现代结合的城市。这里有太多的文化展馆、历史古迹，太多可以供我们探索和学习的乐趣，无论在这里停留多久，只要你潜心感受，总会有新的发现，新的体验，新的感触。这对于作为设计师的我来说，是一次不可多得的经历。

陈秋璇

学　　校：四川美术学院
学　　号：2017120136
学校导师：马一兵
企业名称：深圳市筑奥景观建筑设计公司
企业导师：张　青
研究课题名称：亲子旅游项目景观设计研究——以重庆阳光童年荷兰小镇为例

　　2018 年 9 月初晚上九点多到达深圳这座沿海城市，天黑的缘故看不清外面的景色，唯一能感受到的是不一样的炎热，我带着好奇和拘谨开始了第五季的校企联合工作站的工作。想想也是四个半月的时间过去了。

　　一开始对于深圳的印象或许就是一座年轻的大都市，又或者只是一座只走肾不走心的浮躁城市，但作为中国设立的第一个经济特区，享有"设计之都"、"时尚之城"、"创客之城"等美誉。所拥有的资源也是多元化和高质量的，许多的创新思想和艺术探讨在这里发声，在经过四个半月的相处，已深有体会。

　　有幸和参与活动的同学们一起聆听了世界级大师的讲座：理查德·罗杰斯 × 何镜堂：前海 · 建筑大师对话。那天下午我们早早去到现场为了占领一个好的位置，当理查德·罗杰斯被助理搀扶着走进教室时，大家响起了热烈的掌声，想想他已经八十五岁高龄了，以及中国工程院院士何镜堂，见到本人的时候真是发自内心的感动，他们俩带来的是"全民共享的场所"和"建筑让城市更美好"的演讲，都是围绕建筑、城市与人之间的关系，建筑如何影响一座城市展开的对话。罗杰斯谈到当代的建筑是当下这个时期的建筑，每个建筑都刻有时代的烙印，因此建筑会随着时代社会的发展发生变化。作为建筑师的责任就是解决问题，为提升人们的生活品质而设计，顺应时代改变的建筑很重要。回望现在这个时代，建筑能够给现代带来什么？何镜堂院士说首先建筑建造起来就是很难再拆除的，所以建筑师需要承担责任，要让其存留下来并对社会产生持续的影响。然后要考虑到当地所依托的环境，结合实际情况才会产生丰富多样的建筑，同时给人们生活上带来便捷和精神上的满足。最后还要顺应时代和科技的发展，需要突破建筑的固有模式，结合发展

图 1 《前海·建筑大师对话》讲座

图 2 《赋格与重置》庞茂琨作品展

图 3 映射在公司窗上的光影

建造出更好的建筑。两个多小时的讲座是一场艺术盛宴，最后罗杰斯还提出一个问题，他说未来的城市会是一个没有车的城市，汽车总有一天会被代替，所以到那时候所产生的公共空间又会拿来做什么呢？这是个很有趣的思考。同时还聆听了"建筑空间如何介入教育"王受之、严讯奇、何健翔的讲座，参加了庞茂琨院长的油画展，在深圳收获到的知识可以说是多样的，加上每一段时间就会有企业导师的讲堂，在讲堂的内容上每个老师会有不同，有的老师会根据自己的人生经历进行分享，有的是根据项目设计进行讲解，还有的会从设计公司的角度和我们讨论，每位老师分享的知识都是他们的经验总结和个人经历所得出来的，他们毫无保留地分享给我们。在荣誉和光环背后，是他们汗水和辛苦的堆积。作为一名设计工作者我们需要有基本的职业素养和责任，要有目标和理想，同时还要饱览群书，多跨专业，丰富自己的生活，设计源于生活，多方面提升自己。

除了学习上还认识了来自不同学校的同学，一起听讲座，分享经验和心得，一起组织活动过节日，这四个月是一段难忘的时光，记得中期答辩完之后和同学探讨关于逻辑思维的重要性，他说多训练自己的思维和演讲，有利于更好地表达自己的设计思想，这样的建议对于我来说很受用。程智鹏老师讲座的时候他说过，"在深圳只有努力奔跑，才能停留在原地"，这句话感触很深，在深圳这样的城市，大家都在为了自己想要的生活和梦想打拼，如果不想被淘汰就一定要奔跑，这样至少可以停留在原地，很残酷也很现实，如果不努力连停留在原地的机会都没有。通过校企联合的活动我发现无论在哪一个城市，哪一个年龄段大家都在为做更好的自己而努力，每个人身上的闪光点都值得学习。对于未来我们更应该努力去学习且自律的生活，充分认识自己，努力活出自己喜欢的样子。

深圳校企联合已经是第五季了，作为参与的学生之一我很幸运，当然在这个过程中学习到了很多学校学不到的知识，老师们也说我们生活在这么好的时代赶上了这么好的活动，很感谢一直以来每位老师对于我们的辛苦付出，每位老师都尽可能地花时间帮助我们提意见，目的都是希望我们能够做得更好，真心感谢每位老师和工作人员。

夏瑞晗

学　　校：四川美术学院
学　　号：2017120152
学校导师：龙国跃
企业名称：中国中建设计集团有限公司
企业导师：张宇锋
研究课题名称：城市人行天桥文化性表达与形态设计研究——以湖北十堰市北京路人行天桥更新改造为例

2018 年 9 月，我来到北京，北京这座城市和我十年前来时一样，深邃而厚重，崇高而神圣。只是正处秋季，街道飘着零星落叶，一阵暖风袭过，夹杂炸酱面的味道扑面而来，斑驳的树影在年代的四合院墙面上眨眼睛，北京给我带来不一样的感觉——亲切。

作为四川美术学院·北京校企联合培养工作坊的研究生，非常荣幸能够有这样的机会在张宇锋老师的带领下进入中建设计集团这个大平台交流学习，同时也非常珍惜在北京的点点滴滴。

关于调研

由于所研究课题来源于实践案例之中，所以在 10 月初只身一人到达湖北十堰开启调研之路。对北京路的道路情况、城市空间状况进行了对比和记录，为了近距离地了解市民对本地人行天桥真实的反馈和使用需求，通过对北京路行人问卷调查及现场走访，最终得到群众需求呼声最高的天桥选址，分析出不同场地天桥的受众人群比例数。与此同时，参观了十堰市博物馆、民俗馆、艺术馆以及攀爬武当山，将本地城市文化进行了提取和梳理。为天桥的文化元素挖掘及形态类型的确定提供了有利根据。我发现一个人去外地进行前期调研，从安排制表到走访调查记录，最后为设计铺垫使用，都是一件非常有意义、有趣味的事。

关于讲座

1. 藤本壮介谈"未来建筑"

在张老师的带领下有幸参与了大师的设计讲座，藤本壮介先生主要以自身实践项目为例，深入阐述了自己的设计理念，并以此讲述了人—自然—建筑三者之间的关系，分析了建筑空间的不同可能性。如何用简单的形式语言创作多样的体验是我在此次讲座里反复思考的问题，藤本将很多看似对立的东西进行巧妙的组合生成多样性，他的作品大部分以白色为主，尊重项目所在的地形、气候、风土、文脉等方面，植入低碳生态的理念，提倡空间的暖昧关系，内部与外界的模糊，形成一种表现场地特征的自然景观。与周边城市的繁荣景象形成对比又协调的视觉体验，如景般的建筑。

图 1 十堰北京路现场调研图

图 2 武藏野美术大学图书馆

图 3 作品：伦敦蛇形画廊

2. 仙田满——与建筑一起游戏

12 月 5 日，张老师与仙田满教授谈论通州区铝材厂的合作。参与听取了仙田满教授的作品赏析讲座。人称"幼儿园设计大师"的仙田满教授与其他大师的不同之处在于他的设计类别更加偏向于幼儿园、游乐场之类的建筑。他对研究儿童空间的设计有独特的研究想法，给建筑赋予趣味与游戏的元素，将游戏自由—快乐—无偿—反复的特征引入环境空间，让孩子在天然的游戏生活中成长。更多地站在孩子们的立场上来设计，努力让孩子们的生活更便利，更加助长天性的释放。

关于看展

1. 探索家——未来生活大展

国庆期间晴空万里，HOUSE-VISION 大展与鸟巢相映成趣。最大的观展感受是未来家的私密空间将越来越小，共享的空间将会越来越大，偏向于把有限的资源合理利用最大化。其中最让我眼前一亮的方案是原研哉的 MUJI 员工宿舍。

其理念是把整个建筑的内外边界去掉，为家提供更多的可能性——"零边界"居住空间，设计灵感来源于中国正火热的"共享经济"，将四合院为灵感，结合"共和"、"共享"的概念，整个房间呈现出通透格局，这所住宅是共享公共空间与一人一胶囊的成功结合，是收纳控的理想家园。设计师将垂直空间转化为可供 4 人共用的生活空间，宛如树屋的楼中楼半开放结构，使独特的设计在平衡空间和节约材料上起着保护隐私的作用。将自然生长的概念植入未来家空间，以家为入口，基于城市、人口、环境问题以及家庭结构的思考，新的家装形态在未来也会有各种可能。

图 4 与仙田满教授交流及合影

图 5 原研哉 × MUJI 员工宿舍平面图

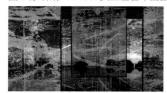

图 6 与张老师的大合照

2.798 漫步星际

随着时代的发展与需要，艺术与科技的结合已经成为当今设计的趋势。在圣诞期间去 798 艺术园区体验了漫步星际的媒体展。此次展览打造了超越年龄身份的奇幻感受和非同凡响的沉浸式体验，将每一个人的想象力与行为融入艺术当中，并与周围的一切物体与人物形成互动。其中还包括中国首次运用的"IP 陪伴娱乐"的理念，通过独创的手环绑定系统，实现 IP 与观众的个性化绑定。线上 + 线下的沉浸式互动视觉艺术，创造出丰富的参观体验。同样的沉浸式体验依然可以运用于我们的展览、设计之中，不仅营造出不同的场景氛围，也许还会给人们带来焕然一新的设计体验！

四个半月的时间转瞬即逝，虽然常常都在给朋友倾诉这里的麻辣烫都加满了甜麻酱，让常常吃红汤火锅的我很不习惯，但没想到真正要离开北京的时候，心里充满不舍。回顾四个月的时光，学习方式的多样化与丰富化，使我受益匪浅。真的很感谢学校能为我们提供这样一个设计交流的机会，能在中建这个中国排名第四的央企平台跟随张老师潜心学习，能与一群充满爱和上进心的同事们共同进步，能近距离接触国际大师并从中收获领悟，我感到很幸福。要感谢的人很多，获得的心得体会也更多。希望在研究学习的路上仍能不忘初心，继续向前，感恩并珍惜。

张美昕

学　　校：四川美术学院
学　　号：2017120137
学校导师：潘召南
企业名称：深圳市梓人环境设计有限公司
企业导师：颜　政
研究课题名称：在文化互鉴下对"CHINOISERIE"风格的研究与应用

　　骐骥过隙，今天是 12 月 20 日，转眼 2018 年已经进入倒计时。深圳的温暖总是让人很难感受到时间的流逝，我在深圳校企联合工作站的学习已经过去三个月有余。还有一个月左右的时间就要结束了。仔细想来，这次深圳工作站的学习之旅于我算是一次"寻忆"。这份回忆源于 2014 年盛夏的第一次深圳考察，那时我还是四川美术学院大三的学生，在老师的带领下与参与工作站的部分设计公司有了第一次短暂的接触和了解。这次短暂的交流使我开始对深圳这座城市心生向往，同时也更加希望我在深圳的学习能不止于此，有机会一定会再回来……抱着这样的期许，今年 9 月我有幸重新回到了深圳，再次见到了熟悉的老师和公司，四年前来深考察学习的点点滴滴再次涌入脑海。与上次不同的是，这次在深圳的学习生活时间长达五个月，我有大把的时间感受这个城市的脉动，并且与国内一流的设计公司学习交流宝贵的设计经验。

　　过去的半年是信息爆炸的半年，除去在公司实习以外，还参穿插着各种活动，导师讲堂、展览、论坛等。深圳这座城市是一个良好的信息交融大平台，全世界优秀的设计和艺术思潮你都有可能在这里感受到，如果再次回到学校，这样便利的机会短期内应该很难再有了。虽然学习笔记密密麻麻记了大半本，但一直未对其进行过正式的总结，仔细想来，这些零碎的知识片段若只是静置在本中，感觉过不了多久就会变得没有任何意义。所以今天需要重新进行整理回忆，也当作是年末总结了。

　　导师与公司：

　　我所在的企业是深圳梓人环境设计有限公司，导师是颜政老师。谈到最初选择颜老师的初衷，

图 1 公司窗外深圳的黄昏（图片来源：作者）

图 2 弗朗索瓦·布歇作《中国花园》

图 3 颜老师讲解建筑家具的形制与比例关系（图片来源：作者）

除了颜老师出色的设计能力和其独特的设计风格以外，更加吸引我的是颜老师独具的优雅女性魅力。早在学校学习时，我的校内导师潘老师在与我聊起工作站导师选择时也总说道，我在颜老师公司能够学习到的绝不仅仅是设计思维和实践能力，一定会被颜老师的人格魅力所感染。这也更加坚定了我的选择。

初到公司给我的第一印象如同颜老师本人一般儒雅精致，能在这样的环境中学习工作五个月，真的是非常幸运。由于之前并没有任何在公司实习的经验，所以我在公司的第一个学习任务是从阅读书籍和熟悉公司设计流程开始的。这也是我第一次详细了解到设计公司的具体工作流程，从概念设计到方案设计再到方案深化和设计施工，每一个阶段都有严格的工作流程和相对应的工作标准。一个项目的完成需要各部门通力有序的配合，对于公司设计部门阶段工作细目及要求的阅读和学习，让我更加深刻地感受到设计由感性发生到理性落地的过程，任何一个环节都需要万分严谨细致，不容出错。颜老师在与我交流的过程中时常说："我在对方案最初的形成和设计阶段总是充满感性和完美幻想的，而一旦进入设计落地的阶段我就好似从一个艺术生变为了理科生，我的设计想要得以实现就必须有这些理性的数据、验算结果的支撑。而这个过程才是设计过程中最漫长、枯燥但又十分重要的过程。"

课题相关：

在公司实习期间我所对应的选题是对于"chinoiserie"风格的研究和应用，这是 17~18 世纪在法国兴起的一种艺术风格，觉有强烈的东方色彩。由于其背景知识较为复杂，与我们所熟知的设计风格有较大差异和距离。针对次情况，颜老师为开出了需要阅读的书目，让我通过书籍的学习对课题的背景资料和发展历程有更深入的学习。除此之外还向我推荐了先关的电影和博物馆，让我对于课题有更加直观和全方位的了解。由于本科期间我所学的是景观设计专业，所以对于室内设计并未有过系统深入的学习，针对此情况，颜老师为我提供了公司刚刚完工的一套完整的室内设计案例供我学习。从项目方案的推演到设计施工的细节图，看完一整套的方案后，我对于"chinoiserie"风格在现代住宅空间中如何更好的转化和呈现有了初步的理解和感受。这一阶段的学习也是接下来进行设计实践的重要基础。

图 4 罗杰斯讲座现场（图片来源：作者）

图 5 展览现场（图片来源：作者）

图 6 博物馆现场（图片来源：作者）

部分课外学习活动小记：

前海·建筑大师对话理查德·罗杰斯 × 何镜堂讲座 （日期：10 月 23 日）

罗杰斯与合伙人哈伯以"全民共享的场所"、何镜堂院士以"建筑让城市更美好"为主题，分别进行了演讲，同时呼应此次讲座主题"建筑如何影响一座城市，面向未来、独具特色的前海建筑是什么？"进行对话。

何镜堂老师认为好的建筑应该激发人们情感上的共鸣，给人带来更多精神层面的感受。城市建筑的风格和品位代表了这座城市的特性、素质、追求和发展。对于深圳的城市建设，要遵循这一基本原则。深圳是一个非常特殊的、多维度的城市，包括开放度、包容度，以及对未来的渴望等，而智慧这个维度也会在深圳实现。

北欧四国设计展（日期：12 月 18 日）

12 月 18 日，小伙伴相约一起到何香凝美术馆观看"亚热带未有的景象——北欧四国（丹麦 / 芬兰 / 挪威 / 瑞典）设计展"，展览包含了许多北欧设计师对于最新设计最新潮流资讯的解读和一些前沿性的设计探索。览形式十分的丰富，从内容到形态，从设计语言到媒介，甚至从展览空间到陈列方式的各种实验。挪威馆的《元素 2 号》是一个由光、色彩、感知、声音观念和空间现象构成的体验式和沉浸式装置，有着雕塑式的信息。观众在光和色彩的语言中，感知设计师的思想。芬兰馆的设计中融入着日常生活的理念，同时也诠释着科技创新。

十三行博物馆之行（日期：1 月 22 日）

这是在深圳实习期间所观看的最后一个展览，本来早就应该过来学习，因为博物馆的展览内容是与我所做课题息息相关的。博物馆中展出了我国清朝十三行贸易兴盛时期大量相关的历史文献和海内外遗存的文物，十分系统地展示了这个当时清朝唯一对外通商的口岸是如何雄霸中国，对欧美各国产生影响的。这些精美的工艺品为我的研究提供了最为直观的历史资料，众多曾只得在书中看到的精美家具、工艺品、陶瓷丝绸艺术品都生动地摆在了眼前。细观这些文物，才可真切体会当时十三行时期的高超工艺水准和工匠精神。

朱楚茵

学　　校：清华大学
学　　号：2017270165
学校导师：张 月
企业名称：YANG 设计集团
企业导师：杨邦胜
研究课题名称：基于特色传统文化的设计模式研究

一、大理采风

白族民居：白族建筑形式主要包含"一正两耳"、"两房一耳"、"三坊一照壁"、"四合五天井"、"六合同春"和"走马转角楼"等。白族民居建筑的构建主要为：庭院、门楼、照壁、坊、道廊。

大理色彩：大理有湛蓝的天空、碧绿的湖水、红褐色肥沃的土壤、层层叠叠的山脉，还有微微稀薄的空气，让人流连。通过地域元素的整合，归纳出"海青"、"赤红"及"云灰"三种色彩。

扎染：主要以大理周城扎染作为考察重点，对扎染手工艺流程、图案、肌理进行考察及体验。

二、活动与论坛

1. 讲堂——杨邦胜《远走高飞》

通过这次的讲堂让我们对未来的酒店行业发展方向有了一个深入的感知，杨邦胜导师通过自身的经历给我们讲述了酒店设计的发展历程、中国文化的持续探索和传承，及从杨邦胜导师身上所看到的，保持设计的初心，心中有爱，才能远走高飞。

2. 论坛——建筑空间如何介入教育（王受之、严迅奇、何健翔）

通常大家理解空间是一个量化的东西，多少面积、多少容量，但从西方建筑史角度来说，人之所以要建建筑，是要追求某种内在的内容跟精神，而这个对教育来说非常重要。空间是非常重要的环节，不同的学校绝对是完全不同的气质，在一个有精神、有设计、有思想的空间里面，建筑就是塑造人的气质、品格、品行的容器。

3. 论坛——大师对话 /master talk （Richard Rogers、何镜堂、倪阳、Ivan Harbour）

图 1 白族建筑

图 2 扎染

图 3 大师对话

图 4 赋格与重置

建筑与其他学科不同，是物质与精神的结合。技术、物质的一面是很清晰的，艺术、文化的一面每个人有不同的理解，建筑师不可能设计出令所有人都满意的建筑。既然是建筑，没有标准不行，建筑本身还是有它的逻辑。首先，建筑不是抽象的，具体研究必须结合当地的气候、环境、文化以及具体的地形、地貌等因素。这样就形成了地域、文化、时代三个理解建筑的角度。

4. 展览——赋格与重置（庞茂琨作品展）

关于美术史经典图像谱系的再编码与转译这一创作理念的同时，进一步探讨作品本身与建筑空间、湾区景观、音乐载体之间的"互为"关系。借助建筑之美、海景之美还原到时间和空间的回廊中，提醒人们，在现实与历史之间、在建筑与绘画之间、在音乐与视象之间，存在着一种内在的共生关系。

5. 活动——YANG 设计集团年会

通过参与集团年会的学习，对未来的酒店设计行业发展提前有了深入的感知，在酒店行业多样化的趋势下，吸收与消化 YANG 设计公司带来的创新理念。

三、酒店考察

1. 深圳回酒店

酒店以"回"为名，并以"回"作为设计灵感，以新东方文化元素为主，让人有"蝉噪林逾静，鸟鸣山更幽"之感。"回"作为中国传统文化中最具代表性的文字，它的古文字形是一个水流回旋的漩涡状，寓意旋转、回归。精品酒店作品中表达了：心灵回归、文化回归、生态回归。

2. 同泰万怡酒店

酒店设计灵感源于大空港国际机场枢纽飞机机舱元素的主题，优美柔和的弧线体量，机舱符合人体工程学的舒适空间幻化为室内设计元素，通过不同材质质感有机组合，打造宛若翱翔云端的舒适"梦想客机"，为这座律动活力城市的忙碌旅者，打造一处品牌铸造时尚舒适的休憩空间。

3. 深圳中洲万豪酒店

深圳中洲万豪酒店地处深圳市南山区，南山区因"南山"而得名，历史上的

图 5 YANG 设计集团年会

图 6 深圳回酒店

图 7 同泰万怡酒店

图 8 深圳中洲万豪酒店

图 9 深圳蓝汐精品酒店

南山是靠山面海的鱼米之乡，孕育了悠久的渔村文化。当地原住民不仅用勤劳的双手编织出所用的渔网渔具和布衣鞋帽，而且也编织了幸福的生活。漫山的荔枝花及其丰硕的果实是上天赐给当地人的礼物——春游踏青，夏行避暑，秋登望远，冬临赏翠。

4. 深圳蓝汐精品酒店

蓝，染青草也；汐，从水，夕声，本义晚潮，《东海渔翁海潮论》江湖之水归之沧海，谓之汐。皎洁月下，潮汐悠悠，清风徐来，沁人心脾，一片静谧深蓝。蓝汐精品酒店融合了中国传统文化元素和国际化的现代艺术手法，在空间、灯光、选材用料等方面精雕细琢，全方位打造具有岭南文化气质的城央世外之地，为追求高品质生活的人群提供了一个远离世俗、放飞心灵的私密空间。

王常圣

学　　校：天津美术学院
学　　号：1712011112
学校导师：彭 军
企业名称：PLD 刘波设计顾问有限公司
企业导师：刘 波
研究课题名称：酒店设计中中国传统元素现代性的演绎

一、关于深圳

来到深圳，跟我去到以往任何一个城市的感觉，是大不相同的。深圳有自己特殊的魅力所在，是一座非常包容的、开放的、效率的一座城市，可以非常清楚地感觉得到，这里的年轻人走路都带风，工作起来都有狂热的激情。来到这样的环境里，我从内心有种强烈的感召，如此好的机会，如此好的平台，如此好的氛围，不做出点什么东西出来，我会对自己感到羞愧，但是在羞愧之外，更多的是一种强烈的动力，想要实现某种东西和成全更好自己的热望。简单说来便是，付尽才华，不负光阴。

二、关于思考

如果说良好氛围是环境的给予，那思想和认知的提升都是要靠自己思考得到。来到这边，我选择租在了离公司比较近的公寓，虽然很羡慕租住在一起的工作站同学，但是一个人的独住也给我带来了一些东西。独居是个有意思的体验，之前要么住在家里，要么与同学住在寝室里，而这一次，是真正意义上一个的居住。一个人住就要有一个人住的计划，我开始规划我的课题，要做什么东西，做成什么样子。虽然我有计划时间表，但是我不能确定我能否按时间按质量完成。一开始我是困惑的，初入酒店设计，我面对的是一个庞然大物，接着我发现，这个大物，不仅仅是大，而且难。我发现它大的时候，觉得还好，自己要多花时间总归是可以解决，但是当我发现它难的那一刻，我有点不知所以，因为这不是花时间就能解决的，还要能力，方法与刻意的训练。我就开始思考，我所要解决的问题现在到底是什么。然后我发现无非是三个，平面、立面和收口，那么我要做的工作就转移了，我开始重做时间计划表，任务从做课题到学习平立面和收口。在经过一段时间的练习之后，重新开始去做课题的设计，就发现很多困难迎刃而解了，进度也得以按照时间表进行。这里的逻辑是，做好了课题是因为进行了针对性的训练，进行针对性的训练是因为发现了真正的难点，发现真正的难点是因为按照旧时间表无法按质量完成设计，按旧时间表无法完成设计是因为做个时间计划，而做时间计划则就是因为独处啊。独处，制定计划，执行计划，完成计划，这就是逻辑链条。独处是无参照物的，我无法参考其他同学的进度，也许大家有大家的计划，而我只要执行自己的计划就好了。而此刻我写心得的时候，我才发现这里面的逻辑不止独处这么简单，它更深一层的缘由是思考。独处对于按计划完成课题来说只是充分条件，而非必要，真正必要的条件是，这一个时间段里自我的逻辑学训练与自我思考。

三、关于汇报

对于汇报，在一开始我也是心怀畏惧的，大抵是因为性格内向，天然对于公众面前表达有所抗拒，但是对于有畏惧又躲不过事，最好的办法还是积极应战，在想通了这一层后，我开始了一系列的"备战"，最初也是最重要的当然是准备设计的作品图纸，在做完图纸之后，准备的重心就到文字和编排上了。

我发现我或者说我们都太重视图了，一张效果图我们在模型里反复调整，在 PS 里反复去 P 图，为了去达到最好的视觉效果呈现，那么我不禁要问自己，我有 P 过文字吗？我有 P 过演讲稿的故事与逻辑吗？我有 P 过演讲时声音的起伏、强调与节奏吗？我没有，所以我以往的汇报时那么粗糙，在想通这些点之后，我的精力就付诸于锤炼我的汇报了，最后也得到了大多老师的肯定，我想最于我有益的不是汇报的成功与老师们的赞赏，而是我对于汇报这些关键节点的打通所形成的思考模式以及建立了汇报的高度自信心。

四、写在最后

人的每一段经历都是宝贵的，在工作站的尾声，更有深刻的体会。或许以后回想起这段时光，是无比的怀念。此刻，除了珍惜还有感谢，感谢帮助过我的同学、老师、同事，他们教会了我许多东西，感谢之外，还要继续努力奋斗，长路漫漫，砥砺前行，新的一年，继续思考，计划，总结，提高。

张 毅

学　　校：四川美术学院
学　　号：2017120138
学校导师：潘召南
企业名称：深圳市水平线室内设计有限公司
企业导师：琚 宾
研究课题名称：江南园林中模件体系的研究与转译

维特根斯坦在逻辑哲学论里说："陷入某种困境就像一个人在房间里想要出去，却又不知道怎么办。想从窗户跳出去，可是窗户太小；试着从烟囱爬出去，可是烟囱太高。然而只要一转过身来，他就会发现，房门一直是开着的。"

四个月以前的我就是那个想从房间里出去却不得门路的那个人，直到有幸进入了深圳工作站才让我发现，原来门就在身后。从门出去，便有着一束光，一束引导我前进的光，沿着光一路前行，不断探索延伸，就可以到达我梦寐的彼岸。

此行收获分别以三条线索分而述之，即传道、解惑与欢聚，详解于下文。

一、名师传道，大道可期

在联合培养的过程中，我们接受着所有人不求回报和不计成本的全力支持和帮助：有着来自众多高校的导师们予我们学术上最大程度的支持，是传学业之道；有着国内最为顶尖的设计师指点专业上与职业上的关隘，是传授业之道；有着水平线同仁们以身作则，以自身过硬的专业能力和敬业精神，传授我敬业之道；亦有着来自五湖四海的十位优秀小伙伴，传我见贤思齐之道。

记得初入水平线设计学习之时，对课题和项目设计的理解始终不得要领，琚宾老师却一直鼓舞我和依婷。在此期间，琚老师悉心传授我们学习的路径与设计的衷心，一次次告诉我们何为温度、何为感动、何为设计的本质，将自己的思考与设计理念以绵绵春雨般的姿态浸润进我们的心田，打开了我们心里通往设计最终奥义的一扇新窗……

图 1 开幕式初见

图 2 琚宾老师讲解模型

图 3 中期答辩的齐聚

图 4 肖平老师的导师讲坛

图 5 杨邦胜老师的导师讲坛

二、有感即解，拨云见日

我自幼就喜好思考，更因身处于校园的象牙塔之中却常有接触社会实践的经历，使得我相对于周遭的同龄人多了更多的疑惑。人生如何完整？如何实现自己最大的价值与意义？如何选择前路莫测的未来？很多问题多思意味着犹豫和徘徊，但我始终坚信自己能行且思之，想清楚前路，脚下的步履才会足够坚定迅速。

此行深圳，极有深度的导师讲坛与极其丰富的行业分享会对于我这种典型的"问题青年"正像是一场及时的甘霖。自九月始的五个月时间内，八位名声在业界如雷贯耳的企业导师轮番为我们举办导师讲坛：张青老师与我们聊人生的各个阶段如何判断抉择；刘波老师教我们如何以勤为本脱颖而出；杨邦胜老师以举手投足间的点滴告诉我们何为真诚，何为热爱；琚宾老师以作品告诉我们何为设计的温暖，设计师的职业发展轨迹如何运行；肖平老师分享自己商海浮沉的数十载岁月，教我们如何成为一个完整、有尊严有意义的知识分子；颜政老师以服装为切入点引发我们思考如何使设计更为经典和优雅；严肃老师以善意设计为题，讲述设计的人文关怀；程智鹏老师以企业运营为线索教我们以宏观视角把握设计的微妙；孙乐刚老师以公司形象为例，传授我们如何以自身为例打造办公空间的类型的标杆。导师们以既是老师也是长辈方式，竭尽所能地想把自己所沉淀的人生智慧分享给我们，告诉我们如何实现丰富又有意义的人生，带我们进入他们丰富或跌宕的人生历程中，复盘其选择或困惑。想来这种机会的珍贵程度于我而言，相比于巴菲特的晚餐也不逞多让吧。

三、欢聚满堂，贵相知心

此种欢聚亦有三重韵味。

一重欢聚是时时刻刻关心着我们，挂念着我们的导师们。不论是校内还是校外的导师，我们因联合培养计划才相识相遇，但在他们身上我们却享受着视如己出的舐犊之爱，老师毫无保留地指引着我们，希望我们拙作成长，这种爱因地理的距离而被拉长，也因学生弟子间见面而绽放出耀眼的光。

二重欢聚亦是指工作站同学间的相聚。因各自公司分散四处我们的住址也分

图 6 参与建筑空间论坛

图 7 澳门酒店的考察之旅

图 8 圣诞节的小伙伴聚会

图 9 腾讯开放日的讨论

散于深圳的各个地方，但每隔一二周我们都会齐齐欢聚于一堂，或看展览或听讲座或享美食。我们于期间各自毫无保留地分享着对未来的困惑与憧憬，为各自的人生规划互相献策。我们来自全国各地而因工作站相识相知，此间友谊在一生之中亦弥足珍贵。

三重欢聚是与家乡伙伴、大学同学的重逢。他乡遇故知，互诉衷肠，聊起各自的不易与近来的发展轨迹，亦是另外一番滋味。

深圳此行就像是一场展现了千百种人生可能的汇演，振聋发聩或喃喃耳语般向我诉说着人生意义为何物，该如何要求自己，有着怎样的路径，又该走向何处。短短半年的经历又像一场如在雾中的美梦，由身处其中再至起身离去，所行所思，诸位导师的传承想来已沁我心脾。感谢校内导师与企业导师们的悉心传授，水平线公司同仁不遗余力的精心指导，深圳一行已成为我整个求学生涯中最值得珍藏的回忆。

寻　道　/　授　业

顾

四川美术学院艺术创客众创空间研究成果
深圳校企艺术硕士研究生联合培养基地
产教融合与设计创新

Retrospecting

The Research Achievements of SCFAI Art Innovation
Workshop · MFA Joint Training Base of Shenzhen
Enterprises and University · Integration of Education
and Design Innovatio

基于生态概念下的办公环境设计及应用研究 ◎ 戴阁呈

Working Condition Design and its Practical Research Based on Ecological

顺丰科技办公空间设计

项目来源：深圳广田集团股份有限公司
项目规模：5100 平方米
项目区位：该项目位于深圳科技南一路的深控投创智天地大厦

现代办公压力已经成为常态话题，高速发展下人力支撑成了行业竞争之间的消耗品。激烈的
商业模式下，员工不仅工作处于长期高压的状态，同时还承受着各种环境污染以及建筑污染
带来的生理不适。现代办公正朝着生态化发展，通过注重办公环境的生态环保技术应用以及
生态设计理念来缓和员工的心理和生理健康。通过生态概念作为支点去思考空间与人居环境
的互动作用，以此来推演出以生态办公为核心价值的办公空间的构成形式。

办公大堂

办公大堂

办公区

路演区

休息区

摘 要

现代办公压力已经成为常态话题，高速发展下人力支撑成为行业竞争之间的消耗品。激烈的商业模式下，员工不仅工作处于长期高压的状态，同时还承受着各种环境污染以及建筑污染带来的生理不适。现代办公正朝着生态化发展，通过注重办公环境的生态环保技术应用以及生态设计理念来缓和员工的心理和生理健康。通过生态概念作为支点去思考空间与人居环境的互动作用，以此来推演出以生态办公为核心价值的办公空间的构成形式。

关键词

生态办公 生态设计 可持续设计

第1章 绪 论

1.1 研究背景及意义

当今社会关系中逐渐凸显新的特质和形态，办公环境和办公场所前所未有的快速发展，其主导原因也是在表象背后深刻的社会形态变化，在如此大的环境中设计办公空间也面临着新的机遇和挑战。首先，城市快速发展，处于布满钢筋混凝土森林中的人们开始向往更加自然的场所，同时生态意识也逐渐被大众所重视。我们应该探索资源可循环的办公环境概念，并通过对现阶段室内办公环境的发展和隐藏问题的一系列总结和探索，从而得出以生态、可持续发展以及生态建筑学等理念下的室内环境设计发展方式，从而满足当代人们对舒适健康的办公空间环境的追求，同时尽可能地节约资源保护环境。

1.2 国内外的研究现状

办公空间的室内环境在 20 世纪就成了学界研究的热点，由于早期的设计体系不成熟，导致很多工作人员身心健康因为办公空间存在的各种问题而受到了伤害，也就是后来所谓的病态建筑综合征（ SBS ）。在此情况下，很多国家针对办公空间的室内环境进行了广泛的研究调查，同时以此为基础制定了大量的评价体系。例如，英国 BREEAM 评估体系、香港的 HK2BEAM 体系等等。其评估的主要目的就是要保证健康良好的室内办公环境。

然而，在中国办公空间的室内环境问题尚未得到公众的足够重视，办公环境也没有独立的评估体系。因此，本文希望借鉴发达国家现有的先进经验，同时结合中国办公空间的实际情况进行研究，探索生态概念下的办公环境设计。

第 2 章　概念解析

2.1 生态概念

生态学是指所有生物的生存条件，以及个体与环境之间不可分割的相互作用。德国生物学家海克尔（H.Haeckel）首次把生态学定义为"研究动物与有机和无机环境之间关系的科学"。1895 年，东京日本帝国大学三好生将"ecology"一词翻译成"生态学"。生态学的起源是研究生物个体的结果。在文化背景下，人们对生态有不同的看法。

2.2 生态概念下的可持续设计理念

世界进入工业社会之后，人类为了大幅度加快生产力的发展，不断地与自然斗争，试图想要改造和征服自然。结果人们付出了很大的代价，森林面积大幅度减少导致了土地沙漠化，工厂二氧化碳的超标排放也造成了温室效应及南北极冰川的融化。在这些情况下人类需要认识到，尊重自然，与自然和谐相处是必要的认识和必须遵守的法则。1987 年，世界环境与发展委员会发表了一份关于世界的报告，称为"我们共同的未来"，它深入探讨了人类面临的一系列问题。其中，对环境问题进行了更深入的讨论。报告中介绍了"可持续发展"的概念和定义："可持续性必须伴随当代人的需求，同时不影响后代满足自身需求的能力。"这一超前具有特色的理念，将人类从只对环境保护问题的注重转变为了环境保护和社会发展的实际结合，使人们开始认真思考当今世界的资源和生态问题。同时建筑的地位在人类社会发展进程上也起着举足轻重的。生态概念下的建设理念以及生态城市的建造都以自然生态原理为根本出发点，都力图为人们提供一个健康舒适的可持续发展环境。生态理念、有机结合理念、地域理念、崇尚自然理念等，都是生态概念下的可持续发展理念的重要理论构建，同时也是人居环境价值观的重要体现。因此，当今的生态理念与现代发展的结合更为一体，人们也逐步晓得和学会应用加倍进步前辈的手艺来革新生态环境，计划生态空间。

2.3 生态建筑与生态环境概念

可持续发展和各个领域的覆盖面，以及在可持续发展生态概念下推动的设计发展也是多样化的。由此延伸出的生态建筑、生态空间的产生也是当今炙手可热的话题，对于生态建筑和空间设计来说，分为技术上的生态以及美学上的生态理念。

对于生态建筑而言，虽然它们以生态学命名，但它们仍然属于建筑类别。生态建筑需要更加关注建设活动对自然资源，生态环境和用户健康的影响。其次，生态建筑空间在构成原则上也一定程度的摆脱了普通建筑空间的"以人为核心"的限制性，它更加注重"以环境为核心"，同时它又将人作为环境的重要组成部分，因为人无法摆脱环境而独立存在，因此，普通建筑空间中"以人为本"的概念被包含在生态建筑空间的"环境"中（图 2-1）。

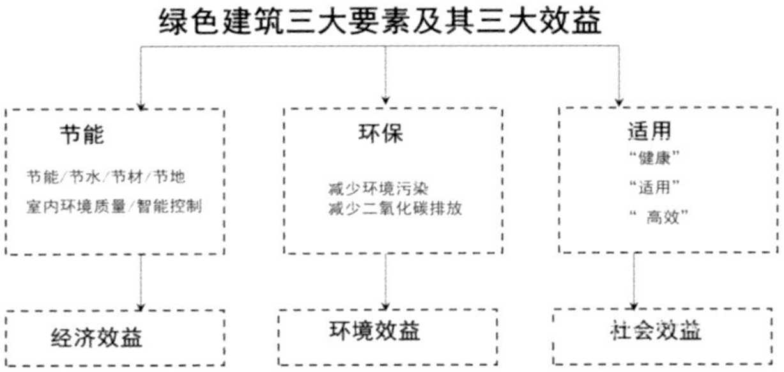

图 2-1 绿色建筑三大要素 （来源：网络）

生态建筑应在地方和广泛的范围内发挥示范作用，低能耗建筑是建筑商对社会的有益贡献。然而，它必须是一个真正的低能耗建筑，不仅通过计算和评估，在测试完成后，有必要获得可靠的数据，如冬季和夏季的室内温度，以及供暖和空调的能耗。居民反映舒适性非常好，并且被证明是一个真正的低能耗建筑，有足够的事实。虽然有必要计算低能耗建筑本身的建筑投资以节约能源，但也必须考虑建筑物整个寿命的成本。也就是说，建筑物从规划到建设，运营和使用 50 年，甚至搬迁所产生的各种费用之和。不可以只单方面计较一次投资数额，其主要原则有：

图 3-1 办公区格子间（来源：网络）

（1）建筑物采暖和制冷上尽量使用可循环以及自然能源。

（2）在技术上以外部围护结构为主要攻克对象。

（3）充分考虑中国经济前提，天气前提，生活方式和习俗的条件，使用现有的扶植物质和资本、支持资金等

（4）低的成本、高的使用率，使其具在社会中具有普世价值。

第 3 章 生态概念下的办公环境设计分析

3.1 办公环境的发展及现状

在 19 世纪 60 年代，人们创造了以蒸汽技术为标志的工业革命，人类也走上了工业时代。工业生产已取代传统的体力劳动，工业经济已开始取代农业经济成为社会发展的主要动力。办公空间形成的早期在 19 世纪，最早以集体办公室的产生为标志。但是却还没有从庄园室第和工场办事楼的概念中抽离出来。在 20 世纪 50 年代，随着玻璃幕墙的高层办公楼的出现以及空调和荧光灯的广泛使用，这些玻璃办公楼不再受到采光和通风的影响。大进深的室内空间开始出现，室内的布局按照员工所处的职能重要性进行分布，使用不同大小的隔间或者空间单元来反映企业的阶级制度（图 3-1）。

在 20 世纪 80 年代，办公空间正式进入电子设备，办公空间充满了大量的电子设备。通过现代化的办公设备，人们实现了机械化自动化办公，效率得到了前所未有的提高。

信息技术使工作区能够不断突破空间界限，逐步覆盖全球各个角落。新的信息增长系统改变了工作和组织的概念，使得办公职员有着更加自由的办公方式，他们享有办公地点和办公时间的自由，使得办公方式更加的具有自主性。而在当今发展中，办公空间又进行着更大一次的空间变化，在满足功能，形式与材料之后的人，空间与生态环境的关系也是未来考虑的办公空间设计的重点。

近些年来，随着资源日渐紧张以及环境问题日益严重，建筑及空间的节能问题逐渐得到了重视。在经济快速发展的背景下，我国建筑能源供需问题逐渐进入

图 3-2 望京 SOHO （来源：网络）

图 3-3 生态办公区 （来源：网络）

公众视野。 我们需要在建筑和能源消耗中找到一种协调的开发方法。 然而，在国内设计发展的现阶段，许多设计总是充满各种节能技术，并被称为"绿色生态设计"。然而，无论建筑本身的设计空间或美学概念，经济效益以及人群对设计空间多样化的追求，生态节能设计都只能通过节能标准来判断。这显然是对节能减排政策和资源可持续循环政策的误解。 真正的生态设计空间应该是功能和美学形式的结合，有效的能源使用。使建筑节能意味着设计的重要元素，并在设计空间中积极探索不同类型的建筑空间和节能形式。 创造环境，经济和生态形式和空间。

3.2 生态办公环境概念的提出

生态办公（Ecological office district，EOD），是基于生态学原理，环境学原理以及建筑学原理三大原理，推演出的符合生态平衡及可持续发展的原则。合理设计和规划建筑物内外空间的能量和材料因素，使其能够在空间系统内自主地和周期性地变换。 从而，获得了具有高效率，低能耗和无污染的新办公空间。例如北京的望京SOHO（图3-2）。

3.3 生态办公环境的特点

生态办公的提出是一个全新的理念，与之同时提出的具有相关联系的概念也有很多种类，例如： 高科技办公园区，企业园区等生态概念基于这些基础，并以可持续发展为基础。 从而提出的一种新型的设计概念，它的定位在生态城市发展这个大的背景的功能模块层次之上，它也是生态城市可持续发展和城市生态化的微观基础。作为一种新型办公室，生态办公区域有几个显著的特点：1.设计过程中要以节能措施的应用为主要的手段。 2.合理的室内绿化，创造舒适的办公人居环境。 3.合理运用自然采光。 4.合理的遮阳系统。 5.自然通风的设计（图3-3）。

3.4 生态办公环境的构成要素

现代办公环境一般都是多功能办公综合体，基础设施的构成已经趋于成熟，普通类现代办公原有的空间构成为：办公区、接待区、过境区、服务区和辅助设备区。而生态办公环境则是在普通办公环境构成要素的基础上更加考虑到人性化，以及更加遵循资源可循环的设计理念。 首先，在这些构成要素之上，生态办公环境在空间结构上更加考虑低能耗以及生态性的布局方式， 例如大型的中庭、空中庭院或者边庭为公共活动区域，解决功能性问题的同时也缓解了办公空间内能源消耗问题。 其次，可转化功能性的灵活共享式空间为主要办公区，缓解了人员在不同时期需要空间的功能性不同的问题。 同时在功能性构成上也更加考虑到人员需求，普通的办公环境配套服务空间多为： 参考室、档案室、印刷室、食品室等而在生态办公空间中需要考虑的是人多元化的需求，例如：独立休息室、图书室、咖啡厅、水吧、路演区、培训区、健身区、讨论区等一系列的新型配套服务空间构成。

3.5 生态办公环境的设计原则

适应自然原则，适应自然的原则是在设计中追求空间与环境的协调原则。 "建筑与自然是一个不可分割的整体。" 在办公空间的设计中，人们总是过分关注建筑本身与外部环境之间的相互作用，而忽略了空间内的协调。

适应人群需要原则，现代办公空间设计的基本理念是为用户提供健康舒适的办公环境。 室内空间的优劣直接决定着受众群体的工作质量，可持续的生态设计在注重环境与艺术性表现的同时，也要提供给用户足够的关怀。

适应时代发展，空间再利用原则，办公空间从建成之后就面临着时间与空间的变化，办公人员的动态性，以及办公功能空间的动态性。 这就限定了办公空间在设计的初步阶段要预留有足够充裕的能动空间，以此来维持空间的灵活性。 满足各个时间段的用户功能需求的空间设计是符合可持续发展的设计原则。

资源循环利用的原则，资源循环包括自然资源的流通和物质资源的流通， 包含着太阳能、空气、热能、光照等资源，这些自然资源的循环可以有效降低室内的能源消耗，在很大程度上，它直接影响用户的直观感受。 而物质资源的循环再利用，指的是在空间设计中，将废旧的产品通过二次创意再次实现它的使用价值。在现代办公空间中，用户设备的使用周期越来越短。

第 4 章　生态办公环境的设计及应用研究

4.1 以人为本的环境设计

4.1.1 个性化需求

有研究表明，当今社会的就业形势严峻，工作人群通常需要在办公环境中停留超过 8 个小时的时间，可以说，大部分时间都是在办公环境中度过的。 可是至今依然存在着许多办公环境的功能单一、空间形式呆板、声音嘈杂、与自然环境相隔绝， 这些问题都很大程度地影响着办公环境使用者的心理健康，所以，创造一个生活与 工作相结合的复合型办公环境对于现阶段的办公人员来说是十分必要的。 将生活化的元素以及休闲元素融合进办公环境的设计当中，例如： 休息室、图书室、咖啡厅、水吧、健身区等一系列的新型配套服务空间，这可以有效地减轻办公室工作人员的压力，提高用户对办公环境的舒适度和满意度（图 4-1）。

图 4-1 个性化办公空间（来源：网络）

4.1.2 人际交互需求

在办公环境中，正式的交互空间往往是人们所关心的重点，例如：多功能会议厅、会议室等区域。非正式的交流空间总是会被人们所忽视，例如： 讨论区、休憩区、餐饮区等，但是在办公活动当中，人们绝大多数的沟通往往是伴随着这些非正式的交流空间发生。与此同时，现代办公方法总是以团队的形式产生，因此人们需要拥有更多样化的交流场所。 传统的办公环境当中，对于员工的配套设施考虑的并不周全，常见的休闲空间一般都为简单的水吧。 而在生态办公环境中，我们需要将员工的使用习惯细化，将空间的功能再次细分，在配套设施或者功能分布中更加考虑舒适健康以及高效沟通的区域，例如：休息室、健身区、阅读区、咖啡厅、路演区、训练区、讨论区等。通过这些区域的舒适便捷程度，增加使用者的工作自由度使得办公区域变得灵活实用，同时又便于员工相互之间的快速沟通，使之成为办公环境中的活力点。

4.1.3 健康发展需求

传统办公中，为了追求最大的经济效益，有害健康的材料在室内环境中大量使用，很大程度上威胁着使用者的健康。在大环境的指导下，人们开始渴望回归自然，营造生态健康的办公环境，使人们在工作中保持健康的身体状态和更积极的心态。办公环境中的空间和设计通过视觉、听觉、嗅觉和触觉方面在各个方面传达给用户。这些感受可以与人产生情感上的沟通，带来愉悦的心理感受，从而缓解工作中的压力。无论是在设计手法上或者是材料运用上，生态办公环境都需要考虑到使用者的健康需求。安藤忠雄、弗兰克莱特等很多著名建筑大师都十分善于运用自然的材料作为建筑或者室内的构筑材料，而自然材料中独有的内在特质与外在的表现容易同使用者的心灵产生对话。通过这些设计中对健康的思考，满足人们生理和心理的双重健康要求是未来需要注重的要点。

4.2 具有场所精神的空间氛围营造

4.2.1 员工归属感与认同感

对于办公空间而言，企业的目标是希望"纳外者于内"，以鼓励在企业与员工之间建立更紧密的关系，同时培养一种新的工作文化。而企业在发展过程中与员工的沟通是必不可少，所以在办公环境的营造上，要着重考虑员工的归属感与认同感。员工的归属感是对企业的一种认识和实现自我价值后的感受。所以，良好的办公环境对员工的心理影响也是极其巨大的，合理的考虑使用者的需求会使得他们自身产生强烈地被认同感，而具有新意的空间设计也会一定程度上使员工具有自豪感，空间的舒适性以及健康的办公环境有利于营造"家"的归属意向。

4.2.2 企业文化与企业精神

企业文化是一种现代管理理论和方法。企业文化也是办公环境设计的主要核心体现。然后在办公环境的设计中，有必要从办公空间的顺序中找到企业文化与精神的结合。合理考虑空间员工需求，提高员工满意度，增强公司认知度，提高办公效率。同时，在环境方面，公司的精神文化、价值观等都是积极向上的良性发展方式。

4.3 高效可持续的空间形态

4.3.1 适度的空间形态设计

如今，在时代的发展下，室内空间的设计逐渐重视"以人为本"的原则。 围绕人的考虑以及使用习惯为基本原则，同时强调人体工程学下的室内空间尺度，深入考虑使用者的心理与视觉尺度，以此为始发点将人们的生活环境更加完善。 室内环境的形态设计与美的艺术是无法分开的，创造一个"美"的空间同时找寻如何制造美的感受的规律也是非常重要的， 它以服务公众及其所在地为基础，这要求它与生活息息相关。

4.3.2 合理的空间动线关系

动线是指人们在建筑物内外移动的每个点。 需要尽可能减少办公环境中员工和访客的行动路线规划，突出办公空间的区域功能，员工的正常工作不会受到访客的影响，优秀的动线关系也可以大幅度提高办事效率以及企业人员的条理性， 有效地增强办公区域的可见性、可达性，以及提高空间形态设计的记忆点。 在办公室，部门和部门之间的内部关系反映在访客的步行路线以及在移动线路中显示的公司的文化和力量。 如上所述，企业文化与装饰设计的融合将灵魂注入空间。

4.3.3 灵活的空间功能分布

(1) 导入区域

导入区域即接待台、入口大厅以及人员交流的区域。 这些领域可以说是公司外观和精神内涵的表现，因而也是办公空间设计的重点之一。 在满足功能所需的交通功能后，门厅需要兼有交通和接待功能，注意动静分离的关系，设计必须考虑到人流线的平稳流动和休息区的安静需求。

(2) 通行区域

通行区域指是指所有空间用户的行动区域，是办公空间设计的每个功能区域的重要通信桥梁。开放式楼梯营造出多层块状感，为空间营造出丰富的节奏感。现代办公环境中，会采取扩大开敞式楼梯的方式，将楼梯的使用功能更加的丰富化。其他功能区域，如图书阅读区、休息区、谈判区、培训区等。

(3) 公共区域

办公区的公共区域包含各种休闲空间和会议空间。 与此同时，办公空间在设计的初步阶段要预留有足够充裕的能动空间，以此来维持空间的灵活性， 满足各个时间段的用户功能需求的空间

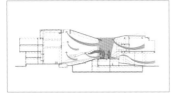

图 4-2 自然通风分析（来源：网络）

设计是符合可持续发展的原则。

4.3.4 恰当的空间色彩应用

人们对不同的颜色表达有微妙和不同的生理反应。有研究证明，人们的身体机能会随着太阳光的光色不同而产生不同的变化。色彩的不同也会带来人生理与心理的不同感受，同时色相，饱和度都会对这种影响产生作用。暖色的空间环境会潜意识的调动员工的激情和活力，而冷色的空间沉静内敛，有利于提升员工的办事专注度，生动的色彩空间有利于员工的心情，低饱和度的色彩空间将让员工感到轻松。总体来说，生态办公环境下的空间色彩应用要将企业高效的办公，使用者舒适的感受作为首要出发点。同时，优秀的空间色彩应用应牢固地建立在美学的基础上，以适应办公环境的设计。

4.4 生态节能的构造体系

4.4.1 自然通风

目前国内空气问题成为国家高度重视的环境问题，很多政策都是为了解决城市的空气问题，确保良好的通风和空气环境是生态办公空间设计中亟待解决的问题。自然通风系统在室内空间中的作用主要取决于门窗的开启方向及其大小、开口的深度和长度。办公空间中通常开间较大，经常使用的手法则是设置中庭，利用热压通风的烟囱效应来实现最佳的通风效果，同时又可以解决采光的问题。而在建筑的底层做架空处理，在进风口出也可以设置水系或者绿化来调节空间内部的风环境（图 4-2）。

4.4.2 采光与照明

自然光是地球上最为充裕的可再生资源，他为我们提供大量的光与热量。除了常见的侧照明，中庭照明是常用的照明方法之一，中庭可以是自然光采集和分配器。自然光在中庭内部产生多次漫反射，使光线照射到更深的办公空间。与此同时，现代办公楼的功能和空间需求也越来越多样化，对采光的需求也发生了各种变化。办公空间可以利用新型的导光材料满足充分的自然照明。

4.4.3 保温与隔热

在气温寒冷的地区，太阳能所提供的热能也会直接供给室内大部分的热量，入射在墙壁或顶面的能量，间接地，包络结构的温度升高，空间的热能损失减弱，从而保持了保温效果。在办公空间中，窗户的方向和面积对空调的冷却和加热的能量消耗有很大的影响。办公空间中为了接纳更多地自然光以及美观考虑，窗墙都比较大，所以热能的损失也就成了首要问题。研究表明，在办公空间中，外部窗户和玻璃幕墙消耗了房间总热量消耗的30％。近年来，国外广泛使用的节能玻璃除了中空玻璃外还使用低辐射薄膜玻璃。这种玻璃对可见光保持高透射性能，但它降低了红外长波的透射率，几乎降低到零，从而进一步提高了隔热性能。而在科技发展中这种环保型材料也在开发新的技术，例如，双层中空 low-e 玻璃窗、多层 low-e 玻璃窗等。解决了寒冬保温的问题后，防止夏季过热的问题也是当务之急，太阳能在夏季时对于室内温度来说反而成了首要的问题，绝缘和冷却似乎是两个不兼容的问题。在空间设计中，合理的遮阳系统就是必要的考虑条件了，它不仅可以防眩光，同时也可以在夏季有效地阻挡直射光通过玻璃进入室内，防止阳光过分的照射使墙体温度过高。目前，我国采用的遮阳方法分为内遮阳和外遮阳两种。但是在遮阳板内，因为在室内空间，大部分太阳辐射已经穿过玻璃并进入房间，尽管其中一些太阳辐射穿过百叶窗并在室外反射。但是对于已经进入的太阳辐射所产生的热量显得杯水车薪。所以，可见外遮阳的隔热性能更高一筹。

4.4.4 围护结构节能

空间设计中的保温及隔热性能不能仅仅依靠自然光来实现，在墙面制造的材料上也需要考虑。(1) 使用新的保温材料，如新加气混凝土砖、小型空心砌块和其他材料。这些材料都能起到良好的保温效果。(2) 优化建筑表面设计，使用导热系数小的轻质保温材料进行融合使用。目前这几种保温节能手法是在建筑设计中比较常见且成熟的做法，主要构造为三重保温方式。外部保温构造在其中是应用最为广泛的，寒冬时节可以使室内的温度保持在舒适水平，同时在炎热的夏天其隔热性能也十分的出色，目前国内常用的外保温材料有挤塑板、聚苯乙烯颗粒保温砂浆、硬质聚氨酯、聚苯板等。

4.4.5 声环境控制

办公环境中的声环境是指空间内的声学环境，噪声、沟通清晰度以及语言的私密性都需要进行一定的控制。随着人们对办公空间环境的要求越来越高，办公环境中的声环境控制已成为办公空间设计中需要考虑的重要因素。 良好的声环境对于员工提高工作效率以及维持身心健康都有非常积极的作用。 办公空间中的噪声大部分可分为两种，室外噪声和室内噪声。 室外噪声是由于办公空间通常处于城市核心办公区域，大量的城市噪声和室外生活噪声会传入办公空间内部从而影响办公人员的办公效率以及质量。 而室内噪声主要是来源于室内的交谈、电话沟通、电气设备以及办公活动中产生的一系列噪声。 在生态办公环境设计中，对于室外噪声从设计上说我们需要经过详细的现场考察后慎重地排布办公的区域分布，将高效办公的区域放置在远离街道的区域，在结构上巧妙地进行空间隔断也能有效地隔绝噪声。 在材料上也可以使用新型的隔音玻璃，有效地隔绝室外噪声。对于室内噪声，在设计中就需要合理的功能区域划分以及动线设计做到动静分离，空间区域类型分为休闲噪声、办公室噪声、设备噪声和无噪声等区域。 使办公环境的声环境控制在健康的标准之内。

4.4.6 信息与智能化的设计

现代办公环境中的智能化技术应用已经成为国家发展水平的重要表现之一，智能化的办公环境主要体现在三个方面上，第一点就是设备智能化，例如： 智能化的办公桌椅、智能化的办公系统等，这些智能化设备的产生对员工的办事以及沟通效率有着很大的提升。 第二点是太空情报。同时，这些不同的单位都配备了各种办公设备，确保办公人员在工作时可以灵活使用空间。在集团外的环境中工作大大提高了工作效率。 第三点是设计智能化，能够真正满足员工的身心健康需求才是智能化办公的核心点， 所以智能化的装饰材料、合理的照明设备、无害的通风系统、符合心理需求的色彩运用、具有形式感的空间形态设计都是设计中的智能化的重要体现。

图 5 深圳广田绿色装饰基地园（来源：网络）

第 5 章　案例分析以深圳广田绿色装饰基地园为例

5.1 项目介绍

广田绿色产业基地园研发大楼，该项目位于深圳宝安区松岗街道广田绿色装饰产业基地园内，经过十多个环节，如规划、初步评估、专业评估、专家评审和宣传，所有指标均通过了住房和城乡建设部绿色办公室的审查，成功获得了三星级绿色建筑设计标识。

5.2 设计分析

研发大楼严格实行国家的可持续发展战略部署，成功通过三星级绿色建筑认证，在生态建筑设计短缺的今天成为国家重点绿色建筑示范基地，在设计上也积极响应国家节能减排战略的多元化发展，将该项目建成了以生态环保为主要方向的绿色一体化生态建筑，力图为人们提供一个健康舒适的可持续发展环境。设计遵循生态理念、有机结合理念、地域理念、崇尚自然理念等态概念下的可持续发展理念的重要理论构建，在各处都体现着人居环境的价值观。该项目也将继续推动装饰一体化、智能化、工业化的发展，实践生态、绿色、可持续的发展理念，致力于发展以人为核心主导价值观的办公空间。

5.3 设计应用

该建筑采用了太阳能光伏发电网系统、太阳能路灯和庭院灯，以及多线节能空调。通风冷却系统、给水接收系统、屋顶绿化系统、建筑外遮阳反射系统、LED 照明和节能灯、照明智能控制节能系统、再生材料外墙挂板、室内柔性隔断系统、工业装配、装饰挂板等近 20 个节能系统，如复合墙板、无线传感器监控系统和光导、通过建筑一体化配套设计和应用、实现绿色建筑的绿色回收、绿色结构、绿色水源、绿色能源、绿色回收、绿色环保、绿色住宅等功能。

第 6 章　总结与启示

　　本文从办公发展的时代背景出发，概述了其发展历程以及引出了生态概念下办公环境设计的探索，其最终的目的都是为人而服务的。目前，建设生态节能已成为一种趋势，国家战略势在必行。特别是节能技术的设计与室内和室外空间的创造，整体形状和详细结构密切相关。通过对设计实践的分析，从而论述了生态节能的定位。 全面、系统和预先判断地使用各种节能措施，研究出了一种将其与建筑空间，造型和细节有机结合的方法，这将探索基于集成设计的现代绿色办公楼的创建。生态概念下产生的社会价值、文化价值、经济价值和实践价值与办公环境的发展密切相关。希望生态办公环境的应用能够从物质和精神上都满足使用者的需求，对办公设计领域提供一条新的探索途径， 这也是城市建筑和生态环境发展的未来方向。

参考文献

[1] 曾捷 . 绿色建筑 [M]. 北京：中国建筑工业出版社，2010，7.

[2] 郑鹏飞 . 基于绿色 GDP 理念的建筑项目管理研究田 . 城市建设理论研究，2011(32).

[3] 黄光宇，陈勇 . 生态城市理论与规划设计方法 [M]. 北京：科学出版社，2002:31–34.

[4] 刘先觉 . 生态建筑学 [M]. 北京：中国建筑工业出版社，2009.

[5] 潘蜻 . 基于可持续思想的高校教学楼设计研究 [D]. 天津：天津大学，2009.

导师评语

孙乐刚导师评语：

首先，能够这个选择现在当下的办公环境设计，生态概念下的办公环境设计的应用，研究这个题来做你的论文，我觉得也是非常独树一帜的一种论文的方式。因为当下，在整个商业社会里面，办公环境的改善和帮助管理人群的这种关系是受众群体现在普遍关注的部分。我们大部分都是没有很好地解决这样一个问题，因为各种原因不被重视，或者是没有真正从根本上去深挖。

论文本身，我认为从逻辑思维的角度来看，应该是比较缜密的，从推演的方式也是合理的，比如说首先从摘要的部分能够作为一个概括，说明了你整个论文的要点，包括一些研究的目的都作了阐述。那么，从绪论到概念的解析，再到研究还有一些案例的，这个深度的研究，包括后面的总结，整体一层一层地向下推演的过程是比较严谨的。

在第 4 章生态办公环境的设计以及应用这个部分，拿了很多论点，包括这种说明，我认为是做了很多的工作的，应该是读了一些相关的参考书。然后也对整个办公环境人群做了详细的了解，之后提出的一些问题，包括当下的一些痛点，并且也点出了这些痛点深层次的原因。

在不同的层面做了详细的论述，包括这些痛点的具体的指向，如：什么东西，空间形态的设计，以及一些人们对于空间需求的论述还是比较清晰的。

与此同时，这个章节里面对生态节能构造系统也做了详细的论述，这些往往在室内设计中是被忽略的部分。现代的室内设计只是追求一些表象的感受，但是空间直达的这种感受是最深层次的，对于身心、生理上的这块需求改善却没有太多地去关注。论文里面对于光、照明、通风等详细的论述，这个部分我觉得是比较比较完整的，更深层面的探索了一个体系对于生态环境的作用和改善的一些办法。

在第 5 章，关于案例分析这个部分，如果有可能性的话，也可以深挖一下，就比如说在针对前 4 章里面的那些观点，或者是一些技术手段，那么如果是在一个框架之内，拿来作为对这个实际案例的一个分析。系统地把这些部分对人的意义和他如何实现并完成的做一些阐述，可能会使得这个案例的分析显得更生动，更有效。那目前来看，它把很多的技术点都列出来，也把整个这个项目对于生态环境的改善阐述得比较清楚。但是，却没有更深层次地把这个部分是如何和人产生实际的联系，怎么来解决的。那些点和逻辑性可以在分解得更清楚一点。

最后一点，这个论文是从这个历史的演变关于整个生态环境设计研究，从历史的角度推演到当下，那么未来是不是也可以考虑一下？这个部分基于惯性对于未来的你的一些想法，未来应该是什么样的？有没有可能也来做一些你的判断呢？

周维娜导师评语：

该论文是以现代办公环境为主要研究对象，所研究的核心主题是办公环境中人的身心压力问题。此课题在现代工作大环境当中已悄然成为一个重要的身心健康问题。

在提出这一主题的同时，论文通过对问题的分析、解析以及综合的认知，并且加以整合及总结，结合自然生态共生的现代生活环境设计理念，提炼和总结出了有关办公环境中人的身心健康的一系列设计原则、设计要点及设计规范，从而使生态环境与办公环境有机的结合与共融共生。

具体来看，论文值得参考的部分为第 3 章有关生态概念下的办公环境分析的论述。本章是作者针对办公空间的功能、尺度、视觉空间感受以及空间性格和空间情感属性等方面的因素，均有切身的生理及心理的具体认知。并且在论述的过程中带出相关两者之间的有机联系，同时明确指出了现代办公环境的缺失与不足。在第 4 章的生态办公环境的设计及应用研究章节中，作者也能够较为清晰地针对设计的核心加以分析和必要的设计手段表述。可以看出作者对于相关生态的有关技术、手段、办法等进行了相对深刻的了解和研究，并且相对综合的力求解决目前办公环境普遍存在的生态元素缺失问题。

论文从不同的层面展开论述，试图清晰地总结出生态环境与办公环境之间的相关链接与内在的心理适配逻辑关系。但在论述的表述及举证中还有很多不足之处。比如在论述到生态节能的构造体系中，作者并没有提出除了物境体系之外的心理生态意境概念，而此部分也应成为我们专业研究中生态概念的一个重要组成部分。从论文的构成深度上来看，也存在一定的不足，比如在生态环境与办公空间的内在链构关系上没有相关深刻的分析和梳理，再从第 4 章中的生态办公设计小节中来看，也缺乏相对细致的设计方法总结，使得可借鉴性有些不足。

在环境设计的综合发展历史进程中，美国历史学家丁·唐纳德·休斯所著的《什么是环境史》一书中，深刻地表述了人类对于所处环境未来发展的忧虑；还有唐纳德·沃斯特主编的《地球的结局》

附录"从事环境史"中，从整个人类的命运发展说起，探讨世界范围内的社会结构问题，其中有很多有关社会资源和社会体系方面的论述与预测，同样是在世界范围内针对社会资源的深层结构论述。综上所述，办公环境结构的存在形式其坐标点应是在整个社会运行体系中一个相对的动态空间坐标。随着整个人类社会的不断发展，生态概念、生态资源、社会资源与生态型办公环境之间将会变得更加包容、共融与多元。

综上，该论文从宏观的理念上具有良好的视野状态，并能够相对清晰地提出未来办公环境的良好发展趋势，从而在未来的视角下进行现代办公环境的优化思考，这是值得去研究的一个课题。

酒店设计中中国传统元素现代性的演绎 ◎王常圣

The Modern Demonstration of Chinese Traditional Elements in Hotel Design

山水屏断——福州东湖万豪酒店室内设计

项目来源：由 PLD 刘波设计顾问有限公司提供项目资料和场地
项目规模：总建筑面积 4 万平方米、课题设计空间面积 3800 平方米
项目区位：福建省福州市滨海新城东湖数字小镇

大堂、总统套、茶室的灵感都来自于福州的人文和环境。主题"山水"取福州三山一江，"屏断"则是深挖山水内涵去做东方气质的延伸。整体设计立足于万豪酒店的国际化商务特性，结合"山水屏断"试图用最少的元素去打造东方气质的国际化商务酒店空间。在设计的呈现上追求"少即是多"用尽可能少的元素和图案，着重利用线条、空间分割和比例去凸显空间内在的东方神韵。我在酒店的茶室空间中规定了一种新的、遮挡的观看方式。这个挡，是遮挡而不是阻挡；遮，是犹抱琵琶半遮面。屏风是透的，隔断也是透的，相互叠加的是层次关系。所以说，遮，其实就是为了更好的看。不仅仅是看向户外的遮挡，空间里面的观看角度也都有遮挡。我觉得人去看，就是去思考，只有改变人的观看方式，才有可能改变人的思考方式。

大堂吧效果图

前台接待效果图

总统套起居室效果图

茶室效果图

茶室效果图

摘 要

在社会经济文化不断发展，全球化、互联网不断深化的背景下，酒店设计行业整体趋势不断趋向于单一的国际化。中国的经济文化和审美水平也在不断提升，越来越多的酒店在中国拔地而起，而面对新一代审美升级的中国消费者，酒店设计品牌如何在保持其国际化的标准情况下，根据中国国情和中国消费者审美偏好，对国际化注入新的文化以及美学内涵，是需要考虑的问题。本文通过对中国传统元素现代性的演绎原则方法的阐述和现代中式自身的发展解读，并以福州东湖万豪酒店室内设计为例，阐述传统元素在中国当下酒店设计行业里现代化演绎的原则策略。

关键词

中国酒店设计 中国传统元素 设计原则 现代中式

第 1 章 绪 论

1.1 研究背景以及内容

1.1.1 研究背景

中国的经济文化、生产力迅速发展，国民生产总值稳步增高，人均 GDP 上升。在人均可支配财富提升的同时，审美的眼界也随之提高。在互联网普及的年代里，人们可以接触到各种各样的酒店类型，但在中国不断新建的高端品牌酒店里，现代的国际化酒店占了绝大多数，而真正能走入中国人内心的、具有中华美学精神的酒店空间，却并不多见，建立起系统的融合中西方文化和元素的设计方法，也并不容易。"现在全世界的城市建设都面临一个共同的危险我们的城镇正趋向同一种模样、这是很遗憾的。希望中国的城市建设能够尊重中国文化，尊重城市原有的特色。中国历史文化的传统太珍贵了，不能允许他们被那些虚假、肤浅的标准概念的洪水淹没。我确信，你们将会遭遇这种危险，你们要用全部智慧、决策和洞察力去抵抗。"这是 20 世纪 80 年代初，英国皇家建筑学会主席在对中国考察之后向中国城市规划界提出的忠告。这个忠告对室内设计同样适用 [1]。

生活在中国的土地上的我们，距离有中国传统内涵及氛围的室内空间却越来越远，浮躁的、繁复的、复旧如旧的伪中式空间却大行其道，其背离了时代的趋势，却充斥在我们周围。人们的审美倾向从以前"越大越好"、"越复杂越好"、"越贵越好"向"关照内心"、"合适最好"、"少而合理"转变。每一个民族、每一个地区都有自己的特色，如果在设计中撇开了这种特色，就等于失去了它的文化价值，就如同撇开了一个民族的根，那样的定位是平淡的 [2]。设计师也肩负着这样的责任，在保有现代性品质的基础上注入传统元素去表达具有中华美学精神的现代中式空间，设计研究者也应该去做相应的研究，去充实且丰富相应的理论研究。从而给以后的理论和实践以相应的启发和借鉴。

1.1.2 研究内容

本文着重研究中国传统元素现代性的演绎原则。中华传统文化博大精深，其中具象的、抽象的、符号化的图像如何与现代酒店空间相结合，其中的比例、结构、材料、花纹如何进行梳理，形成简约而不简单，既直白又深刻的室内形式语言。

对现代中式风格的发展历程进行简要分析，找到"现代"的部分，找到其精华部分，找到可以具象化、视觉化、实体化的形式，并就其现在发展所出现的问题进行深入的分析。探讨其如何与现代空间相结合并阐述其发展的必要性和未来发展的整体趋势。

对设计的案例进行解读分析，项目以实际场地为基础，在探索项目设计的基础上，在思考项目推进的过程中，剖析传统元素如何具体地演化成现代性的形式，进一步反馈给理论中所提到的设计原则。在现在文献记录中，对这方面研究还不够成熟。企业中，虽然有很多设计一流的大师，但也没有过多精力和时间来研究论证，借此研究这个问题也是论文的目的。

1.2 研究方法

1.2.1 文献资料收集法

对相关的传统中式元素的种类、样式、进行查阅、研究、分析、归类。通过网络了解现代中式风格的发展。通过资料收集和实践的经验归纳中国传统元素现代性的演绎原则。资料来自相关的文献、书籍、期刊、知网论文、相关网站等。

1.2.2 案例研究法

现代中式的设计风格于我们来说并不陌生，其内涵源自中国传统文化和中华美学精神，其形式则主要受西方现代美学与材料技术影响。通过对最近国内外顶级酒店设计事务所的现代中式酒店作品的研究，梳理其内在的逻辑、文化、传统元素以及形式语言，去探讨其传统语汇与现代设计形式结合的方法，并得出更好地把两者进行融合演绎的方法论。

1.2.3 实际参与法

实际参与到项目的设计过程中去，对理论的实践方法有更深刻的认识，并通过实践把理论再检验，最终反馈到理论上。本文在后续章节中通过对福州东湖万豪酒店的分析并结合自己的课题福州东湖万豪酒店设计的实践，从项目的设计理念、布局、构成形式、软装、立面元素等，更全面地去探究酒店设计中中国传统元素现代性的演绎原则。

第 2 章 相关概念界定

2.1 传统元素的概念与界定

中国传统元素不仅是指中国传统的建筑装饰元素，而是指包含着中华民族传统文化和中华美学精神的图案、符号、器物或者习俗。正是因为中国文化源远流长，经历了时间洗涤下存留下来的精华元素有很多值得现在的设计去借鉴，通过深入地发掘也能给当代的设计很多启发。

2.1.1 中国传统元素的定义

中国传统元素是中国传统文化的象征。它在新时代要注入新的内涵和特征，不能狭隘地界定传统元素就是民族主义的旗帜。事实上，当世界经济与中国经济的持续增长密不可分时，世界文明与中国文化也是密不可分的。虽然科技是无国界的，但文化是有国界的，中国文化和中国传统元素是世界不可缺少的部分。当它在这个时代很好地进行现代化演绎的时候，宣扬中国文化精神的"中国元素"将为中国设计品牌走向世界设计舞台奠定信心。

2.1.2 中国传统元素的分类

我们需要对传统元素做一个分类，根据现存传统元素，大致可以分为以下几类：著名历史人文景观类、民俗节日、手工艺、服饰、特色食品类、传统戏曲、乐器、体育项目类、重要学术思想、著作类、著名历史人物类、著名自然景观类以及动、植物类（含图腾、吉祥物等）等。

2.2 现代性与审美现代性

2.2.1 现代性

现代（modern）一词最早可追溯至中世纪的经院神学，其拉丁词形式是"modernus"，有"目前"、"现在"的意思。我们一般用"现代性"来指称"现代时期"或"现代时期的社会生活及其事物所具有的性质、状态"，而用"现代主义"来指陈贯穿在"现代时期"或"现代社会生活"中的某种精神或体现这种精神的社会思潮[3]。波德莱尔写道："现代性就是过渡、短暂、偶然，就是艺术的一半，另一半是永恒和不变[4]。"现代这个词本身的指向并不明确，每一个时代都有它当时的"现代"，文中所涉及的现代这里是特指三次科技革命以来中国改革开放以后。在大的时代背景和技术革命之下，酒店的形式和人群的审美都被重新定义，传统元素在这个时代下也有特定的指向，这是文章所要研究和关注的地方。

2.2.2 审美现代性

《牛津英语词典》关于"现代性"的词条记录了霍勒斯·沃波尔在 1872 年致威廉·科尔的一封信中谈及查特顿的诗歌时，说道："没有人（只要他有耳朵）会原谅那种语调的现代性，以及观念与措辞的那种新倾向……[5]"这里的"现代性"指的是文学作品的艺术特征，是审美上的"现代性"。原本按照字面意思，"审美现代性"就是指"现代性"在美学领域上的表现。它是审美—艺术现代性的简称，既代表审美体验上的现代性，也代表艺术表现上的现代性[6]。

2.3 现代中式

现代中式是具有中国传统风格的设计形式在当前时代背景下的演绎，是对中国当代文化充分理解基础上的当代设计。现代中式是传承传统中式风格的精髓，通过与现代潮流的对话碰撞而产生的创新。现代中式既可以是有极简血统的"新中式风格"也可以是有文脉血统的"后现代风格"。现代中式设计打破了传统中式空间布局中等级、尊卑等文化思想，空间配色上偏向清新自然，也更加强调技术、科技在空间中的作用。

现代中式中的"现代"应理解为三次科技革命后的现代科技、现代技术、现代材料。现代中式可以理解为"中国当代的传统文化现代性表现"，其反映的是当代文化、科技、材料与传统文化结合后的产物。

第 3 章　中国传统元素与现代性

3.1 中国酒店设计发展中传统元素的缺位与滥用

我国现在新建部分酒店运用的是西方的设计方法，这种标准化的设计风格不能够满足中国人现在的审美需求，相对于传承久远的中华文化及中华美学精神中孕育出的中式风格，国际化设计显得相对缺乏历史文脉与氛围气韵。但也有一些新建酒店大肆乱用传统中式的元素和形式，造成了"元素滥用"的现象。我们必须看到，传统中式风格本身满足不了现代时代背景下人们对于高品质空间的需求，我们要有所取舍。凡事都需要讲究个"度"字，适度则久存。传统元素由于其自身具有时代特征，所以不能将其直接进行应用。特别是处于当下快速发展的中国，传统元素在这样氛围下，显得与现代社会出入很大，使原本饱含深厚文化的传统元素演变成了一种只被关注其外在形式的装饰，仅起到代表民族和地域性的作用。如果应用传统元素过度，则刚好触犯了现代装饰设计的大忌，这是不科学的 [7]。因此，在进行现代酒店设计时，研究好如何将二者有机结合起来是非常有必要的。

3.2 中国传统元素的探求与继承

在第 2 章相关概念界定中，已经对于传统元素的分类和具体的元素形式、样式进行了概述，在此不表，下面论述一下传统元素的继承。正是因为传统文化博大精深，传统元素繁多，所以我们在进行设计时有很多的地方可以汲取其中的养分，但是面对如此多的元素，如何继承其中的优秀部分，如何甄别哪些是我们真正需要的部分，对设计师来讲是个考验。不是全部的传统元素都可以直接使用的，所以运用传统元素时应有筛选的过程。在不做任何修饰对传统元素进行应用时，应注意这两个问题：首先是应用应简单清晰，不要过多，可以选择一种或者两种典型的元素进行装饰，不能过多地堆砌构件符号，第二则是装饰物与装饰设计的主题、文化等要相适应，两者不能差别太大。最好能有"欲言又止"的感觉，相反，会与现代社会相反 [8]。

现在国内有一些设计师在对中国传统的元素的继承与应用上有独到的体会，也创新出了一些新形式的设计作品。究其创意的原点，还是对传统元素的深入发掘与再理解。继承的核心是理解，理解传统元素中真正有价值的内核，理解形式语言，才有后续转化的可能性。同时在继承时也要避免"拿来主义"，现在很多烂俗的所谓的"新中式"作品就是犯了拿来主义的错误，里面过多地使用了传统语汇。拿来并不是贬义词，在设计时，"拿来"很多时候是给我们灵感和借鉴的，前期要的是多"拿来"多看多想多启发，拿来之后的程序是转化，转化就不再是生硬地植入，而是有取有舍，有吸收有变化，有表面有内涵。转化才是继承的关键步骤，转化之后是原来的它也不是原来的它，而转化的好坏全取决于设计者对原元素的理解与本身的审美与设计水准，但是走转化这条路是符合设计规律，符合创造新形式的方法的。

3.3 中国传统元素现代性的演绎原则研究

3.3.1 理解原则

前面在探讨对传统元素的继承时，就引出了对中国传统元素现代性的演绎原则之一：理解原则。

在运用元素之前，首先要深入分析它，理解它，进而全面地把握它。对一个事物有了全面的认知，再结合设计者自身的生活阅历与审美趣味，才能创造出新的"理解"，也有了取和舍的可能。理解是前期必经的阶段，不是结果，而是过程，是为后续设计建立正确设计逻辑的过程。所以，前期的工作准备做得越充分，越有利于最后设计作品的呈现。

在设计酒店空间时，前期概念方案要做的就是一个理解的工作，可以是从城市特色的角度理解，也可以是从地域文脉的角度去理解，每个城市，每个地区都有诞生于这个地区的特色形式，无论是民俗民风，还是食物小吃，又或者传说和典故，最为鲜明的特质就是最需要前期下功夫理解的部分。在理解后梳理出一个后续设计的脉络。在这个大的脉络下。每一个元素的运用，也都是在理解原型后在大脉络的基础下再设计。

3.3.2 核心原则

我们在进行传统元素的转化过程中，需要遵循核心原则。核心可以是一套标准，也可以是一套比例范式，还可以是另一个平行世界里的里面设定所衍生的概念。核心不是一个具体的标准，是对一个集合的指向。核心的概念可以是抽象的也可以是具象的，核心不仅仅是传统元素现代性的演绎原则，它可以进一步拓展，应用于各种空间形式中，这里举一些例子进行论述。

（1）建筑大师勒·柯布西耶的现代主义设计作品马赛公寓，是模数应用的一个范例（图3-1）。这个模数就是他设计的核心原则，所有的构成形式都由此衍生而出。马赛公寓整幢建筑长140米，高70米，仅用15种模数尺寸设计而成，并且室内和建筑都符合模数形式。另外，柯布西耶后期设计的朗香教堂，其墙面的窗洞、地面分割都来源于他的模数理念，同样柯布西耶把模数理论应用在更大尺度的规划设计中，如印度昌迪加尔首府中心的规划设计。

图 3-1 马赛公寓（图片来源：网络）

图 3-2 广州大剧院（图片来源：网络）

图 3-3 CCD 上海深坑酒店（图片来源：网络）

图 3-4 酒店大堂（图片来源：网络）

建筑设计大师扎哈·哈迪德的建筑设计作品天马行空，她也被誉为是当今的"解构主义大师"。这一光环主要源于她独特的创作方式。她的作品大胆运用空间和几何结构，各种流线型、不对称，创造了奇幻的空间体验，这种不对称、解构、流线型形式就是他的"核心"原则，她在中国的设计作品，广州大剧院也呈现了这样的特点（图 3-2）。

（2）最近在上海开业的深坑酒店的室内设计也同样运用了核心的原则（图 3-3），CCD 设计的深坑酒店，里面是模拟一个在平行世界里，居住在深坑中的人的生活方式所衍生出的设计语言，这个核心便是构建一个虚拟世界，虚拟的居住于地下的族群，人们在这里有对光的崇拜，这便演化出光图案的装饰，这是"产能过剩"的产物。里面也有对地下族群生活方式的提炼，在墙上凿刻，形成的痕迹，也形成了一种设计语言，生活其中人，对各种岩石的肌理的感触，形成一种种粗犷的岩石的设计感觉，那这也就是核心的概念。核心构建的世界是完整的，空间形式化的，可应用于空间设计的方方面面。

所以，从以上可以看出来，核心是一个集合体，它也可以称之为设计的"第一性逻辑"，它可以应用于设计的多方面。运用了核心原则的转化是有"根"的，有逻辑支撑的。空间故事能够说得通的。转化后的形式不再是随意生长的，它是有序的，有内在的规律。这样出来的空间就不再是随意编造，或者有缺陷之处。

3.3.3 抽象简化原则

理解是指向元素转化前，核心是指向转化的逻辑，抽象简化指向转化过程中的每一个环节。现代性的演绎，其结果一定是简练的，具有形式美的。因为原元素的复杂性、具象性，导致设计师在设计的过程中难以准确地把握并提取转化的要点，这时就需要把形状、感觉、元素抽象出来，把具体的、复杂的、比例结构太过细腻的形象简化出来，形成简洁的造型语言。

抽象简化的难点在于"度"的把握。过犹不及，未到那个"点"则空间的氛围又会欠缺，这里就对设计的设计水平提出了考验，简化到哪一步是合适的，哪里简化的力度大一点，哪里少简化一点，这里很难用数据来衡量，而只能站在感性的角度的评判，所以在明白抽象简化的原则的基础之后具体的度的把握，就需要在实践中去积累。

3.3.4 小结

通过对中国传统元素现代性的演绎原则研究，能帮助我们更好地理清设计思路，从拿到场地，到概念构思，再到方案与效果空间，最后到项目设计完成，明确设计方法和思路，正确地运用元素去转换形式，达成合理的设计逻辑和良好的设计效果。

3.4 中国传统元素现代性的演绎应用案例

3.4.1 PLD 厦门万豪酒店设计

厦门万豪酒店坐落于厦门同安，由 PLD 香港刘波设计顾问公司担纲室内空间设计，以"城在海上，海在城中"的设计概念打造出一个度假的天堂。

在大堂处（图 3-4），看到的是一派整体简约的空间形式，咨客台背景墙用波浪形的木作设计而成，地毯是海蓝色的色彩，竖向大理石也用蓝白相间，这是把海洋元素极尽理解后的返璞归真，在新审美体系下的抽象归纳，显得非常简约大气。

空间里有很多茶饮、茶具、茶罐等元素，这个设计概念也来自于当地的茶饮文化，用与茶有关的"艺"、"色"、"香"、"礼"、"德"为引，从建筑到空间，每一处细节与布置都贴合这个概念，同时做抽象化的减法，去繁琐而留韵味。

泳池空间（图 3-5）营造了特别富有中式韵味的空间形式，整体色调淡雅清丽，白色的极简的顶，配合着碧蓝的水，再加上质朴的木色，搭配得恰到好处。墙板虽然是木作造型，含有中式韵味，但一处中式的符号都不在其上，一个符号都消解成比例和形式。木格栅透着空，暖色墙灯透着温馨。白色沙发，在一片木色中存在得通透。由此不难看出，PLD 这套作品核心原则是现代简约下的中西结合，是把中式理解到了透彻后的再诠释，不追求刻意的造型也不追求传统的符号。反而把传统的元素抽取出来，变成最基本的设计元素：比例、颜色、质地、形状。所以，空间里一切的设计看起来不仅东方而且西方，高级的那么自然。

3.4.2 HBA 北京诺金酒店设计

HBA 在北京打造的诺金酒店可以称得上是一个比较典型的设计案例，在现代和传统间找到了一种微妙的平衡。

在大堂入口（图 3-6），花园作为一个艺术过廊。把花园和艺术廊结合，传统的艺术廊空间

图 3-5 泳池空间（图片来源：网络）

图 3-6 大堂入口（图片来源：网络）

图 3-7 酒店大堂（图片来源：网络）

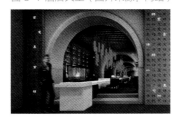

图 3-8 酒店大堂吧（图片来源：网络）

以别致的方式呈现。花园空间是一个"玻璃盒子的形态"，拱门、竹子、瓷器等中国传统元素间入其中，但是处理的手法却很现代，拱门简化了去除繁琐的装饰变成抽象的体块结构，瓷器被玻璃盒子"装裱"起来，形成一种有趣的展示，竹子则点植其中烘托氛围，整体恰到好处。

大堂灵感来自紫禁城的石墙和明朝白瓷花瓶（图 3-7）。在实际处理时就很有趣味了，为了削弱城墙的重量感，削去了其结构的下一部分，正如琚宾老师所讲到的，这样处理有"重而轻"的感受，形式转换以后既现代又传统。白瓷花瓶则在空间里充当了"屏"的作用，分割出一个个私密的小空间，让人能在其中休息，这样既有趣味又有功能属性。

大堂吧（图 3-8）的处理也有两处值得分析的地方。在这里墙上出现了诗句，并且把明朝传统拱门的形式运用过来让人不禁忆起往日辉煌的王朝。在设计中传统元素的现代性转化也是做得很有意思，充分运用了理解与抽象简化原则，墙上字是过去石碑的形式，但又不仅仅只局限于此，通过暗藏的灯光把其中有些字体点亮，这样出来的效果同时包含了装饰性和功能性。在处理拱门时也不强调符号，而是把重点放在压低层高营造氛围上。

在处理全日制餐厅（图 3-9）的时候也运用了相同的原则。在对扇子的理解基础上，把扇子的造型拆分，提取扇叶的纹理，抽象简化后运用在吊顶处。

当我们抽出来看整体，发现其中设计思路其实也遵循着核心的原则，核心就是在指向元素趣味性和空间现代性的同时，把旧的，以前的元素固有的存在形式用新的审美语言再呈现，或放大或缩小，或简化或抽象。所以，我们看到最终的结果无非都是核心原则下的产物。

3.4.3 Yabu 杭州柏悦酒店设计

在 YABU 新近完成的杭州柏悦酒店的设计中，灵感来自清代传奇商人胡雪岩的故居。入口（图 3-10）处隐秘而低调，墙面整体采用的是荷的元素。荷在自然形态中盛开是清绿色，枯萎时为土黄色，而在这里的处理手法则是提取荷的造型——叶的圆润弧线和筋脉的曲线，却把整体色调压为灰绿色，去鲜艳而留特色，

图 3-9 全日制餐厅（图片来源：网络）

图 3-10 酒店入口（图片来源：网络）

图 3-11 接待厅（图片来源：网络）

图 3-12 底部厅堂（图片来源：网络）

图 3-13 前台空间（图片来源：网络）

同时在意义上暗合了胡雪岩故居隐秘而低调的特点。

进入之后的接待厅（图 3-11）则是蕴含着古典，浪漫的情调。色调偏向于木棕色，手工雕刻的木质和青铜屏风造型简约，去掉了繁琐的形式。设计形式充满现代化的简洁，各种比例合适的收口细节又使简洁的空间不简单，屏风后面通过暗藏的灯带和射灯形成光影交错的视觉效果，烘托出别致的氛围。

底部厅堂（图 3-12）的中处理手法更加值得探讨，其中体现了设计师对中国传统建筑元素的充分理解。其中第二个空间用的是"窗棂"的概念，窗棂也就是窗格。整个空间用窗棂打造，窗棂的造型是非常繁复的，又体现中式韵味，又需要保持现代设计的简约，很有难度。在设计形式上用木作的纵横线条切割了窗棂的面，再用背发光的灯光语言重新定义了窗棂，整体看上去就好像在放灯笼一般，很好地弱化了窗棂的"繁"。所以，整体空间看上去充满浓烈的中式古典府邸的韵味却又与现代高端酒店相得益彰。

酒店室内（图 3-13）则由一系列深纹大理石、金箔镂空现代中式屏风等奢华材料打造，空间细腻而丰富。空间里主要是木色、黑色、红色，共同指向了传统府邸的庄严美感，在运用颜色的同时，巧妙地加入了现代的手法，木墙板的走线，几何结构的黑色前台，红色而简约的墙面，都在呼应着核心的传统而现代的原则。

从 YABU 这套作品，我们也可以得到一些启示，一些很繁复的中国传统元素，不是不可以使用，不是已经落后了，其经过巧妙地再加工也会再次焕发特殊的魅力，同时传统的颜色搭配也是，黑可以黑得很庄重，红叶可以红得很古典，而具体怎么用好这些传统的颜色，就是要在核心的原则下在审美的把握下进行再设计。

第 4 章　现代中式的兴起与发展

4.1 现代中式设计风格兴起的背景

本课题所研究的中国传统元素现代性的演绎，从本质上来说还是属于"现代的中式"，所以谈具体的演绎方法时也离不开讨论现代中式设计本身的发展走向。现在设计界更流行的一种说法是"新中式"，但这种说法也仅仅只涵盖了传统元素现代性的演绎中的一部分。与此同时，也应该看到演绎的部分还有可能是以文脉为基础的"后现代的风格"，所以在这里要谈的是现代的中式风格的发展。

改革开放以来，中国的经济技术文化都迈上高速发展的步伐，国家强调走出去引进来与国际化接轨。中国在很多领域都正在实现着从跟跑到领跑的过程。设计方面也不例外，在引进学习西方新的设计方法、设计材料、设计形式时，也需要与中华民族传统文化和中华美学精神相互结合。所谓延续绝不是简单的照搬照抄，而应该在继承的基础上有所创新，把传统文化的内涵与现代功能、材料、技术等动态因素相结合，使传统要素焕发出时代特征，同时也赋予现代空间传统的印记。[9]创造出有品质的"现代中式"室内空间，这同时也是我们中华儿女的责任，去通过"现代中式"的室内空间设计展现中华文化的精华，并形成一种有市场竞争力的设计形式语言。虽然过程可能很艰难，如何把传统元素与新的高楼大厦，国际化酒店结合。如何革新传统的材料、形式，如何把细节感表达的现代而又有传统韵味，这实在需要好好探索与研究。现代中式风格就是在这样的背景下兴起的。

4.2 现代中式设计风格的问题与发展

现代社会在物质富裕以后，人们的需求，也逐渐从物质转到精神，从满足基本需要到满足审美愉悦。人们对于设计的更高层次的需求也是与日俱增。设计市场里呈现百花齐放的姿态，有各种风格任由消费者和客户选择，但现在的现代中式设计作品还处于初始阶段，存在这样那样的问题，这些弊端有共性的一面，在这里简要列举其中几个问题进行探讨。

4.2.1 审美的指向性

在审美的指向性上，现代中式风格一定是有别于传统中式风格的，这是首先要明确的前提。这个问题看似简单，但是一些设计者在设计空间时，并不一定注意到了这一点，导致其设计的空间呈现出来的结果是修旧如旧，大量重复传统中式的语言元素、图案、材料和家具，然后加上现代化的设备电器等，就自诩"现代中式"，但实质上这就是在走前人的老路，如果在审美和逻辑上没有"新"的体会，那么设计作品也会去到"旧"的形式。我们要的不是颠覆过去的东西，而是这个空间设计出来，第一眼看上去，它是全新现代，充满品质感与氛围的，第二眼上去它不仅仅又只是现代，它还有内在的中式空间的氛围，气质。这样的"新"才是有脉络、有意义的。

4.2.2 元素的繁与简

繁简这个词汇，本身是相对的，是从比较中得出来的。那么在比较繁简之前我们也可把传统的中式设计当作参照物，去对新中式设计中的繁简做衡量与判断。琚宾老师在讲课时说，好的设计会走向两个极端，要么极其繁复，要么极其简约。当然，这句话代表了琚宾老师的设计观念，用极少去做中式的韵味。但这也给我们设计现代中式风格一种启发，相对于繁复的传统中式，现代中式无疑需要更加简化，设计者在设计时要把更多的工夫放在如何使新的空间在更少纹样，更简化形式，元素更现代化上，而在做完减法后，这其中最为精华的中式神韵和氛围还要有所保留，这就是处理空间繁简中"度"的把握，这也是对设计者最大的考验，正所谓"知行要合一，知易行更难"。

4.2.3 材料和颜色的选择

在传统的中式空间中，主要的颜色是木色、红色、黑色，材料则依据建造技术以木材为主，在西方设计和现代材料发展的背景下，现代中式空间的颜色和材质指向则有更多的选择，有偏向日式禅意风格的素白的指向，也有偏向清新素雅的指向，还有偏向现代材料质感和调色的摩登中式指向，不管作品最终指向哪种形式，但都无一例外在设计过程中避免老气横秋的色彩基调，避免整体空间被重色系堵塞而丧失了空间气韵的流动。空间的整体设计都在往清新透亮的基调上发展，现代的设计材料，软包、硬包、不锈钢、玻璃，也在其中削弱了传统的木建构材料。

4.2.4 小结

我们在考虑这些问题的时候也应该看到我们还处于研究现代中式风格的初始阶段，虽不乏有代表性的现代中式的设计作品，但总体上设计师们还不具备很高的现代中式空间的设计水平，在理论研究上的水平也更加欠缺，这就需要设计者和研究者们不断提升自己对中式风格的理解和审美品位，用更高的视野去统筹各个要素，纵观全局来达成现代中式设计的良好设计效果。

4.3 现代中式风格发展与展望

现代中式风格未来发展的方向在哪里？是其设计语言本身的革新还是被新的设计形式取代？现在设计界是众说纷纭。在互联网环境下，特别是5G网络开始准备进入大众生活的背景下，智能化、信息化无疑是设计行业发展与前进的主方向，科技的智慧成果将会进一步渗透进设计行业。中国酒店设计行业里，科技的发展在一定程度上会对设计行业，设计方法、设计内容造成一定的冲击。

我们必须迎接新的趋势同时也需要审视现代中式本身的特质来思考它未来的发展方向。

4.3.1 现代中式风格发展的必要性

对于一些设计师所说的"传统元素已经干涸、不再需要传统形式、那只是老祖宗的东西现在没有价值，而要全力去追寻现代智慧设计"的论调，我持保留意见。我认为其中对高技化、智能化的设计的追求是相当符合趋势并且值得推崇的，但是也对其中抹杀中国传统文化，传统元素价值的态度不认可。不能因为传统的元素与文化是过去的形式就否定它现在所蕴含的真实价值，应该站在更加客观的角度去看待。

现在中国酒店设计行业里，不管是国内的一些设计师，诸如刘波老师、杨邦胜老师，还是国外的知名设计公司 HBA、YABU 等都在运用传统文化、传统元素进行设计。同时也取得了非常不错的效果，得到了市场的认可和消费者的喜爱，这种成功本身就说明了消费者是对现代中式，对传统元素现代性演绎出来的酒店空间是有需求的，是在精神上有共鸣，在情感上有认可的，就像欧式风格仍然流行欧洲的国家一样。不能把设计智能化、信息化的趋势当作传统文化、传统元素再无用处的说辞。智能化、信息化不适合单独提出来谈论，那样做出来的空间仅仅是冰冷的盒子，而设计者更应该考虑在赋予空间智能化后，怎么去平衡空间装饰的美感和空间的氛围，从而满足消费者精神上的需求。所以，现代中式风格的发展是有必要的，是符合中国人情感与审美的，并且也会一直发展下去。

4.3.2 现代中式发展的方向

在信息化、智能化渗透进入各个领域的时代背景下，不断更新的高效率设计工具将会极大地提高设计工作者的生产力水平，设计师的心智能力将会更多地解放出来，运用到智能化系统与空间结合中来，现代中式风格发展的方向一定是更加紧密的结合智能化科技同时保持其自身独特的文化氛围和元素特征。设计师在考虑设计时需要把智能化设备和系统的应用考虑在装饰性之前，把现代的新材料和新技术带给消费者，让他们享受到更智能、更有形式美和氛围美的空间。同时，让现代中式更加有韵味，更加现代，更加智能，走向智能化下的新美学中式设计。

第 5 章　福州东湖万豪酒店室内设计

5.1 确信有一种美可以在东方和西方间自由通行——刘波

刘波老师是 PLD 深圳市刘波室内设计有限公司的创始人，公司在目前是世界上最具创造力的国际化专业酒店室内设计公司之一，在创始人刘波先生的带领下，公司以二十年多年的良好信誉和稳健的经营作风使公司稳步成长。

深圳市刘波室内设计有限公司提供内容充实、充满智慧，体现东方特色与西方优势结合的精巧设计作品，以及坚持 PLD 的理想——构筑实用、自然、完美的空间，专注于研究顶级酒店室内设计的个性原创和文脉智慧，引领酒店设计的时尚与风格。

我有幸进入刘波老师的公司进行实习和学习，在这个过程中收获颇丰，在这个国内最好的酒店设计公司里见识了很多中国目前最好的酒店设计项目，刘波老师擅长将传统文化和现代设计语言融合在一起，从而创造出有东方气质的现代高品质酒店空间，并完成了许多卓越的酒店设计作品。在和刘波老师交流的过程中，他的言传身教展现出一个专业设计师应有的能力和品质，也给予了我很多的启发和指导，在对设计选题的选址的考虑过程中，他通过公司正在进行的实际项目——福州东湖万豪酒店，给了我一个有很大发挥空间的场地。在了解福州文化和特色的过程中，我发现福州的山水灵气非常吸引我，我的设计也由此为出发点逐步展开。

5.2 场地的特性——福州东湖万豪酒店

在了解福州时，我第一时间想的不是通过网络，而是和一个在福州长大的朋友聊天来发掘信息，他和我说了福州最有特色的一些景致、特色、文化、建筑形式等，有"三山一江"、"三坊七巷"、茉莉花、船政文化、马鞍墙等，这些词汇在我脑海里，塑造了一个福州的朦胧印象，宛如山水画一般美好的城市图景，然后在我网络上，找相应的视频、图片、文字资料，去进一步做详细的了解。

"山在城中，得水而活"这是我对于福州印象的一个总结，福州是个典型的山水城市，周围有于山、乌山，屏山以及闽江。人因山水而有灵气，城因山水而美。在进一步发掘的过程中，我也发现，山水其实是一个挺中式的词汇，中国自古就有不少画家、诗人寄情于山水，作下一幅幅唯美的画卷与诗篇，山水在某种程度上，是中国文化的一个象征与缩影。山水也成了我深入这个设计的起点和核心。

福州是茉莉花茶的发源地，已有近千年历史。正因其清香鲜美，广受人们喜爱，茉莉花也成了福州市花。福州人爱喝茶、品茶、谈茶，所以茶道、禅意、品茶这种当地人喜欢的文化氛围和生活形式也成了后续设计的切入点之一。

还有一些有特色的马鞍墙、船政文化等，都是属于专属于福州的特色文化，但是设计在深入的时候要求提取场地的特性并不求多，求的是精，是最具特色，在理解了这些特色的基础上，构建出核心，是关键的。所以，在了解场地的特性后，为设计概念抽取出，山水，茶道的概念，应用于整件酒店设计之中。

5.3 水墨空间——大堂及大堂吧设计

在做完酒店概念的理解提取和分析之后，就要进行对空间平面布局的细致推敲。大堂和大堂吧（图5-1）是顾客进入酒店后建立起酒店良好整体印象最重要的地方，也是最需要设计下笔墨之处。在整体的设计布局时采用的是中轴对称的结构，一方面这是中式室内传统的布局手法，另一方面当地的三坊七巷也同样采用的这个结构，故此，在设计大堂和大堂吧时，为了突出这种对称的庄严美感，继续沿用这种布局形式。在整体对称的基础下，设计也寻求变化，一侧是引导消费者和办理入住手续的前台，另一侧则是供客人休息的区域。在空间的变化和不同功能的赋予时，整体大堂的庄严中也多一份趣味。

空间的核心原则是保持现代性的造型形式同时把传统元素抽象简化。进入大堂空间来到前台（图5-2），此处空间的处理手法比较大气。空间整体的气质是挺拔向上的，有木质屏风也有高隔断，这里的柜子在某种程度上已经脱离了储物的属性，而是成为展示的一部分，加高的比例和再构的分割，进一步强调了空间的气势。

山水的呼应这里有两处，一处是室内，前台的材质取山之质地，浑厚而凝重。背后的屏风取山之形，层层叠叠，增加层次。顶上悬挂吊灯则是水之气韵，清透空灵，透明的质感又像山上的飞鸟，从而打破立面形成的庄严对称之感，在稳重中增添活泼。室外也对室内空间氛围的营造有很大影响，在这里，室外之景也呼应着室内以及山水主题，抽象山形景墙，水景。点缀远处的空间。整体空间宛如一幅水墨画，似在看山，却又不似看山，虚虚实实，虚实结合，用朦胧的画意表达着作者对中式的现代性理解和处理。

接着进入大堂吧的空间，界定空间的隔门和屏风（图5-3），强调了纵向的视觉挺拔感，隔门的处理手法用了山形的硬包，继续呼应着空间的主题。空间色调（图5-4）的选择经过了反复

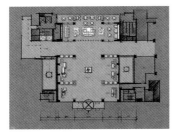

图 5-1 大堂和大堂吧平面图（图片
来源：自绘）

图 5-2 酒店前台（图片来源：自绘）

图 5-3 大堂和大堂吧隔门立面设计
（图片来源：自绘）

图 5-4 大堂吧效果图（图片来源：
自绘）

的考量，出发点是"山上云间"。主色调为灰白色，白色的石膏板吊顶用茶色不锈钢去切割出比例的韵律感，宛如水波纹的吊灯也用茶色细线收口，凸显出材料的现代质地感。水吧台和柱子使用的是石材，但这里石材用的手法是克制的，不是一大面直接通铺，而是推敲了立面的比例，同时在深入理解中式传统元素的基础上再设计出的分割形式。酒吧的高柜运用同样的手法做了一个切割并把暗藏灯带做了一个不规则的切割。家具的选择也尽量贴合空间的主题，颜色极素，白的、灰的、都是高调的颜色，造型同样简练，只是在白色之中，在不同的位置收口中，加上那单单的几个木线，便有一丝贯穿空间从平面到立面的"核心"进了家具中。就像水墨画山水画留了一大片白，只要那一棵恰到好处的树，就切中了要害。

5.4 遮挡性的观看——茶室设计

这是二十二层行政酒廊中茶室的平面图（图 5-5），这里我着重设计了茶室，这是个长条见方的空间，在空间布局时，我看了一下所在公司其他设计师的布局，他们把空间做了一个整合，中间两组对称的沙发，两侧是品茶区。这种布局也是有道理的，空间得到整体的呈现，但同时也有些不足，就是太过通透，一览无余，缺乏一些私密感，然后我就做了上图的方案，我在和公司同事讨论时，他们就问我这个开了这么大面积的窗，为什么要做屏风，这样不是挡住外面的景色了吗？我说这个挡，是遮挡，不是阻挡。遮，是犹抱琵琶半遮面，屏风是透的，隔断也是透的，相互叠加的是层次关系，而这种层次关系就包含了中式气氛的关键词之一"朦胧"。虚实之间，是不可捉摸的未知感，未知就引着人深入探索。所以说这里屏风的遮——其实就是为了更好的看。不仅仅是看向户外的遮挡，空间里面（图 5-6）的观看角度也都有遮挡，这里的屏有三种形式——半透明的、镜面的、实体带纹样的，这样设计进一步强调节奏变化，整体空间极其克制，有时候设计师要极力克制自己要展示的心，而更重要的明白什么不该做。

空间用现代的手法去打造，传统元素的形式隐含在比例中，山用的克制，只取山的形，小心地置于部分屏风之上。更加注重整体空间的中式气氛和现代品质。空间中也有实验，我想要规定一种新的、遮挡性的观看方式。我觉得创造一种体

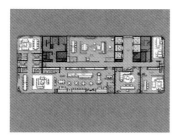

图 5-5 行政酒廊平面图（图片来源：自绘）

图 5-6 茶室效果图（图片来源：自绘）

图 5-7 总统套平面图（图片来源：自绘）

图 5-8 总统套效果图（图片来源：自绘）

检不仅仅是设计师的责任，更加是一种使命。上次琚老师说他设计的一个教堂空间，里面规定了人只能坐着看海，只能从坐着的角度看见窗户外的海，当时，我除了觉得好有意思之外，并没有其他体会，我不知道为什么要这样规定，这样规定的意义是什么。但在我自己做这个空间时，我自己规定一种观看的行为时才发现，人去看就是去思考，只有改变了人观看的方式，才有可能改变人思考的方式。

5.5 隐藏的元素——总统套房设计

关于总统套房的设计（图 5-7），这里使用的比例模数，其实是来自大堂、茶室等公共空间的。如果说那两个空间还有元素抽象简化的指向，那么这个空间里，更多的是指向元素隐藏后的比例再构。

我们看到这里的起居室（图 5-8）。很难看到具体的元素，比如山或水的元素的呈现，这里用的更多的是一种隐喻，把山拆解成了木，把水拆解成了白，空间以木为背景，以白为各色造型。然后再用一套合乎形式美的收口，空间自然就合理了，层层叠叠的是屏风，屏风不仅收了茶色的口而且有反射的镜，人若进入其中，感官的体验也定会是朦胧的，朦胧的是觉得偏差在心理上的投射。但朦胧是有度的，所以反射的面也是有度的，得做得小且精致。所以，最终的结果很现代，从感性上看又有"核心"，有哪些被抽象简化的传统元素在，这是我想要的空间状态。东方的和西方的，现代的和传统的，我希望他们可以和谐共生。

第6章 结 语

6.1 研究结论

本文通过对相关文献的整理与研究，对优秀的设计案例进行分析与总结等，提出传统元素现代性的演绎在酒店空间中的设计原则。

在设计原则的研究过程中，提出设计师对于传统元素的继承应该是辩证的，而不是"拿来"的，是取其精华，而不是一概而论。并提出了理解原则、核心原则、抽象简化原则三个支撑转化的关键原则。然后结合国外和国内顶级酒店设计事务所的案例，具体剖析了空间里传统元素现代性的演绎之后的表征，以及其表征和原元素的关联性，同时探讨这个过程中的转换手法。阐述大的框架——现代中式设计风格的发展脉络和发展走向，并就其中关键性的问题，包括审美的指向、元素的繁简、材料和颜色的选择三个方面来探讨现代中式设计风格应该在传统中式的基础上做怎么样的更新与发展。然后谈论在大数据时代，在信息化、智能化的时代背景下现代中式是否有存在的必要以及需要往哪个方向发展的问题。

文章的最后结合实践设计的案例更加具体阐述如何在实践案例中运用传统元素进行现代化的演绎，从设计的概念提取到方案的布局推敲再到立面的形式和分割最后到空间的氛围和效果，用案例回应如何有章法地去进行合理的元素转换，转换的时候，哪里该克制哪里该强调，并以此进一步回应文章提出的传统元素现代性的演绎三原则。

6.2 研究的局限与不足

作为一个实际设计项目，在设计过程中还缺乏和甲方的需求进行对接，所以整体方案更多的是以实验性为主，并且在设计中使用了大量的白色、灰色等高调的材质和颜色，对施工的要求极高，真正实际操作的时候对配饰的挑选来说难度也很大。这样来说，实际空间完成的效果就需要施工方和设计方后续不断地深入具体的配合。整体空间石材的造型和高隔断的设计处理，在造价上不低，设计的成本、造型的额外支出也是设计欠考虑的地方。

除了上述客观情况以外，理论研究还存在着一下一些问题：

（1）酒店设计中中国传统元素的现代性的演绎是一个多学科交叉的研究课题，所研究的内容涉及酒店空间设计、中国传统元素、现代性的演绎方法等多个领域，需要对各个层面有更加深入的理解，尤其是需要对酒店空间设计需要更多的一线设计实践经验，才有可能深入地分析论证，否则在研究的深入性和准确性上还有待推敲。

（2）由于研究内容以及对象的复杂性，如何找到传统元素和现代性之间的关键译码，对象之间在译码之下如何巧妙地转化，这也是一个需要深入探讨的问题，这里不仅涉及转译这一个设计方法，更是对设计者背后的审美品位的考验。

（3）理论最终的目的是指导实践，实践过程中的体会也会反馈以理论，在案例项目的分析以及实践项目的推敲中，就产生了这样那样的体会，并且经过了梳理和归纳形成一些设计的原则和趋势的看法，但这些原则和看法还需要不断应用到实践中去，不断检验它的真实性和有效性。

致 谢

在此特别感谢工作站的平台和机会，让我们 11 位学生有机会去到国内一流的设计机构里面跟随设计大师学习，感谢四川美术学院、清华大学美术学院、天津美术学院、四川大学、西安美术学院和各个设计公司的无私付出与奉献，四个半月时间，短暂但美好，身为学生的我们也要继续严格要求自己，努力学习，为社会做贡献。

从论文到设计，每次的会审和修改，都对自己的专业水平有一些提升，对设计的思路有一个梳理，对论文的选题有一个深入。虽然修改论文，推敲设计的过程是繁琐的，但做完这些工作之后，得到满意结果的时刻，内心是特别满足的。在这个过程中，校内导师，企业导师也给予了我们很多意见与指导，让我们有更加开阔的视野去审视自己的设计和论文。

在此，首先感谢我的父母、家人。感觉他们一直以来给我的支持与鼓励，我们唯有努力才能更好地回报他们。其次，感谢学校的导师们和企业的导师们在论文和设计上不断给我意见、帮助和指导，让我们更深入地完成自己的课题和学习。最后，还要感谢我们工作站所有可爱的同学们以及公司给予我们帮助的设计师们和其他为汇报和行程安排付出的工作人员和教学秘书们，感恩相遇，感谢遇到你们。

参考文献

[1] 过伟敏，史明. 城市景观形象的视觉设计 [M]. 南京：东南大学出版社，2005(10)：75.

[2] 张磊. 传统元素的现代演绎——论新技术背景下室内设计的地域性表达方式 [J]. 家具与室内装饰，2009(1).

[3] 谢立中. "现代性"及其相关概念词义辨析 [J]. 北京大学学报（哲学社会科学版），2001(05)：26.

[4]（法）夏尔·波德莱尔.《现代生活的画家》[M]. 上海：上海译文出版社，2012：19.

[5]（美）马泰·卡林内斯库.《现代性的五副面孔》[M]. 商务印书馆，2002：368.

[6] 王一川. 现代性文学：中国文学的新传统——兼谈中国现代文学与文学研究 [J]. 文学评论，1998(02).

[7] 师容，赵永敏. 中式室内设计中如何继承传统 [J]. 甘肃科技纵横，2005(05).

[8] 张再轶 . 艺术设计的本土性 [J]. 新疆艺术学院学报，2004(02).

[9] 过伟敏 . 建筑艺术遗产保护与利用 [M]. 南昌：江西英术出版社，2006(10)：40.

导师评语

彭军导师评语：

王常圣同学在此次工作站实践教学中选择了酒店设计中如何把中国传统元素进行现代性演绎的设计研究与实践。这篇论文是他设计实践在理论上的探索和阶段性的小结。

在论文写作之初，我和王常圣同学就他论文所研究的内容和他进行了反复的讨论，具体到对论文的题目都进行了逐字逐句的斟酌。使他认识到在当下室内设计领域中标签为"新中式"的说法如果上升到学术的高度是值得商榷的。

王常圣同学的论文力图探索现代设计中国传统元素专业性的表述，对在酒店的现代设计中如何表现进行了由表及里的较为深入的思考，而不是局限于对现在所谓"新中式"这种风格的肤浅描绘，体现了他在专业理论学习与应用的能力的提高。本篇论文，王常圣同学结合了自己的设计实践，对中国传统元素在酒店设计中的原则进行探求，对现代中式兴起的背景，以及未来发展方向进行了相对深入的研究，特别是结合实践导师的设计项目和自己的设计实践进行了理论上的分析和总结。

说到设计的民族性，一些设计师往往将符号的堆砌、纹样的装饰与之等同，并在设计实践中屡屡出现这样的问题，浅俗的装饰有余，创新的设计不足，设计作品的品位低下。追根究底，是对专业设计理论的学习和研究有所欠缺。设计不等于装饰，设计注重内涵创新，而装饰多醉心于表面层次的美化。如果设计作品要达到高水平的、高品位的具有文化积淀和人文内涵，就要潜心对设计本质的认知和研究。

王常圣同学通过自己的设计实践通过论文进行了初步的思考与总结，对他未来提高专业水平会起到很好的作用。在现代设计中如何体现中式风格还需要不断的探索，不应形成一种固定的模式，这是从事专业设计的学生和设计师都要深入思考的，王常圣同学的论文在最后也总结了一些他认为将来需要解决的问题，比如中国传统元素现代性演绎应是多学科交叉的系统性研究，而不能仅凭感性理解而进行肤浅的归纳。另外，提高理论水平，对未来指导设计实践，提高设计品位非常重要，我希望王常圣同学会通过工作站这次教学实践在理论和设计实践上都会有深刻的感悟和水平的提升。

基于特色传统文化
的设计模式研究
——以大理悦榕庄酒店
设计为例◎朱楚茵

A Study on Design Pattern of Traditional Characteristic Culture
——Based on Banyan Tree Hotel in DaLi,China

大理悦榕庄酒店项目设计

项目来源：YANG 设计集团

项目规模：480,000 平方米

项目区位：该项目位于中国云南省大理州大理市海东镇下河北山，梦云南海东方内，酒店西面洱海，南望海东新城中心区，东面毗邻海东一号公路，北至海东国际旅游度假区中心腹地。位于洱海东岸，面对 260 平方公里的宽阔水域，湖面 25° 斜坡，群山绵延，享有面面洱海之美。

大理悦榕庄酒店的场地现状在下河北山的一个自然山坡上，山坡下住了部分原住民，传承着白族的扎染工艺。每日清晨起来阳光打落在各式花案的蓝布上，图案映射在地面微微闪烁，波光粼粼的湖面与天空水色一线，这应该是这个地方特有的景象之一。我希望通过设计模式的延展，对大理地域文化及扎染工艺的提取及分解，通过手法转换的模式，运用在空间设计及入住流程当中，让未来的客人感受这片土地的前人们带来最真诚、最古老的手法记忆。

观海客房

星空餐吧

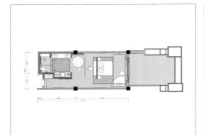
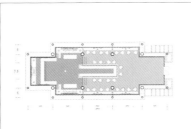
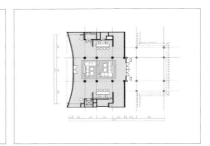

大堂区域

摘 要

千篇一律的酒店传统设计模式已经满足不了人们在酒店体验中的精神享受和情感需求，当下的人们希望得到更多的地域文化及人性化用户体验。在这样的背景下，"地域性"设计模式如何在空间中展现它独有的魅力成为一个热门话题。本文通过特色传统文化研究去探索文化视野下酒店设计模式与设计手法，对现代的设计观念和空间需求重新做一个整合。

关键词

传统文化 地域性 设计模式

第 1 章 绪 论

1.1 选题意义与研究思路

1.1.1 选题意义

传统文化的发展带动着社会经济的变化及社会美学的更迭，在现代设计中可以发现，中国现代艺术作品在传统文化结构的意识逐渐上升，大量以传统文化为主题的酒店设计纷纷涌入市场。在这样的背景下，酒店设计模式成为酒店设计整体运行的重要中心轴，对酒店的整体运转具有一定的指标性作用。本文将围绕酒店设计模式中的设计手法去研究和探索他们之间的关系并重新做一个整合。

著名的美国工业设计大师高登·布鲁斯曾说过："设计要挖掘血液里的精神"。特定的地域文化流淌着鲜红的血液，要做到取其精华，去其糟粕，提取地域文化的精髓，以一种全新的血液和形式植入设计之中。显而易见，特色传统文化通过拆解，来重新制定设计模式的流程，才能够赋予设计新的创作思路。

从具体设计模式流程来讲，在整体规划设计时，酒店的设计概念和空间划分的考量需要在设计模式中同步考虑进去。然后再根据具体的空间尺度和功能内容去确定设计模式中的流程运行，以及设计模式中所使用的设计手法需要依据的内容及元素也要同步增进。最后根据主题去确定整体的设计模式。

1.1.2 研究思路

基本研究思路是通过积极参与业界的实际案例，对酒店项目的整体把握，了解项目的设计模式、具体内容，深入梳理及分析设计其文化之间的联系，形成初步的研究成果。同时翻阅书籍，结合实际理论基础，梳理相应的方案模式，应用到具体的实际设计中。主要研究方法为文献资料分析法、分析比较法、实地调研访谈法。

1.2 关键词释意

1.2.1 传统文化

传统文化（Traditional culture）也称为文化遗产，是在长期历史中形成和发展，保留在每一个民族中具有稳定形态文化。落脚文化，对应于当代文化和外来文化，其内容当为历代存在过的种种物质、制度的、精神的、文化实体和文化意识，比如民族服饰、生活习俗、古典诗文、忠孝观念之类等。

1.2.2 地域性

地域是对一个特定区域的地理环境的称谓，是一个以国家为基础的民族区域。其中地域性主要体现在地域文化，特定的地域文化具有独特的生态、民俗、传统、习惯等。通过地域文化本身具备的独特性，来对不同地域进行界限的划分，并对指定的地域打上其专有的文化烙印。

1.2.3 设计模式

室内设计中常用的设计模式有参数化设计、功能主义设计模式、形式主义设计模式、一体化设计模式等。其中对这几个模式做了一些研究分析简述：

（1）功能主义设计模式：功能主义注重空间及产品的功能性与实用性，即任何设计都必须保障空间功能及其用途的充分展现，其次才是空间的审美感觉。简而言之，功能主义就是功能至上。

（2）形式主义设计模式：形式主义顾名思义强调形式审美的独立性及艺术形式中的绝对化，其特征是脱离现实生活，认为是形式决定内容，而不是内容决定形式。

（3）参数化设计模式：主要根据建筑物的使用性质、所处环境和相应标准，运用物质技术手段和建筑设计原理，创造功能合理、舒适优美、满足人们物质和精神生活需要的室内环境。其具体表现在设计结合室内空间功能划分 、设计统一室内外风格及设计整合室内家具和陈设。

（4）一体化设计模式：空间一体化设计是把一体化设计的概念运用到室内空间中去，对室内的三大界面及其他附属物进行整体、统一的整合设计以同样达到实用、美观、安全的基本要求，是一种外在的形式性设计方法。

1.3 相关研究概述

对现有的酒店设计模式进行了分析，并对设计模式中传统文化的设计手法类别进行了规划，明确目标项目的共性需求，有针对性地进行分析和研究。

在酒店的设计模式中有两种解读：其一，是为某个设计模式而套用在某个设计酒店中；其二，是为某酒店做的设计模式。现在酒店市场中第一种形式的设计模式和酒店的配合关系较多，但也出现了第二种类型的作品，比如海南梅湾威斯汀度假酒店。在后期的资料挖掘中，发现南京金鹰精品国际酒店和本次归纳的设计模式有异同的点。

2016 年开业的南京金鹰精品国际酒店是 YANG 设计集团创作的佳品之一，一座南京城，半部民国史，酒店主题引入"张謇"的故事。其中使用玻璃、木材、金属等材料做了复古的彩色隔断、艺术墙等空间形象，另外有使用南京建筑符号的语言和形态运用在标示系统中，墙面通过对民国时期历史符号的采集运用后现代拼贴手法展现民国文化的烙印。曾有人问过杨邦胜先生这些作品与中国文化的关系，杨邦胜回答，"作为一名中国设计师，我一直在享受中国文化的滋养，做了那么多年的设计，看了很多不同的空间，但其实最能找到感觉的还是那种非常简单的空间，它流露出的气质让你觉得很自然，它所用的材料不是披银戴银的奢华，而是来自于我们的生活"。

1.4 研究方法

1.4.1 适用理论简析

通过对酒店设计行业中的地域性设计手法进行梳理，找出酒店设计手法中的共通性与意义。在这个过程中，注重研究特色传统文化在设计模式中的体现过程与手法运用及设计模式中所产生的色彩、材料、符号及体验的研究，并从心理学角度研究在设计模式中对访客的体验作用。

1.4.2 田野调查方法

通过田野采风，分析该项目所处地区的自然环境及条件分析，并预期对当地进行客户人群分析，确定地域性酒店中对传统文化的室内设计模式和主要表现形式。

2018 年 11 月，经过前期收集资料的准备，一行四人出行大理进行了一次田野采风，有如下的体验及收获：

1. 大理地域性的调研

自然风光：大理白族自治州位于云南省中部西部，海拔 2090 米。东邻楚雄州，南邻普洱市，临沂市，西邻宝山市，怒江州，北邻丽江市。"上关风，下观花，苍山雪，洱海月"，风花雪月，我认为这是大理的最佳诠释。

民族建筑：大理白族民居在建造房屋时大都就地取材，广泛采用石木结构或土木结构。白族民居的布局组合形式包含了"一正两耳"、"两房一耳"、"三坊一照壁"、"四合五天井"、"六合同春"和"走马转角楼"等，构建主要为：庭院、门楼、照壁、坊、道廊。

传统工艺：扎染又称古称扎缬、绞缬、夹缬和染缬，是中国民间传统而独特的染色工艺。扎染起源于黄河流域，是丝绸之路遗留下的文化产物，制作工艺分为扎结和染色两部分。其工艺特点是用线在被印染的织物打绞成结后，再进行印染，然后把打绞成结的线拆除的一种印染技术。

茶马古道：大理是茶的故乡，它精心揉制的沱茶远近扬名。白族三道茶，白族称它为"绍道兆"，最初三道茶用作为求学、学艺、经商、婚嫁时，长辈对晚辈的一种祝愿。由于应用范围已日益扩大，三道茶逐渐变为民喜庆迎宾时的饮茶习俗。

民居故事与传说：南诏到大理国时代，由于社会经济有了较快的发展，加上汉文化的影响和佛教的渗入，白族民间文学也相应趋于繁荣，涌现了大量的传说和民间故事。其中大理各县卷中风物传说都特别多，这与大理优美的自然环境有关，诗词通过不同的韵律与节奏来放映当地的习俗与文化，抒发其情感。

大理的民间故事与传说不仅孕育地域的浓厚文化，同时也与人们的深处的艺术性遐想气息，民居故事与传说不仅能给人思想上的感悟，更能给人们精神上的启迪。

2. 关于案例项目场地调研

图 1-1 大理悦榕庄酒店现场照（图片来源：笔者自摄）

大理悦榕庄酒店项目选址于大理海东镇下河北山，位于梦云南·海东方度假区上的一个相对平缓的山坡，紧接海东一号公路，西向洱海，南靠海东新城中心。度假区配套设施中央公园、旅游服务、游憩公园，其中主要由高尔夫球场、商业小镇、湿地公园组成。植被以云南松为主，岩石松脆，已风化成土，若森林破坏易形成严重的水土流失（图 1-1）。

第 2 章　基于特色传统文化探索酒店室内设计手法

由于特色传统文化在国际语境下的类别过于庞杂，加上应用案例的酒店注重地域性文化与体验，所以本文的研究中心重点放在酒店设计模式的设计手法领域中。当代的特色传统文化设计模式主要由功能主义、新古典主义、后现代主义所形成。在不同主义模式下具有一定的共通性，是工具，也是观念的体现。

传统酒店设计模式手法主要种类有色彩、建筑材料、装饰符号、用户心理等。通过设计手法去界限模式的风格化，去寻求独树一帜的模式才是设计的本源（图 2-1）。

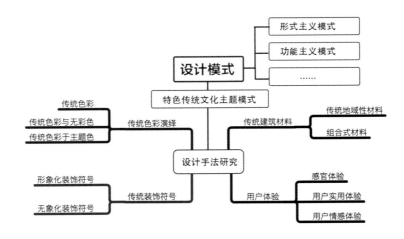

图 2-1 基于传统室内设计手法理论框架（图片来源：笔者自绘）

图 2-2 传统五色观（图片来源：网络）

图 2-3 无彩色（图片来源：网络）

图 2-4 主题色与传统色的融合（图片来源：网络）

2.1 传统色彩在空间的演绎

传统色彩具有"地域性"和"传统性"两个基本特征。通过分析中国色彩概念的文化哲学为基础，解析中国传统室内装饰色彩的使用。

2.1.1 传统色彩—"五色观"

"五色观"是中国的传统色彩体系，由黑、白、赤、青、黄五色组成。五行五色具有相生相克的原理，在中国传统的色彩观中认为是在受到儒家思想影响以后，才逐渐形成一套完备的理论体系（图2-2）。现代经典流传的建筑及室内装饰，无一例外隐含了传统色彩元素，如中国故宫、苏州园林、埃及金字塔等。

由心理学角度上观看，中国传统"五色观"色彩热烈而厚重，让人易产生视觉疲劳，若小面积的点缀在室内空间软装饰中，更令人身心舒缓，并对空间具有画龙点睛之效。

2.1.2 无彩色与传统色彩融合

通过相关书籍的整理，艳丽的色彩易使人产生视觉疲劳。而传统文化的朴素色彩——黑、白、灰却能够在眼里色彩中作为过渡缓和的中间色调。其中道家曾色彩观主张"淡泊无为"，其色彩主张为"无色而五色"，黑色是道家的象征色彩，道家认为黑色是最有地位的色彩。老子曰："玄之又玄，众妙之门。"玄即黑，是幽冥之色。黑色是道家色彩之首，是地位色彩的象征，这种色彩观对中国后世的许多艺术形式发展，产生了很大的影响（图2-3）。

如果要大面积运用中国传统色彩时，可以添加一些金、银等中性色和黑、白、灰等无彩色作为过渡。

2.1.3 传统色彩于主题色的融合

色彩是情感表达工具的方式之一，它能够使建筑及空间产生艺术感染力及视觉冲击力，并让人们在特定的心理获取不同的感知、情感、联想等心理感受。通过资料的分析，当我们选用一种传统色彩基础下来进行主题设计时，室内大部分面积可以用高明度、低纯度暖色，而其他所有构件都用指定的材料和主题色彩，室内空间将会形成统一而具有指定主题性的特色风格（图2-4）。

图 2-5 地域性材料（图片来源：网络）

图 2-6 组合式材料（图片来源：网络）

2.2 传统建筑材料在酒店室内设计的应用与研究

材料是建筑的内在与外在的形式体现之一，而传统材料是在特定地域中所选择的地域性材料，它本身具有传统文化的遗传基因，携带了大量的历史文化讯息。通过传统材料的本身去唤醒人们脑中对地域的生态、环境、人文、历史的记忆，用最直接的方式来给人带来心理的联系。

2.2.1 传统地域性材料

"天人合一"是中国传统建筑一直追求的自然生态理念。从传统的堪舆理论看，它具有自然条件的合理选择与自然环境的和谐。而传统的地方材料建筑策略使得传统建筑材料本身带来了自然的氛围，容易与自然环境和谐相处。在中国传统的建筑材料中，石头和木头是直接取自自然的原始生态建筑材料，而砖瓦是用黏土制成的，表面覆盖着自然的气息。因此，中国传统材料建筑更有可能融入周围的自然环境。中国传统建筑材料一般以土、木、石、瓦等为建筑基础材料，传统建筑材料一般取自自然，无须人工雕刻与加工，直接能体现人与自然的和谐关系（图 2-5）。

2.2.2 组合式材料

现代建筑设计中，传统建筑材料多数与新型建筑材料结合起来的形式出现。将传统材料比如木砖与新型水泥、玻璃、金属材料或者新技术的结合，通过对比呈现材料的文化特征、民族性特征的同时，也可以实现传统材料与新技术的结合。传统建筑材料的传统特色相对较强，发展至今没有明显变化，但是传统建筑材料和新型工艺结合却能使传统建筑材料获得新的质感和色彩。通过材料的结合，弥补传统材料的不足，使建筑焕然一新，并使传统材料的实用性更加完善。（图 2-6）

现代化建筑行业中，由于许多新材料和新工艺的研发，与传统工艺的结合，许多的设计师喜用组合式材料，通过形式主义或参数化模式来体现现代特色，使建筑具有深厚的文化内涵。

图 2-7 花窗（图片来源：网络）

图 2-8 屏风（图片来源：网络）

图 2-9 无象化对称空间（图片来源：网络）

2.3 传统装饰符号在酒店室内设计中的运用与研究

2.3.1 形象化装饰符号

传统建筑空间中的花窗、隔间、屏风等装饰符号具有简单多变的艺术美感。他们的感情和内涵是传统文化的精神支柱。符号化的符号被视为空间"分离"的处理手法。传统室内装饰的典型隔板包括窗帘、屏风、纱布、地板等，它们最大的特点是具有"连续性"。现代室内设计空间中，传统的分离形式通常用于装饰空间，传统装饰图案形状丰富并多样化（图 2-7、图 2-8）。

2.3.2 无象化装饰符号

考虑到中国传统文化和环境因素，无象化的装饰艺术多选择隐藏在可视化符号后面，处于影响形象化符号的角色。大多数无象化符号采用对称的几何形状，规则和对称的形状反映了社会对等级和秩序的重视。在家具摆放及空间布置上，也非常重视轴的作用，遵循对称平衡原则。这种设计体现了中国人的思想观念，强调阶级等级和层次结构，渗透着中国文化优雅而稳重的视觉效果（图 2-9）。

2.3.3 室内设计的整合

中国传统文化的显著特征体现在融合及和谐。两千多年前，儒家提出了与"君子和而不同"的和谐相处的思想。在不同的思想体系下，他们不会相互冲突，也不会因此单调，它与其他和谐共存，并在共同发展中相互补充。今天中国传统的"和谐"适用于现代室内设计文化，可以创造新的形式和风格，它强调的是人和态度，它是"融合"。比如，贝聿铭先生设计的苏州博物馆的室内空间（图 2-10），是现代主义和中国传统相融合方式的一部分，在功能性安排中捕捉现代主义，并组织一些空间来形成中国思想。同时，利用传统景观和现代化的建筑环境，为人们提供了一种全新的空间感，展现中国式的魅力。

2.4 酒店室内设计的用户体验研究

用户体验（User Experience，简称 UE/UX），用户体验是一种纯粹的用户主观体验。但是对于一个界定明确的用户群体来讲，其用户体验的共性是能够经由良好设计实验来认识到。据文献调查与分析，现用户体验研究主要针对互联网

图 2-10 苏州博物馆（图片来源：网络）

及 IT 产品，在酒店方向的研究尚薄弱，在酒店包容性强的群体中，对指定的特色文化区域如何保证及提升用户体验，是现在值得关注的一个话题。

2.4.1 感官体验

感觉是大脑通过对人体器官的外部刺激产生的印象，然后对客观事物的出现形成一种感性的认知。从酒店设计模式上着手，空间作为载体，人承载场所的所有体验及感受，人的感官体验是感官的基础，感官包括视觉体验、触觉体验、嗅觉体验和听觉体验。酒店的视觉体验主要基于酒店的形状、建筑结构、色彩和周围环境来获得审美体验。视觉体验是最具冲击力也是在整个体验中最早产生的。在整个住户体验中，客户首先在远处看到酒店的形态到逐渐分辨出色彩，再到近看到或触碰材料肌理，最后走入空间体验室内的光影变化，其中听觉体验与嗅觉体验都伴随着视觉体验而生，从而触动人心的试听体验成为体验模式中的一大重要部分（图 2-11）。

2.4.2 用户实用体验

酒店的不同主题对应了不同入住的酒店模式及体验回馈，在酒店模式体验中，最主观的感受是回应和认知印象，通俗来说就是"这个东西好不好用，用起来方不方便"。在住客入住后对入住需求本身的硬件定位和使用过程中与产品回馈客户感受的体验，成为住户在体验过程中的核心点。度假酒店中实用体验主要从"酒店预定 – 到达酒店 – 办理入住 – 进入房间 – 房间入住 – 退房 – 离开酒店"一系列过程中来获得回馈体验。

在层层环节中房间入住是住户最为关心的环节，在好不好用这个说法上，更多体现在客房的灯光设计、家具设计及空间功能划分。例如，在灯光上是否有一键操控不同模式的切换、感应夜灯的设计或者卫浴空间的干湿分离等。通过这些人性化的细节设计，来对客房的性能做出新的用户实用体验评定标准。从另外一个角度看，用户实用体验也将传统的商务酒店深化为度假休闲酒店。

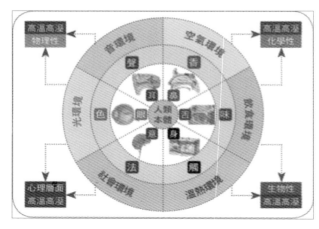

图2-11 感官体验2(图片来源:网络)

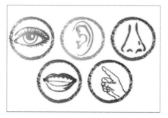

图2-11 感官体验1(图片来源:网络)

2.4.3 用户情感体验

用户情感体验是酒店入住前、入住时和退房后的所有感受，包括情绪、信念、偏好、认知印象、生理和心理反应、行为和成就。用户通过酒店来认识和表达自己的内心感受，这意味着用户体验的深度。

从用户情感体验的角度看，地域文化对酒店设计的植入，是关于地域文化如何通过酒店场所令住户在酒店体验过程中产生对空间情感的共鸣与对话，又或在不同文化体搭建下形成连接，是整体规划中需要提前策划的重要模块。

所以，在增强用户体验的模块方面，不能仅仅是提升最原始的服务态度及设施基础。应当做出新的模块改变，比如在用户自身的选择抑或者是产生互动性的使用体验，并且在设计层面展现出地域文化，令住户形成了高度的情感认可效应。

第3章　特色传统文化下酒店室内设计模式的原则

特色传统文化下探索酒店室内设计模式的设计手法,在酒店的设计模式中有两种不同的类型。第一类,是在酒店设计开始前或者设计过程中引入设计模式(多数情况下是在酒店设计前套用一系列逻辑性的惯用手法)。第二类,是为了某些具有特色性的地域性酒店专门做的设计模式而制定的一系列设计手法,这种情况在近些年开始受到重视。然而,我还是希望在整理这些不同设计模式的时候,可以找到相同规律的设计手法来放在同一个语境中进行,在使用的时候具有规律性的原则。无疑,在酒店的整体设计模式中,把特色传统文化中的室内设计手法提出来作为话题去阐述。以下从具体的几个方面去解读,特色传统文化下酒店室内设计在功能、文化、经济上所产生的约束。

3.1 特色传统文化下酒店室内设计的功能性原则

在酒店设计领域当中,体验是设计师及业主着重考虑的因素。在设计中的种种框架和细节,都是为了搭建我们想要的体验状态。所以具体在功能层面,作为具有特定地域性主题的酒店设计,一定具有特定的空间构成意义和功能价值属性,在整体的空间比例、空间关系上要有一定的把控。比如空间上需要起到聚集或者遮挡功能的时候,人们的流动上可以通过一系列的序列去引导不同形态的变换,来阻隔空间。而优秀的酒店设计模式,可以通过先前制定的设计模式去流动性地给空间带来优质的氛围,比如,需要一个活跃的感觉,酒店设计模式在编排时就可以在空间中预设出这种活跃的感觉,规划功能模块在空间的定义,从而令空间起到功能性的作用。其次,在空间的具体画面中,空间所具备的色彩、符号与整个模式设定保持调性统一,但是也有一定的色调去分界每个功能模糊边限,形成每个空间丰富化的理想模块。最后,空间建构与空间材料中,进行一定比例的调整,形成一定的平衡效果。

3.2 特色传统文化下酒店室内设计的文化层面原则

特色传统文化的内容较为广阔,具有一定的界限及定义,注重地域性的文化表达,包含了自然地理、人文历史,在空间中注重直观的功能性也注重传统哲学的隐喻。当下,酒店设计的目的已远非提供基础的住宿服务条件,越来越多的高端精品酒店为顾客提供人性化的综合服务体验,有一些甚至赋予顾客独特的精神体验。比如,一些酒店注重塑造酒店特有的文化属性或者用一个故事去表达限定其空间的存在意义与现有状态。可以浅显地理解为,近年所流行的"地域性主题酒店"等模式类型。

从文化角度看，特色传统文化的存在及延续可以更好地满足人们的文化需求，即酒店与人在精神上的共生需求。在许多状态下，文字可能并不是最为直观进入心灵的直接方式，而身体的感受才是毫无疑问的直击内心的方式。所以在特色传统文化意识的表现可以更好地给空间进行整体的模式规划，把酒店的室内室外空间更好地融入某地特有的文化精神。从另外一个角度看，空间也给这份独特的文化提供了相应的场所，使之融为表里，缺一不可的关系。

3.3 特色传统文化下酒店室内设计的经济层面原则

酒店设计牵涉景观、建筑、室内，是对空间进行建构一个大的规划，而在进行规划中需要不同的运营方进行配合。传统特色文化在植入酒店的原始理念中应该与规划是在一起的，随着这块大面积土地建设的进行，设计理念会不断地规划及深化进去。

特色传统文化本身蕴含了大量的话题性，而如何对独特的传统文化进行模式化的制定却有着巨大的争议。在这个互联网时代，所有框架都具有数据性和逻辑性，传统即为过去的，如何成为吸引眼球的亮点等同于经济效益。所以，通过特色传统文化来进行酒店设计模式的规划，可以给酒店带来一定的经济效益。

第 4 章　大理悦榕庄酒店项目设计模式策划案

4.1 项目概括

4.1.1 地理位置与周边环境

大理悦榕庄酒店项目位于中国云南省大理州大理市海东镇下河北山，梦云南海东方内，酒店西面洱海，南靠海东新城中心区，东面毗邻海东一号公路，北至海东国际旅游度假区中心腹地。属于海东国际旅游度假开发区的起步位置。位于洱海东岸，面对 260 平方公里的宽阔水域，湖面25° 斜坡，群山绵延，享有面面洱海之美。

4.1.2 酒店品牌定位与项目规模

1. 酒店品牌定位

悦榕庄酒店（BANYAN TREE HOTELS & RESORTS）又称为地方化的度假酒店，品牌创立于1994年，每个悦榕度假村都是独特设计的，从硬件到服务，不是美国风格的国际标准酒店制度，作为热带花园水疗概念的先驱，悦榕 Spa 世代相传的亚式健康美容 Spa 体验，是所有悦榕度假村成为悦榕经典体验的一部分。但在表面的个性下，我们可以发现它的独特性，务求极致、打造的"一座感官圣殿"。

2. 大理悦榕庄酒店

大理悦榕庄酒店由云南城投注资，整体开发的一个度假休闲区域项目。云南城投计划建设一个全球最大悦榕庄，周边有相关配套度假设施的开发。

4.1.3 酒店设计整体概括

1. 建筑设计

在整体的建筑体块规划中， 通过地形而形成的层层退台，使得所有客房和公共区域都可以享受到洱海最佳景观。由于层层退台的处理，使得每间客房都有机会享受到屋顶花园。为了保证每间客房的私密性，建筑方利用了挡墙及树木遮挡等的处理手法使得每间客房都能够拥有自己独立的私密花园，面朝洱海的半室外观景区域。

2. 景观设计

而在景观方面，建筑团队提出了设计景观的意象，主要有屋顶花园、内部庭院、仰望星空、石头景观墙等。石头景观墙主要作为外界的景观墙，在材料上烘托当地的地域环境及周边的自然地貌，有利于对内部打造出宁静与自然的度假气氛。仰望星空作为星空吧的主要观景元素，着重打造夜晚星空与室内融合的浪漫气氛。而屋顶花园可以有效地将景观融入室内中，苍山洱海融为一体的生活体验，让建筑与自然中形成共鸣。

3. 室内设计

室内设计方面，设计团队的主题概念是：品醇 – 观海 – 摘星。酒店整体以扎染传统为载体，围绕传统工艺模式植入每个体验环节，意在打造一个以大理特色文化为特色的精品酒店。

4.2 大理悦榕庄酒店设计模式方案

4.2.1. 大理悦榕庄酒店设计模式概念与主题

1. 概念前言

日出而作，日落而息，大理不疾不徐的慢节奏生活，古朴雅致的传统建筑。或许，对我们来说心中的"乌托邦"并不是几座房子、几个巷口。它是清晨阳光刺眼的那道光，是雨后叶片上晶莹的水露，是父亲掀开杯盖溢出的茶花香。

谈起大理，有人追溯到它悠久的历史——南诏大理国的王朝更迭，盛世文明时期的权势博弈、茶马古道蜿蜒与丝绸之路；有人偏爱那里的白云蓝天、悠然自在；也有人探索这片古老的土地，历史文明遗留下的工艺和传承。

然而，我所理解的是这片土地给我带来的景象，不仅仅是我们所看见的或者已知的事物，更多的是在我内心感受与体会，所牵动人心的情愫与记忆，是人们所追求的现世"乌托邦"。

2. 设计模式

大理悦榕庄酒店的场地现状在下河北山的一个自然山坡上，山坡下住了部分的原住民，传承着白族的扎染工艺。每日清晨起来阳光打落在各式花案的蓝布，图案映射在地面，微微闪烁、波光粼粼的湖面与天空水色一线，这应该是这个地方特有的景象之一。我希望通过设计模式的延展，对大理地域文化及扎染工艺的提取及分解，通过手法转换的模式，运用在空间设计及入住流程当中，让未来的客人感受这片土地的前人们带来最真诚、最古老的手法记忆。

4.2.2 大理悦榕庄酒店设计模式具体方案

1. 设计范围和设计规划

整个酒店的景观、建筑、室内空间都设定了一套设计模式，作为一套完整的设计模式体验，当你走入酒店时，就进入了模式序列。

选用地域的工艺材料，比如扎染、木雕、茶叶等，根据酒店内部空间流程和范围，拆分这些古老工艺的制作步骤，去重构酒店中的室内流程和酒店衍生品。

2. 大理悦榕庄酒店特色传统文化的表现形式

通过对扎染工艺的详细解读，对其采集的材料大小、色彩、图案、流程的分类，对应酒店空间的体量和属性的应用，进行模式化的重组形成多种搭配方式。通过设计模式的重新组合，手工艺与住户流程相配合，来整体引入住者的思维，让其有充分的体验感和舒适感。

服装：我国著名文学家郭沫若曾言："衣裳是文化的向征，衣裳是思想的形象。"服装是物质生活的重要组成部分，是属于文化的范畴。指定文化的服装搭配，更容易给客人思维发散和融入地域文化的空间，更让他们感觉到自然与亲近。

饮食：饮食是一件看似平凡、极其重要的事情，有其独特的内涵和外延。特定地域选择指定的饮食，有利于客人在体验感的升华。

图案：作为与人们生活密不可的艺术性和实用性相结合的艺术形式，在大理悦榕庄酒店的具体规划中占不可或缺的比重，通过对当地的自然及人文文化的介入形成不同的图案，其纹理及图案是所有空间都需求的。

建筑：作为视觉体验的首要因素，地域材料及空间形式的选择成为重要的内容，合理的材料应用及组合，有利于整体空间和自然环境相和谐。

色彩：作为对事物产生的审美和情绪变化最敏感的形式因素，其本质直接影响着人们的情感。有意识规划对整体空间色彩的整理，有利于给客人带入设定好的情景当中，并让客人感到安然及放松。

礼品：作为非传统艺术品的一种类型，是为了这次设计专门加入的，意在辅助设计模式的流程，打造完整的体验链条，感受当地文化、带走当地体验。

3. 特色传统文化在空间序列中的组合与具体方案

室内空间中的设计模式

（1）大堂

大堂入口：在基础材料的选择上，大面积选择当地地域木材料，来建构空间的主要关系。通过延续大理州院落的"三房一照壁"流线，来规划大堂的内部布局。空间内部家具的色彩，是通过对大理色彩的收集及整合，提取的海青、赤红及云灰来作为软装的点缀。

在大堂处设计模式环节的主题为："品醇"。

首先，客人在走入酒店进行办理入住时，工作人员会对进入酒店的流程做出流程化的介绍。同时酒店会发放酒店独有的服装给客人，客人通过不同服装的搭配进入酒店中不同的空间，在形式上希望客人能与空间互动，随心而入的步行于院落之中，带入大理之意境。

其次，在大堂的休息处设定了"板蓝根"饮用区，板蓝根是通过提取扎染工艺中的浸泡步骤，在扎染过程中主要染色中药材——板蓝根，具有清热解毒，利咽的功效。希望客人在等待的同时品尝此地醇厚的茶香。

（2）餐饮空间

星空餐吧：餐厅的空间属性主要是用餐，兼顾观景、交流。因此空间视野需要广阔，需要打造空间惬意，让客人更加放松，便于享用美食及交谈。由于星空餐吧设立在建筑物的顶层，落地玻璃让夜晚的星光更容易铺垫空间的整体视野。星空餐吧呈竖状分布，在空间尽头处我们设计了一个二层观赏空间，吊顶做了一个大型装置艺术品，结合自然空间与室内的衔接，让客人感受"虚"与"实"的演绎，享受即时拥有的星光时刻。

全日餐厅：相对于星空餐吧，全日餐厅在属性上更显安静及优雅。在空间区域内规划了尺度较大的装置屏风。

屏风的设计灵感源于叠加这个主题，通过拆解扎染工艺中的捆扎过程，通过纤维艺术等综合材料，进行绘画语言的重新创作。重现朦胧的印象大理。

（3）客房

客房区域的设计模式延续大堂的流程。在空间内部的图案及色彩中，视觉和思维的冲击上进行平缓处理，采用一些温和、静逸的方式阐述外景与室内空间的协调性。

从心理学的角度，将空间整体色彩进行地域色与无彩色的结合。通过客人的自身服装来给空间进行"补色"。

（4）休闲体验空间

SPA 体验馆：休闲空间的属性主要是水疗美容与心身放松，指利用水资源结合沐浴、按摩、涂抹保养品和香熏来促进新陈代谢，满足人体视觉、味觉、触觉、嗅觉和思考达到一种身心畅快的享受。SPA 室内空间相对比客房会小很多，在室内色彩与空间采光成为空间重要的考量因素。

（5）纪念品设计

纪念品设计秉承"体验大理 – 带走大理"的理念，通过当地的扎染工艺及对应用在酒店室内设计作品之外，余下的一些布料，通过与酒店相关的色彩图案，制作成一次性酒店手绳式门卡。

假如客人居住了 A 房间，办理入住时即可生成一次性门卡芯片，套入手绳中。在入住期间使用手绳式门卡进入房间及各个区域，在离开的时候芯片即使失效，手绳式门卡可作为纪念品供客人带回。

4.3 课题研究的意义及可能存在的问题

4.3.1 课题研究的意义

对于基于特色传统的设计模式研究，在大理悦榕庄酒店设计中更侧重于地域文化，这源于整个设计课题是对特色传统文化的研究为基础。酒店设计模式的概念在学术界仍然存在大量的争议，理论框架和学术边界尚不明确，但作为一种客观理论和具有酒店界影响规模赋予了它普遍流程化的共性和特征。其中，人性化、地域化、体验化等特点，是设计模式围绕的范畴。

酒店设计模式这个话题，关注的本身是人在体验及体验后所回馈感受的一个流程。设计模式注重逻辑且与心理学关系密切，可体现酒店设计中的一些设计思维独特性，或者可以更完整地表现酒店所想展现的主题性。酒店设计模式这个概念本身席卷了各个酒店行业的设计，在建筑和室内设计中，也在不同品牌塑造不同模式，其模式对酒店设计行业是一个突破性的挑战。

4.3.2 可能存在的问题

作为一个实际的设计项目，这或许没有基于业主要求及客户要求进行详细的分析及配合，在后续的实施中可能存在不同的分歧和阻碍。并且，过于理想化和精神追求，带有一定的美好向往而策划的设计模式，某种程度上狭窄化了用户群体。此外，在具体设计中，对手工艺的分解与提取，存在一定的工作量，在这个实施操作中，具有自然不可控因素及消耗量的人力资源，对这过程的注入与消耗，暂时还没有具体的估测，如果没有开发商的支持，实际操作存在一定的难度。

除了上述的客观情况，设计模式还可能存在以下问题：

1. 酒店设计模式研究属于多学科交叉的研究课题，内容涉及设计模式、色彩心理学、环境心理学、地域性文化提炼等诸多领域，需要对相关学科都具有一定的了解，才能进行深入研究。

2. 由于研究内容庞杂，针对酒店设计模式的梳理及搭建模式框架、突出其重点内容，有一定的难度。

3. 酒店设计模式在地域文化主题下，研究的内容虽然有明确的指向，但因其独特性明显，如何切入主题、深入内容，还需要认真的思考及钻研。

第 5 章   结 语

2018 年下半年，我有幸参与四川美术学院与 PLD 刘波设计公司举办的深圳工站校企合作项目，并在 YANG 设计集团中学习，着手研究《基于特色传统文化的设计模式研究》课题项目。从选题意义与研究思路着手，通过相关关键词进行初步研究，用相关理论简析和田野调查对地域性文化进行深入分析，结合地域文化手法，整合与归纳酒店设计中的设计模式表现手法，针对大理悦榕庄酒店设计，提出具体策划方案。

　　本课题在课题立项、开题和调研过程中得到校内导师张月教授和校外导师杨邦胜老师的关心与指导。在调研过程中，YANG 设计集团提供了大量的支持和帮助，并安排了刘丽方小姐、黄佳小姐、李岱小姐等知名设计师作具体的设计指导和帮助，使得课题顺利进行。与此同时，四川美术学院、天津美术学院、西安美术学院、四川大学教授及学者，以及深圳工作站的知名企业家和设计师也在各个的研究环节给予了我大量的悉心指导和宝贵的意见。

　　在此，我向帮助支持我的张月教授、杨邦胜先生、四川美术学院、天津美术学院、西安美术学院、四川大学的诸位老师们、YANG 设计集团的同事朋友们致以真诚的敬意和感谢！

参考文献

[1] 刘晓东，李楠鑫. 传统吉祥寓意图案对室内空间装饰的作用探究 [J]. 上海：东华大学，2018.

[2] 李逸. 主题酒店环境设计中的"文化主题性"研究 [D]. 北京：北京建筑大学，2015.

[3] 邹旭尧. 浅谈传统材料在当代建筑语境中的"地域性"表达. 城乡规划 [J]. 辽宁：建筑与规划学院,2016.

[4] 袁野. 主题型精品酒店空间设计研究 [D]. 四川：西南交通大学，2017.

[5] 曾莹. 高端精品度假酒店客房设计研究——以海南七仙岭龙湾珺唐精品酒店为例 [D]. 广州：华南理工大学，2013.

[6] 程瑶，张慎成. 略论中华传统"五色观"[J]. 安徽：安徽工程大学，2016.

[7] 蒋明. 基于中国传统文化的室内设计情感表达探究 [A]. 广州：广东财经大学华商学院，2018.

[8] 王莉. 中国传统装饰符号在现代室内设计中的运用 [A]. 江苏：盐城工学院，2011.

[9] 杨峥峥，李晶源. 白族扎染与室内设计的结合与传承 [A]. 昆明：昆明理工大学，2018.

[10] 包臻隽，尚红燕. 传统扎染与现代扎染工艺的融合 [J]. 上海：上海师范大学，2017.

[11] 颜红影. 中国传统建筑材料在现代建筑设计中的传承与创新 [A]. 蚌埠学院学报，2016.

[12] 王秋红. 中国传统元素在室内设计中的应用研究 [A]. 吉林：吉林工业职业技术学院，2018.

[13] 陆丽如. 浅谈地域文化型主题酒店室内设计方法 [A]. 河北：河北工业大学，2014.

[14] 方洁. 云南传统民居平面布局比较研究 [D]. 昆明：昆明理工大学，2012.

[15] 史乃丹，李朝晖 . 传统建筑装饰在室内设计中的传承与创新 [A]. 四川：西南交通大学，2019.

[16] 蒋明 . 基于中国传统文化的室内设计情感表达探究 [A]. 广州：广东财经大学华商学院，2018.

导师评语

张月导师评语：

论文"基于特色传统文化的设计模式研究——以大理悦榕庄酒店设计为例"选题结合了实际的项目课题，研究落地而有实践性，研究问题的角度脱胎于对场地现实研究的梳理与思考。目前的设计行业内风格化设计流行，而个性化的创新又因其不确定性而难以广泛拓展。如何将创意路径演化成一种可复制的模式是值得研究的，这个选题务实而有建设性，很有现实意义。整篇论文从对场地现状的调研梳理，到对相关类似案例手法的分析及可借鉴经验的整理，再到针对性地提出设计对策，思路较为清晰。分析和评价也基本合理。设计思考及对策务实而有针对性。避免了常见的假大空理论和高大上"情怀"套路。其成果比较完整。

如能对提出的设计对策的理论依据做些补充说明则将会使论文的论述更为丰满。

杨邦胜导师评语：

设计这些年，一直在强调创新和突破，坚信好的设计一定不能按"套路"出牌。我和我的团队大量做酒店设计，有幸得到客户和行业的认可。很多同行设计师问我们，如何做好"个性文化"？这让我开始思考，或许创意不能被复制，但有没有一种思考方式或设计模式，是可以被挖掘和提炼出来，有保障设计对文化表达的精准性。

在此要感谢清华大学美术学院的朱楚茵同学，她在工作期间加入YANG，敢于尝试以设计师、课题参与者、研究者三重多维的身份和角度，从大理悦榕庄酒店出发，对基于特色传统文化的设计模式进行研究，分析总结出这篇丰硕的学术论文，我认为这篇学术论文对我司及行业都有非常重要的现实意义。

传统文化的概念和范畴相对较大，如果深入其中，涉及面很大，容易界定不清，朱楚茵同学很巧妙地将传统文化聚焦到地域文化，并采用田野调查方法对地域文化做了很好的拆解和提炼。无论是传统文化还是地域文化，它们都一定不是仅存在历史中的某种符号和元素，而应该是鲜活能被感知的，所以亲自深入大理白族自治州去感受，非常重要。

在大理悦榕庄酒店设计模式具体方案部分，非常欣喜地看到朱楚茵同学提出整个酒店的景观、建筑、室内空间都设定了一套设计模式，作为一套完整的设计模式体验，当你步入酒店时，就进入了模式序列。这其实就是主题性营造，透过设计模式这种方法论的实践，让客人进入设计营造的文化氛围和情景中，让他感受到惊喜与感动，带来独一无二的空间体验。这是不局限于空间功能和美学的思考，给了我很大的启发。

在于朱楚茵同学就论文方向、架构、内容等讨论过程中，我感受到她的执着与严谨，愿意反复进行推敲和佐证。如果一定要说还有什么遗憾的话，我想是因为酒店设计的周期相对较长，朱楚茵同学在论文中运用设计模式的思考方式，为大理悦榕庄提出的策划方案，关于设计前期的考察调研，分析整理都较为细致完整，唯独缺乏落地可执行性的论证。酒店空间关乎业主投资、品牌调性、用户体验等诸多层面，如能从设计启动到落地开业，完整跟踪一个酒店项目，我想她会更敏锐地捕捉到这一部分，并让其更为完善与完整实现。

地域因素影响下的郊野公园商业空间设计研究 ◎王泽

The Commercial Space Design of Country Parks Under the Influence of Regional Factors

乌鲁木齐·紫金酒庄公园规划设计

项目来源：深圳广田集团股份有限公司
项目规模：230000 平方米
项目区位：该项目位于新疆维吾尔自治区乌鲁木齐市沙依巴克区

项目旨在打造乌鲁木齐最大的现代化文化旅游示范窗口。由于新疆旅游旺季短，且疆内游客较多，因此计划打造复合业态的多线盈利模式，实现全季盈利。公园主要包括：以酒庄广场为主导的醇香经济配套、以薰衣草花田为主导的芳香经济配套、以葡萄采摘园为主导的鲜香经济配套和以林场民宿为主导的幽香经济配套。综合地域资源文化打造美学化的自然景观、地域化的民俗风情和多元化的商业活动。

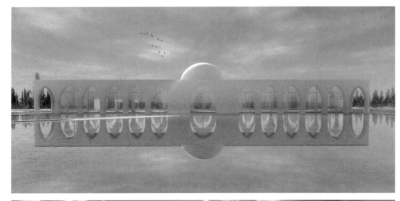

紫金酒庄

酒庄广场

花田餐吧

果园农庄

林场民宿

林场民宿

摘 要

　　随着体验经济的发展和人们物质生活水平及精神享受需求的不断提高，传统的商业空间设计由于形式的单一以及缺乏商业策略的指导已经与快速发展的社会文化不相适应，而作为处于普世文明所施影响下的地域主义具有抵抗性的、身份认同的特征，可以通过对本土自然和社会文化复兴的方式使人达到在行为学意义上预先构想的满意度。因此，可以通过探索满足当下实际情况的商业空间地域性设计模式，从而平衡经济效益与文化效益之间的关系。本文即通过对郊野公园中商业空间与地域性设计逻辑关系的梳理和意义的阐述，探求郊野公园中商业空间地域性设计的原则，并在此原则的指导下结合乌鲁木齐紫金酒庄公园景观设计的实践案例，探索地域因素影响下，郊野公园中商业空间设计的具体策略。

关键词

　　地域性设计　郊野公园　商业空间

第 1 章　绪 论

1.1 研究对象与研究内容

　　本论文研究的主要对象为郊野公园中商业空间的地域性设计。主要内容为通过对郊野公园中商业空间与地域性设计逻辑关系的梳理和意义的阐述，探索其设计原则与方法。地域资源是一定空间领域中所包含的自然信息与社会信息的集合，具有区域性、系统性、人文性或自发性的特征。丰富的自然信息与社会信息能够有效地促进商品流通和经济循环的速度，从而满足商业空间设计的经济效益的目的。因此，本论文将通过用以指导设计实践的地域主义与其商业价值为主要研究依据，并通过乌鲁木齐紫金酒庄公园商业空间设计为实践案例，探索并分析地域因素影响下郊野公园中商业空间设计新模式。

1.2 研究意义

首先，如何在商业性质为主导的郊野景观空间中表达地域价值是深化地域性设计理论研究的具体方式，设计学、社会学、经济学等各学科的联动也将为理论研究提供新的思维方法。其次，理论是实践的眼睛，实践是思想的真理。地域性的理论研究是指导设计的科学依据，而设计在新的理论研究中也将产生新的实践原则与实践策略。如何在地域因素影响下完成商业空间设计是证实地域理论转化为设计实践科学性的途径，也是更加系统地完成设计，服务受众并为后续设计实践与理论研究提供参考与借鉴的必然要求。最后，经济全球化对地域文化带来最大的挑战是文化全球化的冲击，在设计中的体现如国际主义为代表影响下的千城一面、千篇一律势态，而深化研究地域性设计是改变现状、解决矛盾的有效途径。此外，随着改革开放四十周年，我国经济水平显著提高，产业转型速度加剧，设计聚焦于平衡经济效益、文化效益与生态效益，在此社会背景下，展开地域文化影响下商业空间设计的研究不仅顺应时代潮流，也是满足时代需求的趋势。

1.3 相关研究综述

我国对于设计地域性研究早在先秦时期就有人与自然和谐共生的思想出现，并经过漫长的发展在明末提出"因地制宜"的设计地域观。"园林基地，方向并无限制，地势自由高低；入门有山林意趣，造景须因势随形"[1]。朴素的地域观深刻影响着园林建造者的设计实践，但对地域性设计的研究依然停留在自然、场地、受众等物质基础上。直到后现代主义时期，设计开始关注人的精神世界，对地域性的研究开始走向挖掘历史文脉并发展与现代生活所适应的方向，由此也产生大量优秀设计作品。如何在当代社会背景下进一步完善地域性设计的研究是每个设计实践者应当关注的问题。

国外对于设计的地域性研究早在 20 世纪中后期便开始形成较为成熟的理论体系，出现了批判的地域主义、广义地域主义、景观都市主义等思想。此外，设计理论家与设计实践者不断从其他领域寻找顺应地域性设计发展的研究成果，如符号学理论、知觉现象学等，从而在具体应用过程中提供科学的理论支撑。不仅指导出一系列优秀设计案例，如德国鲁尔山的埃姆舍尔公园、丹麦罗斯基勒的海德兰德露天剧场，更培养出一批如詹姆斯·科纳、阿德里安·高伊策等众多优秀地域性景观设计实践者。

1.4 研究方法与逻辑结构

景观设计不仅是通过技术手段解决问题的过程，更是通过技术解决需求的方式，因此需要全面解读问题矛盾，具体问题具体分析。本论文主要针对郊野公园中商业空间设计的地域性研究，通过分析商业模式与地域性设计中所相适应的内容作为设计实践的指导方法，由此证明理论的科学性与设计的合理性。

地域性通过设计的方式表现出来即设计的地域性表达，当设计需要面向商业，投入市场时，需要将地域性的表达方式商业化、市场化，从而促进消费，实现商业空间设计的核心目的——创造经济效益。在此之后，营销部门会制定一系列营销与促销策略，刺激消费。而设计范畴内所要进行的工作是如何表达地域性，以及如何将地域性的表达商业化、市场化。在整个过程中，地域文化资源更多的是转换成为一种文化消费品。因此，商业空间的地域性表达，需要依托地域性的表达为原则，并通过商业策略实现创造经济价值的目的（图1-1）。

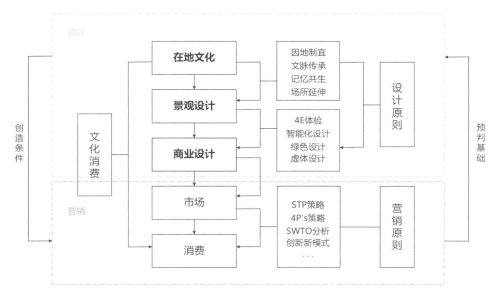

图1-1 逻辑思维导图（资料来源：自绘）

第 2 章　郊野公园商业空间与地域性设计的内涵及联系

2.1 郊野公园与商业空间的内涵及联系

2.1.1 郊野公园概念

郊野公园是城市公园和自然公园的交集体，既具备城市公园提供游玩观赏、康体健身、防灾避险等功能，又具备自然公园调节生态环境、提供科学研究、控制城市规划的职能。从体验形式上，郊野公园可以分为旅游型的生态园、森林园；展示型的植物园、动物园；专类型的湿地园、体育园等，通常具有远离市区和原生态性的特征。1970 年英国政府通过法案，对郊野公园的定义为："一种能让游人享受郊游乐趣的公园"。《牛津地理学词典》的解释为："具有野餐、徒步、骑车、垂钓等设施的乡村区域，能够为大众提供临近城市享受郊野乡村的游憩机会" [2]。

2.1.2 商业空间概念

现代都市生活中的办公空间、商业空间、文娱空间等占据了人类行使公共职能的主要场所，"公共空间体现着社会秩序，反映了一个社会的经济和文化" [3]。其中商业空间伴随着商业活动而发展，并随着商业配套和商品交易系统的完善形成商业区与市镇。商业空间是"提供有关设施、服务或产品以满足商业活动需求的场所" [4]，是连接人与物、人与空间关系的中介，并在此联系中传递精神感知。

2.1.3 郊野公园与商业空间的联系

郊野公园作为现代生活多种行为方式集合的公共空间，包含了商业空间在内的多种职能空间，如游憩空间、生产空间、生态保护空间、文娱空间等。其中商业空间是集展示、服务、娱乐、文化为一体的公共活动场所，不仅能够为游园者提供综合便利的商业服务，更能够在公园公益属性的基础上为运营管理机构和商业服务人员创造收益。此外，郊野公园的商业空间可以分为"直接营业区"和"间接营业区"，直接营业区通常分为引导区和销售区，如公园入口、接待区、主要服务区等。间接营业区包括设备区、维护管控区等，不同区域的职能交圈，共同组成郊野公园的商业空间。

2.2 商业空间与地域性设计的联系

2.2.1 地域性设计概念

地域性设计包含了如地形地貌、气候水文、生态系统等在内的地域自然资源和地域文化资源，对于一个城市，文化是独一无二的印记，更是城市的精髓和灵魂。基于地域文化的设计是承载城市历史、展示城市风貌、体现城市品格、凝聚城市精神的集中展示。地域性设计是通过设计的手段实现对一个地区自然资源、价值观念与文化结构的保护、展示、传承和发展。地域性设计的崛起"并不在于独特的视觉形象，而在于文化批判的启示力量"[5]。因此，文化资源是地域性设计的核心来源，抓住文化脉搏的地域性设计需要在日新月异的都市生活与设计实践中不断完善。

2.2.2 商业空间与地域性设计的联系

从后现代主义时期批判的地域主义到随着体验经济及科学技术而发展的地域性设计，无论是从形式、功能或内涵中都有了质的突破。尤其是面对如商业街、大型 Mall、文旅综合体等在内的商业空间，地域性表达的系统化、多维度与朴实性特征逐渐展露出优势。

优秀的商业空间设计离不开动线的控制、节点的组织、形式的变换和氛围的渲染，是人与物、文化价值与经济价值关系的空间载体。商业空间的地域性设计是通过设计的方式将地域资源转换为文化消费品并投向市场、促进消费的过程，是组织人与物关系的手段。其共同目的是为人们提供商业服务并创造经济效益。商业空间的设计可以通过地域性表达的方式提升空间的品质感和附加值，地域性设计的价值可以通过商业空间使用的反馈得到验证，在商业空间的设计中，只有深刻理解地域文化的产生与发展，了解自然环境与人类自身的互动关系，并结合当下实际情况进行设计，才能在空间组织中充分诠释设计理念。

2.3 郊野公园商业空间与地域性设计的联系

2.3.1 郊野公园商业空间与地域性设计的联系

郊野公园的空间组织结构源于公园的定位和功能。首先，郊野公园是以政府为主导的开放式公益性场所，为的是进一步优化乡村生活、生产、生态格局，并逐步形成与城市发展相适应的大都市游憩空间环境，由此出现了以原生态性、生产性与体验性为特征的空间形态。其次，基于体验经济背景下的郊野公园同样隶属于旅游行业的体验服务类场所，体验经济催生出体验式空间设计，而精神需求需要不断从体验式空间设计的迭代中寻求现代商业活动与传统田园生活的联系与平衡。因此，郊野公园的功能属性与发展模式决定了郊野公园的空间组织，且必然会出现以创造经济效益为目的，以服务和体验式设计为手段的商业空间模块。最后，体验的独特价值在于不可复制的记忆性，而地域性设计将地域自然资源与社会资源植入商业空间，通过地域性表达的方式可以有效提升体验服务质量，加速精神消费与文化消费的互换，从而将以文化效益为代表的非物质信息转变为以经济效益为代表的物质信息。

2.3.2 郊野公园中商业空间地域性设计的比较研究

根据《城市绿地分类标准》城市绿地分为公园绿地、生产绿地、防护绿地、附属绿地和包含有郊野公园的其他绿地。公园绿地之所以不包含郊野公园最根本的原因在于内容和范畴的区别，郊野公园是以保护城市生态环境质量和生物多样性为主，以丰富居民休闲生活为辅的公共绿地，而传统城市公园则以休憩为主要功能，兼具生态、美化、防灾等作用。

作为公园商业空间的设计，郊野公园与传统城市公园具有相同的追求经济效益的目的，同时，郊野公园又作为体验性服务式的生态场所，其商业空间的设计原则和设计策略较传统城市公园具有不同影响因素。郊野公园的商业空间设计需要通过结合自然条件布局，减少人工元素的设计手法维持公园生态系统的稳定。而传统城市公园中商业空间由于高投入、低抗逆性的特点，需要以人工设计为主来满足市民的使用需求。

郊野公园的定位和健全的生态结构决定了商业空间的设计需要遵循地域性的表达原则，而在传统城市公园商业空间中则可以选择性地利用地域性的设计手法。首先，郊野公园的主要目的是让市民体验自然环境和郊野生活，需要依据本地自然资源进行整体规划与布局，而传统城市公园的整体布局则可以根据规划要求和市民需求进行设计。其次，郊野公园注重生态演绎和自然结构的形成，自稳性强，因此需要在保护与开发的原则基础上因地制宜地通过地域资源的提炼与整合，从而进行商业空间的规划。而传统城市公园的商业空间设计则需要保持与整体规划的统一与协调。最后，较传统城市公园，郊野公园由于独特的自然生态环境和规划特点催化了公园发展向体验式服务型的度假旅游模式转变，地域性设计不仅符合整体规划的要求，更能促使其成为区域经济的带动点和城市发展的平衡器。

第 3 章　郊野公园中商业空间的地域性设计作用与意义

3.1 物质资源的作用

3.1.1 地域特质的回归

郊野公园中商业空间的地域性设计从物质信息和地域设计的角度出发是自然资源与人文资源

特质的回归。首先，"广大郊区起到了反城市的作用"[6]。现代主义设计影响下的城市公园千篇一律，而郊区却因传统的生活习惯保留了原有的地域特质，因此位于郊区的郊野公园可以起到打破现代城市公园形态单一的格局。其次，郊野公园具有生态多样性与自稳性的特征，地域性设计能够通过对地形地貌、水文气候、生态系统重组与利用的方式达到保持场所自然发展的稳定状态。最后，民族文化资源、宗教文化资源、社会文化资源等人文资源信息能够在形态的塑造上为郊野公园中商业空间的设计提供灵感的来源和理念的依据，从而达到因地制宜的设计原则。

3.1.2 商业片区的重塑

从商业策略的视角出发，商业空间营造的最终目的是为了吸引人气、刺激消费、追求利润。郊野公园中商业空间的地域性设计"既需要符合创作的需要，又需要符合顾客的需要、商业投资的需要；既能聚集顾客，促进销售，又能作为城市生活、城市文化、信息交流、人际交往的场所，并能促进地区城市活力与经济发展"[7]。郊野公园中商业空间的地域性设计能够借助地域自然文化与地域历史文化形成旅游产品，借助核心主题产品带动片区形成，并结合城市与时代发展潮流形成旅游片区。形成以自然文化为基底、民族文化为特色、现代文化为亮点、历史文化为内核的多段式文化消费新模式。

3.2 非物质资源的作用

3.2.1 情感体验的指引

郊野公园中商业空间的地域性设计从非物质信息和地域设计的角度出发是对情感体验和行为体验的规定，地域性设计能够通过对设计目标尺度、造型、色彩、氛围以及场所精神的塑造与组合，引导人们的游览秩序、使用状态以及情绪变化，从而使设计动机不再停留于形式，而是产生于场所与人的情感互动，因为体验是内在的，是个人在身体、情绪、知识上参与的所得，而非强调设计本身。地域性的体验设计是符合"以人为本"设计策略，是相对于视觉、技术与互动设计更加理想的状态，更是一种理念和认识。

3.2.2 消费脉络的整合

从商业策略的视角出发，商业空间设计是以商业环境行为为依据，以经济效益为目的而展开的信息重组，地域性设计由于对自然资源与人文资源的充分理解从而能够重塑符合人们消费动机、消费心理以及消费行为组成的消费脉络。首先，郊野公园中商业空间的地域性设计能够通过独有的空间美感和特有的氛围渲染引起求新求美的消费动机，并满足认知、交往、审美等精神需求的消费心理，从而在一系列地域性体验过程中诱导消费行为的产生。其次，在整个设计过程中地域资源除了作为展示地域风貌、增强文化认同、培育地域情感的作用以外更多的是转换成为文化消费品从而构建体验式精神消费型的消费结构。"物品在其客观功能领域以及外延领域之中是占有不可替代地位的，然而在内涵领域里，它只有价值符号"[8]。非物质的地域信息带来的价值符号意义可以打破物品与需求的联系，从而让受众在潜移默化中发生文化消费行为。因此，郊野公园中商业空间的地域性设计需要以探索需求为核心、以资源整合为原则、以商业模式为策略从而制定具体的设计方法。

3.3 地域原则与商业策略的联动作用

3.3.1 地域性设计原则的指导意义

地域性设计在公园景观的规划中常作为具体的应用方法，在具体原则的指导中运用于实践，如若不考虑商业空间，郊野公园的地域性设计，需要以郊野公园设计的原则为依据，从而制定如地域性设计、生态性设计等具体方法。但在面对被赋予不同功能属性的空间形态中，地域性在整体设计原则的指导背景下同样成为制定具体设计策略的原则依据。在地域因素影响下的郊野公园商业空间设计中，地域性在以郊野公园为背景和前提条件下成为指导具体空间形态的设计原则。因为商业空间的地域性设计是"具有特质、秩序的空间在该处生活、体验，并且同它联系的主体的表现、认识、实践的形式"[9]。这种形式的形成需要通过地域资源中物质与非物质信息的提炼与整合达到联系主体认知与实践的目的。

3.3.2 商业视角下设计策略的应用意义

首先，商业空间是被赋予促成交换意义的形态总和，郊野公园的商业空间设计不仅需要依据原生态性、生产性、体验性为设计原则，更需要在地域因素影响下，通过商业设计与商业运营为指导方法制定具体的设计策略。即在地域性设计为前提和文化消费视角下通过消费者商业环境行为的规定设计空间形态与空间行为方式。其次，郊野公园中商业空间的地域性设计能够拓宽地域主义的表达范围和功能意义，人们在消费文化的过程中，也在创造文化。通过梳理与整合消费需求、消费心理与消费空间的关系可以实现存在空间的应用意义，到达生态效益、经济效益、文化效益的平衡发展，从而将分散的资源信息整合到同一产业平台下促进文化体验式生态经济的良性发展。

第 4 章　地域因素影响下的郊野公园商业空间设计原则

4.1 地域原则下的保护与开发

4.1.1 保护自然结构

郊野公园是以生态保育和促进自然生态修复及环境优化为主，以经济效益和文化效益为辅的城市郊区自然绿地，在设计过程中需要尊重和保护场所内生态系统的良性循环。首先，郊野公园生物的多样性丰富，在商业空间的设计前期需要为动植物保留庇护的场所，使物种自然繁衍。其次，在设计过程中需要减少人工影响和人工痕迹，及时处理建设过程中所产生的污染物质，避免对场地生态链造成较大影响。最后，在建设完成后，政府部门应当制定一系列保护条例与规章制度，确保公园生态与自然结构的可持续发展，如香港于 1976 年制定的郊野公园条例：在公园内划定不同敏感区域，对生态敏感地点加强巡逻、执法和保护。

4.1.2 开发业态结构

独特的自然野趣、质朴的乡野文脉以及多元的户外活动为郊野公园提供了开发文化体验式生态旅游的可能性。开发与规划的目的是"调和人类发展与景观的生态、文化及地理特征之间的关系，这种调和主要是通过对具有特殊价值区域的保护来实现的"[10]。具体的方式可以根据地域自然景观、民俗文化和社会文化制定相应的商业活动空间与商业行为方式，从而在郊野公园中打造体验业态复合型、生态环境可持续、民族地域独特性、产业结构多元化的美学化自然景观、地域化民俗风情、时尚化场景体验、多元化商业活动和系统化服务配套。

4.2 地域原则下的物质资源利用

4.2.1 自然文化资源的利用

地域资源从物质形态的角度出发分为自然资源与社会资源两大类，自然文化资源包括场所的地形地貌、气候水文、生态系统。地域的坐标反映了气候特点和地形地貌，地貌的变化影响着河流的动向与扩散，其共同生成的自然环境特征为产生种类各异的生态系统提供了可能性。郊野公园中商业空间的设计需要在自然文化资源的背景与前提下展开规划并合理利用自然资源，如合理应用当地石材、木材、植物，既能够在控制成本的基础上保持设计与环境的和谐统一，又能够保证动植物的存活概率。根据气候变化的特点，可以制定符合当地游览淡旺季的设计策略，合理根据旺季客源进行品牌推广，形成消费体验引爆点并充分利用场地优势开发淡季体验项目，实现商业空间的全季盈利。

4.2.2 社会文化资源的利用

自然环境影响着人们的行为习惯和生活方式，从而产生不同的社会文化资源，社会文化资源包括以历史文化、民族文化、宗教文化、民俗文化等为主导的人文资源，在设计中的体现为由此产生风格各异的思维形态、空间形态、装饰形态与工艺技术。如 17 世纪强调山水写意的中国江南园林和强调秩序与人工化的法国古典主义园林，二者在同一时期由于地域人文资源的差异产生不同的造园方式。因此，继承与发扬地域文化需要不断从社会文化资源中汲取养分，在设计过程中尊重地域历史文化、发扬地域民族文化、吸收地域宗教文化、提取地域民俗文化，实现商业空间文化效益、经济效益与生态效益的共同发展。

4.3 地域原则下的非物质资源利用

4.3.1 场所精神的复苏利用

地域性设计在非物质形态的表达中主要有以建立场所精神为核心的情感营造方式。因为场所精神是"具有独特认同性的地方状况"[11]。是人的主观意识与客观存在的复合，具有真实性、人文性和归属感。郊野公园中商业空间的地域性设计可以在具有独特地方状况认同的基础上，通过对地域场所精神的复苏、优化与重塑，保护地域生长印象，唤醒人们对地域的记忆与情感，从而营造具有舒适度的境界，即"意识的场所和空间图式两者相得益彰，达到某种和谐境界的一种伦理上的风景"[12]。商业空间地域性设计的和谐风景即通过积极刺激需求结构和情感行为实现消费文化的目的。

4.3.2 现代语境的融汇利用

此外，地域文化具有的动态发展的特点，同一个地域可能会随着自然环境与社会环境的改变产生不同的文化特征。因此，商业空间的地域性设计需要结合当下社会、经济、文化发展的实际情况，摈弃与商业活动和现代生活方式不相适应的部分，提炼和利用对现代生活和社会发展具有积极影响的部分。其次，随着体验经济和科学技术的发展，地域性设计需要融汇于现代语境，满足现代人的物质需求和精神需求。如在公园景观中结合地域文化而展开的体验型智能化设计，通过对数字新媒体艺术与智能交互系统的利用满足消费者求新、求异的心理体验，从而将地域文化资源融汇与现代文明，实现地域资源通过设计和现代技术的手段转变为文化效益和经济效益的目的。

4.3.3 可持续利用

郊野公园中商业空间的设计将对场地的生态系统和自然环境造成不可避免的影响，如何最大化地减少其影响需要在经济利益实现的过程中把可持续利用的理念置于重要位置。可持续利用是在遵循环保 4R 原则基础上的绿色设计，环保 4R 是台湾环保机构制定的对资源的减少使用、重复使用、循环使用和回收使用策略，通过预防与补救的方式解决设计与使用过程中产生的环境问题。此外，可持续利用需要通过完善维护管理体系的方式建立资源利用的良性循环，通过对产品的养护、管理和使用的规定、监督实现利用与效益最大化。最后，合理利用绿建技术不仅可以满足可持续的理念，更能够降低后期的维护管理成本，在郊野公园商业空间的地域性设计中可以使用能量回收、智能技术及生态保水等方式实现可持续设计的节能、节水和节材。

第 5 章　郊野公园中商业空间地域性原则下的设计策略——以乌鲁木齐紫金酒庄公园概念规划与景观设计为例

5.1 地域原则下的设计定位

5.1.1 物质形态视角下的 STP 策略

随着市场竞争的不断加剧，消费者的注意力不断被稀释，营销将关注点由产品转移至消费者本身，在此背景下发展出产品定位的三把斧——STP 理论，即市场细分、目标市场和市场定位。STP 理论是紧密结合地域资源的营销策略，而营销的成果在一定成分上反映着商业空间设计的合理性。地域因素影响下的郊野公园商业空间规划需要在 STP 理论的指引中进行。

首先，市场细分的方式根据消费者制定特定的营销战略，在商业空间的设计上表现为区域分析与客群分析，地域原则由于具有差异性的特征从而使细分的浮动更为稳定。其次，根据商业自身条件从若干市场细分中选取目标市场能够有效发挥区域优势，规避地域劣势带来的商业风险。紫金酒庄公园位于新疆乌鲁木齐市，距离全国性经济核心城市远，且四季温差大，片区开发程度相对较低，导致游客仍然是新疆旅游市场的主力军，而组成新外旅游主要客源的，是对西域文化有着浓厚兴趣的经济发达省份和文化消费大省（图 5-1）。因此，针对主要客群，发掘地域文化吸引力，形成区域旅游精品配套，是提升区域综合旅游服务能力的关键。

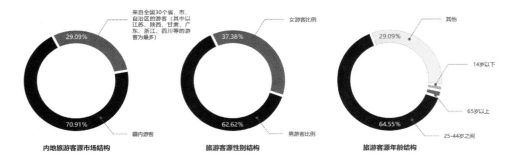

图 5-1 乌鲁木齐旅游客源结构调查（资料来源：《新疆国内旅游调查报告》）

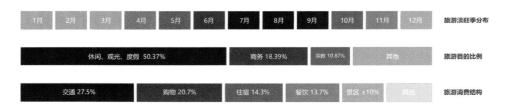

图 5-2 乌鲁木齐旅游综合结构调查（资料来源：《新疆国内旅游调查报告》）

　　最后，目标市场选定后，在消费客群中为产品明确特定的市场定位，从而实行差异化设计。虽然乌鲁木齐发达的边境贸易带来深厚的民族文化交融、独特的自然乡土风貌和丰富的旅游文化资源。但旅游淡旺季区分明显，基础配套有待完善（图 5-2）。导致民族资源转化周期长、产业资源分散、缺乏系统化和精品化整合。因次，合理根据旺季客源进行旅游品牌推广，形成消费体验引爆点是核心；充分利用场地优势开发淡季体验项目，实现全季盈利是关键。要求依然注重以休闲、度假、观光为目的综合开发，同时注入新的业态类型，从地域民族风情中深度发掘新的旅游经济增长点，实现复核业态的多线盈利。长途交通在很大程度上制约了新疆的旅游发展，"一站式"服务与"多段式"消费成为强化旅游产品竞争力的重要策略，加强配套设施的精品化打造，多点连线，形成系统化、立体化服务，是促进区域旅游产业革新的战略手段。

5.1.2 非物质形态视角下的 4E 体验策略

STP 理论下郊野公园商业空间的地域性设计是从物质形态上对存在空间的规划定位。从文化消费的视角出发，维持地域资源向文化消费品转变的稳定直接取决于消费过程中的联感体验与情感体验，因为"在消费文化影像中，以及在独特的、直接产生广泛的身体刺激与审美快感的消费场所中，情感快乐与梦想、欲望都是大受欢迎的"[13]。商业空间的地域性设计需要在体验经济模式的指引下将地域资源价值通过情感的体验传递于消费群体。

广义的体验设计是通过设计的手段规定人的行为，引导人们的游览秩序、使用状态以及情绪变化，使设计动机不再停留于形式，而是产生于场所与人的互动。狭义的体验设计分为审美体验型、娱乐体验型、教育体验型与遁世体验型。首先，审美体验是对设计对象视觉的关注，应当以情感为媒介，以知性和想象力，使人获得由物质信息转变的精神意义。其次，娱乐是人之天性，设计应该引导受众健康的与环境对话，并以此带来愉悦的心情和感受。再者，作为一名有社会担当的设计实践者，应当通过作品向受众传播有价值的信息，这亦是教育体验的目的。最后，遁世体验独特的氛围会激发起异样的情愫，能够体验到一种新的视觉冲击或心理联感。郊野公园的商业空间应当在地域原则的基础上通过体验设计的策略满足消费情感需求，促进地域资源向消费品产品的转换，并以此提高文化产品的附加值。

5.2 地域原则下的设计方法

5.2.1 立体化设计

传统的点式与二维业态规划往往通过以一个或多个商业主题为核心打造商业配套与商业片区，一味将规划与设计的关注点聚集于产品本身，而忽略产品与空间、时间的关系从而导致缺乏系统化与立体化的思维模式。立体化设计以产品本身为基础和媒介，在对自然规律理解和地域资源梳理的基础上，能够通过利用规律与整合资源打造商业空间设计的系统化秩序。立体化设计需要与地域物质文化、精神文化和制度文化进行沟通和交流，形成具有地域特色和可持续发展的复合业态多线盈利系统。

紫金酒庄公园的业态模式由以葡萄酒庄广场为主导的醇香经济、薰衣草花田宴会区为主导的芳香经济、葡萄采摘园为主导的鲜香经济和林场民宿为主导的幽香经济组成（图 5-3）。首先，利用西域源远流长的葡萄栽培技术与酿酒文化，打造融合葡萄栽培、观光、采摘、葡萄酒酿造、品鉴、定制等于一体的高标准的紫金葡萄酒庄园，充分发挥地域性瓜果作物的景观功效，带给游客多元业态体验。其次，新疆是国内薰衣草种植最成功的地区，良好的观赏价值、经济价值与较长的花期，成为园区首选种植，其作物本身加工而成的周边产品也作为强化品牌力的重要组成部分。最后，林海以"描摹自然"的方式进行设计，沿着地块东南侧边界自然延伸，形成边界过渡，充分利用乌鲁木齐本土植物的冠幅特点与季象变化，形成自然的中远景层次，并在韵势中借鉴自然，形成四季景致变化万千的自然景观带。

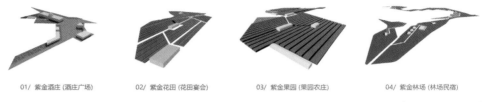

01/ 紫金酒庄 (酒庄广场)　　02/ 紫金花田 (花田宴会)　　03/ 紫金果园 (果园农庄)　　04/ 紫金林场 (林场民宿)

图 5-3 紫金酒庄公园业态结构示意图 （资料来源：自绘）

5.2.2 情感化设计

人们在自然面前的俯首瞻仰与不断改造使场所纠缠着历史发展过程中的多种地域信息与地域情感，从而形成一种意义饱满的空间形态。"所有的场所都会或多或少地被记住，这部分是由于它的唯一性，部分是由于它作用于我们的身体并在我们个人的世界中引起足够的联想来把握它"[14]。场所的唯一性即地域特色在情感上的反映，通过地域的气质与品位给人以触动心灵的、无形的、潜在的场力。地域自然与社会文化有机结合成了风土，形成了地域特色的景观要素，为场所精神的营造提供了原材料，场地纠集自然和人事，成为承托自然和人事衍生与变化的平台。因此，情感化的设计不仅能够隐喻地域历史，让游览者身临其境，更是帮助游览者与地域实现对话和交流的手段。

酒庄公园商业空间的规划设计在遁世体验中的表现即营造"体验思维"下的场所精神，通过动线和尺度的设定规定游览者的活动方式和视线区域，从而使其产生不同的情绪感受与情感体验。如果园疏密结合的观赏路网产生的生态感与秩序感；花田的道路高差产生不同行为状态下体验的私密感或疏朗感；林场两侧围合的林间小径产生的幽静感与神秘感，以及作为衬托主体建筑的开放性广场产生体验上的精致感与协调感（图5-4）。不同场所的功能属性决定着场所给人带来的审美体验与情感体验，因为地域场所感的"多样性是不可避免的，行为的价值标准和是非标准只有在一定的文化参照体系之内才有意义"[15]。而根据不同场所气质与场地功能挖掘不同的地域资源与场所精神是判断价值与是非的前提和条件。因此，商业空间的地域性设计需要依托场所为媒介、情感为表达方式，通过移情于景的方式营造场所气质与场所精神，实现人与存在空间在时间和空间维度的对话与交流。

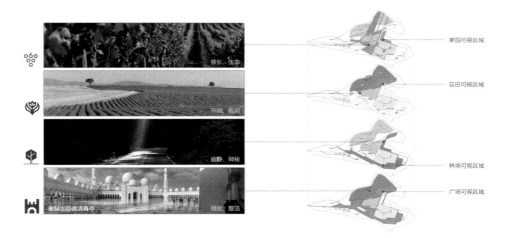

图 5-4 紫金酒庄公园视域结构示意图（资料来源：自绘）

5.2.3 生态化设计

郊野公园作为现代城市郊区的自然生态场所，应当将环境因素纳入地域性设计的核心要义，在设计阶段就考虑产品生命周期全过程的环境影响，尤其在商业空间的设计中，环境甚至比传统的价值因素，如利润、功能、美观、质量等更为重要。因为面对经济效益，"我们的规划就必须是限制、合理利用、再生和恢复等诸多战略的合成"[16]。此外，从环保的角度出发，生态设计可以减少资源消耗、实现可持续，从商业角度考虑，亦可降低成本、减少潜在责任风险、提高产品竞争力。因此，设计要打破单一、封闭的专业限制，从线形设计走向系统设计，用"以自然为中心"取代"以人为中心"。

在紫金酒庄公园的商业空间设计中，需要注重材料的性能和其对环境的影响，材料要在满足功能前提下，使用当地来源充分且自然生长的、对人体无害的、节省能源的环保材料。林场民宿的商业空间设计即应用新疆本土胡杨木与白云岩作为主要建筑材料，并尽可能减少人工痕迹与人工影响以此满足浏览者沉浸式生态体验目的，如通过水底步道取代传统的桥梁（图 5-5）。水底步道的设置不仅能够降低人工建筑对整体环境的视觉破坏，更能够使体验过程更加贴近自然，符合郊野公园原生态性体验的目的。

图 5-5 紫金酒庄公园林场民宿效果图（资料来源：自绘）

5.2.4 智能化设计

智能化设计是伴随科技进步而发展起来的设计技术革命，通过现代通信技术与信息技术、计算机网络技术、行业技术、智能控制技术汇集而成的专能应用，能够大幅度提升人们的生活品质、体验效果与管理效率。在郊野公园的商业空间中，可以通过智能交互系统、新媒体艺术装置的设置提升空间吸引力和产品附加值。新媒体艺术最鲜明的特征是浸入式、互动性的产品体验，改变了传统大众传媒的单向性，使艺术、文化与科技的界限愈加模糊，从而为游览者创造审美、娱乐、教育与遁世的联感体验方式。

组成酒庄公园的经济模块由以入口广场、酒庄中心广场、民宿滨水广场和花田展演广场为核心形成主要人流集散及商业区域（图 5-6），广场将根据使用目的的不同设置不同形式的智能装置。如入口广场作为提供游览第一印象的商业服务区，可以通过声、光、电为载体的艺术装置，结合地域文化为表达形式和表现内容，将耳目从单项的视听系统中解放出来，感受多维感官频次的表达，以沉浸与互动的方式满足娱乐体验与审美体验。这种非物质性的多维体验能够实现人与机器、空间的互动，从而赋予空间巨大的艺术张力与商业价值。

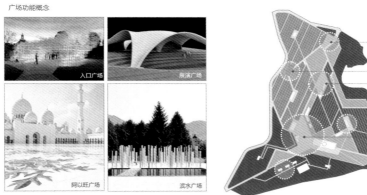

图 5-6 紫金酒庄公园人流集散结构示意图（资料来源：自绘）

5.2.5 美学化设计

美学化的设计是不仅含有实用主义，同时蕴含装饰、文化、娱乐与技术等在内的精神情感附属，其中，功能与装饰在一定形态上也是一种互补，但却不是一分为二的"形式追随功能"，而是形式的功能化和功能的形式感。美学化的商业空间设计能够通过视觉美感，利用消费者猎取的审美乐趣和获得之后的分享冲动，在心理上增加黏度，产生极易满足的消费体验，从而重构现代商业逻辑，改变消费者的审美需求与情感共鸣。因此，商业空间的美学化设计是一种用设计美学驱动商业轮盘的视觉营销。

紫金公园的美学体系来源于以伊斯兰教为主的宗教装饰文化，在色彩上大面积使用象征纯洁与平静的白色作为建筑装饰颜色，并且在建筑的重要节点部位点缀相近色彩的装饰符号，使游览随着距离的变化，形成视觉上有意识的连续体验。同时，在植物的选植上避免色彩对整体环境干扰，以形成色彩分明的视觉混合效果（图5-7）。"研究色彩的前沿是分析人自身，研究人对色彩的反映，

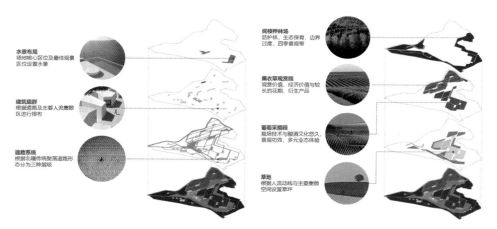

水景布局
场地核心区位及最佳观景
区位设置水景

建筑组群
根据道路及主要人流聚散
区进行排布

道路系统
根据北碚传统聚落道路形
态分为三种层级

桤枝桦林场
防护林，生态保育，边界
过渡，四季景观带

薰衣草观赏园
观赏价值、经济价值与较
长的花期、衍生产品

葡萄采摘园
栽培技术与酿酒文化悠久，
景观功效，多元业态体验

草地
根据人流动线与主要聚散
空间设置草坪

图 5-7 紫金酒庄公园色彩结构示意图（资料来源：自绘）

反思人感知结构中的共性" [17]。统一和谐的色彩美学体系能够奠定场所的氛围和基调，使人在审美体验的过程中获得轻松自由的心理感受。除了抒情，色彩美学还具有聚焦、融合、信息传达等多种作用，色彩的混合决定着装饰美学的方向性与目的性。

总 结

地域空间万象实景的背后是资源的集中与博弈，不同资源的拥有者在各自的逻辑体系内施以策略，最终成为主导地域的实际驱动力量。因此，在商业空间同质化严重的当下，空间形态与业态模式的创新举足轻重，而这种对待同质化的差异性创新并非盲目，需要建立在文化自信的基础上因地制宜，即根据商业空间的性质与所在区域为前提条件使用可操作性的手法进行调整。

此外，内在价值逻辑更迭同样促进地域文化的更新。表现在郊野公园的商业空间中，除了提供消费、社交、游憩、娱乐等功能，也会潜移默化地影响受众的成长记忆和生活方式，这不仅体现在消费模式的改变上，也表现为人们对空间的依赖造成的生活习惯的改变。因此，商业空间的地域性设计需要跟随消费需求和生活习惯一同升级成为新共识，两者之间需要依托相通的逻辑背景——更加强调个体意识和自主意识的生长。这种自主意识在具体的设计中转译为"地域性"，超越传统语境宏观尺度的本土化，更是结合本土化又尊重基地条件的一种空间互动策略。在具体的实施过程中，只有系统地梳理表象与内在逻辑关系，并从时间与空间的维度深入挖掘地域记忆与情感共鸣，才能通过现代科技手段与美学装饰手段实现基于生态效益、经济效益、文化效益平衡的"人化自然"愿景。

参考文献

[1] 张家骥 . 园冶全释 [M]. 太原：山西古籍出版社，1993：13.

[2]（英）苏珊 · 梅休 . 牛津地理学词典 [M]. 上海：上海外语教育出版社，2001.

[3] 毛白滔 . 建筑空间解析 [M]. 北京：高等教育出版社，2008：14.

[4] 周昕涛，闻晓菁 . 商业空间设计基础 [M]. 上海：上海人民美术出版社，2012：97.

[5]（美）肯尼斯 · 弗兰姆普敦 . 现代建筑：一部批判的历史 [M]. 张钦楠，译 . 北京：生活 · 读书 · 新知 三联书店，2001：313.

[6]（美）刘易斯 · 芒福德 . 城市发展史——起源、演变和前景 [M]. 宋俊岭，译 . 北京：中国建筑工业出版社，2005：522

[7] 王晓，闫春林 . 现代商业建筑设计 [M]. 北京：中国建筑工业出版社，2005：42.

[8]（法）让 · 鲍德里亚 . 消费社会 [M]. 刘成富，译 . 南京：南京大学出版社，2014：58.

[9]（挪）诺伯格 · 舒尔曼 . 存在 · 空间 · 建筑 [M]. 尹培桐，译 . 北京：中国建筑工业出版社，1990：16.

[10]（英）罗伯特 · 霍尔登，杰米 · 利沃塞吉 . 景观设计学 [M]. 朱丽敏，译 . 北京：中国青年出版社，2015：32.

[11]（挪）诺伯舒兹 . 场所精神：迈向建筑现象学 [M]. 施植明，译 . 武汉：华中科技大学出版社，2010：10.

[12]（日）原广司 . 空间——从功能到形态 [M]. 张伦，译 . 南京：江苏凤凰科学技术出版社，2017：195.

[13]（英）迈克 · 费瑟斯通 . 消费文化与后现代主义 [M]. 刘精明，译 . 南京：译林出版社，2000：19.

[14]（美）肯特 · C · 布鲁姆，查尔斯 · W · 摩尔 . 身体，记忆与建筑 [M]. 成朝晖，译 . 杭州：中国美术学院出版社，2008：120.

[15] 陈立旭 . 都市文化与都市精神 [M]. 南京：东南大学出版社，2002：34.

[16](美) 约翰·O·西蒙兹 . 场地规划与设计手册 [M]. 俞孔坚，译 . 北京：中国建筑工业出版社，2000：378.

[17] 周翊 . 色彩感知学 [M]. 长春：吉林美术出版社，2011：8.

导师评语

严肃、周炯焱导师评语：

文章《地域因素影响下的郊野公园商业空间设计研究》是作者在新疆《丝路花舞，西域明珠——酒庄郊野公园设计项目》实践中的一个理论总结，也可以说实践项目是对作者在地域设计、民族元素运用、商业景观探索研究的一种印证。

作者为环境设计二年级的研究生，作为艺术设计专业硕士，他们的任务是既要对实际项目进行实践，又要对理论知识进行研究。选择一个与实际课题相结合的研究课题是相当明智与准确的，所以本题目的选择与研究方法是较为理想的。同时，作为身处西部地区学习的一名研究生紧扣西部特色地域资源，把公共景观设计与景观对商业提升的研究作为研究重点，是非常具有现实意义的。这对欠发达地区在发展城市升级，提升人居环境品质的同时，又能注重环境可持续发展。公共设施注入自身造血功能，利用在地资源改善生活环境，创造舒适、休闲氛围的同时，提高公共区域的经济反哺能力是相当重要的，也是具有前瞻性的研究方向，是西部地区解决环境升级和减少公共资金投入二者平衡发展的有效办法。这样的研究探索具有一定的典型性和示范性，值得推广。

说到作者研究过程，从文中可以看到大致分为五个章节，其实也可以看成是作者对课题研究的五个部分。作者结合实际项目从理论着手，先期对研究主题的概念进行了理解，同时调查了类似案例与理论研究的相关文献，找到了研究和解决实际问题的重点——如何做到商业空间与郊野环境融合共生，达到人居环境提升和商业价值突显的双赢。同时，找出研究方法、地域特色与在地非遗文化的运用是关键点，这样的结合保证了商业空间、自然环境与经济模式三者的良性结合，既做出了特色，又增加了郊野公园中人文文化与情感体验的注入，带动了区域经济发展的新方向，也具有一定可操作性。作者在后续研究中总结了设计方法和原则，用以指导具体设计，并把整个项目设计过程附于研究报告中，研究相对做到了较为完整性和合理性的要求。

　　总结上述评价，此研究成果选题较为前沿，有比较好的落地性与推广性，文章逻辑较为清晰，研究目标明确，有解决问题的实际办法，有实践案例支撑，较好地发挥了在地资源，有效利用了体验与消费学的概念与环境设计结合，在半年的有限工作时间内取得了较好的成果。

　　当然，由于研究周期较短与作者自身实践与理论知识的不足，研究还存在诸多遗憾，建议后期研究中，可以持续关注此类课题，研究高度可提升，注重对国内外优秀成果的比较与借鉴，可进一步通过不同文化视角、大数据分析等方法深入研究，可更加精确地得出此类项目的研究路径与结果，成果可更加充实。

新生活美学视野下田园综合体体验设计研究
——以洛安江生态文明示范区为例 ◎唐瑭

Research on Experience Design of Rural Complex from the Perspective of New Life Aesthetics
——Take the Ecological Civilization Demonstration Area belong Luo'an River as an Example

新生活美学视野下田园综合体体验设计研究——以洛安江生态文明示范区为例 / 唐璘

Research on Experience Design of Rural Complex from the Perspective of New Life Aesthetics
——Take the Ecological Civilization Demonstration Area belong Luo'an River as an Example / Tang Tang

贵州洛安江生态文明示范区二期景观规划设计

项目来源：深圳文科园林规划设计研究院

项目规模：39公顷

项目区位：该项目位于贵州省遵义市绥阳县风华镇，地处"洛水河——洋川河——黄鱼河"
交汇之处

设计关键词"新生活美学"、"体验"。设计范围包括贵州洛安江生态文明示范区二期
规划以及场地内生活美学中心景观设计。规划设计部分结合绥阳县得"诗乡文化"与"农
耕文化"确立充满诗意与农耕生活美学的新田园景观为主题形象，通过丰富的体验产品
与乡村文创的植入，形成田园综合体农耕生活美学意象。生活美学中心景观设计部分从
场地在地性出发，通过对生活美学馆与田园集会场地的设计形成农耕文化与现代美好生
活的碰撞，从而让乡民与游客"回归感性"、"回归真善"、"回归和谐"、"回归诗意"。

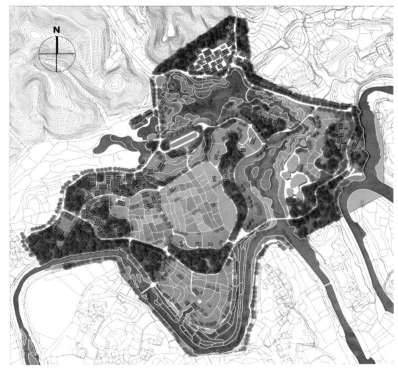

总平面图

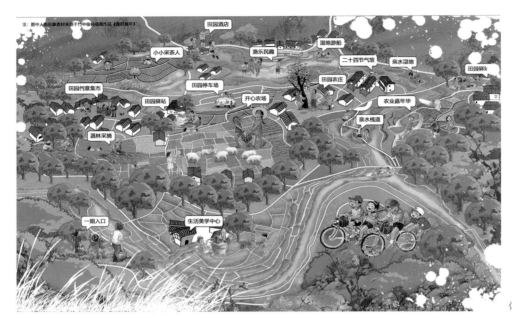

体验场景地图

生活美学中心效果图

新生活美学视野下田园综合体体验设计研究——以洛安江生态文明示范区为例 / 唐瑭
Research on Experience Design of Rural Complex from the Perspective of New Life Aesthetics
——Take the Ecological Civilization Demonstration Area belong Luo'an River as an Example / Tang Tang

摘 要

自 2005 年十六届五中全会提出建设社会主义新农村，到 2013 年中央一号文件中第一次提出建设美丽乡村，田园综合体应运而生。

在社会聚焦、各界支持的背景下，掀起了我国田园综合体建设热潮。通过不断探索在乡村振兴道路上取得了一定成果。但由于目前田园综合体的研究尚处于起步阶段，设计模式、建设模式存在一定误区，这也导致了许多新生的田园综合体缺乏持久生命力。与此同时，对信息时代的反思，带来了体验经济的狂潮，新生活美学回归大众视野，人们开始寻求个人在情感、知识等方面的内在需求以及对生活本身的真实感受。传统的田园综合体已不能满足人们日益增长的精神需求，田园综合体转型迫在眉睫。

基于此，本文以田园综合体为研究对象，充分考虑体验经济时代游客多方面、多层次、多角度的需求，结合以体验为核心的新生活美学理论，通过文献研究与归纳总结法、案例分析法、多学科交叉法等综合性研究方法，探索基于新生活美学理念的田园综合体体验设计原则与方法，并结合洛安江生态文明示范区二期项目进行设计初探，以实践来检验理论研究成果，总结研究不足，展望未来田园综合体发展方向。新生活美学视野下田园综合体体验设计研究，打破传统田园综合体规划设计的束缚，为乡村振兴背景下田园综合体的长远发展提供思路，以期解决田园综合体存活率较低的问题，构建"回归感性"、"回归真善"、"回归和谐"、"回归诗意"的田园栖居。

关键词

田园综合体 新生活美学 体验设计 洛安江生态文明区

第 1 章　绪　论

1.1 研究背景

自 2012 年，我国成功实践了第一个田园综合体项目——无锡田园东方，距今已六年有余，田园综合体在市场上的探索已然如过江之鲫。尤其在 2017 年，田园综合体作为一个全新的概念首次被写入中央一号文件，它已然成为有效黏合城市、农村、农业发展的创新实践手段，对推动宜居宜业村镇发展具有很强的借鉴意义。但随着建设的推进，"田园综合体"也暴露出存活率低、能动力有限、千村一面等一系列问题，这大多是源于对田园综合体多元价值理解的不全面，以及对游客体验的忽视。

一方面，人们片面地将田园综合体作为农业经济，为实现经济价值最大化，忽略其内在价值。中国作为一个有着几千年农耕文明的农业大国，在传统农业不断发展、不断"生活化"的过程中，逐渐形成了一系列与农业生产相互融合的多元价值与地域特色，并渗透到农村生活的方方面面，深刻影响着乡土文化的发展。但随着社会的发展，人们生活方式与价值观逐渐发生改变，农耕文化对大众日常生活的影响逐渐降低，农耕文明孕育出的生活艺术与土地责任感慢慢衰落，这对乡土文化带来了难以逆转的破坏，对农业生活中延续下来的独特精神场所带来了严重的冲击 [1]。田园综合体设计中，大量良田被置换为产业建设用地，原本生动的农耕景象正被千篇一律的乡村面貌所取代，与百姓日常生活相互编织的农耕属性逐渐脱离，乡村根基受到了极大的动摇，乡村生活美学严重缺失。

另一方面，休闲经济引发乡村旅游热潮，传统"走马观花"式旅游模式已无法满足游客们越趋个性化、多样化的旅游需求，人们越发追求精神的满足。在国家政策支持下，乡村以其特有的田园风光和乡村生活吸引了越来越多的旅游者参与其中，乡村旅游呈现出如火如荼的发展势态。随着休闲旅游浪潮的进一步推进，人们开始寻求个人在情感、知识等方面的内在感受。田园综合体设计中对游客体验的忽视，不仅导致了乡土生活美学意象营造的失败，更满足不了游客"回归田园、求新求知"的心理需求。

故，如何建立一套植根乡土的田园综合体体验设计体系，如何让田园综合体的生活美学价值得到全面的开发与延续，如何让乡村振兴与文脉传承进入一种互促互进的良性循环，都亟待设计同仁的研究与探索。

新生活美学视野下田园综合体体验设计研究——以洛安江生态文明示范区为例 / 唐瑭
Research on Experience Design of Rural Complex from the Perspective of New Life Aesthetics
——Take the Ecological Civilization Demonstration Area belong Luo'an River as an Example / Tang Tang

1.2 研究目的及意义

1.2.1 研究目的

田园综合体作为乡村旅游的主要载体，集社会、美学、文化价值为一体，诞生至今仍属新生概念，独具中国特色。本文顺应时代需求，尝试在前者为数不多的理论基础之上，结合新生活美学理论，研究田园综合体体验设计原则与方法，以期解决田园综合体存活率较低的问题，并通过贵州洛安江生态文明示范区二期项目进行设计初探，检验理论可行性。

1.2.2 研究意义

基于我国田园综合体建设如火如荼，但理论研究相对滞后，设计模式存在误区的现状，本文研究意义在于：

（1）丰富田园综合体研究内容。本文抓住生活美学思潮日益兴盛的契机，从田园综合体体验设计出发，重新审视田园综合体的多元化价值，丰富田园综合体研究体系，为后续研究提供参考。

（2）文化传承与人情化生活的回归。生活方式的改变，导致乡土文化积淀下的集生产、生活与生态为一体的多元景观退化，农业文明衍生出的文化与生活方式逐渐被遗忘。本文聚焦乡土文化与人情化生活，结合体验设计，让田园综合体设计与地方精神传承平衡发展。

（3）助力乡村振兴。本文研究目的在于解决田园综合体存活率较低的问题，而田园综合体作为实现乡村振兴的重要手段和主平台，其存活率的提高无疑将助力乡村振兴建设。

1.3 研究内容与方法

1.3.1 研究内容

全文共分为六个章节，第1章为绪论，第2章至第4章为理论研究部分，第5章为设计初探介绍，第6章为结语。章节内容概括如下：

第1章，绪论，指出课题研究背景、目的、意义，并概况研究内容与方法，为后文发展奠定基础。

第2章，概念界定与理论基础，阐述田园综合体、新生活美学、体验设计与体验旅游的概念以及相关理论，为后文写作提供理论支持。

第3章，田园综合体体验设计特征与新生活美学指向，结合案例分析，重点提炼出田园综合体体验设计特征，以及田园综合体新生活美学指向。

第4章，新生活美学视野下田园综合体体验设计研究，提出基于新生活美学理念的田园综合体体验设计原则与方法。

第 5 章，设计初探——贵州洛安江生态文明示范区二期，结合上位规划以及项目概况，遵循上述设计原则，利用上述设计方法，完成贵州洛安江生态文明示范区二期体验设计。

第 6 章，结语，总结研究成果，指出研究不足，展望研究未来。

1.3.2 研究方法

文献研究与归纳总结法，利用网络资源，查阅大量资料，并对田园综合体以及新生活美学的发展动态加以总结；案例分析法，针对国内外优秀案例进行分析、归纳、比较，提炼可借鉴之处，取其精华、去其糟粕；多学科交叉法，运用产业、农业、生态、文化、景观等多种学科理论进行综合性研究；实证研究法，结合贵州洛安江生态文明区二期项目，检验研究成果可行性，提高对理论研究的认识。

第 2 章 概念界定与理论基础

2.1 概念界定

2.1.1 田园综合体

田园泛指风光自然的乡村。在中国历史长河中，田园也代表了一种回归自然的生活方式。早在东晋，我国便出现了第一位田园诗人陶渊明，此后孟浩然、谢灵运、王维等也相继成为田园诗人，他们通过诗词来表达对田园生活的向往，为人们留下了"采菊东篱下，悠然见南山"的唯美画面。而萌芽于山水间的田园山水画更是描绘了乡村田园之美。田园生活风靡于文人墨客之间，他们以乡村生活为乐趣，或是归隐、又或是游赏于山水田园之间，隐隐展现出田园综合体的轮廓。

农村经管体制变革，引发了传统农业向现代农业的发展，农业功能逐渐扩宽。与此同时，城镇迅速发展也为人们带来了生活压力，对自然的向往以及对田园生活的渴望也同步增加。观光休闲农业便在此背景下诞生，农民将自己的居所以及田地、池塘改造为小型农家乐，为游客提供以观光为核心，并集合例如采摘、垂钓等农业体验活动的场所。[2] 但随着社会的发展，传统的观光农业园已不能满足当代消费者的需求，人们渴望在乡村旅游中有更多的参与和体验。农耕文化展览、农业科技展示等项目相继纳入休闲农业的范畴，田园综合体的框架也愈发清晰。

2007 年，中共十七大报告强调统筹城乡发展与推进社会主义新农村建设；2011 年，发布《全

新生活美学视野下田园综合体体验设计研究——以洛安江生态文明示范区为例 / 唐瑭
Research on Experience Design of Rural Complex from the Perspective of New Life Aesthetics
——Take the Ecological Civilization Demonstration Area belong Luo'an River as an Example / Tang Tang

图 2-1 田园综合体三要素（图片来源：网络）

国休闲农业发展"十二五"规划》；2012 年，"十二五"时期文化改革发展纲要提出加快城乡一体化建设；同年无锡阳山成功实践我国第一个田园综合体项目"田园东方"；2017 年，"中央一号文件"正式提出田园综合体概念；同年财政部发布《关于开展田园综合体建设试点工作通知》为田园综合体建设创造良好环境；2018 年，"中央一号文件"提出大力实施乡村振兴，并指出田园综合体是实现乡村振兴的重要手段和主平台。至此，顺应农村供给侧结构改革、新型产业发展，让农民充分参与和受益的田园综合体在中国正式形成。

"中央一号文件"明确指出："支持有条件的乡村建设以农民合作社为主要载体、让农民充分参与和受益，集循环农业、创意农业、农事体验于一体的田园综合体，通过农业综合开发、农村综合改革转移支付等渠道开展试点示范" [3]。即，田园综合体（图 2-1）是依托农业资源和旅游资源，在特定地域范围内建设，以推进城乡一体化、农业现代化、农民增收为目标，并包含现代农业、休闲旅游、田园社区等功能的乡村振兴主平台。

2.1.2 新生活美学

生活，即"生"与"活"的合一，每个人都要经历"生"，且每个人都皆在"活"。美学，即感性，是"感"与"觉"的融合。生活美学植根于华夏，由古至今的中国人都善于从生活的各层面中发现快乐与美好，它通过天、人、地、食、物、居、游、文、德、性这十个方面来描述中国传统生活美学智慧。[4] 如"窗含西岭千秋雪"，"踏遍青山人未老"，利用古诗句中流露出的居室美、旅游美来引导生活之美。

20 世纪 80 年代起，"生活美学"正式成为了一个美学术语，许多学者出版了关于探讨生活美学的书籍，他们对生活美学的初步构架做出了理论的回应，并对其研究对象、内容、性质等都进行了阐述。概言之，生活美学是一门致力于发现和创造生活之美，概括关于生活之美的规律，从而引导人们审美水平的提高，同时对生活进行美化的科学。该时期的生活美学反映了美学不仅仅以艺术美为研究对象，还涵盖了广阔的生活之美，表现出古今融合、功利与审美融合的美学态度。[5]

而本文所提到的新生活美学，即为新世纪的生活美学理论，随着"日常生活审美化"争论的深入，许多杂志推出"生活美学"专栏，大量学术论文登场，充分说明了"生活美学"具有方兴未艾的生命力，而如今这种趋势仍在延续。

新生活美学一般有两种含义：狭义的新生活美学受费瑟斯通消费主义理论的启示，认为如今的审美生活仅是伴随着大众消费的物质景观，或是符号与影像所带来的快感；广义的新生活美学受韦尔施重构美学的影响，是一种美学形态、生活方式、审美理想，致力于美化人们的生活，实现幸福人生。综合来看，笔者认为新生活美学当以人的体验为中心，通过造境让美学回归生活，增进当代人的幸福指数，从而使人们成为更好的自己。

2.1.3 体验设计与体验旅游

体验出自拉丁语，指通过主体的亲身经历，对客体产生领会、感悟。体验设计则是引导将主体通过参与融入客体之中的设计，服务为平台，产品为手段，环境为背景，从而使主体在活动过程中感受到美好。体验的形成离不开体验的主体与体验设计，通过主体精神与体验设计相互作用，产生精神意象，从而为主体留下美好的回忆（图2-2）。

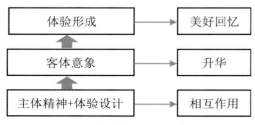

图 2-2 体验的形成（图片来源：笔者自绘）

体验旅游是体验经济下的产物，Stamboulis 和 Skayannis 认为，体验旅游是一种新型旅游方式，它通过预先设计按一定程序实施开展，同时需要游客主动的时间投入与精力参与，并为游客带来舒畅的独特感受。加拿大联邦公园部部长认为体验旅游是一种差异化、个性化的旅游方式，能够让游客深入了解当地自然和人文内涵，引导游客积极参与活动中去，为游客留下难忘经历并愿意为其付费。国内学者付岩则提出体验旅游与其他旅游方式最大的区别在于主题性的表达，体验旅游不只是单纯的观光游览，而是主动或被动的参与到预先设计好的各类活动与场景中去。综

新生活美学视野下田园综合体体验设计研究——以洛安汇生态文明示范区为例 / 唐糖
Research on Experience Design of Rural Complex from the Perspective of New Life Aesthetics
——Take the Ecological Civilization Demonstration Area belong Luo'an River as an Example / Tang Tang

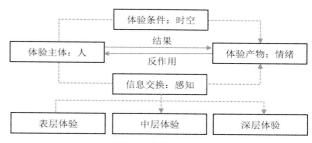

图 2-3 体验旅游过程（图片来源：笔者自绘）

上所述，体验旅游是旅游的一种高级形式，它强调游客对历史、文化、生活的体验，相较于传统旅游方式更强调游客亲身参与与融入，为游客与旅游目的地提供更大的互动空间，让游客投入更多的精力去主动探索、学习、体会、沟通。体验旅游是一个过程型的概念，体验的主体是人，感知是人在体验旅游过程中交换信息的步骤，时空是体验旅游前提条件，而情绪则是体验旅游的产物（图 2-3）。

就体验的层次来看，依据体验强度划分为表层体验、中层体验与深度体验。表层体验以旅游观光为主，体验形式单一。中层体验除走马观花式的欣赏风景，还与体验客体产生了一定程度的互动。而深层体验则是与当地文化风俗的完全互动，是一种浸入式体验。除此之外，旅游体验类型多样，主要包括了感官体验、情感体验、文化体验、行为体验、服务体验等。[6]

2.2 理论基础

2.2.1 旅游美学理论

中国旅游美学研究开始于 20 世纪 80 年代中期，由于研究对象的区别，大致分为 3 个时期。1984~1994 年，基础理论探讨期，该时期对旅游美学的内涵以及审美关系等进行了研究；1995~2004 年，实践参与期，该时期针对旅游美学思想溯源，并提炼旅游景观美学特征，侧重于以区域旅游开发为导向的应用与研究；2005 年至今，研究领域拓展期，对审美主客观的重新审视，旅游的意义被重新认识，对旅游中的审美文化、审美心理的研究日益增多的同时寻求突破 [7]。

随着旅游市场的大众化，中国旅游业已从简单观光购物游转变为深度体验游，它迫切地需要理论的指导，同时也亟需理论的创新。传统旅游是为满足对未知景观的好奇，人们首要的审美对象是美好的景观；当旅游美学受到了实践美学、生命美学、生态美学、环境美学的滋养后，如今的旅游美学变得越来越开放与多元，体验也成为旅游美学研究的关键词，换言之，旅游美学的落脚点在于体验。

着眼当下，新生活美学回归，旅游成了人们生活的一部分，旅游与生活交织在一起，旅游业构成生活美学的一部分。但与旅游美学不同，新生活美学除注重旅游美学的审美体验外，更鼓励审美主体的动态参与、创造和超越。换言之，旅游美学与新生活美学的结合将会给旅游实践活动的参与者带来生活的体验、生命的价值以及人生的超越。

2.2.2 马斯洛的需求层次理论

马斯洛将人的需求分为 5 个层级：生理需求、安全需求、社交需求、尊重需求和自我实现需求。他认为当人的基本需求得到满足后，便渴望得到高一层次需求的满足（图 2-4）。

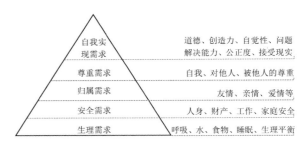

图 2-4 马斯洛需求理论（图片来源：笔者自绘）

在需求金字塔的顶层是自我实现的需求，这种需求使人最大程度地发挥自己的能力、理想、抱负，以此达到自我实现的境界，这种的理念与体验形式的消费观念不谋而合。在经济发展的当下，人们的生理和安全需求已得到高度满足，人们渴望获得更多精神上的享受，体验旅游的发展便是人们追求自我实现需求，以及情感得到依托的结果，也是田园综合体发展的必然趋势[8]。

第 3 章　田园综合体体验设计特征与新生活美学指向

3.1 案例解读

随着乡村建设的兴起，国内外大量乡村旅游目的地受到了持续关注，这些乡村文旅项目作为乡村生活、乡村生产、乡村旅游的载体，它以乡村体验为核心，通过产业、场所、服务、活动与

新生活美学视野下田园综合体验设计研究——以洛安江生态文明示范区为例 / 唐瑭
Research on Experience Design of Rural Complex from the Perspective of New Life Aesthetics
——Take the Ecological Civilization Demonstration Area belong Luo'an River as an Example / Tang Tang

图 3-1 普罗旺斯美景（图片来源：网络）

景观等多元要素组合，使项目的服务者与消费者均能于过程中获取知识、得到快感，同时促进乡村更加蓬勃发展。虽算不上完整意义的田园综合体，但他们的成功实践却为田园综合体体验设计提供了一个方向。

3.1.1 薰衣草国度：普罗旺斯

1. 项目概况

受第二次世界大战以及游客不断增长的影响，原本名声在外的普罗旺斯景观变得破败不堪，原有基础设施和空间格局已满足不了服务游客的需求，普罗旺斯受到了极大的冲击，进而导致口碑的急剧下降。为了改变现状，村民对普罗旺斯重新进行了景观规划，并以"薰衣草之乡"来定位旅游形象，改造相关设施与景观的同时强化薰衣草特色。

新普罗旺斯（图 3-1）定位为农业观光体验目的地，优化农业体验项目和设施，打造全新的体验旅游模式。它以薰衣草、葡萄酒为核心竞争力，设置了体验式的农舍、饭庄、酒庄和手工制作工坊等。重新塑造使普罗旺斯景观得到了修缮，游客参与性得到了提高。至此，普罗旺斯再次成为人们所向往的绝佳旅游胜地。

2. 体验设计启示

农业产业化。将传统农业发展为集观光、体验、消费为一体的现代农业产业，让游客体验现代农业产业的乐趣。例如葡萄酒产业，从前端的葡萄采摘，中端参观学习葡萄酒制作过程，再到末端的葡萄酒的品尝，通过全方位的参与，让游客体验最大化。

生产景观化。运用景观场景的塑造，将农业原始生产方式和生产场景景观化，保留原始农业生产将其作为可参与体验的旅游产业的一部分，从而使整个产业链更加复合与有机。

活动多元化。普罗旺斯活动形式丰富多样，通过活动十分真实地再现了乡村生产生活场景，激发了游客的游览积极性。除此之外，普罗旺斯节庆活动也是层出不穷，2 月柠檬节，7~8 月农业艺术展览会，8 月歌剧节，9 月薰衣草节，丰富的节日活动也是吸引世界各地游客的重要原因之一。

图 3-2 池上乡美景（图片来源：网络）

图 3-3 池上文创产业（图片来源：网络）

3.1.2 稻米之乡：池上乡

1. 项目概况

台东县池上米乡休闲农业区，原名池上乡锦园万安休闲农业区，于 2007 年更名为"池上米乡休闲农业区"，拥有池上牧野度假区、池上蚕桑休闲农场、池上有机米专业区、池上稻米原乡馆等丰富的休闲资源与独特的农村生活体验。

池上乡（图 3-2）地势平坦、土壤肥沃，居民多以种稻为主，约有 1400 公顷稻田，盛产高质量的池上米，它是日治时期进贡给日本天皇享用的上等好米，被誉为贡米，而如今池上米已经成为台湾优质好米的代名词。除此之外，近年来由于各类艺术活动的影响，池上稻田里的老树、没有路灯的田间小径也都成为吸引游客的元素。

2. 体验设计启示

文化、创意植入产业（图 3-3）。为了让游客与产业产生黏性，进而转化为商业消费，这离不开文化、创意、产业三者的结合。池上米作为池上乡的主要产业是历史文化与自然优势选择的必然结果。池上乡碾米厂历史悠久，它集米加工全体验与米文化产业传播为一体，游客在本厂可以参加专业的碾米工艺，体验 DIY 爆米花，年糕等活动。饭包文化故事馆是一个集合了美食与文化的互动体验式的博物馆，内设历史文化区、农田农业工具区、稻米文化区、池上饭包区等展示区。除故事馆外，还有两节火车餐厅，享受美食，同时重温饭包的故事。

艺术、生活融入活动。"四季活动"是池上乡的一大特色，春耕野餐节、夏耘米之飨宴、秋收音乐会、冬藏节，它首次以艺术、生活以及活动三者结合的方式让游客一年多次来到池上，欣赏着池上的美景，感受着四季的更迭，体验着多样的生活。例如春耕野餐节，邀请各界的艺术家们来到池上停留，让艺术家体验乡村的美好生活，同时让居民们感受艺术的魅力，他们相互学习、相互影响，传递着彼此的生活态度。秋收音乐会，金黄麦田中的音乐会，让当地人深深体会到美景与人文的结合，可以实现文化在乡镇深耘、发光。

3.1.3 探寻阳明足迹：水背村

1. 项目概况

新生活美学视野下田园综合体体验设计研究——以洛安江生态文明示范区为例 / 唐糖
Research on Experience Design of Rural Complex from the Perspective of New Life Aesthetics
——Take the Ecological Civilization Demonstration Area belong Luo'an River as an Example / Tang Tang

水背村（图 3-4）是文科园林以"美丽乡村"为背景的设计在建项目，位于河源市和平县大坝镇水背村。项目基地文化底蕴深厚，生态资源得天独厚。水背村规划以"水背客家围屋及阳明文化"为核心，复合生态观光、文化体验、休闲度假、乡村旅游为一体的家庭度假目的地。

水背村以杜安尼"新田园主义"理论为指导，融入文化、土地、农耕、有机、生态、健康、阳光、收获等元素。遵循上位规划对水背村的总体定位，将水背村分为水库休闲度假区、森林公园区、农业观光体验区、围屋旅游度假区、新村规划协调区这五大功能片区，以此构建民俗特色主题村落、打造古朴神秘桃花源、建设传统村落情景体验度假地。

2. 体验设计启示

三生和谐。水背村以生活、生态、生产这三生的和谐，来实现水背村的和谐构建。体验生活，水背村通过乡村复育的手法，重建水背村的围屋聚落与田园景观。并以亲子活动体验，强化家庭生活的概念，进而实现家庭度假目的地的主题营造。体验生态，通过风景评价与生态评估，结合水背村的风土、风物、风景来实现乡土生境的修复，特别发挥文科园林的一大特色。体验生产，与普罗旺斯的打造手法类似，采用农业产业化与生产景观化的手法，农产品制作以及展示等以多元功能取代过去单一的粮食生产经济结构，通过情景设计再现农业生产景观。

图 3-4 水背村设计图纸（图片来源：文科园林设计研究院方案文本）

3.1.4 案例总结与借鉴

案例总结 表 3-1

案例	主题类型	主题	体验核心	体验启示
薰衣草国度：普罗旺斯	乡村体验旅游目的地	薰衣草之乡	农业	农业产业化；生产景观化；活动多元化
稻米之乡：池上乡		池上米乡	文化创意产业	文化、创意植入产业；艺术、生活融入活动
探寻阳明足迹：水背村		一家人的水背	农业 + 生活 + 文化	三生和谐
借鉴	在主题设计层面应根据当地具体的特点，顺应历史文化的发展以及乡土空间格局，确立生产、生活、生态转型与发展的方向，以此延续当地历史、人文、自然环境特色		体验设计层面，在传统田园综合体景观规划模式的基础上，注重引进文化创意产业，进一步开拓旅游体验价值，适当提高与体验旅游相关配置，通过艺术与生活创意性的融入，为田园综合体可持续发展起到一定的促进作用	

3.2 田园综合体体验设计特征

对如今的乡村来说，一方面，受城市趋同化的影响，许多历史文化、传统形态、风俗习惯都已消失殆尽，恢复乡土文化，需要依靠一定的载体和手段来逐步完成；另一方面，在乡村改造的过程中，过度的保护会使地区失去应有的活力，过度的开发却会造成乡土历史记忆的丢失，唯有保护与发展相协调，方可使乡村改造可持续地发展下去[9]。体验式的旅游作为一个可以较好保留与发展乡土特色文化的开发途径，可激活乡村经济。因此，以体验设计为手段来提升乡土景观，保护乡土文化，对田园综合体建设具有实践意义。结合以上案例，笔者总结出几点成功的田园综合体体验设计特征。

3.2.1 地域性与文化性

地域性与文化性是田园综合体体验设计成功实践的首要特征。我国作为一个历史悠久且民族众多的国家，不同地区都有自己独特的在地性。设计中千篇一律的风格会消磨文化内涵，为游客带来差强人意的体验感。反之，地域特色鲜明的主题体验与内涵表达，除了能吸引更多游客参与，还能升华整个旅程的内在含义。体验经济背景下的旅游，以差异化感观为需求，而无论田园综合体产业设计抑或是景观设计，表象背后的地域特色与文化内涵才是体验的真正价值所在。

3.2.2 互动性与参与性

互动性与参与性强调了游客与自然景观、与生产景观、与生活景观的互动参与体验，其目的

新生活美学视野下田园综合体验设计研究——以洛安江生态文明示范区为例 / 唐璇
Research on Experience Design of Rural Complex from the Perspective of New Life Aesthetics
——Take the Ecological Civilization Demonstration Area belong Luo'an River as an Example / Tang Tang

是为了追求体验者情绪的升华，通过游客对活动的互动性参与，体会旅游所带来的独特魅力与内涵，获得更多的直观的、客观的、深刻的旅游体验。田园综合体验设计强调游客与场地互动过程中的感受与享受，它注重的是参与过程，而不仅仅是参与的结果。

3.2.3 感官性与记忆性

感官，即最原始、最基础的体验方式，它包括视、听、触、嗅、味这五种类型，田园综合体验设计为游客创造丰富的感官体验，当情绪达到饱和时，则能勾起游客的情感或回忆，从而留下深刻记忆。故，感官性与记忆性也是田园综合体验设计特征的核心。

3.3 田园综合体新生活美学指向

新生活美学的兴起，在体验经济时代大放异彩。面对城乡一体化进程中新生活美学境遇，为了使新生活美学在田园综合体验设计中得以良性地延续与发展，我们除了把握田园综合体验设计的特征外，还需弄清田园综合体新生活美学指向。田园综合体验设计中新生活美学指向的注入，不仅可以挖掘农业生活美学的多元价值，还为田园综合体验的生活化回归开辟新途径。

3.3.1 根植土地与人情的真实之美

回顾中国乡村发展史，隐隐可见一种自下而上的内在驱动。与上层因素相比人的生活需求显得更为重要，例如人们为了温饱而开垦，为了更有效更便捷的使用土地形成了形态各异的农田、住房甚至村落。中国乡村的发展是在自然与真实中寻找平衡，而如今的乡村是人与自然、与地形地貌、与气候环境，真实相处、智慧合作的结果。它虽没有纯天然景观的雄奇，也没有都市景观的大气，但却因它亲切宜人的尺度感与归属感而别具韵味。也正因为这种适宜性，展现出植根土地与人情的真实之美。

3.3.2 源自生活的田园之趣

田园之趣最易唤起人们关于故乡记忆，家门前的葡萄树，小溪里摸鱼的少年，田间劳作的身影，放牛的老汉，还有路边挖泥鳅的小孩……中国乡村向来以人的日常生活为重，这不仅解决了乡民的衣食温饱，也增添了不少休闲之趣。同样，田园综合体诞生于中国乡村，与新时代乡民的日常生活也息息相关，它流露出源自生活的田园之趣。

3.3.3 世代传承的地域文化

"相沿成风，相习成俗"，中国乡村地域文化与一个地区独特的农业生产、生活、生态密切相关，而民俗风情像一个强大的磁场将过去与现在、地区与民族紧密地联系在一起。那些让人难忘又充满人情味的地方民俗，更是成为在外漂泊的游子眼里最宝贵的精神财富。但随着产业结构的变化，城市的盲目扩张伴随着大量农田被侵占，农业生产与人们的日常生活渐行渐远，民俗文化也因根基的流失而变得名存实亡。因此，田园综合体体验设计中通过新生活美学地注入重塑世代传承的地域文化也显得尤为的重要。

3.3.4 动态感受与互动体验

田园综合体中蕴含着连续的动态之美，这是源于农耕文化的生命性。农作物从萌芽、长苗、抽穗、杨花、挂果，至收获，是一系列连续且发展的美学变化过程，其中每个阶段都会给人们带来独一无二的美学感受，唤起了不同审美期待。而这一切享受美的过程也绝对不仅仅是停留在"看"与"被看"的对立关系之间，它需要人们以全身心沉浸的姿态去与土地、自然、文化互动，也只有这种切身的体验与生活的介入才能引发更深层次的情感互动。[10]

第 4 章　新生活美学视野下田园综合体体验设计研究

4.1 新生活美学视野下田园综合体体验设计原则

以田园综合体、体验旅游、新生活美学的概念为基准，结合设计特征与新生活美学指向，笔者认为在进行新生活美学视野下田园综合体体验设计时，应遵循在地资源可持续开发、突出主题、场景真实以及增强体验深度与广度这四大原则。

4.1.1 在地资源可持续开发原则

实现在地资源的可持续发展是任何地点、任何类型田园综合体体验设计的首要任务，也是实现乡村振兴的前提。基于新生活美学的田园综合体强调以系统、平等、协调的体验设计方式来协调游客与乡村的两者之间的关系，以此展现根植乡土的真实之美与源自生活的田园之趣。

4.1.2 突出主题原则

突出主题原则就是在体验设计过程中，围绕田园体验，通过挖掘地域文化特色、源自生活的田园之趣、根植土地真实之美以动态的体验方式，使游客在观赏、购物、娱乐、美食、住宿等环节都能全方位地感受到新生活美学主题氛围，满足游客追求新颖体验和不同感官享受的心理需求。

新生活美学视野下田园综合体体验设计研究——以洛安汇生态文明示范区为例 / 唐驰
Research on Experience Design of Rural Complex from the Perspective of New Life Aesthetics
——Take the Ecological Civilization Demonstration Area belong Luo'an River as an Example / Tang Tang

4.1.3 场景真实性原则

场景真实性原则要求设计师要全身心投入到田园生活、田园生产、田园生态氛围中去，引导游客进入自己想要体验的环境和角色中去，享受体验过程带来的愉悦感。通过田园综合体体验式场景的景观设计、建筑艺术、文化氛围营造以及活动策划再现主题，它不是简单模仿，而是为游客营造一种身临其境的真实感。

4.1.4 增强体验深度与广度原则

目前，我国田园综合体大多处于中层体验状态，为了使田园综合体得到长足的发展，设计中必须要加强田园综合体的体验深度与广度。一方面，体验种类的多样，将带来游客参与消费和体验的持久欲望，吸引足够的客源；另一方面，体验深度的加强能使游客完全融入田园综合体所塑造的环境和氛围中去。

4.2 新生活美学视野下田园综合体体验设计方法

基于新生活美学理念的田园综合体体验设计围绕以体验为核心的新生活美学理念展开，通过在地环境识别与主题形象确立、功能布局与游线设计、产品分类与策划以及情景设计与意象营造，这四个由浅至深的体验设计方法（图4-1），为游客造境，最终形成与农业、农村生活美学相符的田园综合体新生活美学意象，即植根土地与人情的真实之美、源自生活的田园之趣、世代传承的地域文化以及连续的动态之美。

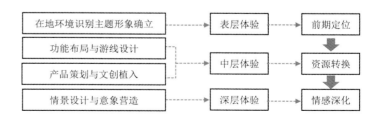

图 4-1 新生活美学视野下田园综合体体验设计方法（图片来源：笔者自绘）

4.2.1 在地环境识别与主题形象确立

田园综合体作为农业景观、乡土生活的重要组成部分，是一种以乡民劳作为主导的农耕文化景观，正因为这种自下而上的内在驱动，使田园综合体与它特定的地域环境、乡土文化保持着紧密的联系。于游客而言，田园综合体的价值在于体验未曾知晓的乡村生活与景观，以其质朴无华的乡土风情来满足对于田园生活的向往与追求。于乡民而言，田园综合体的价值除经济发展外，更重要的是精神根基的传承。在长期的农业生产、生活过程中，形成了一套丰富且独特的民俗文化，并将其融入日常生活之中，增加了乡民的凝聚力和自信心，也形成了独具特色的乡土文化。在全球一体化、城市文化不断涌入的今天，"趋同化"、"均质化"现象四处蔓延，如何避免田园综合体的景观同质化，寻求田园景观的本地化，是衡量田园综合体成功与否的标准之一，因此新生活美学视野下田园综合体体验设计的第一步就是在地环境识别，通过环境识别确立主题形象。

1. 在地环境识别

田园综合体作为符号标识，不应仅仅代表发展现代农业的新农村，更应是一个情感的附着焦点，应具有新生活美学所指向的地域特色与乡土文化，是一个地方各类景观特征的综合。具体而言，在地环境识别包括了地域性相关的自然环境要素识别和地区农村农业所蕴含的历史文化内涵识别这两个方面。地域性相关的自然景观要素，包括该地区的地形、地貌、气候、水文、生物等，通过识别为乡土生态环境的重塑做准备。而农村、农业所蕴含的历史文化内涵，既包括了地区的线性历史，也应当涵盖与当地居民衣、食、住、行相关的节日庆典、人生礼仪、宗教祭仪等民俗活动，甚至包括思维方式、处世原则、审美态度等无形的意识形态，以及目前已形成的地方上层设施[11]。田园综合体的生活属性强化了人与自然的天然联系，而活的历史文化内涵促使了田园综合体的精神根基长期且稳定的发展，两者相互依存，互相烘托，共同构建了乡村生活美学的精髓。

2. 主题形象确立

田园综合体的主体形象是串联场地内各功能、各景观、各体验项目与服务的线索，它的存在使田园综合体的各部分得到了统一，从而使整个体验过程趋向完整。根据田园综合体的新生活美学指向特征，其主题形象的确立与地域环境识别的结果存在着必然的联系。在了解自然环境特征，尊重乡土生境的基础上，了解在地文化发展脉络，挖掘地域性的文化符号，以及符号所具有的价值和意义，选择具有代表性、独特性、延展性的特征作为主题形象[12]。当主题形象确立后，一方面体验项目的设计需围绕主题展开；另一方面情景的搭建也应当体现主题形象。游客在行径过程中，感知到围绕主题进行的信息变化，为游客带来最直观的生活美学感受，有利于增强游客对田园综合体的情感依恋。

新生活美学视野下田园综合体体验设计研究——以洛安江生态文明示范区为例 / 唐糖
Research on Experience Design of Rural Complex from the Perspective of New Life Aesthetics
——Take the Ecological Civilization Demonstration Area belong Luo'an River as an Example / Tang Tang

4.2.2 功能布局与游线设计

新生活美学视野下田园综合体体验功能布局是衍生其他设计的重要环节，它以游客的活动特点以及地区景观资源为核心，围绕的主题形象展开，通过归类串联不同的功能片区，让游客活动路径更加清晰。故，设计师当按照参与类型进行功能布局，注重人的需求与参与项目的紧密结合，使得体验者在体验过程中能够定制个性的游玩路线。结合前文，笔者总结出新生活美学视野下田园综合体体验功能（表4-1）大致分为田园生态体验、田园生活体验、田园生产体验以及科普体验这四种类型，针对不同主题的田园综合体其功能布局侧重点也略有不同。

新生活美学视野下田园综合体体验功能布局　　　　　　　　　　表4-1

功能	特色与定位	体验项目设置
田园生态体验	体验乡村自然风光 感受乡土生境	徒步、抓泥鳅、摄影基地、露营、垂钓、游船等
田园生活体验	以田园生活为基础 体验乡村民俗	民宿、酒店、民俗街、创意集市 民俗节日、民俗表演等
田园生产体验	以农业为基础，体验农耕文化	农事体验、果蔬采摘等
科普体验	研学	博物馆、生活美学馆、制作工坊等

4.2.3 体验产品策划与乡村文创植入

体验产品是田园综合体新生活美学意象形成的基础，它能带动田园综合体人气、提升田园综合体土地价值、实现田园综合体收益，它分为核心产品、有形产品以及衍生产品（图4-2）。核心产品是整个田园综合体的主要竞争力，当围绕主题确立；有形产品是各种功能性产品，涉及体验者的衣、食、住、行、购、娱，依据核心产品展开；衍生产品则是田园综合体的附加体验项目，它以新生活美学、科技、市场、政策为指导因素，将乡村文创理念导入田园综合体体验产品中，并将其渗透到百姓生产、生活、娱乐各个细节之中，实现文脉与体验产品的永续成长。故，在体验产品策划上需充分利用田园综合体作为旅游产业的复合性，以在地化的特色定位与公益性的乡土情怀为前提，以文旅产品为着力点，以乡村休闲旅游为引爆点，着力开发形式多样、内容丰富的旅游产品，从而促进田园综合体新生活美学意象的构建，并使之成为新生活美学视野下的田园综合体的亮点。

图 4-2 新生活美学视野下田园综合体体验产品策划（图片来源：笔者自绘）

值得关注的是，乡村文创作为田园综合体的衍生产品，却是活化田园综合体的重要工具。它从在地文化中找灵感，从田园体验、乡土院落、田园风光等充斥着自然主义，以及农业、农村生活美学的后现代潮流中找到发酵点，并融入文创，从而引领新乡民的"小确幸"生活审美。以跨界的模式，将科技融入田园综合体的生产、生活之中，加值产业效益，彰显文创之美，开发出新的价值空间和需求市场。而合理运用科技、地域特色、创意生活的田园综合体文创产业，必将推动田园综合体新生活美学意象的构建更加人本化、务实化。

4.2.4 情景设计与意象营造

新生活美学视野下的田园综合体体验设计要充分考虑特定场景对人们意象判断的影响，为彰显田园综合体新生活美学特征，有意识地在实体环境以及特定功能活动中植入意象符号。具体而言，整个情景设计和意象营造的过程将经历三个步骤，首先通过体验场景的布置，营造与整体田园综合体主题相符的情景，其次在浏览路线上适当安排游客"情绪"诱发点，最后，通过一些情景与情绪诱发点的情感体验，形成具有真实之美、田园之趣、地域文化以及动态之美的田园综合体新生活美学意象营造（图 4-3）。

1. 情景设计

基于新生活美学理念的田园综合体体验情景设计当从田园生态环境、田园生产景观、田园生活空间着手，多维度全面考虑，最大程度协调人与地、人与物、人与人的互动关系（表 4-2）。

"水处者渔，山处者木，谷处者牧，陆处者农"。田园综合体作为一个复杂的统一体，它包括了农作物、牲畜、人、建筑等元素。田园综合体生态系统作为该地区天然烙印，其丰富且稳定的状态也是田园综合体生产与生活永续发展的基础。构建新生活美学视野下的田园生态环境，需

新生活美学视野下田园综合体体验设计研究——以洛安江生态文明示范区为例 / 唐璠
Research on Expenence Design of Rural Complex from the Perspective of New Life Aesthetics
——Take the Ecological Civilization Demonstration Area belong Luo'an River as an Example / Tang Tang

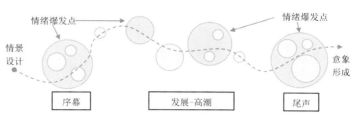

图 4-3 新生活美学视野下田园综合体体验意象形成（图片来源：笔者自绘）

新生活美学视野下田园综合体情景设计 表 4-2

情景类型	具体空间	景观要素	特征
田园生态环境	大环境	道路、河流、水渠、池塘、植物、动物、林网、建筑、小品	原风景、连动感、安定感、乡村特色
田园生产景观	农田、经济林、农产品加工工厂	农田、农具、农道、稻草人、麦堆、谷仓、池塘、灌溉渠	亲切感、成就感、广阔感、连动态景观、地区特有作物
田园生活空间	农屋、院落、集市、服务中心	村落、民居、围墙、院落、库房、庙宇、祠堂、桥、井、柴堆、麦堆、集市	人情味、安全感、归属感、生活风貌、地域性、标识性、记忆性

重视环境资源的检测与管理，尊重农田、水域、村落等的生态格局，遵循乡村发展规律，最大程度还原乡土生境。

　　农田是村民根据当地气候、土壤状况巧妙地利用地形、水利等条件，并通过自己的双手，构筑出具有人的尺度的生产景观。新生活美学视野下的田园生产景观的设计应以农业为指导，尊重农业景观尺度，因地制宜地规划农田结构、种植乡土经济作物，让人感受到田园生产景观独特的生产魅力。对于本身环境宜人的地区，要充分利用当地优越的自然条件，发展具有在地性的农林牧副渔业；反之，则可通过创意农业、人造景观、独特物种的人为种植等来弥补地方性的不足[13]。

　　对田园生活空间的反复使用，滋生出特殊的精神依赖。因此，新生活美学视野下的田园生活空间设计需综合考虑家园空间的功能性诉求，聚落景观的乡土性营造，田园社区的生活空间尺度以及建筑群落的有机融合。既要保证色彩、样式具有在地特色，形成修旧如旧的形态；又要结合现代研究成果、乡民的各类需求进行改良，使田园生活空间更加科学与便捷。

2. 情绪诱发

置身于基于新生活美学理念的田园综合体情景中，通过体验参与，诱发游客的情绪变化。它可能是某个景点、一场歌舞表演、一个传说故事，又或是一次田间劳作、一餐农家小菜，唯有切身地参与，才能引发更深层次的情感互动，为游客带来人情化的回归。

五感体验是最易诱发游客情绪变化的因素（表4-3）。因此，情绪诱发点的体验设计应从五感（即视、听、嗅、味、触觉）出发，结合田园生态、田园生活、田园生产资源打造丰富多样的体验活动。游客通过动作、姿态、表情与场地、与乡民相互影响、相互模仿，从而建立一种人与地、人与人、人与自然的真实关系，诱发游客身体与情感上的深层次交流。

五感体验情绪诱发

表4-3

感官	体验活动特征	诱发情绪
视	最直接的感官，取决景观设计、自然景观、村落景观、民俗表演，形成视线走廊	田园景观，乡野风情
听	包括田园间自然的声音、人与人交流的声音以及活动娱乐的声音	自然空灵，乡音环绕
嗅	感受田间新鲜空气、泥土芬芳以及特殊植物带来的特殊气味	乡气袭人，沁人心脾
味	农家美食、生态健康的绿色蔬菜	原汁原味，乡味无穷
触	通过手、脚、身体各部位的触碰，达到深度体验	自上而下，生活之美

3. 意象形成

意象是指游客经过某种独特的情感体验活动后，对客观物象创造出的某种特定形象，它包括意象符号、特质表述和情感联系[14]。换言之，游客在营造的情景氛围中，通过体验活动诱发情绪，并经过游客的联想对场地印象加以重组与构建形成意象，即"触景生情"。在田园生态景观、田园生产景观、田园生活空间中游客直观感受田园综合体新生活美学意象符号，而田园生产活动以及田园生活方式的参与体验促使情感联系的产生。

4.3 本章小结

结合第3章提出的田园综合体体验设计特征与新生活美学指向，本章节详细论述了新生活美学视野下田园综合体体验设计的原则与方法。设计原则包括在地资源可持续开发、突出主题、场景真实、增强体验深度与广度四大原则。设计方法首先强调了注重历史文脉梳理与生态环境把控

新生活美学视野下田园综合体验设计研究——以洛安江生态文明示范区为例 / 唐糖
Research on Experience Design of Rural Complex from the Perspective of New Life Aesthetics
——Take the Ecological Civilization Demonstration Area belong Luo'an River as an Example / Tang Tang

的环境识别的重要性；其次指出主题形象的确立要围绕农业、农村生活美学展开；接着根据使用特点与参与类型进行功能布局以及游览路线的制定；策划体验的核心产品、有形产品与衍生产品；最后，通过营造乡村文化情境还原乡村真实场景，诱发游客情绪，形成田园综合体新生活美学意象。

第 5 章　设计初探——贵州洛安江生态文明示范区二期

5.1 项目概况

5.1.1 上位规划

近年来，由于洛安江流域人口增长，工业及养殖业迅猛发展，城镇化进程加快，导致流域内生态环境遭到了极大的破坏，威胁生态安全，同时也制约了经济的发展。政府提出对洛安江流域进行综合整治，统筹制定生态文明、水体保护、统筹城乡以及产业布局规划，并以此为契机完善功能配套，提升环境品位，以国际标准打造洛安江全景域水系，贵州洛安江生态文明示范区便在此背景下诞生[15]。

5.1.2 项目现状

1. 项目区位

贵州洛安江生态文明示范区位于贵州省遵义市绥阳县，地处洋川河与洛水河的交汇之处，涉及风华村与牛心村两大村落，紧邻遵绥高速，距离绥阳县城 12 公里。整个示范区占地面积约 3000 亩，水系长度约为 6 公里，分多期打造。本次设计范围位于示范区西北部，占地面积约 580 亩，属于二期工程（图 5–1）。该片区为洛安江生态文明示范区提供现代农业、田园栖居、休闲娱乐的场所，属于田园综合体范畴。

2. 场地概况

结合风景评估与生态评价对场地概况做出分析（图 5–2）。首先，场地地貌类型主要包括山地、林地、河流、农田以及多个自然村落，农田以梯田退台式为主，最高点海拔 867.8 米，最低点海拔 840 米，高差约 27 米，平均坡度为 10%。设计时依山顺势、因地制宜，充分利用空间特征打造丰富变化的田园景观空间。其次，场地内水资源丰富，地处洋川河与洛水河的交汇处，但由于化肥使用过剩，造成水体氮磷污染负荷影响较大，设计时考虑恢复水生态系统，利用水资源打造亲水体验活动。再者，场地内原生村落众多，建筑风貌统一，它以山水助阵、以田园增韵，形成了村落 –

图 5-1 项目区位（图片来源：笔者自绘）

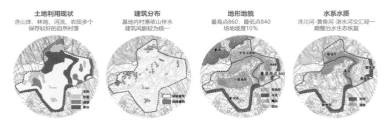

图 5-2 场地现状分析（图片来源：笔者自绘）

图 5-3 贵州洛安江生态文明示范区一期景观（图片来源：文科园林设计研究院拍摄照片）

图 5-4 贵州洛安江生态文明示范区历史文化（图片来源：笔者自绘）

山水－田园的格局。设计时合理利用原生村落资源形成真实的田园生活景观。

贵州洛安江生态文明示范区一期(图5-3)以"造山水花间，秧林奇境"为目标，对服务中心、湿地公园进行了重点打造。经过一期建设实施，水生态系统得到一定的修复，已形成了良好的示范区主入口景观与湿地景观。故，在二期设计中要注意与一期景观的结合，保持整个示范区的统一性。

3. 历史文化

绥阳县是贵州高原的一颗灿烂明珠，素有"中国诗乡"、"黔北粮仓"之称（图5-4）。它因"诗歌"而声名远扬，历代诗人辈出，风雅长兴。不仅有在绥阳设馆讲学多年的东汉大教育家尹珍，还有留迹绥阳的唐代四大诗人。除此之外，

新生活美学视野下田园综合体体验设计研究——以洛安江生态文明示范区为例 / 唐塘
Research on Experience Design of Rural Complex from the Perspective of New Life Aesthetics
——Take the Ecological Civilization Demonstration Area belong Luo'an River as an Example / Tang Tang

绥阳自古便是有名的黔北粮仓，人们在长期农耕生产中形成具有"诗乡"特色的农耕文明。

5.1.3 ASEB 栅格分析

ASEB 栅格分析法是站在消费者的角度，对旅游活动、旅游环境、游客体验和收益这四个方面分析其优势、劣势、机会、威胁[16]。通过前期调研得出贵州洛安江生态文明示范区二期项目的ASEB 分析表（表 5-1），它为后期具体体验设计方案提供指导作用。

贵州洛安江生态文明示范区二期项目的 ASEB 分析表　　　　　　　表 5-1

	活动	环境	体验	利益
优势	诗乡文化与农耕文化氛围为活动设置提供背景支撑；地貌类型丰富增加活动广度	经一期整治水生态系统已逐步恢复；村落 – 山水 – 田园的原生村落格局	自然环境优美、乡土气息浓厚，文化内涵丰富，有利于提升体验效果	政府支持下，当地经济得到了一定程度的发展
劣势	产业类型较为单一以农业为主；目前现存体验活动较少，以果蔬采摘为主	乡土生境遭到了一定的破坏；整体用地布局混乱，裸土较多，路网单一	居民点周边环境较差；基础设施不足；现状体验形式单一且无主题	除农业外其他产业未得到合理的开发，局限性较大
机遇	乡村旅游产业兴起，市场需求较大；上位规划的支持，将洛安江流域建成生态文明先示范区	生态可持续理念的全面推行；政府在环境治理方面的大力支持	体验经济带来城市居民对乡村生活体验的渴望，文化体验旅游正逐步成为一种新时尚。	国家政策支持；游客需求的增多带来更多商机
挑战	如何实现文化生活的挖掘与具体活动的结合；如何让活动不单一，且长期吸引游客游玩	田园综合体的发展伴随着人流量的激增，如何在人流增多的同时保持乡土生境的永续发展	市场竞争较大，如何打造吸引人、留得住人，提供多层次全面体验需求的田园综合体	选择何种产业能促进当地经济发展；如何吸引专业管理人才的参与

5.2 新生活美学视野下田园综合体体验设计

5.2.1 主题形象

洛安江生态文明示范区二期设计中，考虑在地文化特色以及产业资源状况，将充满诗意，充满农耕生活美学，植根乡土的新农村作为主题形象，并将这个主题贯穿于整个田园综合体中。

主题形象确立源于绥阳县的"诗乡文化"与"农耕文化"。人们在长期农耕生产中形成具有"诗乡"特色的农耕文明，诗歌来源于绥阳土生土长的环境中，来源于田地里的精耕细作，歌颂土地、乡情、丰收、美景。以"诗意"、"农耕生活美学"、"乡土"作为整个场地的体验设计主题，既能展现植根土地与人情的真实之美，又能引发游客与田园综合体之间更深层次的情感互动。

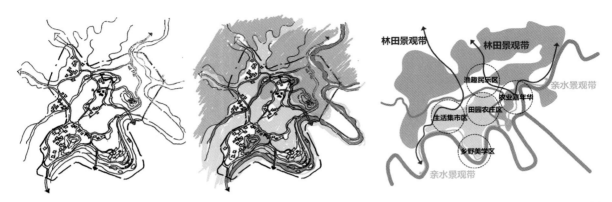

图 5-5 贵州洛安江生态文明示范区功能布局（图片来源：笔者自绘）

5.2.2 功能布局与游览路线

洛安江生态文明示范区二期体验设计围绕田园生活体验、田园生态体验、田园生产体验、科教体验展开，功能布局与游览路线依照体验者的参与类型与功能使用特点布局。

总体来看，整个场地划分为"两片、两带、五中心"（图5-5）。根据地貌状况将场地分为山林片区和水田片区，并形成林田与亲水两条景观带。将提供不同体验活动的五大中心，即乡野美学中心、生活集市中心、田园农庄中心、农业嘉年华中心、渔趣民乐中心，分布在洛安江生态文明区二期（图5-6）之中。乡野美学中心以生活美学馆为核心，并定期举办各种节庆活动，使游客体验田间生活美学，感受强烈的文化氛围。生活集市中心与田园农庄中心位于原生村落集中的区域，生活集市中心对村落整体改造，融入餐饮、购物、娱乐，形成整个田园综合体服务集市；而田园农庄中心则是在改造原生建筑的同时，保留部分农田，开发集田园养生体验与田园旅舍相结合的田园栖居。农业嘉年华中心保留了大量农田，在农事体验中融入其他创意活动，使游客感受劳作带来的快乐。最后是渔趣民乐中心，结合湿地与场地内的水塘，发展渔业，并开发垂钓、鱼主题餐饮等相关产业，保证田园综合体产业的多样性。

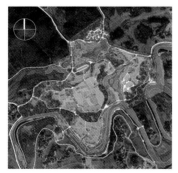

图 5-6 贵州洛安江生态文明示范区总平面图（图片来源：笔者自绘）

新生活美学视野下田园综合体体验设计研究——以洛安江生态文明示范区为例 / 唐璡
Research on Experience Design of Rural Complex from the Perspective of New Life Aesthetics
——Take the Ecological Civilization Demonstration Area belong Luo'an River as an Example / Tang Tang

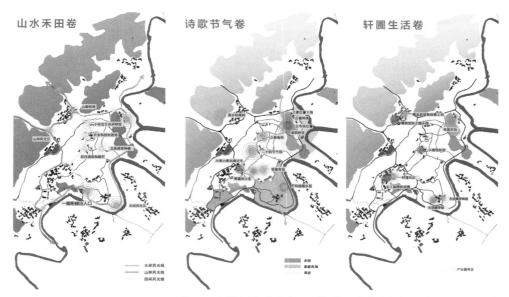

图 5-7 贵州洛安江生态文明示范区精品游览路线（图片来源：笔者自绘）

通过各个中心节点的串联，形成了三条精品游览路线，即山水禾田卷、诗歌节气卷、轩圃生活卷（图 5-7）。山水禾田卷以风景观光体验为主，包括了水岸观光、山林观光以及禾田观光。诗歌节气卷是田园诗歌和二十四节气活动相结合形成的体验路线。轩圃生活卷则以田园生活美学体验为主，包括了田园栖居、乡土购物、生活美学馆等体验活动。

5.2.3 体验产品策划与乡村文创植入

1. 体验产品策划

洛安江生态文明示范区二期体验产品策划结合主题将体验要素落实到衣、食、住、行、购物、娱乐实际方面。衣，着农家衣、务农家活；食，品尝绿色农家菜、鱼主题餐饮以及农家风味小吃；住，多档次的民宿客栈、家庭旅馆、农舍；行，陆上交通为主，水上交通为辅；购物，土特产店、纪念品店、果蔬菜场；娱乐，结合三种体验路线展开娱乐活动，具体如下（表 5-2～表 5-4）：

田园风景观光体验 表 5-2

活动	内容	时间
亲水观光	湿地观鸟、垂钓、抓蝌蚪、抓鱼等	四季
文化科普	小谷仓五谷杂粮馆；农业科技科普馆	四季
农耕观光	向当地农民学习播种、插秧等、稻草迷宫	四季
农耕工具利用	尝试米斗、打禾机等农具的使用	春秋
当季果蔬采摘	选取当地时令蔬果开展采摘活动	四季

田园诗歌与节气活动体验 表 5-3

活动	内容	时间
文化科普	二十四节气文化馆	四季
民间风俗活动	插播水稻、种小麦、杀年猪、煮腊八粥	二十四节气
（二十四节气活动）	……	
节事庆典	田园艺术节；田园诗歌朗诵节	四季各一次
农业嘉年华	萤火虫牧场、mini 动物园、赶鸭子、放牛蛙等	四季

田园栖居与生活体验 表 5-4

活动	内容	时间
文化科普	生活美学体验馆	四季
田园生活体验	田园社区、社区活动、家庭农场、民宿	四季
特色服饰	拍照、角色扮演	四季
传统手工艺品制作	扎稻草人、编织背篓等	四季
农家美食盛宴	农家菜馆、农家小吃、鱼宴、农家美食制作	四季
乡野集市	乡土购物与消费	四季

2. 乡村文创植入

体验活动中的文创设计将对项目进行主题文化补偿，将场地中蕴含的新生活美学理念有形化。而洛安江生态文明示范区二期文创设计主要从多类型体验馆、设计独特的主题体验与纪念品以及新媒体宣传四个方面进行。

体验馆主要包括了以农耕生活美学为主的生活美学体验馆，以民俗文化与诗歌文化体验为主的二十四节气文化馆，以及以农业文化科普为主的小谷仓五谷杂粮馆、农业科技科普馆，他们共

新生活美学视野下田园综合体体验设计研究——以洛安江生态文明示范区为例 / 唐塘
Research on Experience Design of Rural Complex from the Perspective of New Life Aesthetics
——Take the Ecological Civilization Demonstration Area belong Luo'an River as an Example / Tang Tang

同形成了整个场地的精神担当。它不同于一般的乡村建筑，而是一座有温度的农耕文化博物馆。建筑取材于乡村，与周边环境和谐共生，感知自然和天地的变化。建筑内除了进行不同主题的科普展示，还定期举办主题活动，例如生活美学馆围绕"乡村生活美学"主题举办活动，村民与游客在馆内交流学习，互相传递着彼此的生活方式。

在主题体验与纪念品的设计上，围绕"黔北粮仓"与"二十四节气"展开，突出洛安江生态文明示范区二期农耕生活美学印象，使之成为地区的特色标志。它包括了稻田中放养泥鳅，供游客捕捉；农业节日的开幕是在插秧过程中进行的，游客可以一起体验在农田中"划格子"和插秧活动；在收获季节，举办新米节，庆祝收获，品尝新米，同时送一小包新米给游客作为礼品；体验古老的大米加工方法；将游客名字刻在大米上，做成项链吊饰；使用各种农产品来匹配稻草，堆积成五谷丰登的景象；开发特殊的大米礼品，如富硒大米、孕妇有机大米、学生营养糙米等。

洛安江生态文明示范区二期通过互联网、移动端等新媒体进行推广与宣传，成为名副其实地为游客带来新生活体验的田园综合体。结合 CSA 的运营模式，建立电商终端，游客可以在网络上进行旅游产品的购买，同时还可以认领土地、下达任务等。通过新媒体的植入，增加场地人气，提升田园综合体收益，推动洛安江流域的经济发展。

5.2.4 情景体验与田园意象营造

洛安江生态文明示范区二期情景设计与意象营造依据本文第四章提出的方法，从情景设计、情绪诱发、意象形成三个步骤进行。

1. 情景设计

情景设计围绕"诗乡文化"与"农耕文化"的主题开展，将游客定义为置身于场景中的不同角色开展田园体验故事。在主题的指引下，笔者将整个洛安江生态文明示范区二期分为生产类、节庆类、生活类、风俗类四种情景。生产类即田园生产，利用传统农作工具，结合原生田地，还原真实而美好的农耕场景。节庆类是结合二十四节气活动与有形化的田园诗歌，还原诗乡节庆活动场景。生活类在原生村落的基础上，保留村落–山水–田园的建筑格局，结合在地材料对建筑进行改造，室外景观得处理上有意识地植入田园生活场景中常见元素，例如农具、蔬菜等，以此来还原田园生活场景。风俗类指的则是当地特有的语言、戏剧、舞蹈、音乐、民谣等非物质场景的展现。

2. 情绪诱发

在主题氛围的带动下，游客通过感官体验，与情景设计中蕴含的乡村景观元素与文化内涵产生了情感的互动，利用五感体验诱发游客的情绪变化。

视觉景观是游客最直观的感受，设计中保留大量原生农田与村落，并进行局部改造，以农作工具、农家常见摆件作为景观小品打造，使用在地材料，并将诗歌元素有形化地融入在景观场景中，以此强化游客的文化与乡土感受。参观生活美学馆，感受农耕生活美学的前世今生。田园诗歌朗诵节，领略田园诗歌之意境，感受泥土的芬芳，为游客带来视觉、听觉、嗅觉上的享受与情感上的触动，增添诗歌意境，展现浓烈乡愁。芒种插播水稻、雨水种果树、立冬收红薯等节气活动，让游客通过切身的参与，感受到农耕文明流传下来的自上而下的生活之美。在田园农庄认领土地，游客自己种植绿色健康素菜，还可以品尝到农家美食，品尝到来自乡土的原汁原味的乡味。总之，通过游客自身参与体验活动，加之环境催化，自然而然形成情绪诱发。

3. 意象形成

游客将三条游览线路上的多个情绪诱发节点的体验感受进行拼贴组合，最终形成了与主题形象相呼应的，充满诗意与农耕生活美学的，植根乡土的田园综合体意象。至此洛安江生态文明示范区二期项目体验设计意象正式形成。

第 6 章　结语

本文缘起田园综合体发展中暴露的一系列问题的反思，初步探讨新生活美学的当代境遇与体验设计的多元价值，进而提出"新生活美学视野下田园综合体体验设计研究"课题，其目的是为解决田园综合体存活率低的问题，为平衡经济发展与乡土文化传承提供借鉴模式。但由于研究时间有限、参考资料较少、研究理论缺乏科学验证，研究不够透彻，设计结果浮于表面。不足之处，望在未来研究中得以弥补，实现田园综合体体验设计中感性、真善、和谐、诗意的新生活美学回归。

新生活美学视野下田园综合体体验设计研究——以洛安江生态文明示范区为例 / 唐璘
Research on Experience Design of Rural Complex from the Perspective of New Life Aesthetics
——Take the Ecological Civilization Demonstration Area belong Luo'an River as an Example / Tang Tang

参考文献

[1] 袁柳军 . 城乡一体化进程中农业景观之生活美学初探 [D]. 中国美术学院 ,2009.

[2] 连寒露 . 浙江省田园综合体理论研究与规划实践 [D]. 浙江农林大学 ,2018.

[3] 陈李萍 . 我国田园综合体发展模式探讨 [J]. 农村经济与科技 ,2017,28(21):219—220.

[4] 刘悦笛 ,Zhu Yuan. 植根本土与走向全球的"生活美学"[J]. 孔学堂 ,2017,4(04):101—106,
126—131.

[5] 黄梦甜 . "生活美学"在当代中国的三种理论探索 [D]. 江西师范大学 ,2018.

[6] 袁洁琼 . 基于旅游体验的乡村景观设计研究 [D]. 华东理工大学 ,2018.

[7] 潘海颖 . 基于生活美学的旅游审美探析——从观光到休闲 [J]. 旅游学刊 ,2016,31(06):73—81.

[8] 刘琪 . 乡村体验式景观设计研究 [D]. 重庆大学 ,2017.

[9] 宋子健 . 以体验式旅游开发为手段的乡村景观改造提升研究 [D]. 北京林业大学 ,2016.

[10] 陈娟 ，孙琪 ，赵慧蓉 . 论地域性特色景观的构建 [J]. 西南林学院学报 ,2008(03):59—62.

[11] 万剑敏 . 基于地方理论的田园综合体规划研究 [J]. 江西科学 ,2018,36(01):183—188.

[12][13][14] 潘海颖 . 基于生活美学的旅游审美探析——从观光到休闲 [J]. 旅游学刊 ,2016,31(06):73—81.

[15] 张琳杰 . 贵州创建国家生态文明先行示范区的实践与探索 [J]. 全国商情 ,2016(30):32—33.

[16] 卢红瑞 . 基于 ASEB 的邢台市乡村体验旅游发展策略研究 [D]. 大连海事大学 ,2017.

导师评语

程智鹏导师评语：

目前田园综合体广受社会关注，而对于田园综合体的研究尚处于起步阶段。唐瑭同学的《新生活美学视野下田园综合体体验设计研究》选题适中，既具有理论的前瞻性，又具有现实的紧迫性。论文顺应时代需求，尝试在前者为数不多的理论基础之上，以新生活美学理论为支撑，探索田园综合体体验设计路径，为乡村振兴背景下田园综合体的长远发展提供思路。故，选择该课题具有较强的理论价值和现实意义。

论文初步探讨了新生活美学的当代境遇与体验设计的多元价值，提出了"新生活美学视野下田园综合体体验设计"原则与方法，并结合洛安江生态文明示范区二期项目进行设计初探。综合来看，在以下三个方面有所创新：一是构建了以新生活美学为指引的田园综合体体验设计新模式；二是大胆尝试多学科交叉分析法，从多角度分析影响田园综合体体验设计的因素；三是系统地运用了实证分析法进行课题项目设计初探。打破传统田园综合体以产业、以空间、以物为主的设计方式的束缚，并将其转化为以人为中心，参与田园生活、田园生产、田园生态的体验设计。这不仅为田园综合体设计提供了一个全新的思维方式，更为农耕生活美学带来了人情化的回归。

论文引用文献具有代表性，对有关资料进行综合分析和归纳整理，掌握了田园综合体的建设背景、研究现状和发展背景等内容，文献综述丰富而规范。论文研究结果表明，新生活美学视野下田园综合体体验设计具有很强的实践价值和操作性，充分反映了作者对于田园综合体知识掌握的全面性，对于体验设计研究有分析、有思考、有建议。

整体来看，论文格式正确、结构合理、思路清晰、层次分明，各部分之间联系比较紧密，观点表述也基本准确，反映了作者具有较强的独立科研能力。通过理论研究与实践项目相结合的方式论证观点的科学性，具有较强的说服力。遗憾的是，由于参考资料有限，作者实践经验较少，对于一些问题的认知仍存在不足，尤其是田园综合体体验设计中的新生活美学的表达研究浮于表面，但作为青年学生，敢于挑战课题之难处，填补研究之空白，值得称赞。

新生活美学视野下田园综合体体验设计研究——以洛安江生态文明示范区为例 / 唐瑭
Research on Experience Design of Rural Complex from the Perspective of New Life Aesthetics
——Take the Ecological Civilization Demonstration Area belong Luo'an River as an Example / Tang Tang

龙国跃导师评语：

该校企联合培养研究论文选题为《新生活美学视野下田园综合体体验设计研究》，视野开阔，顺应市场需求与社会热点，具有较强的学术价值和现实意义，它既把握了田园综合体的中国特色，又融入了地域鲜明的文化创意。

在全面了解梳理文献资料和相关研究成果的基础上，论文首先对田园综合体研究历程进行了回顾与评述，结合体验经济狂潮下的新生活美学境遇，提出田园综合体转型迫在眉睫；接着结合实际案例中的表象总结出田园综合体体验设计特征以及新生活美学指向；然后以新生活美学视野下的田园综合体为研究对象，深入阐述了其体验设计的原则与方法；最后以企业实际案例检验研究结果的可行性。全文层次清晰，观点明确，写作中既注重对田园生活、田园生产、田园生态体验设计的阐述，又深入细致地分析当代游客对农耕生活美学的精神需求，论述层层推进，逻辑严密，有新意，也有说服力。

论文打破传统田园综合体规划设计的束缚，为乡村振兴背景下田园综合体的长远发展提供思路，为平衡乡村经济发展与乡土文化传承提供借鉴。但由于作者缺乏实践经验，且研究范围较广，导致研究结果具有一定的局限性。不足之处，望作者在未来学习研究中得以弥补。

江南园林中模件体系的研究与转译 ◎张毅

Research and Translation of Modular System in Jiangnan Garden

四川省雅安市蒙顶山观山苑设计

项目来源：HSD 水平线空间设计公司
项目规模：14100 平方米
项目区位：该项目位于四川省雅安市雨城区蒙顶山景区内

本课题是以当代的设计语言将江南园林的模件体系进行全新的转化，以面向未来的态度为当下标准化、模块化、装配式的空间设计提供一个最深层次符合中国传统造物理念的解决方案，为开创中国智造的伟大时代贡献力量。蒙顶山观山苑其主要分为五个区域四组建筑：首先是跨过吊桥进入的第一组建筑藏茶舍，主要功能为展示蒙顶山皇茶的制茶工艺，或作为临时的展示空间另为他用；第二组建筑为茶祭厅，一层作为皇茶的展示销售，另外一层用于欣赏茶祭表演；第三组建筑为观山室，以最佳的角度观看蒙顶山云雾美景，佐以皇茶；第四组建筑为品书房和静思台，以冥思之用；四组建筑围绕中央水体而建，以实现四处有景，处处皆景之奥妙。

项目鸟瞰图

效果图

模型效果图 1

效果图 1

模型效果图 2

效果图 2

效果图 3

摘 要

历史是创新的源泉，不知往者不以图将来。在全球化背景下，科技快速发展的同时隐藏着文化性和地域性快速消逝的遗憾。江南园林是中国宝贵的文化遗产，从古至今深刻影响着我国的审美导向和文化发展，其中蕴含的"模件思想"更是与现代标准化、装配化和模块化的造物理念不谋而合。

著名德国汉学家雷德侯在其著作《万物》中提出，中国艺术与生产领域自古就存在"模件"体系。"模件"作为中国传统文化的精粹，是中国艺术设计的独立起源之一。其不同于西方的现代设计理论，自古以来就是一种源自于中国传统园林、哲学思想、传统建筑、文字、绘画等工艺领域的造物理论体系。江南园林中无论斗拱、廊柱还是花窗地铺，一切种种都透露着模件思想凝结的智慧，但在以往的研究中，对江南园林的解读大多集中在造园手法、审美理念上，很少以模件化思维对江南园林的设计方法进行分析解读。

本文从模件化思维的角度出发，将江南园林的内容划分为构件—单元—群组—总集的层级结构，以江南园林景观的模件思想、模件层级和造园方法与为载体，研究"模件思想"在当代空间中的转译与应用。本文一方面对江南园林中的模件思想进行更深层次的研究总结，研究江南园林的内部构成与本质特征；另一方面以当代的设计语言将江南园林的模件体系进行全新的转化，以面向未来的态度为当下标准化、模块化、装配式的空间设计提供一个最深层次符合中国传统造物理念的解决方案，为开创中国智造的伟大时代贡献力量。

关键词

江南园林 组织层级 模件体系 当代转译

第 1 章 绪 论

1.1 研究背景以及内容

1.1.1 研究背景

近年来伴随着中国城市化高速发展的需要，标准化的生产方式使得景观设计的地域属性不断被减弱。为了追求效率，很多设计师将西方工业化体系背景下的景观设计以拿来主义的方式直接套用，所谓的欧美景观、田园景观和皇家景观层出不穷，被用以迎合居民对人居空间的需求，导致市面上出现了很多千篇一律、毫无特点的景观作品。然而，当下的中国经济发展迅速、政治开明，正处于需要提升文化软实力的大好阶段。

中国拥有灿烂的艺术文化，其中江南园林集建筑、山水、花木、雕刻和诗画于一身，是世界园林文化中一颗璀璨的珍珠，浸润着博大精深的中华文化，具有明显的民族特色和地域特点。江南园林极富美感，亭台楼阁之间曲径通幽，如何把江南园林的精髓应用于中国现代化的景观设计之中、工业化生产之中，与中国人民共享、世界人民共赏，最大程度挖掘江南园林的精髓和思想境界是当下景观设计发展过程中的重要课题。

2000 年，德国汉学家雷德侯的巨著《万物》中文版付梓，"模件体系"第一次出现于国人的视野之中，继而引发了学界的广泛讨论与关注。《万物》是第一本系统性论述模件造物体系的思想著作，其提出在中国传统艺术的表达中，隐含着一种伟大的造物思想，即以标准化、预制化的模件组装物体、形成功能的模件体系。模件思想诞生于中国五千年的文化热土之中，以传统哲学和美学观念为依托，为古典园林、建筑等文化艺术领域做出了巨大的贡献。

本论文以模件思想为研究的基础和出发点，将古代中国生产体系中的模件生产技术上升到方法论与认识论的层次上，以模件化思想建立起一种全新的视角对待传统与现代的关系，即解构化的视角。在研究分析江南园林的过程中，我们更应该发现江南园林的模件特征，以模件化的视角对其加以研究，将其看似复杂、毫无规律的表象剥离开来，发现其核心价值。本课题的目的在于认清江南园林的规律后，结合当下的时代性、工业生产体系来对江南园林实现再创造。从传统中汲取营养，结合现代化的审美及生产方式，将新事物的发展与文脉的延续紧紧联系在一起。这样的设计自然就既带有强烈的中国文化烙印，又具有全新的时代特征。

1.1.2 研究意义

在全球化背景下西方文化体系与价值观的强势灌输中，西方的设计理论和景观设计随之进入中国。西方几何化的园林、广场、建筑逐渐进入人们的视野，逐渐开始代替中国传统园林之中的自然形态，成为中国目前景观设计中的主流。在数十年的亦步亦趋之中，虽然中国的景观设计也取得了一些成就与发展，但与西方景观的诞生地相比，仍然存在很大的差距。在景观设计领域的国际交流之中，因没有源自自身的独特理念而显现出景观设计发展的后继乏力，缺乏原创力、抄袭滥觞的原因使得全国各地景观设计形成了千城一面的面貌，失去了我国自身的文化特质和地域性。

"模件体系"虽然是由德国汉学家提出，但其作为蕴含中国传统哲学、文化艺术思想的造物体系，深刻地体现了中国的传统文化和审美观念。"模件体系"作为中国传统造物思想的精华，具有不可估量的价值和意义，其能够将中国传统的文化艺术与现代化工业生产进行有机融合，为中国的空间设计探索全新的可能。因此，本课题由江南园林为落脚点，运用模件体系的思维进行分析运用，对当代设计发展的增益是令人期待的，也是极具创新意义的。在本课题中，期待能够实现以下目标：

（1）为中国空间设计行业的发展探索一种新的可能，对现代化、工业化生产下的景观行业、建筑行业带来一些新的启发。

（2）总结江南园林中的模件思想，站在现代人的角度上进行思考和阐述，达到一定的理论高度。

（3）将江南园林中的模件思想进行抽象提取，提出更宽泛的模件理念，运用于中国当代的空间设计之中。

1.2 国内外研究现状

目前国内学者对于中国传统文化的研究甚深，产生了巨量的理论成果。放眼国际，国外的汉学家们对中国传统文化的研究亦有着超乎想象的执着和追求，常以一种旁观者清的视角产生令国人耳目一新的理论成果。本文的重要理念：模块化思想即得益于德国学者雷德侯（Lothar Ledderose）的提出。雷德侯《万物——中国艺术中的模件化和规模化生产》一书中提出，中国文化中的文字、青铜器、建筑构件和山水绘画的规律中隐含着"模件化"的思想体系，认为模件是中国艺术成就最伟大的根本之处。雷德侯对于中国古代文化艺术的规模化生产体系有着极为系统的论述，资料详实、研究系统，为本课题奠定了重要的基础。

此外，国外亦有许多学者提供了一些相关观点，但主要集中于西方自身的造物思想——模块化体系，与本课题研究的模件体系虽同为英文单词"module"，但在中文中的用意则有着看似相同却发源截然不同的差别，因此模块化体系不在本文的论述之中。

美国的中国艺术史学者、纽约大学教授恒乔逊（Jonathan Hay），在其对《万物》评论中充分肯定了中国文化艺术中模件体系的存在和意义，但指出仅用一种造物理论来阐述中国古代浩瀚的历史文化，难免有将问题简单化之嫌。瑞典著名汉学家高本汉（Bernhad Karlgren）在其论文《青铜装饰原理导论》对中国古代青铜器纹饰进行了具体的研究，其在青铜纹饰的分类和具体关系的研究中同样显示了古代中国模件化的造物思想。

《万物——中国艺术中的模件化和规模化生产》出版后两年即获得了汉学界的最高奖项——列文森图书奖，并因对亚洲文化艺术史做出的卓越贡献于 2005 年获得了世界文化最高荣誉之一的巴尔赞奖。国内学者在此之后同样开始思考"模件体系"这一代表着传统中国文化艺术造物思想的重要议题。

国内学者对模件体系的理论研究大多集中对模件体系在不同领域的应用进行概括总结，但在模件体系的当代化应用之中还有许多可待挖掘之处。在具体的艺术创作领域，国内装置艺术家徐冰的作品《天书》、《芥子园山水花卷》及空间设计师琚宾的《东西茶室》，都诠释了中国文化艺术中隐含的"模件思想"。琚宾认为：在艺术和设计之间，一直有一种译码存在。传统需要"出新意于法度之中"。所有的项目从传统艺术文化中提取相关元素，通过解构与演变，以传统的基本元素为基础加以提取，作为母体的传统文化艺术赋予空间完整的灵魂。从文化的历史碎片中捕捉和拾取，从建筑和艺术中寻找传统和当代的关系。徐冰与琚宾的观点和案例对本课题的研究提供了很大的帮助。另外，在理论研究领域国内其他学者的研究论文及观点如下表 1-1。

国内学者在理论方面对模件思想地研究过程　　　　　　　　　　　　　　表 1-1

研究者	研究机构	年份	观点
郭钟秀	江南大学	2008	其论文《建筑的伦理功能研究——模件的意义辨析》中，通过探寻模件体系在建筑中的运用原理和特征，为当下国内建筑行业的混乱局面提供参考

续表

研究者	研究机构	年份	观点
腾雪梅、陈智	北京联合大学商务学院	2009	《模件体系探究：以 VI 设计为视点》通过剖析模件体系在 VI 设计系统中的应用，将模件的方法赋予 VI 设计更多的程式变化，以标准色、辅助色、基本图形着三种元素构成模件，通过模件间的有机组合，形成全新的设计图案，提高了标志设计的设计效率
王天甲	西安美术学院	2010	在其硕士论文《汉字视觉传达模件的解构与符号的建构》中以模件化为视角对汉字视觉传达的表象进行深入分析，探讨了模件化的表意内涵——社会因素和情感因素，为丰富今天文字视觉设计的内涵提供了很好的增益作用
王德岩	北方工业大学	2012	文章《触摸中国艺术的基点——评万物》中指出雷德侯站在中国文化之外提出了模件体系对保持中国文化和政治传统连续性的伟大意义，探讨了与国外汉学家独特视角相伴的文化理解偏差
于童	中央美术学院	2015	论文《模件化设计方法对中国传统文字再设计的启发》中总结了传统中国文字的模件化设计案例，通过列举古代书法家与当代设计师的案例，说明了模件化的设计方法的普遍性和有效性
许婧	上海大学美术学院	2016	硕士论文《〈芥子园画谱〉App"模件化"交互设计研究》，通过归纳 App 中模件化与交互设计、交互关系三者的深层逻辑关系，为模件化在当代设计中的具体应用提供了很好的范例

1.3 研究内容与方法

1.3.1 研究内容

如本论文题目，本课题致力于研究江南园林景观的模件思想研究。课题基于江南园林及传统建筑、汉字、青铜器等传统模件思想的分析，提出模件在江南园林景观中的应用形式和构建内容。以江南园林景观为模件思想的载体，将传统模件思想构建为可以应用于当代空间设计的"模件体系"，并分析传统模件思想应用于当代空间设计中所能提供的增益效果。通过对江南园林中模件思想的分析和内化提供一种新的设计路径，以传统与现代的有机组合方式为中国当代空间设计提供新的思路。

课题研究主要分为四个部分：

第一部分，主要介绍了模件思想的概念，通过对模件、模件思想、模件的层级体系等与之相关概念进行深度剖析，为后续研究奠定理论基础和认知基础。

第二部分，通过江南园林中景观的构建体系来进一步分析模件思想在江南园林中营造的效果和体验，对江南园林的构建内容进行归纳总结和分析。

第三部分，提出模件思想在当代空间设计中的价值与意义，分析当代空间设计中隐含的模件单元，同时为当代空间设计的发展提供思路借鉴。

第四部分，基于以上三部分的研究成果，对本课题的方法论进行总结，并展望相关的未来。

1.3.2 研究方法

由于作者所学专业偏向于应用学科，本文以理论结合实践的研究方式进行论述，对蕴含于江南园林景观中的模件思想进行归纳总结和具体分析，主要的研究方法包括以下几点：

（1）文献查阅法：首先通过查阅文献，分析中国传统文化艺术中的模件体系和模件思想，对江南园林中的模件思想进行提取、对比研究，探究模件思想在江南园林中的内在规律。

（2）案例分析法：寻找江南园林中的相关案例，通过对江南园林的分析，归纳总结模件思想的内在原则，借鉴其中的思维逻辑运用至当代的空间设计之中。

（3）模拟实验法：通过前期的理论研究成果，将其运用至实际案例之中，通过一定比例的数字模型和实体模型来验证研究成果的可行性和有效性。

第 2 章　研究的核心

2.1 研究对象——江南园林

童寯在其著作《江南园林志》中说道："吾国凡有富宦大贾文人之地，殆皆私家园林之所荟萃，而其多半精华，实聚于江南一隅。"江南园林历史悠久，自春秋时期的帝王园囿始，历经数十个朝代发展形成。经过千年岁月的洗礼，江南园林逐渐形成独树一帜园林风格，是古代中国文化、美学和人文精神的精粹。

江南园林作为一个独特且完整的文化艺术体系，既构成中国古典园林文化重要的组成部分，也因为自身发展形成相对独特的艺术风格。江南园林的发展一脉相承，从春秋时期芳林苑等帝王园囿的园林雏形，到魏 晋时期士大夫追求隐逸的园林别墅，再到隋唐时期经济文化繁荣发展时出现的沧浪亭、平山堂，最终至明清江南园林发展的鼎盛之时，显示出江南园林惊人的创造力和生命活力。经过一代代文人贵族的园林审美积淀，形成了令人目眩神迷的园林风潮，从家宅私园到寺院再至皇家园林，无不受江南园林造园理念的影响。

从地域上而言，"江南地区"的定义一直较为模糊，其从物理上而言是一个地理区域概念，意指我国长江以南地区；从文化而言则是一个社会政治区域和文化发展区域，特指苏南、浙北等江南区域的经济文化聚集区。园林从属于中国传统文化之中，那么"江南园林"亦就是特指于文化范畴中的苏南、浙北等地的江南文化核心区域。

江南园林与现代园林建筑虽然是不同时代、不同工业体系下的产物，但在一定程度上来说，其思想观念和营造逻辑上具有相通之处，可以在营造方式、空间布置、建筑形态和思想文脉上为发展具有中国特色的设计之路提供思维路径。譬如，江南园林中建筑木作支撑结构在某种程度上可以视作为钢筋混凝土的原始版本，大小木作的零部件亦可以视为现代工业生产部件的萌芽，其以有限部品构件创造出多样的空间单元的理念正好与现代工业大批量生产的理念不谋而合。

2.2 研究思路——模件

"模件"（module）一词最早由德国著名汉学家雷德侯在其著作《万物》中提出，一经问世就引发了中国学者的热议。《万物》是首部系统性提出中国的模件化造物体系的思想巨作，其按照多个中国古代的典型艺术门类结合当时的政治、技术、习俗等方面进行系统的分析，提出在古代中国的生产体系和艺术体系中蕴含着一种伟大的造物思想，即模件思想。模件思想是中国古代千千万万劳动者共同智慧的结晶，其中蕴含着中国所特有的哲学理念、美学观念和技术体系，在历史行进过程中的不断实践使其日益完整，为中国的建筑、园林、绘画等方面的大规模生产提供了坚实的思想基础。雷德侯在书中给出的定义为："模件：中国人所发明的以标准化零件组装五品的生产体系。零件可以大量预制，并且能以不同的组合方式迅速装配在一起，从而用有限的常备构件创造出变化无穷的单元[1]。"

雷德侯在其《万物》中列举了模件生产体系的七条法则[2]：

1. 大批量的单元；

2. 具有可互换的模件的构成单位；

图 2-1 秦始皇兵马俑图 2-1 秦始皇兵马俑（图片来源：秦始皇帝陵博物馆官方网站）

3. 分工；

4. 高度的标准化；

5. 由添加新模件而造成的增长；

6. 比例均衡而非绝对精准的尺度；

7. 过复制而进行的生产 [3]。

模件的概念范畴主要集中于古代中国文化艺术的造物领域。雷德侯在著作《万物》中分别对汉字、绘画、建筑构件、兵马俑等体系或产品之中的模件思想进行了阐述，其中既包括了产品中的各个组成部分，也包含中国文人画中重复出现的绘画母题。这些对象在中国历史上占据着极其重要的地位，雷德侯指出蕴含其中令人震惊的规律——模件化的生产方式。秦始皇陵中数以万计却神态各异的兵马俑（图 2-1），正是最早的精密分工和标准化生产。兵马俑们首先进行阴模翻制组合而成，在此基础上形成泥胚以深入加工。由手工制造的微妙差异使得兵马俑的相貌不同、神态各异，既保证了生产效率又使得数目众多的陶俑有了各自特点不至于死气沉沉。

雷德侯在其著作中借用传承数千年的汉字来解释"模件化"这一生产体系可谓是神来之笔。汉字从最简单的笔画"横竖撇捺"再到偏旁部首直至结构更为复杂的生僻字，复杂性逐渐升高，但无论再复杂的字体我们仍能将其分解为最简单的基本笔画。雷德侯在其著作中以系统论的方式归纳汉字笔画，每一个基本笔画被其称之为元素，由元素组成偏旁部首的模件，再由模件组成单独的汉字，一系列模件形成连贯的文本序列，最终生成为包含所有汉字的总集。汉字系统在造字时灵活有机的对模件形态进行重新组合，若死板运用其模件手法，汉字则会成为集中机械化的排列组合。古代中国人崇尚自然造化的宇宙观和对和谐的审美追求使得每一个元素都在极其微妙的产生变化，在"方块字"的范围内进行精妙的变换。

2.3 研究尺度——模数

"模，法也。数，计也。"——《说文》

从广义的基本形态学而言，模数是指："重复的、较小的形体，具有或不具有变化，被作为基本单元所涉及以形成一个较大的形体。有时这些重复的单元被称之为模数。[4]"在元素组合成单元的体系层级之中，元素是最基本的序列层级，但其同时也是一种模数，以基本元素的有机组合而生成新的集合形式，并能够具有超越基本元素的形态特征。

"模"代表着法则、规范或者说是模本、标准，"数"则代表着某种规律或者内在关系。那么可以得出，"模数"既是一种有着合理参数范围的计算方法，又是一种代表某种组合内部的运行规律。模数作为计算方法，其代表一种参照标准，系统中的数量呈模数单位的基本倍数出现。《营造法式》中提到："凡构屋之制，皆以材为祖，材有八等，度屋之大小，固而用之 [5]"，即模数在古代的表达。在模数作为一种运行规律时，模数可以视作为是一种以它为基准的结构，而无须具有数字上的意义，在一定程度上可以称之为模件的衍生设计方法。

古代中国模件体系中的模数观与西方现代工业模块体系中的模数概念全然不同，其尺寸并不追求绝对的精确，而是整个建筑构件中的相对准确，尺寸的大小改变是整个建筑中全部构件的大小同时改变，所有构成同一建筑的构件在彼此之间永远保持着固定的比例，因此每个建筑中各个构件的结合精确度都相当之高。从此方面来看，中国的模件体系较西方模块化体系而言更加的灵活，其通过约束整体比例而非直接规定数量的设计方法更具有灵活性，因此也更加面向于未来的工业体系发展。

第 3 章 江南园林景观中的模件体系

3.1 模件思想

3.1.1 模件思想的源头

自原始社会始，伴随着人类自身的进步和对劳动效率的追求，劳动人民在实践过程中不断地提高生产效率，不断革新他们的生产方式、组织方式和生产工具，使得社会分工不断细化和专业化。为了尽可能又快又好地完成生产，中国的劳动人民在其生产过程中凝聚了极其耀眼的智慧之光，他们在实践过程中发现物件的生产可以由一个完整的工艺分解为数个独立的、连续的生产步骤。在这一行为中将完整的物品拆解为不同的独立构件再进行整体的灵活组合，专人专件统一制作以提升单位时间内生产效率的做法极大程度上提升了当时的生产效率。在后来，这种最早诞生于中国的标准化生产体系，被雷德侯称之为"模件化生产体系"。

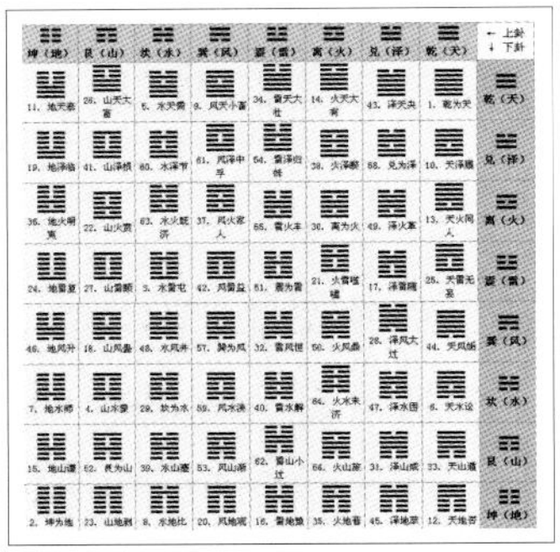

图 3-1 六十四卦构成表（图片来源：新浪博客）

"模件思想"是生根于中国传统文化的造物思想体系，其以标准化的构件为核心，通过灵活有效的逐级组合构建出高度系统化的具体造物，集中体现于古代中国的文字、哲学、艺术和手工艺生产领域。以古代哲学领域来说，易经被誉为中华文化的源头、群经之首，其构建基础即以一条间断线和一条不断线作为基本元素构建起来的单元模件（图 3-1）。易经以八种不同方式将三个基本线型元素构成一个模件单元形成了八个经卦，以两个八卦构建的六个基本线型元素组成的图案形成六十四个代表着不同含义别卦。古人以此推演宇宙万物与自然造化，这就是中国最早的"模件思想"。

3.1.2 江南园林的模件思想

江南园林的功能形态集中表现为私家园林，主要体现为先合后分的营造模式，从整体布局到局部营建，园林主人与匠人共同实现"虽由人作，宛自天开"的先天意境。江南追求"天人合一"的营造理念，与西方园林几何形态的空间布置全然不同，代表着中国传统文脉的自然观和人生观。虽说江南园林的终极目标是模拟自然宇宙，但归纳所有江南园林之中的构成要素，不外乎于花木、建筑、水体与山石，此四者通过灵活的有机组合，实现了使用者在城市中享受乡野妙趣的期待。从此方面来讲，花木、建筑、水体与山石则是组成江南园林的基本模件单元。

正如《万物》中雷德侯所描述的：通过增殖、联合和单独描绘某一母题，中国的文人画家将竹子、兰花和石头组成数以千计的构图[6]。江南园林的营造者们亦是将花木、建筑、水体与山石等四种基本营造单元进行不同空间方向的灵活组合，以形成具有行、望、居、游四种属性的物理空间。在此过程中，其空间的营造可以同时运用这四种基本的模件单元，亦可以仅使用其中的几种进行造景。为了寻求最自然的变化，同时避免过于死板僵硬，江南园林每种模件单元中的具体元素的选用也是非常灵动。例如，同属于花木单元中的植物种类从来不是固定的，而是多种花木进行不同方式的搭配，形成高低错落、疏密得当的景观形态。

江南园林景观形态的分类和规模各有所不同，当一个模件单元的绝对尺寸变大时，其中的营造构建并不会简单的增大比例，而是以增加新的模件内容以扩大范围。譬如，在较小的景观中，一个单独的模件单元就能够组成一个独立的观赏景观，而在较大的景观则需要多个模件单元进行复杂有机的形态组合形成能够体现空间氛围和路径的模件群组，最终由若干个群组形成一个独具特色的江南园林。

3.2 江南园林的模件层级

江南园林尚景以达境，其景观组合并非无序的堆叠，而是将各要素进行有层级、有次序的放置。"宛自天开"的景观构图看似没有任何规律可循，实则蕴含着完整有序的模件层级。江南园林的模件层级构架不拘泥于具体的顺序，而是根据江南园林自身的营造法则构建模件体系，将营造构件逐级组合为模件单元、模件群组和模件总集的四级序列。在模件体系构建过程中，首先是将营造构件以造物手段进行进一步的组合演化，构建成有单独功能作用的模件单元，实现功模件的功能化，继而形成有具体的功能空间；模件单元成组而置形成模件群组，实现园林中的参诸造化的功能布局，营造空间氛围和空间节奏以达成传递情感和营造意境的作用；多个具有不同功能的模件群组构成园林的模件总集，以互为掎角之势构成江南园林中行、望、居、游的天然画景，最终才成为一座座脍炙人口的经典名园。

3.2.1 营造构件

营造构件是江南园林中最为基本的层级，任何形态的园林都是由一砖一石、一花一木点滴积累所成；通过能主之人的谋划与匠人们勤劳的双手，将自然界中最为普通常见的元素以化腐朽为神奇的手段组成最令世人向往的江南园林。本节主要从两个角度来探讨江南园林中的营造构件，一个是江南园林的建筑构件，另一个则是江南园林的花木构件。

（1）建筑构件：江南园林建筑的基本单位是建筑构件，由若干建筑构件形成一座单体建筑的空间单元，单体建筑的组合关系形成群组院落。江南园林的建筑构件是模件思想的智慧结晶，在日常维护中可以用新的构件来替换老旧的构件，拆卸更换而不会损毁原有建筑的形态与功能，几乎所有部件都清晰地保持着精密结合又相互分离的状态：木质的柱子固定于石质的柱础上，墙体并不承担任何结构上的重量，用于分隔空间的隔扇亦是灵活组合而成。明代计成之著作《园冶》用了极为浓重的笔墨来分别阐述屋宇、装折、门窗这些园林中的建筑构件。在诸多建筑构件之中，格扇是江南园林里最重要的建筑构件之一，其形式种类众多，制作极为精美，在诗情画意中蕴含着极为深厚的文人思想和历史信息，寄托着古人绵长浓厚的情思。

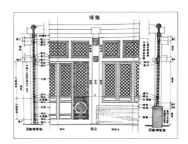

图 3-2 隔扇图例（图片来源：清式营造图例 梁思成著）

因此，在营造构件一级以江南园林建筑的格扇（图 3-2）作为讨论案例是极为适宜的。以江南园林花窗部分的隔扇为例，其可以拆解为边框、裙板、格心、环板四个部分，各处其位发挥其能，其格心部分更是模件体系中营建构造的典型。格心位于抱框之中，由榶子和边仔等木条以榫卯的方式拼接组成，呈现丰富多样的视觉效果。虽然格心的图样众多，在江南园林中常用的形式有冰裂纹、菱格纹、万字纹等，但其图案归根到底还是由几个基本规格的榶条进行灵活的方向转换与组合而成，以统一的比例尺度和咬合关系形成基本的模件构件。

（2）花木构件：花木是江南园林中生命特征的集中展现，亦是江南园林模件体系中最不像是模件的造物了，其可被称之为具有生命力的天然模件。陈从周先生的《说园》提出其理念："小园树宜多落叶，以疏植之，取其空透；大园树宜适当补常绿，则旷处有物。此为以疏救塞，以密补旷之法。落叶树能见四季，常绿树能守岁寒，北国早寒，故多植松柏。[7]"这可以理解为一种构建布景的做法，也可以视作为模件的搭配规律。花木作为江南园林模件体系中的构件与其他种类构件的不同之处就在于，花木会随时间变迁而变化，与其他种类模件的关系亦会随之变化，因此花木在江南园林模件体系的构件层次是十分值得探讨的。

花木是构成江南园林景观中必不可少之要素，以功能分可以大致分为观花类、观果类、观叶类、庭荫类、攀援类等几种。以模件视角来看，花木的基本配置方式在一定意义上遵循模件的组织方式，即孤植、从植、群植的方式相似于建筑模件构件中的构件拼接。江南园林中的花木模件以这些基本的组织方式组成特定的园林主题和园林主景，寄园主情志以营造江南文人心目中的理想天地。

3.2.2 模件单元

以模件视角来看，每一座经典的江南名园都是一个复杂的系统，系统由一定量复杂的空间群组形成，又分而为各个独立或紧密联系的模件单元。由模件单元来切入江南园林的空间组织能够解析空间中不同部分的组织关系，能够使当代空间设计的工作目标更加有的放矢。就某种意义而言，江南园林的意境或是场所精神就是由人与不同模件单元互动的结果，让观园者的记忆在特定时间、特定地点

图 3-3 建筑单元组合方式－改编自
留园平面图（图片来源：作者自绘）

形成特定的空间感受。从功能上而言，江南园林的基本模件单元有：建筑单元、景观单元、通行单元和分隔单元，分解研究其单元组织关系，即能够很好的把握江南园林的空间规律了。

（1）建筑单元：以模件视角来看，建筑单元是单个或多个单体建筑进行有规律的组合，建筑的数量和彼此间的排列关系决定了建筑单元的形式。在江南园林中，建筑单元的形成方式有随机排布、串联和串并联三种（图 3-3）。随机排布的建筑单元以随机的方式进行排列，多以单个建筑为主，依山就水以取得最佳的景观效果为设置目标，大多数的亭台楼阁和水榭就是以此种方式排布。在串联的建筑单元中，单个建筑以前后排列的方法进行组合，是形成天井和院落的主要方式，能够有效提升室内空间的自然光照亮度。江南园林因追求景深避免一览无余的呆板，在建筑的组合方式中并无多个单体建筑进行横向排列的方法，串并联的建筑单元是多个串联的建筑单元在横向关系中进行叠加，多用于住宅区域，以此丰富模件单元的组合形式提升空间使用效率。

（2）景观单元：单个的景观单元在模件体系中多以观赏作为主要功能，构成景观单元的主要要素有花木构件、山石构件、水体构件。在一个景观单元中，各要素的布局严格遵循山水画的画理，通过对比的手法产生疏密有致，高下有情的效果。以叠石造山为例，其利用山石模件进行组合，根据山石的大小和形体的高低进行互相衬托，形成虚实的变化，以实现丰富的层次和景深，并增加山石单元整体的形体变化与空间感。在较大的山石单元之中，如豫园的假山，将环绕的登道与复杂的台地、低谷、流瀑结合，遮挡于高大的主峰之前，自然显现的主峰巍峨壮观。在数量较少、规模较小的山石景观单元中，如环秀山庄，将低矮的山石陪衬于主峰左右，在同等状态下依然会显得主峰更加高大。

（3）通行单元：通行单元主要指的是江南园林中的观赏路径，其单元的主要作用是组织园景的展开秩序，通常有两种形式：一种是观看山水景致的廊道、屋宇和道路，另外一种则是穿行于景致之间的蹬道、洞穴与渡桥。以观景为功能的通行单元多采用环绕布局的方法，环绕主要景观，甚至从环绕路线中再生发出若干穿山越水的支路，以求迂回曲折中更深度地观赏美景；另外一种通行单元则是穿行于景致之中，带来更为深度的游玩体验，高可登临山川楼台，低可越过溪涧洞穴，远眺山川之远或是身处洞穴之深，更为快速直接的刺激观者的感官。

（4）分隔单元：江南园林中的分隔单元作用主要是用于划分空间或引导或遮蔽观者视线，是江南园林模件体系中极为重要的一个单元。由于江南园林中建筑密集，又需划分空间，因此分隔单元的存在必不可少。分隔单元多以墙的方式存在，这种大量单调乏味的墙面本应该使空间变得乏味，但经园主与匠人的巧妙处理，反而成为江南园林最重要的特色。分隔单元多采用白墙，也有黑墙或青灰墙的存在，其与灰瓦褐窗产生色彩对比，更能以自身为画纸来衬托花木山石，产生变幻莫测的光影感为景致更增光彩。空间单元中的墙常设漏窗、洞门与空窗，使得空间中虚实相间、明暗互错，增添了空间的趣味感，引导观者视线以产生丰富的诗情画意。在某些时候，水上的浮桥，形成屏障的花木也起到划分空间的作用，使观者产生小中见大的感官错觉，这也同样可以视为空间单元的类型之一。

3.2.3 模件群组

为了在有限面积内形成无限的变化，江南园林的模件群组是多个模件单元的集合。每个模件群组由单个或多个建筑单元、景观单元、通行单元、分隔单元进行灵活的组合，以形成具有一定功能主题的模件群组。每一座江南园林的模件群组数量由其自身大小规模决定，每一个模件群组都由一类景致统领展开，形成园林中的空间主次，营造节奏感，使得每个模件群组都有各自的主题和特色（图3-4）。以江南园林中规模较大的留园为例，其面积为23300平方米，在江南园林中虽不及拙政园规模之巨，却也使其他江南名园相形见绌。留园主要分为五个主要的大型模件群组，分别为：东部的景观庭院群组、南部的宅院建筑群组、西部的山林景观群组、北部的田园景观群组和中部的山水景观群组，每一个空间群组延展开一类景色与功能，给予游人柳暗花明又一村之观感。

江南园林中，除住宅建筑部分布置较为集中外，其景观环境大多以欣赏景色为核心功能，景观建筑仅仅作为景观要素或欣赏景色的载体而存在。模件群组的基本组成部分为模件单元，能够以最佳的姿态的展现江南园林营造的精髓，形成一个以山林、水池等景致为中心的空间单元；在规模较大的园林中，会以多个模件单元结合不同的景致，以有松紧节奏的组合方式构成模件群组（图

图 3-4 留园模件群组分析图（图片来源：作者自绘）

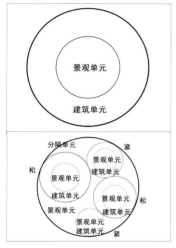

图 3-5 模件单元与模件群组对比图（图片来源：作者自绘）

图 3-6 留园入口处的空间节奏图（图片来源：作者自绘）

3-5）。当模件单元作为一个基本层级存在时，其中的某一个单元的变化都会引起模件群组的空间形态、组织方式、场地关系发生改变，在江南园林中，正是有这种模件群组的布局节奏才能形成松紧有致的浏览环境和自然妙化的景观构图。

以江南四大名园之一的留园（图 3-6）为例，留园入口正门的前厅平淡无奇，外门故意收窄形成松紧节奏中第一次压缩空间的局促感，可称之为一紧，是一个独立的空间单元；度过昏暗的前厅进入光照充分的前厅谓之为一松，亦是一个独立的空间单元。将建筑与景致结合的空间单元有序排列为模件群组，经过四次欲扬先抑的手法反复烘托观者的情绪，以极致的空间节奏感成就了留园引人入胜的美景。

3.3 模件体系的造园原则

江南园林的模件体系是模件思想的最终表达，是基本营造构件进行有次序的逐级组合。各个模件层级通过一定的造园原则，同时实现了江南园林行、望、居、游的四重空间属性。而这个造园原则，即传统中国模件思想的设计方法结合江南园林景观设计体系的产物，将模件构件、模件单元和模件群组进行灵活配置，形成或收或放，或远或进，或隐或先，或断或续的相对关系，以实现江南园林的功能布局、空间形态和层次结构，最终将模件体系隐藏于诗情画意之下。所以说，看似造化自然的江南园林并非随意的堆砌，而是经过有逻辑的体系构建，并在模件组合的过程中按照特定原则完成空间情感的抒发。

自上文可知，江南园林的构建体系遵循营造构件至模件单元再至模件群组再形成独立园林总集的秩序。其方法因地域差异、审美偏好和设计风格等因素影响而不尽相同，但追溯其原则却很相似。这里可以将江南园林模件体系的造园原则归纳总结为：疏密得宜、曲折尽致、眼前有景，在下文结合实例以提出。

（1）疏密得宜：江南园林多为私家园林，是一种居住功能与多种艺术功能结合的综合园。为了实现密中有序"咫尺山林"的自然风光，其模件的组合必然遵循一定的空间原则，即疏密得宜。疏密得宜造园原则在一定程度上可以理解为景与境的空间关系，是模件单元与模件群组在布置节奏上的要求，需要极高的造园

景观单元
建筑单元
通行单元
景观单元

图 3-7 拙政园中部景观（图片来源：作者自绘）

技艺才能实现。拙政园的中部景观正是完美遵循疏密得宜原则的优秀范例，其视觉中心以浮桥作为分隔单元进行空间的划分，独立放置的建筑单元作为视觉中心吸引视线，景观单元以繁密的花木与空旷的水面形成对比。如图 3-7 所示，数个模件单元在互相衬托的关系下形成了空间布置的张弛感、节奏感，极大地增加了空间的深度和层次。

（2）曲折尽致：江南园林因是私家园林，基地面积大多有限，为追求在有限面积内追求无限之体验。多强调"景贵乎深，不曲不深"，以后天模仿先天，在曲折中建立空间景深，以免一览无余之空旷。在江南园林的模件体系下，各模件单元的布置应遵循曲折尽致之原则，各单元之间互相穿插贯通，两两相邻的模件单元互相衬托，互为借景，不论动观或是静观都不采用一览无余的方式，环环相扣以追求空间的深度感。

（3）眼前有景：江南园林讲究因地制宜，围绕重要的观赏点有意识地展开空间。各模件单元以曲折尽致的方式依次展开，有景则借，无景则蔽，实质上是景致与观景器间的关系。如在观景的建筑单元前放置景观单元，以山石构件、花木构件组成对景，各单元之间两两相对，彼此互望，以形成眼前有景、错综复杂的单元关系。如留园鹤所之中，除正面观景之外，多有廊道和景墙以空窗和洞门的方式作为取景框取景，以取得最好的观景效果；亦有景色互借，山林亭榭作为景观单元辉映于池水之中，使空间更为平阔。

图 4-1 东西茶室实景图（图片来源：谷德设计网）

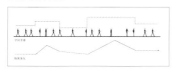

图 4-2 空间节奏与情绪变化分析（图片来源：作者自绘）

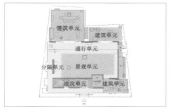

图 4-3 东西茶室平面分析图（图片来源：作者自绘）

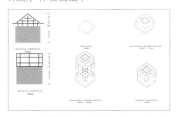

图 4-4 模件单元的当代应用（图片来源：谷德设计网）

第 4 章　模件思想在当代空间设计中的转译与借鉴

4.1 当代空间设计中的模件思想转译

　　"模件化"作为中国本土诞生的创造性造物思想，自古以来就植根于中国的艺术创作领域和工艺美术制作领域，是一种普遍的造物思想体系和构架系统。直至今天，模件思想潜移默化的影响一直存在于当代的艺术与设计领域，在其作用下，不断涌现着经典的作品，引领着中国创造的风潮。

　　江南园林一直是中国空间设计的重要研究领域，其空间的丰富性和对意境的精妙塑造一直是设计师一直以来追求孜孜不倦的追求。在当代空间的设计中，许多设计师在将江南园林运用于当代空间设计的实践之中做了许多先锋的探索，在很大程度上亦是提取了江南园林中模件体系的运用规律。在此节中，以中国著名空间设计师琚宾的设计案例《深圳市东西茶室》（图 4-1）为例，转译当代空间设计中的模件思想。

　　东西茶室位于广东省深圳市，面积 320 平方米。从空间布局来看，面积较小，功能明确，看似寻常却十分值得玩味，充满江南园林的山水意蕴。以平面图观之，其与江南园林的空间布局的模件单元比例异曲同工，以空间视野和空间高度的变化形成空间节奏变化继而牵动观者情绪（图 4-2）。形同景观单元的水池占整体比例最多，作用同建筑单元的功能空间与室内家具亦景而布，绕水池徐徐展开，采取迴游的动线模式，使有限面积之中产生无限空间般观感。

　　明确的功能分区环环相扣，是由桌椅、画卷、山石所属的营造构件逐级形成功能单元（图 4-3），赏景或是茶歇，互不干扰又密切联系，形成乐曲般松紧有度的空间节奏感。空间布置遵循江南园林模件体系下的造园原则，疏密得宜，既有形式繁密富有中国韵味的传统家具，也有代表空灵的一汪池水，植栽、景石、绘画布置张弛有术形成互借互衬之势，在曲折尽致中环游整个茶室，可谓是处处有景、处处皆景。

4.2 模件思想对当代空间设计的借鉴

　　模件思想于中国传统文化艺术之中诞生，是中国传统造物体系下的产物。在后工业化时代的 3D 打印技术、模块化工业技术、装配建筑迅速发展的背景下，发展具有中国特色和符合中国国情的当代空间设计，可以将模件思想与当代的工业技术相结合，并再次运用于当代的工业造物体系之中。可以将模件思想这一古代中国的传统造物思想以结合当下的工业技术、国人审美，让中国的空间设计获得新的发展方向。

在技术发展加速、生活节奏加速和社会变迁加速三重力量的影响之下，人们对住宅形态、商业业态、休闲状态的要求也日趋多样，因此当下的空间设计需要更多的灵活性与适应性。模件体系的组织方式具有更高的灵活性，为社会发展所带来的更多变化预留了宝贵的发展空间。以营造构件至模件单元至模件群组的体系能够为空间设计带来更多全新的变化（图 4-4）。

在当代的工业化背景之下，空间设计中的"模件化思想"运用能够让空间设计师能够以更加系统高效地归纳总结中国传统文脉之中的文化精粹，以模件的方式进行有机的灵活组合，从而构建出既是全新的设计形态又能唤起国人内心回忆的当代空间。

第 5 章　研究成果在四川雅安蒙顶山观山苑中的应用

5.1 项目概况

5.1.1 项目简述

此项目为四川雅安蒙顶山天盖寺旁的文旅配套综合体，受众群体为观光游客。其主要功能定位为观光旅游，主要包括：皇茶文化展示、茶祭观赏、品茶、冥想和灵活的艺术展览。作为天盖寺旁重要的文旅配套综合体，其中一方面需要借助天盖寺的影响力，对天盖寺的固有功能进行配合和增益；另一方面因时代发展变化，消费者对文旅的需求也正处于一个快速迭代更新的时期，因此其空间设置需要更为灵活和具有可变性。因此，项目一方面需要最大程度地利用地利，最大程度融入文化、融入自然；另一方面需要设置灵活可变的空间布局，在一定程度上适用消费者的文旅需求。

5.1.2 项目区位

项目位于四川省雅安市，地处四川盆地西缘、邛崃山东麓，东靠成都、西连甘孜、南界凉山、北接阿坝，是汉文化与西南民族文化结合过渡地带，素有"川西咽喉"、"西藏门户"、"民族走廊"

图 5-1 项目场地区位图（图片来源：
水平线室内设计绘制）

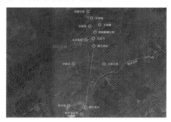

图 5-2 项目交通位置图（图片来源：
水平线室内设计绘制）

图 5-3 项目场地高度图（图片来源：
水平线室内设计绘制）

图 5-4 项目场地现状（图片来源：
水平线室内设计绘制）

之称。就项目具体基地而言，其位于雅安市名山区蒙山景区，蒙顶山五峰环列，状若莲花，最高峰上清峰，海拔 1456 米，与峨眉山、青城山齐名，并称四川的三大名山。

基地距雅安市市区约 16.5 公里，驱车经成渝环线高速二十五分钟可到达蒙山景区停车场，停车后换乘缆车上山即可到达禅院基地，继续开车往东约 1 公里即可到达观山苑基地。

5.1.3 文化资源

项目所在的雅安蒙山景区内庙宇星罗棋布，历史悠久，最具代表的为永兴寺，建寺悠久，源远流长，高僧辈出，享誉禅林。有极具特色之石铸寺宇建筑，现存的石殿为国内之罕见。在其非物质文化遗产之中，以禅茶最为闻名于世，被世人誉为"禅茶一味"。唐时恰逢蒙顶山茶入贡皇室，蒙顶山僧众研习茶艺，文人士大夫品茗参禅，成一时之风尚，蒙山禅茶自此始。

5.1.4 场地现状

自各地驱车到达蒙山景区停车场，经过索道后继续向上，途经很陡的台阶，仁立一旁千年银杏古树，预示着将进入一个神性的领域—天盖寺。穿越天盖寺，仿佛浮于云端的吊脚戏剧性地搭往项目所在的基地，如同进入一个自成一体且从未体验过的精神世界。

场地近乎立于山巅，海拔高度均在 1400 米以上。总用地面积为 14100 平方米，其地形呈五级台地状，一号台地海拔高 1416.8 米，二号台地海拔高 1419.1 米，三号台地海拔高 1419.8 米，四号台地海拔高度为 1422.2 米，五号台地海拔高 1423.4 米。四周森林覆盖率高，因其高度原因每天上午及傍晚常出现云雾环绕的显现，十分具有神秘的空间韵味。

5.2 设计理念

5.2.1 探索中国传统园林中的同质性

在导师琚宾先生的提议下，课题最初定立的方向为"传统园林在当代空间中的思考与运用"。以笔者对此课题的理解，可以视作为立于传统园林这一中华传统文化的视角之下，以普遍性和共通性的立场去理解传统文化，立足于当代的时代背景、技术背景和审美取向，去深度探究传统园林中的底层逻辑，以应用于当代的环境设计中。

　　传统园林分为皇家园林和私家园林，皇家园林因其服务对象的特殊性已不在本文研究的范畴，而在私家园林中则是以江南园林最具有代表性。江南私家园林因其地理气候条件的优越，又多位于城市与近郊，虽受环境局限，但丰富的造园手法，在有限的空间中追求意境的无限。其对自然环境的理解、材料的使用、工艺的运用等方面形成相当完整的造园体系，完整体现了《考工记》"天有时，地有气，材有美，工有巧，合此四者然后可以为良"的建造思想。挖掘江南园林其根本要旨，是其追求中国人文意境和造化自然、天人合一的观念，将物化与天成统摄为一体，将现实的生活环境理想化、诗性化、神性化，并在物质空间中寻求山水画、花鸟画的疏密得宜、曲折尽致的描绘之法。天人合一是中国文化艺术的思想核心，强调人首先应该理解和尊重自然，而后是师法自然，在求生存的过程中与自然和谐相处。这是中国古人的智慧思想，人与景合、景随境生，这与当代西方的生态伦理学和环境伦理学的思想不谋而合。这些传统的智慧思想对今天同样具有指导意义和借鉴作用。因此，本课题基于当代设计的视阈，探寻江南传统园林的造园思想，以尊重自然的生态设计观念为基点，关照古今造景的共识性，结合不同时代造景工艺技术的差异性，以东西方在园林建造中不同模件化理念为核心，展开相关设计方法的研究，在此基础上践行于设计实践。

5.2.2 模件化设计思想

　　模块化是现代工业体系中的一种造物理念，从某种程度上来说其最早可以追溯为中国手工艺时代的模件思想。模块化与模件思想具有相当的一致性：模件思想是模块化的源头，模块化是模件思想在西方现代工业体系下的具体呈现；二者在一定程度上又具有不同：相对于模块化设计的固定模式，模件思想指导下的设计更加灵活和人性化，关注使用者的心理感受。其主要具有以下优点：（1）空间可变，柔性生产下各部分模件都可以反复拆卸和进行替换，其空间划分亦可以根据功能需求产生变化。（2）集约化生产，节约生产资源，能够提高单位时间内的生产效率，现场施工时间短。（3）保护环境：降低生产能耗，减少施工现场的环境污染、工业扬尘。（4）质量可控：标准化的生产方式能够有效避免人为操作所产生的误差。

　　项目所处位置与四川雅安蒙山景区的山峦之上，海拔高度1400余米，生态环境良好但交通不便的条件制约了传统营建模式在场地的展开，因而选用模件建筑的方式能够有效地避免破坏当地

图 5-5 观山苑鸟瞰图（来源：自绘）

图 5-6 观山苑局部透视图（来源：自绘）

图 5-7 观山苑平面图（来源：自绘）

图 5-8 观山苑流线分析图（来源：自绘）

图 5-9 空间单元分析图（来源：自绘）

生态，减少建筑噪音和缩短现场工期。

此外，选用模件化空间设计的方式能够灵活组合空间，作为蒙顶山佛寺的配套项目，在追求稳定与耐用的前提下，能够随消费人群在文旅方面的需求改变而变化是能够极大增加持久运营的稳定性，降低运营风险。

5.3 设计成果

项目所处位置为蒙顶山观景极佳之山峦，恰逢其皇茶文化，因而有此项目。其址为群山所环绕，因其海拔而常有云雾缭绕，于吊桥穿行而来似有凌空虚度之感，恰似仙境之中。其独特的地理位置和如画般的景象，结合地域文化与茶产资源，因此产生此项目。主要功能为观山形、赏茶祭、品茶香，环绕此三点功能而营建四组建筑。

蒙顶山观山苑其主要分为五个区域四组建筑：首先是跨过吊桥进入的第一组建筑藏茶舍，主要功能为展示蒙顶山皇茶的制茶工艺，或作为临时的展示空间另为他用；第二组建筑为茶祭厅，一层作为皇茶的展示销售，另外一层用于欣赏茶祭表演；第三组建筑为观山室，以最佳的角度观看蒙顶山云雾美景，佐以皇茶；第四组建筑为品书房和静思台，以冥思之用；四组建筑围绕中央水体而建，以实现四处有景，处处皆景之奥妙。

观山苑其设计布局依照模件单元的布置理念而建，各单元景色与使用空间相互渗透交融，内外皆景，在空间的节奏变化之中以达张弛之道。其流线以园林的方式展开，在无序中寻找猎奇的空间趣味，同时分散了人流，实现了同时更多人员参观游览的作用。

在此项目中，为了最大程度避免对原始环境的破坏、缩短施工周期、增加空间变化的灵活性因而采取了模件化的手法进行方案设计。如同本论文所研究的结果，在该方案中亦将整个空间结构为一个模件总集，三个模件序列和若干模件单元、营造构件，以形成井然有序的空间序列。

蒙顶山观山苑项目的营造构件由设置具体模数的标准化构件组成，通过模件在不同情况下的组合方式形成空间的变化，能够有效避免常规模块化建筑中的呆板和雷同。

图 5-10 室内节奏分析图（图片来源：作者自绘）

图 5-11 观山苑藏茶舍效果图（图片来源：作者自绘）

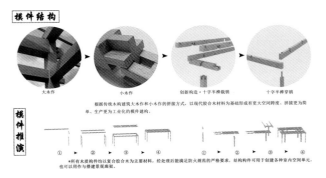

图 5-12 观山苑建筑营造构件图（图片来源：作者自绘）

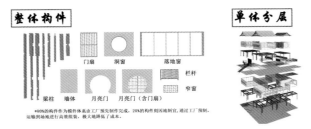

图 5-13 结构构件推导图（图片来源：作者自绘）

以建筑单元中的营造构件为例，其由组成梁、柱、地板、屋顶面板、扶手、装饰木条等初始木料作为框架，其中包含统一规格尺度的门扇、窗洞、墙体、落地窗、窗扇、护栏、地桩螺栓等组成。模件化生产项目中的营造构件有以下几点好处：（1）生产集约化，提高单位时间内的生产效率。（2）柔性智造，能够根据项目的实际需求进行构件生产。（3）预制化生产，避免施工垃圾污染。（4）可实现拆复建，另外材料可回收再利用。

蒙顶山观山苑建筑主体结构为木质框架结构，承重柱有 210 毫米 ×210 毫米和 120 毫米 ×210 毫米两种规格，承重梁同样有 300 毫米 ×150 毫米和 120 毫米 ×150 毫米两种规格。此框架的结构稳定，通过简单的一根柱体实现完整框架和简单框架两种形式，营造出可变化的活动空间，有效避免常规模块化建筑空间的呆板。

第 6 章　结论与展望

第二次工业革命以降，自福特汽车公司开发第一条工业化流水线始，西方工业体系下的价值观念和工业席卷产品席卷全球。溯其根源，正是在精细化的社会分工之下不断细化、标准化、和规范化产品的类型，极大地提高社会生产效率以形成及其完备和稳固的工业化体系。此过程中，国人充满激情地学习西方的工业造物体系，殊不知标准化、模块化、预制生产的造物思想在两千年前就早已在我国劳动人民的智慧中萌芽！

在今天，我们的通信技术、高速铁路技术、人工智能等产业已经赶超欧美，工业制造等方面亦与西方国家并驾齐驱，从"中国制造"转向"中国智造"的口号早已逐渐响彻全球，国人迎来了前所未有的民族自豪和民族自信。但令人悲哀的是，西方社会仍始终认为我们所取得的成果不过是窃取和模仿西方工业造物体系所诞生的产物，很多国人亦是如此始终不知早在两千年前中国便诞生了模件化和分工协作的劳动实践，而这才真正是"中国智造"的传承与灵魂。

笔者在研究江南园林之初，亦小瞧过中国传统园林的智慧，苟同认为所谓的传统园林不过是一堆脱离了时代的"破石残林"和一群不得志文人的自怨自艾而已。承蒙于有幸来到深圳随中国著名设计师琚宾老师学习，方知中国传统园林于咫尺方圆之中隐藏了何等磅礴气象！

习近平总书记在文艺座谈会中指出："我们要善于把弘扬优秀传统文化和发展现实文化有机统一起来，紧密结合起来，在继承中发展，在发展中继承。要使中华民族最基本的文化基因与当代文化相适应、与现代社会相协调 [8]"。今天，江南园林不仅是保存文物和宣扬中国优良传统文化的极佳载体，其中的"模件思想"对于总结和研究发展我国未来的工业生产体系仍然具有十分重要的意义。譬如，江南园林在一个极小空间内营造出万千气象或是以相对比例形成的模数关系抑或是不同空间尺度下影响观者情绪、心态的起承转合，这些理念在当下的科学体系下尚未能被明确定义，但又何尝不是我们可以利用其归纳总结，走出一条独属于中国的空间设计特色路径呢？

展望未来，标准化、装配式的空间构建理念已深入人心，高效能、高环保、低成本和少人工的装配式建筑理念在当下社会早已炙手可热，成为各地方政府纷纷推出的最热政策和产业开发的基本条件。工业化的模块生产体系诞生于欧美国家，但在我国许多产业、技术已经国际领先的情况之下，我们的建筑产业和空间设计产业的发展仍要在西方工业生产体系下亦步亦趋的跟随吗？最为古老的"模件思想"诞生于我国的手工艺社会之中，迫于当时的生产力有限和资讯传播的障碍并没有大范围的生根发芽形成工业化的生产体系，但从今日看来其中的可取之处，不同于西方体系的闪光之处仍如同深藏于地底的金矿正待挖掘。人工智能、3D 打印、激光切割等技术风起云涌迅速发展的当代，国际上全新的工业格局和话语权正在逐渐形成，最先进行技术突破的国家、企业与个人将获得最得天独厚的先发优势。这个时代，便正是我国工程师、设计师大展身手的最好机会！

对本课题而言，研究江南园林中模件思想的深度仍然较浅，论文还存在许许多多的不足之处，模件思想的内容体系和江南园林中的内在规律仍须我们进一步的研究和探索，传统文化的当代化应用仍有海量的内容可供挖掘，本文仅为抛砖引玉之作，意在为中国工业体系下的空间设计发展探索一些新的可能。

致 谢

为期一年的四川美术学院深圳工作站即将结束，回望渝深时间地点与身份的跨越，感慨万千！

首先，感谢我的导师潘召南先生，不辞辛苦不计成本地为同学们创造了四川美术学院深圳工作站的这一机会，创造性提出应用型学科全新的学习方式，让我们随中国设计市场上的顶尖力量学习成长。环顾全国亦只有四川美术学院建立起了如此豪华的校内外导师阵容和学习条件，赠予了同学们为期一年却受益终身的收获。

同时，感谢我的企业导师琚宾先生，无论工作何等繁忙仍牵挂着我们的学业和成长，为我们传道授业解惑，从做人到做事无一不为我们做着表率，企业的学习阶段让我有着意想不到的收获和突破。在这半年里，感谢我们的企业导师：肖平老师、杨邦胜老师、程智鹏老师、张青老师、颜政老师、孙乐刚老师、严肃老师、刘波老师（不分先后），对同学们无微不至的关怀和知无不言的传授，让我们感受到国内顶尖设计力量无私的胸怀和对后辈无限的关照。同时感谢四川美术学院、清华大学美术学院、中央美术学院、西安美术学院及四川大学的校内导师们，在我们研究课题的过程中为我们保驾护航，视如己出的爱护着我们。其次，感谢工作站相关工作人员、水平线的同事们和我的小伙伴们，感谢一路上你们提供的帮助和启发，与我在生命中最宝贵的阶段陪我成长。最后，感谢我的父母对我矢志不渝的支持，让我每一步都坚定勇敢的前行。

参考文献

[1] 汪菊渊 . 中国古代园林史纲要 [M]. 北京：北京林业大学园林系 ,1980.

[2] 彭一刚 . 中国古典园林分析 [M]. 北京：中国建筑工业出版社 ,1986.

[3] 周维权 . 中国古典园林史 [M]. 北京：清华大学出版社 ,1999.

[4] 童时中 . 模块化原理设计方法及应用 [M]. 北京： 中国标准出版社 ,2000.

[5] 刘致平 . 中国建筑类型及结构 [M]. 北京：中国建筑工业出版社 ,2000

[6][德] 雷德候 . 万物 [M]. 生活·读书·新知：三联书店 ,2005.

[7] 李允鉌 . 华夏意匠：中国古典建筑原理分析 [M]. 天津：天津大学出版社 ,2005.

[8] 李诫 . 营造法式 (宋)[M]. 北京：人民出版社 ,2006

[9] 王其钧 . 中国园林图解词典 [M]. 北京：机械工业出版社 ,2006.

[10] 王欣 . 乌有园第三辑·梦幻与真实 [M]. 上海：同济大学出版社 ,2017.

[11] 赵宇，潘召南，杨邦胜等 . 聚·艺术设计学科产教合作创新性人才培养模式实践 [M]. 北京：中国建筑工业出版社 ,2018.

[12] 郭钟秀 . 建筑的伦理功能研究—模件的意义辨析 [D]. 江南大学 ,2008 .

[13] 王天甲 . 汉字视觉传达模件的结构与符号的建构 [D]. 西安美术学院 ,2010.

[14] 孙倩 . 模块化景观设施的设计研究 [D]. 南京艺术学院 ,2013.

[15] 陈牧野 . 模块化体系下建筑空间组合初探 [D]. 天津大学 , 2014.

[16] 贾昊 . 中国传统园林的分布与基本构成要素的基础性研究 [D]. 北京建筑大学 , 2017.

[17] 滕雪梅，陈智 . 模件体系探究：以 VI 设计为视点 [J]. 艺术与设计 (理论), 2009.

[18] 陈睿莹 . 从模数化到模块化设计 [J]. 艺术与设计：理论版 , 2012.

[19] 刘长春 . 工业化住宅装饰模块化 [J]. 华中建筑 , 2013.

[20] 辛善超，王志强 . 模块连接的建构思辨——基于模块化体系的建筑"设计 – 建造"研究 [J]. 西部人居环境学刊 , 2016.

导师评语

潘召南导师评语：

张毅同学在进入深圳工作站期间，学习认真努力，并承担了深圳工作站的研究生组织工作，积极主动地与工作站导师和同学进行学习交流活动。在校企双方导师的共同协助下，针对所选四川蒙顶山产茶胜地园林建设项目的环境条件，结合导师开设的课题研究方向，展开设计实践与理论研究工作。

中国地广人多，园林种类庞杂，南北差异较大。该同学以四川地域的风景名胜之地项目，借鉴江南园林的造园方法，无疑是站在中华文化的同质性的立场思考传统造园思想与方法的互通性特征之上，并用当代数据化的模件功能认识、理解传统园林建造中的形制、尺度与规范。在充分辨析、归纳传统建造系统化格式的基础上，从文化历史观的角度在认识其对当代园林环境设计的影响与包含的传统"根性"的意义。

该论文选题有新意，具有特色的观察和研究视角，论文查找较多的资料，具有较为充分的研究基础。文章叙述逻辑性较好，但存在较为明显问题：

1. 研究模件在当代设计中应用的方法论证不够充分。

2. 传统园林模件与现代园林模件在概念指向的上差异表述不明确。

3. 传统园林模件体系的分析成果在项目应用中的具体方法论述不够。

琚宾导师评语：

如论文里所总结的，"以当代的设计语言将江南园林的模件体系进行全新的转化"，其目的"是以面向未来的态度为当下标准化、模块化、装配式的空间设计提供一个最深层次符合中国传统造物理念的解决方案"，是为了更好地在"开创中国智造的时代贡献力量"——这是此课题产生的始与终。

江南园林的意境、场所精神，包括其中包含的人文与寄托的情志，都是很耐人研究的内容。将其中的关系细分，探究出一种"模件"与"人"互动的方式，对未来的设计工作思维将会有着很多的实质性的提升与帮助。

正如我们现在倡导的"在继承中发展，在发展中继承"，"文化基因与当代文化相适应、与现代社会相协调"这不光是研究生毕业论文的课题，也是所有设计工作者们的努力方向。

在文化互鉴下
对『CHINOISERIE』风格
的研究与应用 ◎张美昕

Research and Application of "Chinoiserie" Under the Mutual Understanding of Culture

北京小瓦窑售楼处设计

项目来源：深圳市梓人环境设计有限公司

项目规模：700 平方米

项目区位：北京市丰台区张仪村路、丰仪路交叉路口东侧

平面图

设计风格关键词为中西交融、自然氛围、华美。在当下商业销售空间风格模式化、趋同化的大背景下，该设计希望基于对"Chinoiserie"风格的系统研究，重新理解和诠释同一文化的自我认知与他者认知的异同，并尝试将设计者对中西交融艺术风格的全新理解转化成设计语言运用于商业空间之中。本次设计更多的是在保证空间功能的基础上对于空间设计风格的应用研究，思考经典的"Chinoiserie"与当下的中西交融风格是否能为商业空间带来一些新的视觉和心理感受，同时更好地服务于功能本身。

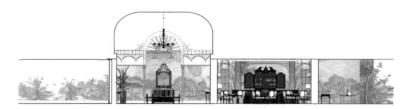

立面图

沙盘区

沙盘区

水吧、洽谈区

摘 要

16~18世纪的二百余年间,西方从未停止过对东方中国的讨论和想象,由上至下,从国家到地方、从贵族到平民都对中国的生活和艺术充满着向往和好奇。远在东方的中国通过海上和陆地两条丝绸之路向西方传递了一个完全不一样的文化景象,尤其是到了17~18世纪的康熙、雍正、乾隆时期,中国的经济总量达到了世界第一,人口总数占到了世界总人口的1/3,广袤的疆域有着极其丰富的物产和巨大的市场。伴随中国的瓷器、茶叶和丝绸等产品不断销往世界各地的同时,文化和艺术也对西方世界产生着重要的影响,并在此影响下形成新的艺术风格即:"Chinoiserie"又称为"中国风"。"Chinoiserie"风格作为承载中国文化的艺术风格开始在这一时期逐渐流行于欧洲,并影响到众多的文化艺术领域,"Chinoiserie"风格反映出大航海时代的西方对中国文化的想象与向往,以及对亚洲大陆所怀有的好奇与探寻,体现了西方社会站在自身的文化立场对于中国艺术形式和人文思想的主观阐述和臆想,成为外来艺术与本土文化兼容的转基因式的现象。"Chinoiserie"恰如其分地结合了欧洲的巴洛克与洛可可艺术,丰富了欧洲艺术史和装饰设计史,成为风靡欧洲新艺术运动的重要形成原因之一,并对工艺美术运动后的艺术与设计思潮产生深远的影响。

目光回归至今,中国的综合国力及国际地位的不断提升,西方重新聚焦于中国,在国内,"文化互鉴"的概念愈发频繁地被提及,中西方政治、经济、文化的交流与互鉴已经延伸到艺术设计领域。艺术表现形式变得愈发多元,人们对待美的标准和态度不再单一,曾经的美好开始被人重新发掘和审视,"Chinoiserie"风格开始重新引发人们的关注。目前国内外对于"Chinoiserie"风格的研究多停留于梳理艺术发展史等单一理论层面,对于其风格特征的总结和提炼以及对于当代设计的启示和思考较少。由鉴于此,笔者希望本文可以着重梳理"Chinoiserie"的风格特征以及其表现形式,并将其转化为设计方法论,从而对当代"中国风格"的现代性应用产生启发。

关键词

"Chinoiserie" 装饰艺术 文化互鉴 地理大发现

第 1 章　绪 论

1.1 选题背景

1.1.1 现阶段国内外研究成果梳理

"Chinoiserie"作为表达中国风情的一种欧洲风格，在欧洲的社会发展过程中是不可忽视的一部分，中西文化的交流也一直是国内外学者研究的热点。国外对此风格的研究已经有了非常丰富的成果。例如，英国艺术家休·昂纳（Hugh Honour）的《中国风：遗失在西方八百年的中国元素》为我们梳理了中西方文化中中国风艺术的兴起至衰落的发展历程，以及中世纪至 19 世纪欧洲的艺术家和工匠是如何看待东方，表达对东方的认知，为我们说明欧洲对于中华民族的认识是如何发展变化的。这是最早描写中国风的一部国外专著；奥利弗（Oliver Impey）的《中国风格：东方艺术对西方艺术与装饰的影响》主要从发展史和不同艺术表现形式两方面进行介绍，使我们对于中国风格的不同表现类型有了相对全面的了解。除去综合介绍"Chinoiserie"形成及发展历史的书籍，针对不同的艺术门类也有许多专项的研究成果。例如 Alain Cruber 主编的《装饰艺术的历史—欧洲的古典主义与巴洛克风格》对欧洲十七八世纪装饰艺术中出现的中国风格进行了描写；希雷恩的《中国与世纪的欧洲园林》主要研究了园林设计中的中国风格；约翰·怀特海（法）的《十八世纪法国室内艺术》在描述 18 世纪室内艺术时对涉及"Chinoiserie"风格进行了研究，除此之外还有许多优秀成果，在此不做一一赘述。

相较于国外的研究成果，国内对于"Chinoiserie"的研究成果较少，通常情况下会在研究中西方文化交流的著作中涉及一部分与"Chinoiserie"相关的内容，或是主要研究 17~18 世纪欧洲艺术史论时涉及"Chinoiserie"这一历史阶段。例如许明龙的《欧洲世纪"中国热"》，主要讨论了 18 世纪欧洲出现的"中国风潮"的这种社会现象；严建强《十八世纪中国文化在西欧的传播及其反应》，主要讨论了中国文化在欧洲各国产生的影响和表现，部分章节涉及中国的"Chinoiserie"风格；沈福伟编著的《中西文化交流史》利用中外考古实物以及一些珍贵的历史照片为我们讲述中西之间的文化交流，让我们看到东西文化之间相互的影响和碰撞。到目前为止，还未产生专门针对 17~18 世纪欧洲的"Chinoiserie"风格的设计研究的专著。

1.1.2 选题范围的确定

16~18 世纪是欧洲与中国第一次真正意义上的全方位交流，是之前从未有过的大规模、广范围、相对深层次的交流。在当时的欧洲和中国社会都产生了一定的影响，也对现今中西文化和艺术的交流发展有着十分重要的意义。在这段特殊的历史时期，中国风格几乎成为全球浪潮。不论是中国本身对于本土艺术风格的表达，远在欧洲的西方各国如何理解和发表他们眼中的中国风格，他们之间有何区别和相似性，这成为一个十分有趣的类比研究。同时在同一时期下，也是中国 "西学东渐" 较为频繁的时期，这两种不同质地文明是如何在这段特殊的历史时期相互学习和借鉴的，外来文化如何与本国传统文化在设计上相互渗透融合产生新的设计形式，成为本文主要研究的内容。

1.2 研究的意义及创新点

1.2.1 意义

由于近年来中国经济发展势头迅猛，随之而来的社会转型以及对文化的重新审视逐渐引发大家的思考。现如今二元对峙的文化格局早已被打破，取而代之的是更加多元的文化发展模式，经济全球化下中西文化的交流与互动越来越频繁，这让人很容易回想起 17~18 世纪东方与西方的文化、艺术交流史，大航海时期中西文化交流所引发的世界格局的改变。伴随文化多元的影响，设计的多元化也在逐步发生，过去中国受现代主义 "Less is more" 的设计风潮的影响，在很长的一段时间现代主义、国际主义这类简洁的设计风格一直占据着设计发展的主流地位。而如今艺术思潮的多元化使得后现代主义逐渐兴起，设计开始关注精神价值以及不同人的心理需求，室内设计风格的多元化发展以及文化需求使我们重新审视中国与西方，传统与现代的关系。

如何用发展的眼光看待当今中国的室内设计？满足当今社会不同人群的社会心理需求？如何更好地平衡传统与现代的关系？我们回溯 17~18 世纪中西设计文化交流的起点，希望可以找到问题的答案。在中西方首次大规模产生交流的阶段，面对不同文化的碰撞与交汇，西方人是如何对东方元素进行汲取与借鉴从而形成一种不同以往的全新风格，他们是怎样做的，这便是此课题的研究意义所在。

1.2.2 创新点

本研究的重点并不在单单于阐述 "Chinoiserie" 的产生与发展历程，这一部分前人所作研究已足够详尽，产生的许多优秀著作也是我们研究的重要基础资料。本文研究的重点即创新点是在对 "Chinoiserie" 设计思想及其设计语言的系统研究的基础上，与同一时期中国对西方设计文化的西学东渐做类比研究，目前国内对于这一角度的研究成果相对较少。通过思考东西方在吸收外来文化方式上的异同，对现阶段文化互鉴背景下的设计互鉴产生启发，使得传统设计文化更好地融入并服务于现代生活。

1.3 相关概念的厘定

1.3.1 "Chinoiserie" 风格

"Chinoiserie" 一词来源于法语，译为中国风设计或者中国风情、东洋风情等，这一词汇现成为代表中国风格的国际通识词汇。"Chinoiserie" 这一名词最早出现在巴尔扎克于 1836 年发表的小说《禁治产》，用来指称具有中国风味的装饰工艺品。对于 "Chinoiserie" 这一名词的释义，2004 版《不列颠百科全书》、法国的《拉卢斯法语大辞典》以及日本《新潮美术辞典》等著作中也均有记录。结合不同书籍对其的定义，大致可以概括出中国风格的基本含义：中国风最为兴盛的时间为 17~18 世纪，主要流行于欧洲各国，是一种以东方艺术风格为表现源泉的欧洲风格，并且与洛可可艺术相互交汇密不可分。中国风的影响从手工艺到家具、室内装饰、建筑和园林设计中都可或多或少看到它的影子，其在一定程度上影响了欧洲的审美趣味和艺术追求。

1.3.2 "Chinoiserie" 与洛可可

从发展时间来看，"Chinoiserie" 风格的出现要早于洛可可，在巴洛克时期就已经有所体现，但 "Chinoiserie" 真正得到全面发展是在路易十五以后洛可可风靡欧洲时。洛可可的发展很大程度受到了中国文化的影响和刺激，换句话说，"Chinoiserie" 成为洛可可艺术中最为独特富有魅力的一部分，同时洛可可风格的大部分特征（例如曲线行驶，"s" 形 "c" 形造型，柔和典雅的色彩以及繁复的装饰和自然风格等）在 "Chinoiserie" 中都有所体现。只不过 "Chinoiserie" 风格中有着很强烈的异域风情。故本文中在研究 "Chinoiserie" 风格中的风格特征和精神内涵时，有时会将 "Chinoiserie" 与洛可可视作一体进行论述。

1.3.3 大航海时代

大航海时代所指的是在 15 世纪至 17 世界左右，由欧洲发起从而遍布全球范围的跨洲跨洋的商贸活动，也被称为地理大发现、海权时代和探索时代。[1] 欧洲各国为了发展全球贸易以及新生的资本主义，开始跨越海洋寻找新的经济线路以及贸易伙伴。欧洲的商船开始往他们不曾熟知的国家和地区探索，新航路的开辟大大增加了东西方之间的交流。欧洲在这一时期的对外扩张为今后综合实力赶超亚洲奠定了基础。地理大发现的线路不止于欧亚之间的交流，有众多航线（图1-1），

图 1-1 地理大发现（来源：网络）

而本文主要以欧亚大陆之间的远洋交流作为历史背景进行研究和论述。

1.3.4 文化互鉴

文化多样性这一概念，最早的记录是西周末期周太史史伯在《国语·郑语》中提到的："和实生物，同则不继"[2]。历代中国的思想家、艺术家都对文化的多元与互鉴进行探讨，在中国哲学思想中文化互鉴极具辩证智慧。跳脱民族与文化的界限放眼世界发展史，和而不同的文化交流持续不断的碰撞出灿烂的火花。自上古时期开始，世界四大文明古埃及、古印度、古希腊与古代中国文化共同繁荣，形成各自的发展模式和文化体系。它们在各自发展的同时从未缺少过交流与对话，并随时间和历史的推移愈发频繁，在相互碰撞、学习的过程中稳步前行，并逐渐形成"你中有我，我中有你"的发展格局。罗素认为："不同文明的接触，以往常常成为人类进步的里程碑。"文化和文化之间相互依托渗透，融汇激荡。人类文化发展史表明，一种地域文化，本土民族文化与外来文化在互鉴交流的同时，如果善用方法，以保持自身文化特性为基础，不断吸收外来优秀先进的文化，并将其转换为新鲜血液注入自身，方能愈发繁荣强大。

1.4 研究方法

文献检索查阅法：根据已确定的研究选题查阅相关文献资料，例如书籍、期刊、杂志以及相关的硕博士论文，对现有的研究成果进行详细的了解、总结，并在此基础上发现问题，明确自己的研究方向。

比较分析研究法：将自己通过文献检索以及实地考察收集的资料进行系统的归纳和总结，同时对于相同类别的资料进行比较和分析，统计出相关的数据和图表资料，形成研究成果。

实例分析法：室内设计是一门以实践为基础并最终面向实践的学科，本命题研究中通过对具有代表性的实际案例进行分析，归纳出事物及问题的实质，构成下一步研究的基础，同时也为进一步的实践练习奠定基础。

图 2-1 纽霍夫的《中国出使记》插图（来源：《海贸流珍：中国外销品的风貌》）

图 2-2 弗朗索瓦·布歇作《中国花园》（来源：《Chinoiserie》）（局部）

第 2 章 "Chinoiserie" 的发展历程简述

2.1 产生背景——海、陆丝绸之路引发的文化互鉴

先秦时期东西方的陆上交流通道便已打通，中国的丝绸最先经由西域通往欧洲各国。最早的"中国印象"伴随着丝绸传播至欧洲，东西世界因为丝绸之路第一次产生交流。丝绸在传入当时的古罗马后迅速风靡全国，成为贵族时髦高雅装束的象征。丝绸之路使欧洲人对中国形成初步的认识，虽然这种认识十分有限，但是他们对于中国这个神秘国度的憧憬和想象也由丝绸开始慢慢滋长。

15 世纪后，欧洲的航海技术大大提升，加之此时的欧洲在思想文化层面正处于文艺复兴向巴洛克过渡的时期，欧洲人民十分希望摆脱宗教的束缚，开始提倡科学与开放的理性思想，思想的丰富从侧面刺激了欧洲人探索与扩张的欲望，他们希望通过远征和海外探险，将文化和思想的硕果散播世界，由此大航海时代到来。

同时期在中国，郑和奉命展开了七场连续的远洋航海，出使亚、非各国，跨越了东亚地区、印度次大陆、阿拉伯半岛，最远的航行曾到达非洲东海岸。这七次航行使得中国南部海域的对外贸易航向基本形成，使得中国的艺术品、工艺品源源不断地流向南洋、西洋各国。中欧交流的深度得到了加强，这都深深地影响了两地的设计和文化艺术的发展，促进了中西方文化与艺术的交流互鉴，这为后来在欧洲盛行了两个世纪之久的"Chinoiserie"的发展和形成奠定了良好的基础。（图 2-1、图 2-2）

2.2 历时性发展的三个阶段

2.2.1 巴洛克式的中中国风

在"中国贸易"的刺激下，17 世纪初中国风格最先在巴洛克风格中初露端倪。虽然巴洛克本身流淌着欧洲传统的古典风格血脉，但是其中所蕴含高贵奢华的氛围十分符合他们对于中国的想象。所以，在家具以及装饰工艺品上均可看到中国风格的体现，东方神秘的异域风情与当时的时代精神相切合，这个时期也被称为巴洛克式的中国风。

2.2.2 "Chinoiserie" 风格

到 17 世纪中后期时，中国风艺术与洛可可达到了前所未有的契合度，通常情况下，"Chinoiserie"风格被认为是洛可可风格的一种亚型，在此期间有许多优秀的作品问世，华托、布歇、韦博是洛可可中国风的代表艺术家。更有甚者，一些西方的学者认为洛可可艺术风格是在中国风格的形象下产生的。休·昂纳在《中国风：遗失在西方 800 年的中国元素》艺术中曾对不同时期的"Chinoiserie"风格做过这样的记载："洛可可式的优雅迷人和轻松活泼的确被完美地应用于营造异国风情。"这一时期，借用一位评论家的话：各种风格皆可，只要不是乏味的风格。而中国风恰好绝不"乏味"。

2.2.3 理性主义与浪漫并存的中国风

自新古典主义思潮开始取代洛可可逐渐兴起时，这种新的趋势使得曾经的中国风格以一种新的形态继续发展。首先是对传统"Chinoiserie"风格中"中国建筑"的反对，反对过于矫揉造作的装饰形式，大家开始产生疑问，欧洲大陆如此盛行的中国风格是否真实，以钱伯森为首的理性主义知识分子开始对曾经的中国风格重新进行思考，力求发现更为真实的中国风格。

最终导致"Chinoiserie"走向衰落退出历史舞台的原因主要有三方面：一是欧洲国家自身的社会发展变革，二是中国的形象逐步发生改变，三是古典主义取代洛可可逐渐流行。虽说这种风格逐渐退出历史舞台，但并不代表中国风本身就已全然消失，它始终作为欧洲艺术文化发展的一部分，融入欧洲的历史，成为十七八世纪艺术遗产的一部分。

第 3 章   "Chinoiserie" 风格特征及设计手法

3.1 特征的提炼和总结

（1）轻松愉悦的设计风格：在欧洲艺术设计中"Chinoiserie"的总体风格始终是轻松愉悦的，建筑多为娱乐休闲性建筑，少有严肃的建筑形式，洛可可时代的建筑家在中国的建筑中找到了他们的灵感和新的表达方式。在室内设计中的"Chinoiserie"风格多用于非正式功能的房间中，因为风格中浓烈的娱乐休闲气息，欧洲人普遍认为中国风格不适用与严肃正规的场合。虽然如此，欧洲人对于"Chinoiserie"风格依旧难以割舍，在中国风盛行的时期，欧洲的建筑中出现了大量的"中国房间"，起居室、化妆间、衣帽间、沙龙等空间均充斥着浓郁的"中国气息"，但是客厅、

图 3-1艾朗居艾兹瓷屋（西班牙）（图片来源：《中国风：遗失在西方 800 年的中国元素》）

图 3-2 传统西方绘画中的焦点透视（来源：网络）

书房等相对正式的场合则较少的采用"Chinoiserie"的设计（图 3-1）。

（2）浓郁的异国风情："Chinoiserie"风格表达了欧洲人对于中国的所有想象，在欧洲人眼中，这是一个充满浪漫自然气息，鸟语花香的神奇国度，里面居住着悠然自得的人民，有着奇异的社会风俗，风景和动植物与西方世界完全不同，这一切的幻象都令西方世界沉迷追捧。"刻意追求异国情调是中国风格的重要特征之一。特别表现在各种题材上，他们对异国情调的爱好与追求，其实是欧洲欲将整个世界纳入视野的雄心在装饰艺术上的反映。"

（3）浅显多变的符号化表现形式：处于欧亚大陆两端西方世界与中国的交流始终是有限的，欧洲设计师对于中国风格设计的灵感来自于流入欧洲的外销艺术品和旅行者的游记、绘画作品，这些图像和文字资料被设计师提炼为各式各样的中国元素，以元素和符号展开设计。这种对中国设计的感知停留在图像和器物层面，故具有浅显多变的性质。这种特质使得"Chinoiserie"风潮可以迅速风靡欧洲，成为时尚艺术的代表，同时一旦人们的审美趣味开始改变，它也会迅速从人们的视野中消失。

3.2 设计手法

3.2.1 平面设计构图

散点透视和鸟瞰：传统的西方绘画通常以焦点透视为构图原则（图 3-2），习惯从一个角度来表现人物场景和建筑景观。中国风潮兴起后，欧洲人从进口的中国外销艺术品中学习了中国绘画中的散点透视和鸟瞰的构图手法，结合西方的绘画风格，形成新的绘画形式。通过鸟瞰的表现手法，所有画中的人物和场景均使观赏者处于一个居高临下的位置，视野自由灵活不受局限，有一种咫尺千里的视觉感受（图 3-3）。散点透视则使画面可以无限延长，使得室内空间形成一个整体的画面，仿佛置身于画中。这种构图手法经常用于室内空间的壁纸装饰，由于壁纸的主题通常为植物花鸟和人物活动及山水庭院景观，所以使得室内空间的延伸性大大提高，同时有一种身处自然场景的幻觉（图 3-4）。

"Chinoiserie"盛行的路易十五时期，上流社会和贵族不再追求房间的庄严

图 3-3 传统东方绘画中的散点透视
（来源：网络）

图 3-4："Chinoiserie"风格时期
的墙纸绘画（来源：网络）

图 3-5：各类家具中的装饰纹样（图
片来源：《中国风：遗失在西方 800
年的中国元素》）

宏达，转向更为舒适小巧的活动空间。同时，随着人们对于房间舒适性和私密性的要求愈发强烈，庞大的起居室被减小和划分，凡尔赛宫中曾经的大居室大多都被分成 2~3 个小房间，使得室内的功能也被进一步细化，随着空间尺度的减小，家具的尺度相较于巴洛克时期也越来越优雅、轻盈，室内布局的改变使得空间的整体氛围愈发轻松、自然、愉悦。

这一时期的室内空间处处都会被精心布置：门上设有平面的镶板，以浮雕和花纹的雕刻加以装饰，镶板的颜色、图案和房门需要保持和谐统一。当时的室内通常都设有壁炉，这是室内取暖的主要工具，但壁炉除了其本身的功能性以外，被附加了许多装饰性的功能，壁炉的台面多为大理石材质，壁炉的正上方通常是一面镜子或一幅画作。镜子和画的边框通常都是镀金的，有着各种繁复的花纹作为装饰，和壁炉连贯成一个统一的整体。

在空间的室内装饰中，设计师试图一反往常的古典秩序，开始从自然中获取灵感，从异国装饰中寻求创新。落实在具体的设计表现中，我们可以看到贝壳、泉涌、岩石以及中国风格的猴子、龙凤装饰等都成了设计师的丰富素材（图 3-5）。如果说古典主义使得法国出现了一批优秀的建筑作品，那洛可可风格便是为这些优秀建筑的室内装饰营造了丰富精致的氛围。"Chinoiserie"本身使得洛可可风格的展示内容更加丰富，巴黎的贵族们修建了众多豪华的府邸，但与以往不同的是，他们的关注点并不在于表现权利和排场，而是关心房间的舒适和温馨氛围。洛可可时期的中国风格出现了不对称的布局和装饰特征，同时越来越多地出现了寓意吉祥的龙凤图案、猴子图案以及富有中国特色的女性形象。建筑的室内装饰上都充满着流动蜿蜒的曲线形态，再加之各种丰富的细节，如贝壳、石群、花朵植物等，所有的室内结构都刻意避免使用直线，营造一种延绵不断的视觉感受。其中中国的卷草纹样被大面积的运用，加强了这种轻快、流动的感觉。

3.2.2 空间色彩

（1）蓝白配色："Chinoiserie"的色彩运用最受欢迎的就是蓝白两色的组合，其依据是中国典型的青花瓷的配色，16 世纪以后中国的青花瓷器大量输入欧洲，进入了欧洲中产阶级以上的家家户户，所以蓝白的配色被视作是最典型的中国风格的配色，最具中国风情。蓝白的配色不光体现在瓷器中，在室内空间中也被运用到了外墙和内室的装饰中，许多室内空间和建筑的墙面运用陶瓷砖面进行装饰，除此之外，家具的配色也多采用蓝白两色为主色调。例如沙发、桌椅、窗饰、床上的帷幔等（图 3-6 左图）。

（2）红黑配色：除蓝白配色外，由于中国和日本的漆器工艺在欧洲的流行，红黑两色再搭配金色的空间色彩也十分受到人们的欢迎。这种配色在家具的设计中最为常见，在一些桌椅和柜子的设计中，经常使用红色和黑色的底面，再用金色来表现中国风的图案，在表现富丽华贵气质的同时又十分低调，充满异域情调（图 3-6 中图）。

（3）五彩配色：17 世纪下半叶，中国本土的彩瓷传入欧洲，大量彩瓷的输入使得青花瓷在欧洲的地位被逐步取代，人们的色彩喜好也逐步从较为单纯的蓝白色调和红黑色调逐步向五彩过度，室内空间变得更加鲜亮绚丽（图 3-6 右图）。

图 3-6 不同的空间色彩（图片来源：网络）

第 4 章　　"Chinoiserie" 的精神内涵和社会意义

4.1 共时性的思考

4.1.1 异质文化下风格形成的异同

除了对 "Chinoiserie" 发展历程本身的了解，如果跳脱空间的维度回望 "Chinoiserie" 的本源（图 4-1），即与同一时期下中国大陆本土的中国风格作对比，可以发现很多差异性和共通性。两个相隔甚远的国家在特定时期的文化和艺术表征上产生了许多共鸣。"Chinoiserie" 与晚清风格虽各自属于两个完全不同质的文化体系，但表现的题材都源自中国风格，不论是"Chinoiserie"中欧洲幻想的"中国世界"，还是晚清设计中纯正的中国风格，都是对各自心中理想中国世界的诠释。

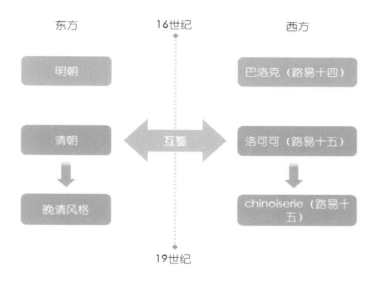

图 4-1 几个设计风格的关联性（图片来源：作者自绘）

4.1.2 文化的自我认知与他者认知

通过图表中的对比我们不难看出两种风格之中的差异，即便他们想要诉说的文化本体是相同的（图4-2）。为何会产生这样的差异？笔者认为这与同一文化中自我认识与他者认知的差异有关。通常情况下，本土文化在自我意识中的形成源于生活中具有重复性的实践和自古传承下来的礼仪风俗，这是一种集体性的意识，是由内而外固定在人们的思想中文化实践的活动。而在法国人和欧洲人眼中，能接受的异国文化和艺术现象是有针对性和指向性的，他们的关注点是由外向内的，所以他们了解的中国与真正的中国既有不同之处，也有相同之处。但归根结底是他们过滤吸收之后，在本民族文化基础上表现出来的文化和艺术现象。

回看"Chinoiserie"风格的特征我们就会发现，虽然"Chinoiserie"反映出了中国古老、多彩、

	"chinoiserie" 风格	晚清风格
时间	17~18世纪	18~19世纪
艺术特征	1.理性与浪漫并存、田园情怀、娱乐气息 2.轻松明亮的色彩感受 3.不对称的布局特征 4.审美大于实用功能	1.程式化的陈设环境 2.和谐统一的暗沉色调 3.体现封建皇权的凝重氛围 4.审美大于实用功能
对装饰纹样的理解运用	注重造型的美感，不关注纹样内涵	图必有意，意必吉祥，注重纹样使用的深层含义
相互的影响	对中国流行元素的提取和运用，营造出欧洲人想象中的异国空间 家具、瓷器、丝织、园林、图案纹样	皇家园林布局、工艺品（纹样、造型、色彩）、家具造型
相同点	1.帝王意志和贵族审美趣味 2.繁绸精致、华贵妩媚的气质、艳丽的色彩，强烈的视觉冲击 3.各自国家古典装饰艺术的顶峰 4.辉煌后的迅速衰落	
差异性	1.装饰艺术表现的差异 2.文化内涵的差异 3.本国艺术影响受众群的差异 4.对待外来文化态度的差异	

图 4-2 "chinoiserie" 风格与晚清风格的类比（图片来源：作者自绘）

自然、神秘的文化表征，但是我们无法从中看到中国文化真正的传统意味，这与中国文化本身的复杂性有一定关联，但同时也可以发现 "Chinoiserie" 风格只是对于中国风格浅层的吸收与借鉴，注重中国风格的整体感受而不是具体的文化内涵。

4.2 精神内涵：表达理性主义的诉求

"Chinoiserie" 风格十分符合当时宫廷贵族及上流社会和新兴阶级的审美取向和艺术品位，蔚为风尚的 "Chinoiserie" 风潮使得欧洲城市中新兴阶级的审美意识从中国世俗风情发展到对中国文化和艺术的崇尚。我们作为观赏者重新审视 "Chinoiserie" 时期的艺术作品时会有一种强烈的感受，作品所表达和描绘的世界看似是中国，细观则又不是中国；看似是西方但又充斥中国特色，这是一个混合的、异质的艺术流派，是欧洲人对中国风情的独特表达。

法国自然主义小说家龚古尔兄弟曾在《十八世纪的艺术》一书中就洛可可艺术的精神内涵提出过看法："当路易十五时代代替了路易十四时代时，艺术的理想就从雄伟转向了愉悦，讲求雅致和细腻入微的感官享受遍及各处"[3]。在理性主义盛行的时代，洛可可艺术的表现形式所带给人自由、轻快、愉悦的心理感受，在此时代背景下的 "Chinoiserie" 亦是如此，甚至在表现上更加夸张。

它们看似与这个时代所追求的精神内涵相违背，但是如果剥去形式的外衣再来看待"Chinoiserie"风格及洛可可艺术，我们可以看到它们并不是一种毫无理性可言的艺术风格，恰恰正是对于理性的表达，洛可可艺术像是在对既有的社会规则做出反抗，想要挣脱束缚获得自由，而"Chinoiserie"则是在此基础上表达出欧洲社会对于遥远东方国度自然轻逸生活的向往与追求，将生活的中心从对宗教的崇拜回归于对人本身的关注。

4.3 社会影响

中国风对于欧洲社会本身的影响具有局限性，但这不妨碍我们从中看到一个国家的文化和艺术进入另一个国家后在这个国家留下的或多或少的印记。"Chinoiserie"产生于欧洲社会问题较为复杂的时期，当宗教艺术盛行，缺乏世俗温情的欧洲社会在亚洲大陆发现了"天人合一，道法自然"的人文情怀时，仿佛为欧洲社会带来了一股清新的"空气"，这股"空气"由文化至思想迅速弥漫在当时的艺术文化风尚中，愉悦了大众，产生了别样的视觉和心理享受。

中国风格兴起对于欧洲的经济发展也起到了明显的促进作用。通过商业的往来欧洲接触到了中国先进的技术、材料、瓷器和纺织业，这些技术在还未进入机器生产时代的欧洲，都显得十分珍贵。"Chinoiserie"风格的流行也致使欧洲对于中国的模仿和借鉴从符号到制作技艺有了更加深入的学习。

中国社会"和而不同"的艺术设计思想开启了西方设计界的新思路，影响了西方的设计思想，我们从中国风的园林、建筑和绘画中均可以看到其影响。"Chinoiserie"风格尝试以西方人的角度去理解和表达他们在中国的文化和艺术中所感受到的自然和人文的情怀，即便他们对其的理解只停留在较浅的层面。但我们依然可以感受到中西文化在欧洲形成的碰撞与融合，这种全新的艺术形式是单靠任何一个民族和国家本身的艺术是无法做到的。

4.4 对"Chinoiserie"的反思

总体来看，"Chinoiserie"风格在设计中的影响主要集中在装饰设计领域以及一些工艺品和家具的设计中。欧洲各国对于中国文化的纳入多集中在文化元素和符号上，并且即便欧洲吸收了众多的中国风设计元素，对于元素和符号本身的寓意和价值，欧洲人民并无兴趣深入了解。这种浅层的文化输入致使"Chinoiserie"并不能够产生更广范围的影响和应用，最终昙花一现消失在漫长的设计史之中。虽然"Chinoiserie"风格表达了欧洲人对于中国的憧憬和向往，但很显然其中所描绘的并不是真正的中国，"Chinoiserie"的内在精神诉求和有限的设计素材来源直接决定了它的局限性。人们对于中国外销艺术品粗糙的模仿再造，以及对于文化符号的生搬硬套使得大部分的中国风设计只能止于表面，难以深入和延续，他们看到的中国文化，只是他们希望看到的部分，而非全面的中华文明。

4.5 对于当代"中国风格"的重新思考

当今的中国风设计若只是通过简单照搬中国传统一成不变的文化符号，以此设计中体现"民族性"和"世界性"，并不能获得预想中的设计领域的话语权，且不过是在肤浅又表面地自言自语说着方言。那么，我们应当如何来看待设计中所谓的文化传统？笔者认为当今社会的"传统"更多的是一种途径，让过去存在于现今甚至未来的途径，很多人认为传统是守旧的，是静止的，但其实传统应该是一代代地被传承，并且被更新的。

在这个基础上再来看回"中国风格"，现如今的中国风格也一定不是某一个朝代或者某一个时期风格原封不动的照搬，这是静止的拿来主义。在多元化全球化的背景下，中国风本身就是一个融合、多变且充满不确定性的多元风格，它的状态是流动的，是在具有本民族特征的同时又充斥着异国特色的风格。因此，在重新表达"中国风格"时，不光要站在文化本位上进行设计的表达，他者的理解和表达同样重要。在他者眼中，另外一个文化的特色，可以被他们直接明了的表现出来，这也是研究"Chinoiserie"的原因所在。我们通过"Chinoiserie"理解欧洲人对于中国同时期传统文化的理解和认知，可以看到自身无法捕捉到的一些断面，这些断面都会为我们表达现今的"中国风格"提供新思路。

第 5 章 "Chinoiserie"当代应用与案例解析

5.1 昆仑域：北京华润样板间设计

5.1.1 案例简述

此方案是华润地产在北京的高端楼盘样板间设计，受众群体为高消费人群，其中的别墅对于客人而言不是必需品，而是一种满足情感诉求的工具，会更多地体现客人的精神诉求以及表达其身份及社会地位。针对此定位及客户需求，昆仑域作为一个高度审美化与私人化的礼仪空间，截取东西方文化最优雅的片段，致力于营造一种良好的氛围，使空间变得更加与众不同。通过空间

图 5-1 亚林西项目共享大厅实景图
（图片来源：梓人设计）

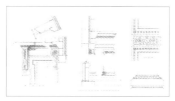

图 5-2 亚林西项目客厅装饰细节图
（图片来源：梓人设计）

图 5-3 亚林西项目餐厅实景图（图
片来源：梓人设计）

格局、装饰风格、灯光、色调、音乐、气味等各个部分有序配合，激发顾客更深层次的心理感受，产生更加丰富的情绪变化从而留下更为深刻的印象，使得他们最终流连忘返，产生购买欲望。这个案例是十分典型的中西风格交流融合的空间设计项目，其中融合了"Chinoiserie"风格中轻快华美的装饰特征和空间感受，同时又处处流露出东方文化的典雅与高贵，是对于"Chinoiserie"在现代空间设计中的完美再现（图 5-1）。

5.1.2 设计分析

（1）建筑结构及形制特征的推敲与重组

设计之初面临的最大问题是空间的尺度，整体建筑空间的层高只有不到 3 米，建筑的框架结构是制约整个空间的最大障碍，因此在进行空间立面造型纹样的深化时，设计师根据场地本身的空间尺度对经典的传统法式纹样进行重新组合搭配，使其符合实际空间的比例尺度关系（图 5-2）。

（2）装饰元素的处理和运用

室内空间中大面积运用手绘墙纸图案装饰空间，营造空间整体氛围（图 5-3）。这也是"Chinoiserie"风格中最经典的装饰素材。其最大的特点就是融合了东西方的文化特色。其来源可以追溯到 16 世纪中叶，由欧洲画师根据他们所了解到当时东方的所见所闻，用欧洲经典的绘画方式绘制成的"东方花园"，富有自然和异域特色。

地面的马赛克图案选自法国 16 世纪最经典的天花纹样，一改以往常规的使用方式，将天花纹样的造型和花纹进行重新梳理与组合，创新应用于空间的地面铺装中。

壁炉造型的设计依据是 16~17 世纪法国贵族住宅中壁炉的经典造型形式。但与其不同的是实际空间的层高无法达到传统壁炉的设计比例要求，对此设计师首先提取传统壁炉造型中的设计精髓如图 5-4 亚林西项目壁炉意向图。

了解壁炉的比例和装饰特征，再重新依据空间的实际层高，重新构成出新的空间比例关系，最终形成现在的壁炉造型。既保持了经典的韵味，同时又完美地

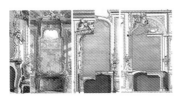

图 5-4 亚林西项目壁炉意向图（图片来源：《Chinoiserie》）

图 5-5 亚林西项目餐厅立面效果图（图片来源：梓人设计）

与现代空间相融（图 5-4）。

（3）空间氛围的营造：根据不同空间的功能所需的环境氛围来调整空间色调的明暗，公共活动交流空间采用明亮青色的配色，使得空间更加清新舒适，私密活动空间配色变深，营造安静私密的氛围感（图 5-5）。

5.2 设计实践方法总结

通过对"Chinoiserie"设计风格和设计手法的总结，以及在文化互鉴背景下中西交流方式和差异性的类比，对于中西交融下注重装饰艺术的设计风格有了全新的思考，并总结成具体的设计方法指导接下来的设计实践。

（1）对装饰图案的合理运用："Chinoiserie"风和晚清风格的设计精髓都在于对装饰图案的运用，装饰图案的题材十分丰富，不同的装饰图案服务于不同功能的空间，带给人不一样的心理感受。例如，最常见到的植物花鸟类型的装饰图案强调对自然氛围的营造，体现空间中的生机活力，配合绿色调的运用使得空间变轻更加清新淡雅。

（2）空间色彩对人的心理影响：是影响人心理感受的重要视觉语言符号，在注重个性化表达的当代空间设计中，色彩将成为设计中十分生动和活跃的因素。应准确运用空间中的色彩搭配来表达空间的整体风格，包括墙纸、软装和家具的颜色搭配。设计中应避免采用晚清风格中大面积的暗色调搭配，汲取"Chinoiserie"风格中轻快明亮的色彩氛围，使人的心理感受轻松愉悦。

（3）软装在空间中的造型运用：除了运用色彩和装饰图案来表达空间的风格特征外，在注重装饰的"Chinoiserie"和晚清风格中，软装也是组成空间的重要元素。每一个家具、陈设品和艺术品的尺度和造型特征均有不同，在空间中通过有序的组合形成一个整体，其大小、色彩以及造型的搭配呼应可以形成很好的视觉效果，丰富空间的层次，柔化室内空间，营造氛围。

（4）秩序美和和谐美的表达："在室内软装设计中整体效果要高于一切"[4] 室内空间的装饰设计中，运用色彩、图案以及家具摆设形成合理的秩序感可以强调空间的整体性，削弱空间中过于个性的单体形象，使得注重繁琐装饰的空间不

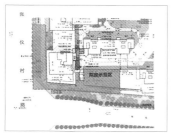

图 5-6 项目设计范围（图片来源：梓人设计）

会变得杂乱无章，使空间更有节奏感。在保持空间秩序感的同时，空间的和谐美也同样重要，在设计中不管是有多么复杂的色彩和造型的变化，都应使其存在于一个特定的空间氛围里，并且有着良好的比例关系，使得空间的局部和整体相互统一。

（5）空间的视觉中心点：在室内空间中，再繁复的软装风格在视觉感官上都需要有一个中心点，视觉中心能突出主从关系，强调一个中心点是设计的关键点，这可以使居室内能保持一个吸引点，一个亮点。

5.3 设计实践初步构想

5.3.1 项目简介

本次课题在理论研究的基础上，尝试将研究成果运用于具体的设计实践。最终项目类型确定为售楼中心设计，项目名称为北京小瓦窑售楼中心，地点位于北京市丰台区张仪村路、丰仪路交叉路口东侧（图 5-6）。项目占地面积约为 2100 平方米，建筑占地面积为 400 平方米。售楼处主体为永久性建筑，将来经过少量立面改造成独立商业。

5.3.2 设计初步构想

以往的售楼中心设计风格多为现代简约、禅意中式、古典欧式等，这些既定的设计风格难免会产生视觉上的审美疲劳。故基于此次课题的研究，尝试将 17~18 世纪 "Chinoiserie" 的设计风格及表现手法运用于售楼处的设计之中，希望在视觉上形成更加多元的风格感受。

本次设计的目标是通过对 "Chinoiserie" 风格的研究，基于西方对东方异域的接纳与欣赏的方式方法，结合本土文化的再生与发展，形成新的艺术与设计风格并应用于现代商业空间之中。

5.3.3 设计方案阶段性呈现

售楼中心的设计在变现风格特征之前首先依旧从解决空间的功能入手，对原始建筑空间进行合理的划分与调整。从平面功能的划分到原始空间模型的建立，从多维度感受空间，为后期的设计打下基础（图 5-7、图 5-8）。

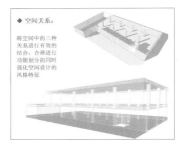

图 5-8 场地原始空间模型（图片来源：作者自绘）

图 5-9 设计意向（图片来源：网络、《中国风：遗失在西方 800 年的中国元素》）

图 5-10 沙盘区与水吧的草图意向（图片来源：作者自绘）

图 5-11 水吧、沙盘模型效果（图片来源：作者自绘）

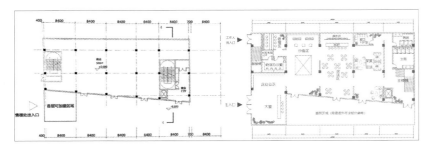

图 5-7 场地原始平面与设计后的平面功能划分（图片来源：作者自绘）

在空间满足了基本功能需求的基础上，开始考虑空间风格特征的表达方式，运用之前研究的理论方法，将传统"Chinoiserie"的风格元素依照现有的空间尺度进行转译。设计初期进行了充分的意向收集和草图绘制，为后期模型深化和效果表现做铺垫（图 5-9、图 5-10）。当前进度：已完成售楼处大堂、沙盘区、水吧的主体立面空间设计（图 5-11）。

第 6 章　结 语

6.1 总 结

本文以 17~18 世纪中西的文化互鉴作为研究背景，透过多重视域探究了"Chinoiserie"风格的源起与发展，更重要的是尝试对其设计思想进行了总结和思考。同时，本文从不同国家设计发展的共时性、共通性以及差异性等角度对同时期的中西设计风格的交流进行了分析，最后总结出当今对中国风格以及中西交融设计风格的具体设计表现方法。

客观来讲，当下甚至今后很长一段时间，极简主义和现代主义依旧会是设计的主流风向。"Chinoiserie"这类注重装饰的设计风格并不会成为主流，不过它的影响仍在慢慢扩大，这是向单一模式化的现代设计发起的挑战。装饰风潮使得空间设计中出现了非常多个性化的艺术形式，满足人对于个性化情感的审美需要。同时，对"Chinoiserie"的重新研究使我们跳脱文化本位的一贯思考方式，为"中国风格"的当代演绎提供了一些不一样的思路。

6.2 局限于不足

（1）对于西方传统设计装饰理论知识的匮乏。"Chinoiserie"虽然表达东方主题，但实际是欧洲装饰设计艺术史的一部分，在研究和学习"Chinoiserie"风格时不可避免地要了解更多欧洲传统的建筑与室内设计知识，这是一个十分庞大的体系，想对其进行深入全面的了解需要花费更多的时间。

（2）实践案例的匮乏。由于现阶段对于"Chinoiserie"的研究大多停留在理论层面，很少有实践案例进行参考。故本次研究想要真正将理论方法向设计实践转化可供参考的实际案例有限，需要做更多的摸索和新的尝试。

注释

①央视.《大航海时代的血性与血腥》。

②左丘明.《国语·卷十六·郑语》。

③龚古尔兄弟.《十八世纪的艺术》。

④来增祥.《首届海德.饰博汇陈设艺术高峰论坛》。

参考文献

[1]（法）Jacobson, Dawn.《CHINOISERIE》[M]. Phaidon Inc Ltd，1993.

[2]（英）休·昂纳. 中国风：遗失在西方八百年的中国元素 [M]. 北京：北京大学出版社，2017.

[3]（法）约翰·怀特海. 十八世纪法国室内艺术 [M].，杨俊蕾译. 桂林：广西师范大学出版社，2003.

[4]（德）利奇温. 十八世纪中国与欧洲文化的接触 [M]. 朱杰勤译. 北京：商务印书馆，1991.

[5] 彭绮云，周慕爱，施君玉. 海贸流珍：中国外销品中的风貌 [M]. 香港：香港大学美术博物馆，2003.

[6] 赫德森. 欧洲与中国 [M]. 北京：中华书局，2004.

[7] 利玛窦. 利玛窦中国札记 [M]. 何高济等译. 北京：中华书局，1983.

[8]（法）Stafford Cliff.Les Arts décoratifs français [M].Thames Hudson，2008.

导师评语

潘召南导师评语：

张美昕同学在进入深圳工作站期间，学习认真努力，积极主动地配合工作站导师开展学习交流活动。在校企双方导师的共同讨论下，选取了针对 16~18 世纪二百余年间在西方"Chinoiserie"风格的定向研究，同时结合导师的实际项目，在收集相关史料的同时梳理文献，并展开设计实践与理论研究工作。拟定论文选题《在文化互鉴下对"Chinoiserie"风格的研究与应用》

该选题无疑是站在异域文化的立场上思考本土文化传统的差异性与互通性，研究对西方通过贸易在接受中国文化与艺术的奇特现象和主观想象的基础上，衍生出对东方异域的接纳与欣赏，结合本土文化的再生与发展，形成新的艺术与设计风格。反观当代的中国环境设计，在国际化和本土化的对峙中，设计师对于文化立场的选择和态度直接决定设计的价值取向，东西方文化互鉴将成为未来环境设计的焦点。因此，回顾历史，东方中国的文化与艺术对西方世界所产生的结果也必然会再反作用于中国文化与现实生活本身，无论是释放、衍生和回归，终究在社会活动中不断发展变化，产生新的样貌。

该选题以独特的视角观察分析近代 200 余年存在于西方的艺术与设计景象，通过对其现象的辨识与理解，贯通地运用于项目实践之中，查找较多的资料，具有较为充分的研究基础。文章叙述逻辑性较好，具有一定的学术价值。存在问题：

1."Chinoiserie"风格在设计方法特征上提炼不足。

2."Chinoiserie"风格在实际项目设计中应用的方法论证不够充分。

颜政导师评语：

这篇论文篇幅不长，但有着一些独到的观点和现实意义。与以往大多由西方人完成的对 Chinoiserie 风格论述的书籍不同，笔者将更多的观察放在了该风格形成的历史背景与当下中国的联系，以及 Chinoiserie 同时期的中国晚清作了横向的比较，从中给人新的思考和启发。

1. 在同一文化中由于自我认识与他者认知的差异，即便他们想要述说的文化本体是相同的，汲取、筛选、平衡出的结果却会迥异。

2. 在全球化的背景下，中国风本身就是一个融合、多变且充满不确定性的多元风格，它的状态是流动的，具有本民族特征的同时又充斥着异国特色的风格。

笔者在提出这两个观点的同时，又对其阐述的观点提供了较为详细的文献线索和实践结果，作为一名参与在中国建筑与装饰实践中的室内设计师，个人认为这篇论文提出的观点值得许多设计师和创意人员了解并思考。

设计是为生活服务的，设计师虽然做的不是文化本身，但生活功能的审美部分却是与民族性格无法割裂的，并会随着时代、地理疆域带来的交往尺度而产生变化。封闭时代落后的交通和信息会使文化的符号或民众价值取向更集中、更纯粹，但在历史与科技的变迁中，即使同一个民族在不同的阶段也会呈现出不同的状态。

在信息多元、综合国力逐渐提升的当下，人们有更多的机会了解世界各地的文化，现实的民族性呈现出的人文状态与以往中国任何一个历史时期又有许多的不同，西方的教育体系下的新一代对我们古代的"传统经典"是否还有亲切感或自在感，经济与文明的提升，使每个生命个体对自身内在的体味和需求也比以往更突出，体现在社会服务和产品技术层面，更讲究细分和差异。

这是非常值得创意和工作人员思考的问题，也许在未来很长一段时间，无论是科技与美学，都会因人的丰富和差异的需求滋生出前人所意想不到的产品。

在创新时，首先不可回避生命的个体差异，既不能对传统全盘的否定，也不能执守与复辟，没有任何普遍的原创可以作为创作的规则和标准。

其次，传统不在表面，是在基因里，每个人通过对涉取文化碎片的选择重构而创造出"新"的表达方式。这其中当然有高下之分，学习任何一个经典的文化，一定要从系统中学习，严谨地去了解文化的成因，这一点笔者对 Chinoiserie 风格应用中也有非常准确的总结，这是很可贵的！

最后，希望作者可以对本次的研究方向一段时间长久的观察，一定会为东西方文化在今天的融合的观察给出更多有价值的思考。

材料与技术在极简主义空间设计中的多重表达方式研究

的多重表达方式研究 ◎闻翘楚

Research on Multiple Expressions of Materials and Technology in Minimalist Interior Design

安远康莱博酒店设计

项目来源：深圳广田集团股份有限公司

项目规模：建筑共十九层，约 18000 平方米

项目区位：该项目位于江西省赣州市安远县安远大道阳光佳苑东南 200 米

以运用极简的方法营造不同氛围之间细微的差距为目的，探讨在具象形态消隐的前提下如何完成空间内在理想的表达。视觉上运用极致简化的形态，在保证空间体验舒适的同时给空间增添形式美感与内涵，材料语言同空间形式逻辑结合，提升空间的知觉体验。

大堂效果图

全日制餐厅效果图

客房效果图

摘要

　　20 世纪初诞生的现代主义完成了建筑的复杂形式到几何秩序的革新，经历了后现代主义的冲击，在今天的建筑领域现代主义仍旧占据一席之地，并继续发展。在室内设计领域与建筑设计不同的是，由于室内空间设计存在的可变性较大，其理论体系多源自于来源于建筑学、工程学或是纯艺术领域。用于空间设计中的"极简主义"兼具建筑理论中的现代主义和艺术领域的极简主义，常见于当代的空间设计中。极简主义设计理念能够延续至今，一方面是在于清晰的几何秩序以及标准化的建造手段顺应时代潮流，另一方面在于极简主义设计的表现形式有更深层次的美学价值。材料与技术是实现设计理念必要手段和载体，在功能进一步拓展的同时，保持简化形式的极致，需要技术材料的革新。本文重点分析了极简主义空间设计的表现形式与内涵以及材料与技术在其中起到的多重作用，并且探讨极简主义在未来可能的发展方向。

关键词

极简主义　建筑装饰材料　技术　理性形式　空间内涵

第 1 章　绪论

1.1 . 研究目的与意义

　　世界发展规律从秩序变为无序，然后从无序变为秩序。设计领域经历了古典主义的程式化格律，到工艺美术运动为开端的多种思潮的汇集，它是现代主义划时代的形式，后现代主义的潮流将再次反映出设计的历史。从 19 世纪至 21 世纪 100 多年的期间，由于科技与社会文明的进步，使设计经历了巨大的起伏跌宕的发展变化。时间上，极简主义出现在现代主义和后现代主义的交替时期，是现代主义后多元化趋势的一个分支。与其他当代设计主张不同，在某种程度上，是一种现代主义的继承，并且具有理性主义和功能主义的明显特征延续至今。

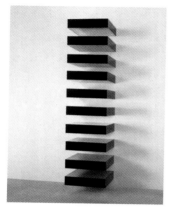

图 1-1 唐纳德·贾德作品《无题》1981 年（图片来源：网络）

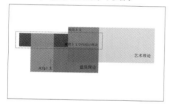

图 1-2 建筑理论、艺术理论与极简主义空间设计理论的关系（图片来源：自绘）

　　秩序源于对混沌现象的整理，极简主义的生命力的缘由是其在无序中整理出一条有序的线索，为复杂的、不明确的问题提供清晰明确的解决方式，达到了形式与功能双向的极致。

1.2 . 相关概念

1.2.1 极简主义

1. 产生背景与发展历史

　　"极简主义"的概念最初是由英国哲学家理查德·乌海姆 于 1965 年在文章 Minimal Art 批评为达到美学效果刻意减少内容的艺术实验时提出的词汇。

　　20 世纪 60 年代起源于美国的极少主义艺术运动是一个极有影响的艺术思潮，对未来的建筑及设计行业产生巨大的影响。"极少主义"艺术流派的思想内核是非个性化和多余因素的去除，将形的抽象达到极致，是一种完全摒弃形态再现，纯粹表达艺术家的思想理念的艺术形式。极少主义艺术代表人物唐纳德贾德 曾经说过："如果我的作品是极少主义的，那么是因为它不包含那些人们认为它应该包含的东西 。"

2. 极简主义设计

　　设计中的极简主义概念最初出现在 20 世纪 60 年代，是后现代多元思潮中的一个分支。20 世纪 80 年代中期出现的功能主义设计观念可以看作极简主义的开端，一部分建筑师剔除掉建筑中的繁复装饰于历史符号，创造出的纯净简洁、充满秩序感的空间。对现代主义建筑的形式与思想的探索走到了相对平衡之后，后现代的思潮的出现打破了稳定的状态，多种形式的修订现代主义的尝试开始出现。

　　设计理念中的"理性"代表的是合理性。 在哲学概念中，理性主义与经验主义相反，意味着意识并非完全来自经验，人类理性高于感官经验的哲学方法。 在西方哲学中非理性一直处于理性之下。 在建筑设计领域里用"理性"代指"客观的"设计用"非理性"代指风格化的设计。 在《理性主义者》一章中将哲学与建筑的概念结合在 "建筑与设计过程中的合理性" 中，探讨建筑之上的意识形态对建筑设计的影响，将建筑概念化和哲学化。 在这里，将"理性的"建筑与经验主义联系在一起，是逻辑经验主义的图示将建筑学推向一个极端。 "世界客观化的如此完全，结果它们给人的因素只留下了极小的空间。" 这里的"理性"代表客观主义，理性是客观主义的基础。密斯的"少即是多"的想法直接影响极简主义的形成。 设计上，密斯坚持从复杂无序的世界中寻找一条有序而清晰的脉络。 极致的秩序与理性是其设计的原则。 "我相信我的工作因其合理性而对他人产生影响。 任何人都可以以它（理性原则）来工作而不至成为一个模仿者，因为它是完全客观的。 我想如果我发现什么是客观的，我会使用它，并且它起源于谁并不重要。" 如今的极简主义设计一定程度上是功能主义的延续，功能主义者对于"理想形式"和"乌托邦"的追求，极致理性设计理念仍然反映在今天的设计中，但它不再具有绝对的统治地位。然而以功能优先的设计理念始终贯穿于今天的设计实践中，然而与现代设计相比，极简主义设计对形式的简化更加强烈和彻底。

极简主义的另一面国际主义的延续，形式上的极简，与现代主义表象相似内核不同。国际主义所隐含的形式先于功能的思想被主流思想所批判，但是其对纯粹几何形体的追求以及对材料本身表现力的探索在今天也有借鉴意义。

关于空间设计中的极简主义理念与艺术理论及建筑理论的关系，如图1–1所示。虽然现代主义建筑运动已过去近一世纪，极少主义艺术运动也过去了半个世纪之久，明亮通透的玻璃幕墙、纯粹的几何形体，混凝土网格结构，以简洁的手法创造的建筑仍然占据着城市的天际线。 在空间中体现的是与建筑外部相对应的简洁界面，用更洗练的手法表现形、色、材的变化， 设计出独具简约之色彩的空间，同时保持空间功能的完整。当今流行的这种极简主义设计．从根本上说，是现代主义风格的一种延续和较为极端的发展。

1.2.2 材料与技术

《现代汉语字典》对"材料"的解释为"可以直接造成成品的东西。"根据材料在建筑中的作用和位置，可以划分为承重结构材料、饰面材料两种。空间结构的问题在建筑设计阶段被解决，材料在空间中的运用，也可以分为功能结构与表面饰面两个方面。材料与技术是实现设计理想的途径和手段，本文的研究重点是，材料在极简主义空间设计中的表现方式。

1.3 . 国内外研究现状

1.3.1 国外研究现状

极简主义概念源于艺术流派，与此相关的理论研究也集中在绘画、雕塑等领域空间设计中的极简主义理念源于建筑理念中的现代设计，现代主义建筑师密斯的"少即是多"的设计理念已经成为极简设计的核心思想。而对于现代设计的研究与争论自其 20 世纪诞生以来从未停息。《包豪斯与乌尔姆》中提出以科学、功能、理性作为设计的主旨。在《反理性主义者与理性主义者》一书中探讨了设计形式的两极：形式的简化与复杂化的两级，其中理性主义部分是对极简主义设计意识形态方面的论述。

当代日本主要的设计理念是极简主义设计思想具有极简主义特性。简约、自然、禅意的表现既是形式上的极简，也具有独特的日本文化特征。相关的著作有原研哉的《设计中的设计》、《白》、《为什么设计》等。

1.3.2 国内研究现状

国内对极简主义理念与装饰技术材料两个方面均有较深入的研究，极简主义设计理念的研究主要在于概念定义与理论研究，具有代表性的包括万莉《极少主义室内设计及其可持续发展理念研究》，廖雪峰《从社会学的角度试析极简主义的设计思想》等。从不同领域、不同时期以及不同程度分析了极简主义设计的形成与发展。从工程的角度，对装饰技术材料的研究的期刊有《建材与装饰》、《新型建筑材料等》，装饰的角度研究材料的性质应用的期刊有《现代装饰（理论）》等。

第 2 章　极简主义设计在当代的发展

从历史角度分析，每个时代占据主流的设计形式的形成，是技术条件、社会意识、经济实力的综合的体现。哲学家哈贝马斯认为，现代主义设计面对三个方面的挑战："第一个挑战是大量的对建筑设计的新需求；第二个挑战是新材料和新建筑技术；第三个挑战是建筑物需要满足新的功能要求，主要是经济要求。" 设计离不开它时代的背景，简约设计作为现代设计中的延续形式，在当代的设计背景下，设计与施工过程的变革、生活方式的转变、地域与人文因素的增强，这既是极简主义设计的挑战，也是其进一步发展的条件。

2.1 . 极简的当代性

从时间概念上看，当代设计是对现代设计的延续。而"当代性"本身包含着对现代的反叛。相对 20 世纪而言，近些年来主流设计观念逐渐产生了一些转变，一是从功能到审美的转变，二是从一元标准化到多元个性化的转变。与历史不同的是，在这个时代，多数人的声音都可以被传达出去，不存在一种强有力的声音掩盖住其他声音。在人人发声的繁华嘈杂的时代背景下，使用者和设计者的双重意愿同时得以表达，使得设计的形式趋向于多元，但同时市场的有限的选择使设计收到一定程度局限。同时，多元的当代设计也并未完全摒弃现代设计的全部，这是由于无论是与其前后的哪一个时代主流相比较，现代性的设计都有着向前的趋势与方向感。

极简主义设计从诞生至今仍具有生命力的原因，首先是由于它是以现代建筑思想为基础的一种设计形式，密斯的"少即是多"是其功能主义和极简主义设计原则的源泉。现代主义是当代时代相对容易接受的建筑设计理念。极简主义是现代主义的延伸，其次，与后现代主义隐喻和解构主义等其他建筑趋势相比。极简主义既不是风格也不是审美系统，而是与生活方式相关的思潮。而是与人的行为，生活理想有着更密切的关联。

2.2 . 与生活方式的关联

随着时代发展，社会形态发生了天翻地覆的变化，人的生活方式随之改变。生活方式的变化和科学技术的发展是相互作用的，技术产品改变人的生活方式，生活方式的改变使人对产品和环境有了新的需求，生活方式的改变引发所有领域的变革，推动着环境的变化。

在快节奏的现代生活的背景下，简约的设计仍然具有生命力，是其高效、理性，反对冗杂的装饰，符合当今社会的需求，这种社会需求使其得到了得天独厚的发展空间，正是社会需求影响了极简主义设计风格的创造。 自 20 世纪以来，人们的视野已从单纯的对物质的追求发展到了对自身价值体现的需求上来， 所以在审美上不再是一味地追求繁复、奢华，而更加注重功能性、造型的简洁大方、严谨的结构工艺、色彩的和谐统一以至更高层次的需求，心理需求的这种变化推动了极简主义设计风格的发展。

2.3 . 科技条件与极简设计的互补作用

设计的进步离不开科学技术的发展。今天的设计应该基于科学技术的发展，从人性的角度出发，融合各种艺术思潮，呈现多维度、多学科、多层次、跨文化和其他综合，新形式的创作实践和生活艺术。不同于沙利文所提出的"形式追随功能"的宣言，如今的功能是与时俱进的，形式也往多样的趋势发展，而功能与形式同时受限与时代科技条件。另外，如今设计中的审美维度逐渐被提到更高的位置上，形式不再是功能的对立面，而是相互补充的支撑与促进的条件，技术使其形式不断地创新而成为时代的标志，形式又不断地挑战科技的极限促使其发展的手段。

第 3 章　材料与技术对空间的约束与释放

3.1 材料与技术对功能的约束与释放

3.1.1 对材料的充分运用

空间形态本身受制于时代技术。传统建筑材料以砖石木材为主，现代建筑则以混凝土、玻璃为主要材料。不同的材料所形成的形态完全不同。随着现代建造技术的产生，建筑表面属性不完全受限于结构材料，结构材料与表面材料分开使用。"形式是材料特性的产物。"

现代建筑装饰材料整体上分为型材和面材两部分，型材解决结构问题，面材解决装饰的问题。在建筑理论领域中的材料表现方向上，存在着两种典型的理论思考：强调材料建构意义的结构理性主义和强调对材料的表面属性的利用。

1. 料的结构属性

功能主义、结构理性主义以至于后现代主义中的高技派，这些设计观念的共同特点在于将建筑形式与材料的结构属性相结合，减少建筑中外覆的不必要的结构。18 世纪时期，建筑理论领域已有对材料结构与空间形式之间关系的思考。阿尔伯蒂所著《论建筑》提出的柱式、山墙不是装饰，而是空间结构的要素。

网状结构建筑产生后，现代空间自身形态基本趋向与一个相对稳定的形式，是由于其具有物理与视觉上双重稳定结构。 柱网结构的建筑中，柱对空间的占据一定程度上限制了室内设计的可能。 在此基础上，新的技术材料扩展了建筑形式的可能性，从而改变了空间的形式。 膜结构、薄壳结构和悬浮结构等新结构形式的形成依赖于科学技术的发展。同时,空间构建方式影响空间形态，以及人的视觉感受，空间中的结构与装饰并不是二元对立的。

进一步分析空间内部分隔，隔墙的厚度是室内设计的制约条件之一，过薄的墙体不能满足隔音与保温等实用性需求，而过厚的墙体占据过多空间面积。最早的砖砌隔墙，墙的厚度取决于砖的宽度，到如今最为广泛运用的纸面石膏板隔墙，墙体的厚度缩减了近半。随着材料技术的发展，墙体的各项实用属性增强，而厚度越来越薄，薄而适用的墙体也得以实现。

2. 材料的功能属性

人类的建筑实践，由以自然材料为主，到人造材料的诞生，自然材料的一部分被人造材料取代，被使用的部分的稳定性与持续性的增强，材料本身的属性的充分利用。对于自然材料，人类凭借着经验和对材料属性的了解，在较小程度内加工和处理材料，比如木材和石材，用以承重、隔热或是其他功能。对于钢筋混凝土等人造材料，最初人们在经验范围内无法了解其性质，不得不凭着感觉使用。随着科学技术的发展，人造材料的性质可以根据其用途进行调整和操纵。

例如，作为现代主义建筑材料的基本材料的玻璃，坚固、防水、透明等优良特性是天然适合作为制作窗户的材料。自从古罗马人发明的大量制造玻璃的方法，玻璃开始作为建筑材料在西方世界广泛应用，到如今防雾玻璃、单向透光玻璃、调光玻璃等多种新型玻璃被发明出来，作为材料运用到空间中。人们从加强玻璃作为材料的基本属性开始，制作出更耐磨、更透明、更平整的玻璃，到改善其作为材料具有的缺陷，制作出安全可靠的玻璃材料，直至现在根据更细致的需求，制作出多样的玻璃材料。

3. 材料的表面属性

除了空间形式，空间设计最重要的部分是装饰材料的使用。在空间内的人的感受有高与低、明与暗、冷峻与温暖开阔或是压抑等。除了原始的空间结构，这些心理或视觉认知也来自装饰材料的特征，以及它们的排列或结构的变化。如金属的冰冷、青石板的粗糙、布面的柔软等，空间以何种类别的材料为主围合而成，将形成与材料相关的空间气氛，并且相应功能的空间必然具有最匹配的材料。装饰材料的各项性质也直接影响了空间属性、空间的可居性、空间视觉效果也与材料的运用密切相关。室内装饰材料的防火、隔音、遮光等实用性的需求也可以通过面材的使用来实现。

3.1.2 对于空间的适应性和机动性理解

1. 空间的适应性

一个空间的功能不是一成不变的，使用者的构成总是处于动态变化中，使用者的意愿也是变化的。从家庭，到城市，无论空间的范围的大小。在设计过程中考虑这些动态因素，以不变应万变，能够减少重新设计施工所带来的不必要的损耗，以及由此产生的装饰垃圾，延长设计的使用期限，或是减少变动的难度和步骤。

2. 空间的机动性

空间如同多功能的产品，将使用者的全部物质精神需求收缩在一个有限面积的空间内，提高空间机动性是实现高适应度空间的方式。空间的机动性体现在功能的整合。空间功能的并置。不同于将空间内按功能划分成不同的区域，机动空间是按照时间划分功能的空间，通过一些简单的改变，如灯光的变化、设施的重新组合等方式，完成功能的转变。

3. 智能技术

智能化设计也是功能整合的一种方式，将多种功能归纳到一个终端，减少产品的数量。传统空间一个产品对应一种功能，设计师改变的是物品的形式与功能。而智能技术的产生将多种功能收缩于一个产品中，将设计从产品本身中抽离出来，直接设计人的行为，是一种对空间的释放。与智能产品相比较，是智能空间摆脱了终端的制约，将产品融入空间中，更进一步实现了非物质设计，设计师构想的是人的行为，而并非产品或是空间的表面形式，从对有形的物品的规划，延展到人与物品之间的交流中，设计活动转变为了语言活动的一种，是一种更加多变、可变，概念与制造相伴进行的东西。借助智能技术规划的空间更接近未来的空间形式。

3.2 材料与技术对形式的约束与释放

技术对形式释放整体上是两个方向的，极致简化与极致复杂化。功能不再完全凌驾于形式之上，多种来源的形式在空间中运用，并不具有实际的功能，仅有视觉上的作用。

在形式简化的方向上，比起现代主义时期，技术的发展将空间的简化推向到更极致的程度。简化的方向也是如此。无论是简化还是复杂化的方向，均是审美观的拓展，并无优劣之分。

复杂化的方向上，有向历史追溯的风格化的设计，也有随机的、多向的、非欧几何的设计。概念性的设计逐渐有了实现的可能，技术条件逐渐不再是设计的局限。日趋完备的 3D 建模打印技术可以制作出远比手工精细的图案，数字生产技术可以制作出任何形式的曲面结构。技术不再是形式的制约。

3.3 科技支撑下的人性关怀

人是空间的设计者和设计的使用者，因此人是设计的中心和尺度。这种尺度既包括生理尺度，又包括心理尺度。从根本上，设计活动是为了满足使用者各项需求而产生的。从这个意义上来说，设计人性化和人性化设计的出现，是设计要求的必然，而不是设计师追求风格的结果。

未来的设计趋势必然是对人的需求的极致满足，设计环境的目的是简化人的行为，是为了规划一个更有效、更方便、更符合人类需求的生活环境。如今通过科技手段可以满足更多、更全面人性化需求，协调人和人、人和物品、人和环境的关系的途径是技术的革新。首先，技术的发展使设计人员能够更全面地了解他们的设计用户。对于人的全面准确的了解，从人体工程学作为学科诞生开始，经历了四十余年的时间，在此期间数据是不断更新变化的，对数据的分析与总结是科技进步的结果。其次，简化操作这一行为本身需要强大的技术支撑。

3.4 科技支撑下的设计概念

材料与技术的发展使多元多向的设计观念有了实现的可能，无论是对历史的追忆还是对未来的构想。过去文学作品中难以实现的构思也随着时代的发展得以实现。刊载于《反理性与理性主义者》中瑞勒尔·班汉姆所著的《玻璃天堂》中所说，出自布鲁诺·陶特之手的科隆玻璃馆远超他其他的作品的原因是斯切巴特的贡献。斯切巴特的小说《玻璃建筑》对玻璃世界的想象一定程度上引领了现代建筑的发展。与现实相比他的叙述更加浪漫、更天马行空。小说中描述了一个由玻璃构成的世界，其中交织着各色灯光，如同宝石一般晶莹剔透的城市。在对未来的构想，科幻小说突破了时代技术和文化的禁锢，描绘的图景却意外地在可见的今日有了一定程度的实现，玻璃建筑在现代建筑中占有了极其重要的地位。技术和材料的进步使极简主义的设计脱离了乌托邦式的理想空间构建，逐步可以在现实环境中实现。

第 4 章　材料与技术的发展与极简主义设计的关联

极简主义空间在构建形式的同时为空间带来了丰富的空间体验和心理感知。它所呈现的简洁和纯洁的特征实际上是在理性建构思想下对物质视觉属性的挖掘。形式的目的是美学，但是空间的结果是一个多感知的场所，除了视觉，不同的材料带来不同的触觉，心理甚至嗅觉，赋予建筑物多层次的感性体验。技术不仅与材料的运用联系在一起，也是使极简主义空间形式简化的同时功能不损失的手段。

4.1 系统化设计与功能的组合

系统化设计趋势的理论依据来源于复杂系统论，是一种对复杂功能的梳理与整合。前文中提到的空间适应性与机动性设计是空间的系统化设计中的一种形式。系统化设计今天的生活环境中

图4-1 光影玻璃住宅室内效果（图片来源：网络）

图4-2 玻璃砖施工过程（图片来源：网络）

十分常见，居住空间的缩小使得功能不得不被收缩在一个很小的空间范围内。智能技术是新的系统化设计方式实现的途径。系统化设计也是极简主义设计观的体现，减少了产品的数量，空间的舒适度不会产生变化。

当代人性需求的复杂性

当代对空间基本功能的探寻至今几乎达到了平衡，空间几乎可以满足所有的生理需求。时代对设计提出了更高的期待，环境、产品与人的关系也在发生变化，设计师的关注点转向了实现人的更高需求和理想上。在满足人的生理需求的基础上，室内空间向其他方向延伸，空间设计的发展如同半径不断扩大的圆，功能如同圆心，对其他需求的探寻如同不断不断增长的半径，比如新产生的功能需求、多种多样的空间形式以及对情感上的诉求。人能感知到的需求已经逐渐被满足，如今的设计开始着眼于人感知不到的需求，对于空间设计，更有价值的设计不在于单纯的视觉上改变，而在于围绕着人的尺度与情感，对于空间"看不见"的部分，也有设计上的考量。

4.2 视觉表现

4.2.1 多样的极简形式

在如今注重个体、形式和数量的多元化思潮下，理性所蕴含的整体性、逻辑性以及合理性使得极简主义这一方向的设计使人们重新思考设计的本质。去除了情感的、偶然的，以及不必要的部分，极简主义设计方法使物、环境和人之间的关系更加清晰明了，在逻辑通顺的基础上，根据需求增添附加物成了相对容易的部分。极简主义设计在形式上的表现主要体现在以下几个方面：首先是从设计的形式上看，极简主义设计的"少"与"多"的关系，"少"是具体的实物，而"多"，因而"'无'既是'无'，又是'无限'，这种'无'是最丰富的状态。"极简主义设计中的"少"是一种精神意义上的"多"，同时也为为使用者留出更广的适应性与更多的可能性。其次，在元素极少的空间内，小范围内少量调节材质关系可以放大到整个空间内，达到更多样的氛围。

4.2.2 极简主义空间新材料技术展望

形式上的极简设计在技术上并不简单，图纸上的简洁线条可能会难以实现，无法隐藏的节点、材料模数的制约，难以长期保持的清洁度、都是极简主义设计中的受到的制约。

材料的使用对极简主义设计的影响更重要，相较于具体的材质，"无"的材质表现更难以实现，工业技术抹去了材料中的自然与历史痕迹，减弱了观者对空间含义的联想，产生的是纯粹的秩序感、形式感。极致简化的空间得以实现的可能。伴随着改变空间环境，也改变了人类自身，空间的定义一向是哲学家探讨的话题之一，技术是否可以实现形空间式简化与使用感受丰富同时达到极致？

无具象形态的空间也需要依靠技术来实现。相较于过去几十年，如今生活中更多的功能被收缩到少量的设施中，使用的物品的数量更少，而功能更丰富。未来的设计功能是否会进一步收缩到更少的设施中，形式的简化更接近极致，需要技术进一步革新。

4.3 极简空间承载多重内涵

形态与结构是空间的外在构成，而含义是其内在的构成。尽管去除了情感和文化的附加，极简主义中的"空"自身蕴含着一定的文化含义，一部分是文化碰撞，极简主义的设计思想与其他文化背景的设计形式之间具有相似之处；一部分是由于在设计史上占有一席之地的现代设计本身所形成了一种"风格"。极简主义空间理想的形成，有以下的三种表现形式：

4.3.1 简化与消隐

人很难被纯粹的逻辑打动，在极简主义设计中，去除了具体的形态、情感和文化的表达后，可能会产生平淡、乏味的后果。除了功能与形式的平衡，在极简主义的理性表征本身蕴含着一定的美学与文化内涵，并非表象的简化。虽然具象的信息与符号被隐去，简化与消隐本身就是一种"符号"。极简主义设计的美学表达不一定是以具象的形态表达出的，"空"本身就具有一定的含义，空间中具象的形被消解，而空间的意境已经的延续到每一个角落，甚至"空"本身形成的空间感受，是地域文化的一部分。

4.3.2 强调与象征

极简主义的艺术作品中可以没有主题、没有象征，没有历史符号，甚至不需要表达观念，在设计中也是如此，不需要赋予空间过多的象征意义，为人与空间之间搭建了最客观的沟通桥梁。极简主义设计抛弃了符号与装饰，以及后现代的隐喻，留下来的部分是尺度、比例、节奏和质感等现代主义形式美的基础原则，形成极简主义设计的空间独特的张力。

从整体上分析，一个空间中视觉中心点的形成，往往存在一些异于周边的特质，以尺度、数量、质感或是色彩来区别。用尽量少的手段达到形成视觉中心点的目的是设计中需要解决的重要问题。

虽然极简主义设计中不包含象征，被强调得视觉中心点在多数空间内是必要的，如同一篇乐章中的"强音"。而在一部分空间中，需要平和的氛围，视觉中的"强音"相对被弱化。极简主义设计的空间视觉上相对和缓，被强调的设计点与周围的对比度需要控制得更谨慎。将一个空间中，色彩、尺度比例材质等特征分开比较，若果空间中的强对比以色彩表现，在其他方面的对比需要被弱化。

4.3.3 表达与暗示

材料的运用是空间意识升华的过程中的重要手段，与其他空间类型相比，在一个极致简化的空间中发生的任何一处细微的变化，都足以改变空间意识。对于运用极简方法接近空间本质的设计师而言，相对于化作符号装饰贴在表面上，将信息融入空间中也许是一种更好的表达方式。

例如，中村拓志设计的光影玻璃住宅，没有过多的文化符号，充分利用了玻璃这种材料的自身属性，运用新技术调节玻璃砖的透光度，完成空间的意境美表达。这面玻璃墙由特别打造的透明度极高的玻璃砖组成，本身是一种难以加工的材料，由于玻璃墙的尺度大，更是增加了施工的难度。为了避免砖块之间有黏合剂影响视觉效果，建筑师以钢索和龙骨结构作为纵向结构支撑，以不锈钢扁钢作为横向固定材料，完成了巨大尺度的玻璃墙以及每个砖块之间的严密连接。

极简主义并非完全取消"装饰"，但却也有别于传统的符号性质的纯装饰。比如以线条构成得空间，线条本身不具备特殊的含义，组合成形态或是融入一个空间中后会被赋予一定的"意义"。形式本身不具有意义，有的只是解释而已。

图 5-1 安远康莱博酒店建筑效果图（图片来源：广田集团）

图 5-2 大堂效果图（图片来源：自绘）

图 5-3 客房效果图（图片来源：自绘）

图 5-4 全日制餐厅效果图（图片来源：自绘）

第 5 章　设计实践——安远康莱博酒店设计

5.1 . 项目设计条件

建筑整体共十九层，酒店部分面积约 18000 平方米，一、三、四层为公区，五至十七层客房。设计范围为大堂、大堂吧、全日制餐厅以及客房（图 5-1）。

5.2 . 项目设计目标

设计的主要目标是将纯粹的极简形式运用在有限的空间中，简化材质、消隐符号，以线条为主构成空间，运用材料增强空间的知觉体验。

5.3 . 项目设计方案

本章节对应前文论述内容，分析设计方案内容。极简形式及空间意境的形成、极简形式的空间功能的整合以及材料和技术在其中扮演的角色。

5.3.1 极简形式与空间意境

首先是简化的部分，弱化色彩的对比，整体以白色为主，强调不同材质肌理的对比。其次，空间中强调的部分在中间装置的设计尺度上高于其他，复杂性也强于其他设施是空间视觉强调的部分。线条纤细而密集的部分，与相对粗一些的金属线条直之间的节奏关系，消减纵向结构。以直线为主构成空间关系的同时，利用水景、灯光、曲线的造型柔化空间，营造一个明亮、轻快，又不缺少变化，无须过多的风格手段营造空间氛围（图 5-2）。

5.3.2 极简形式与功能整合

客房的功能设置相对比较复杂，终端和设施较多。运用智能技术，以墙面的面板作为将控制空间灯光、温度、网络的终端。将光源、插座、音响等功能设施归纳到墙面。整合界面，以线条和材质构成空间，释放空间面积。空间造型设计并非一味地弱化简化，而是在一定的空间范围内，满足基本功能的前提，以低限度的形式构成空间（图 5-3）。

5.3.3 材料与技术在极简主义空间中

在全日制餐厅效果图内（图 5-4），出现的空间元素有：无边界水面、大面积的曲面玻璃以及平整的"无"属性的界面。以不同形式的圆为形态上的逻辑线索，现代属性的材料为途径，形成纯粹抽象的空间形式。材料不仅仅是用来包裹结构的表面，在保证空间体验舒适的前提下给空间增添形式美感内涵，将材料语言同空间形式逻辑结合，增强建筑空间的知觉体验。

第 6 章 认识与结论

6.1 . 材料与技术在极简主义空间设计中的表达

6.1.1 理性形式的表达

针对设计中"理性"的含义，理论界一直争论不休。罗宾·埃文斯在对密斯的建筑评论中写道："密斯并非就感兴趣建造的真实，他感兴趣的是表达的真实⋯⋯密斯之所以是理性的，是因为我们宁愿相信方的、简单的事物，宽泛地说，是理性的标记，而弯曲的，复杂的事物是非理性的标记。'可以看出，人们认为清晰的、真实的事物，是理性的。密斯的作品里没有达到表象与建造的完全'理性"，是受限于经济条件与建造技术。

从密斯的建筑作品中可以看出，多数情况下材料在空间是外露的，真实的，理性的。钢结构与玻璃之间形成的骨与皮的关系 直接表现在建筑的内外，并且，通过控制材料的几何特质及模数关系体现设计理念。

6.1.2 人性关怀的表达

"理性"的含义是真实的、合理的，对于建筑而言表面形式或是本质原则的理性设根据结构的表现是否真实界定的，而对于空间内部的"合理性"更多体现在人的体验上。相对于建筑外部，空间与人的关系更加密切，以人的感受为原点是空间设计准则。

视觉上，被部分人群所接受的同时，极简主义设计也被部分人群所诟病，被评价为冰冷的、非人情的、机械化的。然而，并非所有的极简主义空间均是如此。首先经过功能的整合后，其次，视觉上，可以借助少量的材质变化，改变空间氛围，

6.1.3 意境内涵的表达

当今室内设计领域充斥对地域元素和历史符号的滥用，本文对极简主义空间设计的研究也是对这一现象的反思：对于空间而言，外设的符号是否是不可或缺的存在？不过分考虑空间的地域性、

文化性，是否也可以形成空间的意境表达？无论何种类型空间形式的，一个优秀的设计师都可以将其表达得恰到好处，然而由于符号的信息属性不同的空间形式本身具有得特性很难改变。例如，古典主义的空间具有历史的厚重感、后现代主义的设计多少带有一些反叛和戏谑。而极简主义空间减去了种种文化符号的附属，给人留下的最直接的感受就是轻盈。极简主义空间的意境和内涵不以符号信息的形式表现，而是融入空间中，以最为抽象的几何形体和材料语言建构空间的视觉体系，更接近空间的本质。"少即是多"，"少"既可说是虚无，也可说是无穷，它体现的是精神、意念上的"多"。

6.2 . 材料与技术的发展实现了形式主义的功能强化

极简主义并不是现代主义的替身，功能高于一切表面形式的设计观念不再占据主流，结构、功能、形式、材料，空间中的任何一项都无法完全凌驾于其他要素之上，一个合理舒适的空间中的各项要素必然是协调的。人们开始反思审美在设计中的位置。波斯特丽尔说："现代设计曾经是一个价值重负的标 志——某种意识形态的符号。现在，它不过是一种风格而已， 是许多个人化审美表现的可能形式之一。" 消费结构的转变使得如今的时代是一个愈加多元化的时代，绝对一元的视觉形式显得不合时宜了。极简主义与完全摒弃装饰的现代主义不同，"极简"本身就是一种装饰，是审美维度中的一个方向。观念的实现的主要途径是材料与技术的革新。在此意义上，本文对极简主义设计中的功能强化的分析，对于其他类型的空间形式也具有参考价值。

参考文献

[1]（美）贝斯特，科尔纳. 后现代转变 [M]. 南京：南京大学出版社，2002.

[2] 许英英. 当代建筑的复杂性语意 [J]. 重庆科技学院学报：社会科学版，2012（11）.

[3] 吴佳倩. 极简主义在产品包装设计中的诠释研究 [D]. 吉林：东北电力大学，2017.

[4] 唐莹. 现代北欧与日本室内设计中的极简主义比较研究 [D]. 合肥：合肥工业大学，2016.

[5] 李李. 极简主义艺术道路之无止境 [D]. 上海：华东师范大学，2007.

[6] 廖雪峰. 从社会学的角度试析极简主义的设计思想 [D]. 武汉：武汉理工大学，2013.

[7]（英）尼古拉斯·纳夫斯纳，J·M·理查兹，丹尼斯·夏普. 反理性主义者与理性主义者 [M]. 北京：中国建筑工业出版社，2003.

[8] 周宪. 当代设计观念的哲学反思 [J]. 装饰，2013（6）.

[9] 雷光，董璟雯. 极简主义设计风格语境下的当代艺术设计 [J]. 美术大观，2015（12）.

[10] 任军. 当代建筑的科学之维——新科学观下的建筑形态研究 [M]. 南京：东南大学出版社，2009.

导师评语

潘召南导师评语：

闻翘楚同学在进入深圳工作站期间，学习认真能力，针对导师开设的课题研究方向，积极开展设计实践与理论研究工作。所写《材料与技术在极简主义空间设计中的多重表达方式研究》论文，从选题立意上很好地结合当代设计前沿思潮与设计项目实践。在案例研究和现代设计演进的历程变迁中寻找设计运用的契合点，利用深圳广田设计院丰富的现实案例资源，开展有的放矢的研究，以此为理论探索的起始点，并加以大量阅读现代设计理论与社会学等相关方面书籍。针对项目存在的现实问题，深入理解极简主义设计理论在中国现实社会环境、空间中的设计运用与呈现方式，很好地补充了自身知识不足。

论文从材料与技术两个方面探讨极简主义的设计理念和表达语义，进一步追述现代主义设计在科技发展的驱动下衍生出不同的设计思潮，并形成极致化的极简主义设计流派。通过对极简主义设计的深入探究，清晰的梳理出简约形式下的理性至上的设计原则和功能优先前提下的人性关怀。文章整体结构较完整，逻辑性较强，在学习的过程中加强了理论建设和设计实践能力的提升。但论文仍然存在较多问题：

1. 论证性不足，像一篇设计风格介绍。

2. 深入程度不够，没有通过材料与技术、功能与形式等多维度的进行聚焦论证。

3. 遣词用句的表达准确性不够，还需要加强论文写作能力。

肖平导师评语：

"冷"的魅力

看了闻翘楚同学的《材料与技术在极简主义空间设计中的多重表达方式研究》论文后。感受到一种处于中性的"冷"美学姿态。这个"冷"可以简单地解读为理性。论文几乎去除掉了文学性与情感类描绘以及与极简主义特征不相干的多余文字，以一种精炼、淡然的行文去解构极简主义风格的由来、定位、发展、应用以及对未来的影响与启迪。这个"冷"也可解读为一种"效率"。它在发端与发展进程中最大限度的减弱了所有情怀的、文化的、民族的、国界的甚至宗教的指向和特征，拒绝为这些泛滥而狭隘的情感提供服务。将工作的重点始终放在为"人"服务上。功能的准确、合理与实用的便捷、高效始终是其工作的核心。而这样的理念显然需要不断进步的科学技术和新材料的进步与更新作为支撑，因此坚持与时代同步同行的理念使"极简主义"持续的展现出强大的生命力。

闻翘楚同学在这次工作站的学习中，作为一个浩大课题的研究者，认真而严谨。在实践工作《安远康莱博酒店》的设计中很好地运用和展现了《极……》这个研究课题。平心而论，选择此课题难道极大，过程总是充满了艰辛和乏味。但我们从闻翘楚同学的论文中看到的是条理清楚、逻辑缜密、层次分明的论述，并应用大量的相关学科为辅助佐证，其中不乏个人可贵的见解与心得，实为难得。

在这个各行各业都在呼喊"温度"的时代，"冷"却绽放出了别样的魅力。

基于大唐文化的酒店设计探索——以西安万怡主题酒店设计为例 ◎罗娟

An Exploration of Hotel Design based on Tang Dynasty Culture
——Take the Design of Courtyard Theme Hotel in Xi'an as an Example

西安万怡酒店室内设计方案

项目来源：PLD 刘波设计顾问有限公司

项目规模：1152.6 平方米

项目区位：该项目位于西安西咸区沣东新城的大西安新中心中央商务区

此设计的关键词是"大唐文化"、"文化体验"，将"文化体验"放在首位，力求打造一个具有大唐历史文化体验的空间表现。大堂是会客、接待、登记、商务与一体的功能区，以"初见大唐"作为设计主题，大明宫的"宣政殿"作为设计原型。以香槟金色调为主，以建筑榫卯木构作为顶棚的设计造型，酒店入口以城门的超大型艺术墙呈现，简洁大方，大堂区域将呈现出欣欣向荣、富丽堂皇的皇家风范，象征宾客们至高无上的尊贵。大堂吧以"丝绸之路"作为设计主题，整个空间色调活跃，以中黄色调为主，酱红色为辅，该区域体现多姿多彩的外来多元文化。两个空间主要以简洁明了，点到即止的设计形式呈现，空间意境表达借鉴了佛教的"性空无我律"参禅之道。

大堂入口处

酒店走廊

大堂休息区

大堂休息区一角

大堂吧

大堂区域

基于大唐文化的酒店设计探索——以西安万怡主题酒店设计为例 / 罗娟

An Exploration of Hotel Design based on Tang Dynasty Culture ——Take the Design of Courtyard Theme Hotel in Xi'an as an Example / Luo Juan

摘 要

全球经济一体化的背景下，酒店的设计模式和标准化设计逐渐同化，各酒店之间的设计效果大同小异，当下的酒店设计呈现一种缺少个性化设计和独特性体验现象，从人的精神层面上来说，如出一辙的酒店设计不再满足于人们的精神追求，个性化体验和独特性设计将会成为消费者在选择入住时首要考虑的因素，追求与众不同的体验，是精神世界对新奇事物的追求。本文通过文献调查法及历史研究法等几种研究方法，用后现代设计的理念及表现手法以西安万怡酒店为实践载体，以大唐文化作为西安万怡酒店的设计主题，用当代的设计思维和手法使历史文化在空间中呈现它独特的魅力。以历史文化如何在酒店空间设计中以艺术化的设计方式进行衍生，注重文化要素在空间设计中得以传承和创新，并通过历史研究法对大唐文化进行梳理，筛选出具有共通性的精髓文化元素使其在一个空间中碰撞出火花，使用破解、重组、再造、创新的手段对材料进行二次设计使用，分析及借鉴大唐宫殿建筑设计法则来进行酒店空间分割，并通过优秀案例分析，总结得出传统材料在现代转译上的合理使用，设计出具有个性化、独特性、历史深远感的文化内涵空间。

关键词

大唐文化　酒店设计　历史文化主题　内涵空间

第 1 章　绪 论

1.1 研究背景

西安作为一座拥有 5000 多年文明史的文化旅游城市，地处关中平原中部，是华夏文明的发祥地之一，丝绸之路的起点。西安多处文化遗产被列入《世界遗产名录》中，为西安的旅游业提供了强大的基础。2018 年西安获批建设国家中心城市《机遇之城 2018》冲入前十，更是获得 2018

图 1-1 西安统计局、中商产业研究院整理（图片来源：网络）

年度最佳文化旅游目的地、"全国十大正能量城市"等称号。根据中商情报网统计的数据图表（图 1-1）显示，到 2017 年，西安旅游人数以达到 1.8 亿，旅游业比五年前翻了一番，这一系列数据显示出近几年来西安旅游业呈上升的趋向，旅游业为西安带来了很大的发展机遇。酒店、客栈、民宿等住宿需求数量也会相应增加，在这种大背景下，对酒店设计要求只会越来越高，千篇一律的传统设计不再满足现代人的审美需求，因此，文化主题酒店设计在这个大潮流下就应运而生。

1.2 主题酒店国内外发展现状概述

1.2.1 国外研究现状分析

第一家主题酒店于 1958 年在美国加利福尼亚的 MadonnaInn（图 1-2）诞生，该酒店由 12 间主题房发展到后来的 109 间，是美国初期代表性的主题酒店。每个房间由不同的主题构成，室内设计与陈设设计都是具有典型的主题风格呈现。主题酒店之都——美国拉斯维加斯是主题酒店最发达的地区，世界最大的 16 家主题酒店，15 家就在拉斯维加斯。其中各种主题风格不尽相同，集娱乐、休闲、餐饮、居住为主，归纳为浪漫、野性、前卫、经典回眸几大类。其他国家的雅典卫城酒店——以雅典卫城为主题，随处可见的绘画、照片、雕塑、纪念品等符号。维也纳的公园酒店——以历史音乐为主题，随处可见的音乐家照片、绘画、雕塑、再现历史场景，经典名曲的循环播放等，这些都是主题酒店最开始的前身，可以归纳为艺术主题、自然风光主题、名人文化主题、历史文化主题、民族文化主题、城市文化主题等，少数另类的有赌场主题、古怪主题和奢侈主题等[1]。

1.2.2 国内研究现状分析

随着旅游业蓬勃的发展，酒店模式化传统服务逐渐满足不了当下的需求，随着国内十几年的酒店设计市场潮流，主题酒店应运而生，虽然起步较晚，但是很有潜力成为酒店设计行业的一个新趋向，是国内应对国外酒店行业竞争的新思路，但是大部分的主题酒店设计主要分布在我国的发达地区和旅游城市，如北上广深等一线城市居多，近年来随着经济的快速增长，主题酒店辐射的范围也越来越广，主题也是丰富多样。我国最早开业的首批酒店是 2002 年在深圳开业的威尼斯酒

基于大唐文化的酒店设计探索——以西安万怡主题酒店设计为例 / 罗娟

An Exploration of Hotel Design based on Tang Dynasty Culture ——Take the Design of Courtyard Theme Hotel in Xi'an as an Example / Luo Juan

图 1-2 MadonnaInn 酒店（图片来源：网络）

图 1-3 深圳威尼斯酒店（图片来源：网络）

店（图 1-3），以威尼斯文化为主题。随着主题酒店概念的引进，主题酒店在中国迅速发展，反响热烈，通过十几年的发展，已经颇有规模，并逐渐走向成熟化。由于中国是多民族组成的国家，针对我国这个国情，主题酒店的发展方向和国外也是有所区别，总的可以归纳为：历史文化、地域风情、自然风光、文学艺术、影视文化等主题方向。其中文化元素势必成为主题酒店的侧重方向。

1.3 论文研究目的与意义

越来越多的设计师和组织机构根据我国目前的酒店设计现状积极展开探讨，2018 年 4 月在上海召开的"国际酒店设计现状与趋势高峰论坛"和 2018 年 10 月在北京召开的"当代酒店设计创新和文化建筑论坛"。这些论坛是针对我国酒店行业的发展现状，进行探讨未来酒店设计之路如何走，怎么走的问题，探索在传统酒店模式下如何找到多元化、个性化、全面化发展的多种需求和酒店如何找到适合自己独特的设计。这些论坛所探讨的问题与本论文探讨的目的一致，理论上对本论文起到一定的指导作用，关于历史文化主题酒店的设计，如何做到弘扬优秀的民族文化又能创新传承。根据上述问题的思考，本文的研究目的及意义在于，第一，提出现状引起思考，发现问题；第二，解决问题，在分析问题的基础上，从文化主题酒店设计的例子作为出发点。分析案例，找出可取和不足之处，并从中总结出设计的手法与规律性；第三，基于大唐文化在西安万怡酒店设计探索，将文化元素有区别与常态设计融入本论文实践案例中来。一个出色的酒店设计一定是根据所在地域的文化诉求来进行，虽然是商业表达的一种形式，但是所表现出来的本区域的、民族性的、文化性的能够增强酒店的识别性和独特性，以获得来自不同地区的客人在心理上的共鸣和认同感。

1.4 研究思路与方法

1.4.1 研究思路

本论文的研究思路从发现问题，分析问题，解决问题这三个方面入手，明确论文研究方向和研究内容，从理论上升到实践。论文在研究时运用了从宏观到微观的展开方法，宏观上对酒店设计、主题酒店设计、历史文化主题酒店设计等概念进行阐述，对当下酒店设计的现状进行简要的叙述，从中发现问题。分析优秀的主题酒店和以历史文化为主题的酒店设计的案例，总结出设计的方法及规律性。本论文实践设计方案从研究唐朝的历史文化背景入手，收集唐代的宫廷文化、民间艺术等具有历史特色文化的内容，进行整理筛选出能代表大唐文化的元素，设计再创造出新的设计语言，通过艺术的手法使它以一种更有意境的方式呈现出来，旨在通过色彩、材料、空间意境表达上能有所成果。

1.4.2 研究方法

论文所用到具体研究方法如下：

（1）历史研究法

通过历史记录的书籍、影频、遗迹等方面来调研，对文化元素的提取更为直接真实，也是文化元素提取最直接的途径。

（2）文献调查研究

列一个提纲，拟定论文编写可能需要的知识和会出现的重难点，根据这个提纲去收集相关的文献，通过关键字去查阅相应的文献，进行阅读和筛选，并及时归类总结，为论文的深化提供基础。

（3）案例分析

通过分析主题酒店设计、历史文化主题酒店设计的案例，从设计灵感、设计手法、元素提取与运用、空间的表达、氛围营造等进行归纳总结，为设计实践方案提供设计依据。

（4）总结归纳

以上几个步骤实施时要去糟粕取精华，进行文献资料的收集整理，优秀案例分析及归纳，最后得出总结性设计方法及规律性，使论文在深度和广度上都有所提升。

基于大唐文化的酒店设计探索——以西安万怡主题酒店设计为例 / 罗娟

An Exploration of Hotel Design based on Tang Dynasty Culture ——Take the Design of Courtyard Theme Hotel in Xi'an as an Example / Luo Juan

1.5 论文的研究结构

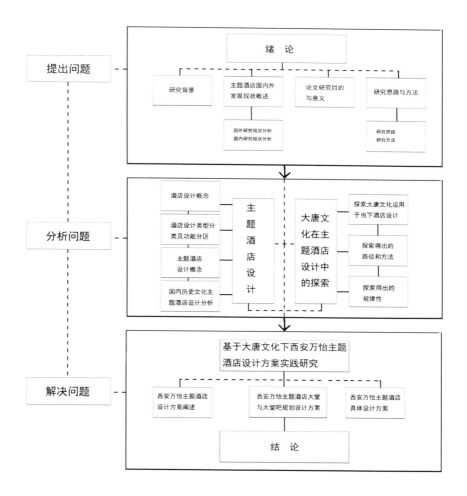

第 2 章　主题酒店设计

2.1 酒店设计概念

酒店（HOTEL）一词原为法语，指的是法国贵族在乡下招待贵宾的别墅。后来欧美的酒店业沿用了这一名词。我国南方多称之为 " 酒店 "，北方多称作 " 宾馆 "、" 饭店 "。我国的酒店业则是随着改革开放而大规模兴起。今天，现代化的酒店已成为 " 城中之城 "、" 世界中的世界 "、顾客的" 家外之家 "。

酒店是指以建筑物为凭借，主要通过客房、餐饮向旅客提供服务的场所。当今现代化的酒店应具备下列的基本条件：

1. 它是一座设备完善、众所周知且经政府核准的建筑；

2. 它必须给顾客提供住宿和餐饮；

3. 它要有为顾客提供娱乐的设施；

4. 它有提供住宿、餐饮、娱乐上的理想服务；

5. 它是营利的，要实现合理的利润；

6. 它以满足社会需要为前提 [2]。

2.2 酒店设计类型分类及功能分区

2.2.1 酒店设计类型分类

基于国外酒店设计的发展史，对酒店设计类型已经有了详细的归纳，根据酒店定位和消费群体可以分为商务型、度假型、观光型、经济型、公寓型、个性化等酒店类型。根据风格定位可以分为欧式古典风格、北欧乡村风格、地中海式风格、日本和式风格、恬淡田园风格、现代简约风格、新中式风格等。主题酒店的出现并不是偶然，主题酒店是通过某种文化背景嫁接的方式，以创造一个或多个主题为标志，围绕选定的这个主题来营造酒店的氛围，使酒店设计具有鲜明的特征和个性化体验，主题酒店与传统酒店相比，更强调其内涵的表现，不同主题的酒店设计也会有不同的体验性，大致可以归纳为：以历史文化为主题、以名人文化为主题、以自然风格为主题、以艺术特色为主题等。

2.2.2 功能分区

酒店的功能从满足吃、住等基础功能还增加了娱乐、休闲、办公等多功能需求。根据酒店星级的高低来分的话，星级越低对酒店的附属功能要求越低，相反星级越高附属功能要求越完善全面。本论文中的西安万怡酒店设计定位为四星级酒店，按照四星级酒店的功能可以分为：

1. 建筑首层

大堂区域：设计要求：豪华气派，风格独特、光线充足、空间流线分明畅通，面积应在 500 平方米左右，建议做挑空处理。该区域应设有：总服务台、大堂吧、接待处、行李房、贵重物品储存区、休息区。

2. 客房及标准层

客房：标准间（标准大床房、标准双床房），套房（行政套房、豪华套房），残疾人房间，其中各类型房间的比例可以依照酒店设计规范来进行设计，这里就不多说明。

3. 酒店配套功能

配套功能是集娱乐、休闲、消费、会议等功能，可分别为：商务中心、会议室、餐厅、宴会厅、健身房、游泳池、超市、多功能厅、医务室、后勤用房等。

2.3 主题酒店设计概念

主题酒店是酒店设计行业发展到一定阶段为了迎合市场需求应运而生的，它的出现一定程度上促进了酒店行业的发展，是酒店在前期风格敲定时以某一种限定的主题来进行，规定要打造何种主题的空间氛围，让旅客体验到什么样的独特空间，这些都是与敲定的主题息息相关；同时也要有意识的打造个性化服务，让旅客在体验中获得独特感。同时也起到了主题文化有意识有目的性的宣传和传播，综上所述可以看到主题酒店会成为未来酒店设计的重要发展趋势，对主题酒店的规划设计和特色定位可以从以下几点出发：

1. 主题定位

这个步骤要求要做好前期调研工作，根据酒店所处的地区和周边旅游资源，以及所处地区的风情民俗、人文文化、自然风光、传统文化等方面来确定酒店的主题定位，深入挖掘区域文化，不能只是做表面文章。同时调研所在地区同行业的主题设计动态，避免主题雷同。

2. 主题带入

主题定位完成后，如何在酒店设计中引入主题，呈现主题的特色，营造具有主题文化的空间氛围，不光光是在建筑和装饰上凸显主题，更要在服务这些细节上和主题息息相关，独特的设计是有目的引导旅客，让旅客在使用的过程中感受不一样的体验感。

3. 主题深入

完成以上两点的铺垫后，深入主题可以从以下几点开始入手：（1）从旅客的心理角度出发，根据前期市场调研，分析和抓住旅客的心理需求，这是酒店在激烈的市场竞争中占据优势最重要的因素；（2）从空间设计的角度出发，大胆的创新创意能使酒店更独具一格，精致的陈设设计和灯光设计将提升酒店品质，能让酒店在竞争市场中提高竞争力，为酒店带来相应的经济价值；（3）从服务体验感的角度出发，根据主题来设计相应的个性化服务，打造属于酒店的文化品牌，增强酒店的影响力。

2.3.1 文化主题酒店设计概念

文化主题酒店设计实际上就是以文化作为首要设计元素，酒店设计定位是以特定的文化出发，可以是传统文化、新兴文化，无论是何种文化，可以从所处地区中的历史文化、旅游文化、人文习俗等进行提取，要根植本土文化。

2.3.2 文化主题酒店中以历史文化为主题的酒店设计

历史文化是一个国家，一个民族，一个地区发展凝聚的结晶，汇集了风土人情、文化宗礼、生活方式等因素，它记录和保留了一个地区乃至一个国家的历史发展状况，历史文化对于一个地区和人民而言就是该地区的根基，能该地区精神生活、物质生活、社会生活的总和，在十九大报告中习总书记就提出，拥有高度的文化自信，才能有繁荣兴盛的文化和中华民族伟大复兴。文化元素在主题酒店中的重要性不言而喻，是主题酒店的生命力和灵魂。历史文化主题酒店就是以酒店为载体，围绕历史文化主题建设具有差异性的酒店设计，营造出无法复制与模仿的个性化特征。

2.4 国内历史文化主题酒店设计分析

2.4.1 案例分析

1. 深圳同泰万怡酒店设计方案分析

2018 年完工的深圳同泰万怡酒店位于大空港核心区的腹地位置，由 PLD 刘波设计顾问有限公司出品，该作品获得美国 IDA 国际设计大奖。多年的努力下 PLD 成为国内室内行业的标杆公司，PLD 的设计是真正的从挖掘文化入手，将传统与现代结合。本设计是从《园冶》中得到的设计灵感，选取文中"池上理山，园中第一胜也"的理念，以片石叠加形成山，以"水，石，松"的山水园

基于大唐文化的酒店设计探索——以西安方的主题酒店设计为例／罗娟

An Exploration of Hotel Design based on Tang Dynasty Culture ——Take the Design of Courtyard Theme Hotel in Xi'an as an Example / Luo Juan

图 2-1 深圳同泰万怡酒店入口（图片来源：网络）

图 2-2 深圳同泰万怡酒店大堂（图片来源：网络）

图 2-3 北京诺金（NUO）酒店设计大堂（图片来源：网络）

图 2-4 北京诺金（NUO）酒店设计小景（图片来源：网络）

林意境表达，传承中国园林中造园的精髓，描绘出一幅现代与传统结合的山水美景，打造高雅气质的迎宾之景，尽显文人墨客的悠然之情。酒店入口（图 2-1）以东方情调的仪式感呈现，整个感觉十分大气，气势上恢宏磅礴，大气中又带着秀气，线性设计使入口处纵深感强。整个空间中既传承了东方的礼序美学，又衬托出尊贵的迎宾礼序，迎接五湖四海的客人。

整个大堂（图 2-2）空间中，采用物的遮挡来分割空间，同时充分考虑空间中的视觉感，材料的运用，空间层次感的布局，错落有致的建构方式增强空间的层次感。采用了《说文》中，"圆，全也。""圆乃丰也"，从飞机圆滑的表面外形延伸出来的圆弧元素，在整个酒店空间的细节处处体现，更加符合了传统文化中圆的形态特点，和谐包容，和气生财，取自儒家学说中的中庸之道。整个圆滑的形态运用从地面延伸到天花，使空间层次感更加和谐，视觉感受更加舒适。用色上单纯而素雅，使空间感更显高贵。

2.HBA：北京诺金（NUO）酒店设计

该酒店是由新加坡 HBA 设计事务所设计，设计理念以"古为今用"和"现代明"作为设计主题，整个设计中以明代文化结合现代艺术生活方式，以打造具有明朝盛况的氛围。

在这个设计案例中，整个空间设计顺应了明文化精髓和灵魂，整个大堂（图 2-3）以灰色和蓝色作为主色调，从明代文人服饰最常用的两个颜色作为主色调，家具的选择上，通过地砖的灰和茶几的夜空蓝对比，巧妙地添加了皇家黄和金色。盛世的"文人墨客"文化贯穿酒店空间，以装饰画（图 2-4）的方式表现。在酒店里通过空间的构建，集明代文人墨客的情怀于一身，如张岱所钟情的繁华，文震亨喜爱的高雅，书法家文徵明的下笔干净利落，还有大画家徐渭的潇洒，茶道朱权的率性。整个空间中从充满明代文人喜悠闲，清雅的生活情趣，通过设计在空间中表现得淋漓尽致。

2.4.2 总 结

通过 2.4.1 小节中两个国内优秀酒店设计案例分析，发现我国前沿的酒店设计公司通过十几年的发展，在设计手法上已经越来越成熟，设计呈现与以前文化主题酒店设计相比，有了质的飞跃，文化元素转换成设计语言的方式上值得我们学习，通过设计寻求文化，文化寻求特色，市场寻求差异，消费者寻求体验这四方面继续寻求向前的步伐。

2.4.3 历史文化主题的酒店设计现状发展及特点

历史文化主题酒店设计和主题酒店的发展现状基本相一致，两者都有一个共通性就是发展时间短，元素挖掘深入不够，历史文化主题酒店在中国这个多民族、多元文化的国家中是很有发展的前景，加上现在消费者注重对品质生活的追求，表面浅显的设计形态已经满足不了需求，对酒店设计的文化、内涵、个性、追忆等层面有更高的要求。我们应该向 2.4.1 小节的两个设计案例公司学习，通过文化来进行设计，文化引导设计。很多酒店设计公司在设计时为了迎合甲方要求，追求工作效率，并没有深入钻研文化与设计的结合，一味地将文化在空间中复原性表达。殊不知一个优秀的历史文化酒店设计也是为旅客们开启一段美妙的人文之旅，在消费体验的过程中，达到强烈的思想共鸣和精神满足，也是直观的感受一个地区文化的底蕴。历史文化主题酒店同时具有个性化、特色性、文化性、体验性等特点。

2.4.4 历史文化主题酒店发展的时代意义

通过以上研究分析得出历史文化主题酒店具有以下时代意义：(1) 增强酒店与众不同的体验感，使酒店在竞争市场中更具竞争力；(2) 符合旅客的需求，吸引具有针对性的群体；(3) 为我国酒店行业的发展开辟了新的道路；(4) 使酒店在旅游业中转换为主动的地位，改变传统酒店依附与旅游业的状态；(5) 能使我国的酒店业在全球化的浪潮中脱颖而出。

第 3 章 大唐文化在主题酒店设计中的探索

3.1 探索大唐文化运用于当下酒店设计

3.1.1 案例分析

1. 传统设计手法——秦风唐韵文化主题酒店

该酒店 2012 年开业，是西安市临潼区唯一一家以文化为主题的酒店，该酒店地理位置优越，交通便捷，临靠各大旅游景点。酒店以秦风唐韵文化作为背景，酒店外立面（图 3-1）运用酒店名作为酒店的标识物，并使用具有中式纹样作为包边，金色对应大唐繁荣的宫廷文化。进入大堂（图

基于大唐文化的酒店设计探索——以西安万怡主题酒店设计为例／罗娟

An Exploration of Hotel Design based on Tang Dynasty Culture ——Take the Design of Courtyard Theme Hotel in Xi'an as an Example / Luo Juan

图3-1 秦风唐韵文化主题酒店全貌、大堂、过道（图片来源：网络）

图3-2 秦风唐韵文化主题酒店走廊（图片来源：网络）

图3-3 西安名都国际酒店大堂（图片来源：网络）

图3-4 西安名都国际酒店酒廊一角（图片来源：网络）

3-1）空间中，接待大厅中顶棚浮雕尽显主题特色。使传统文化与酒店装饰结合，给人营造一种身临其境的感觉，一楼休息区，唐朝家具与现代中式家具结合，使人在历史的体验感中品味茶文化的妙趣。

酒店各层走廊（图3-2），摆放历史时期的文物艺术精品，琳琅满目，让旅客触手可及。有从大秦帝国穿梭而来的刀枪箭弩、兵俑车马，使空间显得气势恢宏；还有代表唐朝陶瓷文化的唐三彩，文人墨客的诗画佳作，为整个空间添加生机。展现了秦唐灿烂文化，让人在现实中感受历史的魅力。

2. 传统与现代结合手法——西安名都国际酒店

该酒店是集客房、餐饮、会议于一体的四星级酒店，以唐文化作为设计元素，用传统文化结合现代设计的手法呈现别具一格的风格，大堂（图3-3）从颜色的提取、建筑表皮的装饰、灯具、地面铺装运用了唐文化元素经过设计再创造后呈现出新的设计，壮观的弧形吊灯形容唐文化从古到今源远流长的寓意。前台背景墙以皇家元素通过阵列手法构造壮观感受，使空间具有庄严肃穆的氛围，同时体现酒店的尊贵气质。

酒廊（图3-4）的设计元素的选择上，以土黄为主色调，侍女俑作为艺术品点缀，顶棚的圆圈吊顶象征历史文化的无限轮回与川流不息的精神。地面铺装上使用云纹样和吊顶构成呼应。酒廊内部延续了土黄色调，整个空间给人一种低调的奢华，稳重大气的氛围。

3.1.2 设计元素和手法

根据以上设计案例分析，可以得出以大唐文化作为主题的酒店设计元素有以下几种：（1）从文化中的选择，选取当时盛行的侍女图、水墨山水画入手，在建筑的表皮作为装饰画使用，或者以形象墙的方式出现。（2）从建筑形态中提取，从唐朝建筑的外部特征来进行酒店外立面的装饰，如屋顶举折和缓，四翼舒展的特征，气魄宏伟严整又开朗的气势感。从建筑颜色上大气豪爽，富丽而典雅的特征。（3）从工艺品中的选择，选取工艺品上的纹样图案和品种，如唐卷草纹（名都国际酒店地面铺装）、飞天侍女图（秦风唐韵文化主题酒店的大堂顶面装饰）等文化的象征。

设计手法：通过以上两个设计案例的分析，所运用的设计手法基本有：(1) 对比法：现代技术手段和大唐文化的对比，在一个空间中矛盾又对立，现代空间有历史感，求得互补的效果。(2) 和谐法：在功能满足的条件下，空间中所出现的色彩、造型、光照等能相处协调，形成一个和谐的整体。对材料选择、风格样式也是如此。(3) 对称法：唐朝的建筑建造上，都是采用中轴对称，有秩序、整齐、庄重、和谐之美。万事万物都是以对称的形态出现的，在两个设计案例中都有所体现。(4) 层次感：空间设计上考究层次的递进，让设计具有广度、深度。如果空间平平无常的话，就会很平庸。

3.1.3 存在的不足

通过以上两个设计案例的分析，存在不足之处有：案例 1 中，只是简单地将唐文化元素在空间中复原表达，视觉表现过于单一，直接套用文化元素，与时代结合较差。设计表现上较生硬，美感欠缺。这是前期历史文化主题酒店千篇一律的设计手法，它代表了国内大多数低成本酒店设计的现状。案例 2 中作为四星级酒店，代表了酒店设计行业的中期阶段，设计上对细节的处理、颜色的选择、元素的运用上都是经过设计再创造，设计手法多样，如阵列放大、纹样的节点选取、空间和谐、材质对比上，和案例 1 相比更有深度。但是两个案例中的创新力度不够、意境表达不到位。

3.2 探索得出的路径和方法

本章节通过对案例 1.2 的分析，以大唐文化作为主题的酒店设计有了进一步的了解，通过对它们优劣势的分析，总结出本论文实践案例会用到的设计理念。

3.2.1 破 解

运用解构主义的手法将设计元素分解，解构主义与传统的设计手法不同，解构主义字面意思可以理解为分解，在逻辑上颠覆了传统意义上完整的概念，使其支离破碎、确定性变成不确定性，完整而统一变得不完整，通过重组再创造出一个新的事物。可以从新的事物中看到旧事物的影子，但却是不一样的形式感。这里的解构主义有创新思维的冒险精神。

3.2.2 重 组

重组，从字面上看就是重新组合的意思，就是把之前完整的东西通过解构主义的手法拆分成为一个独立的个体，然后通过重组再以新的形式体块组合起来，新的体块就赋予了新的意义和价值，超越了原先固有的意义，具有抽象思维的做法，让人意想不到，其特点就是模棱两可，似是而非，重组与解构两个是承上启下的关系。

3.2.3 再 造

再造，从字面上看就是再一次进行创造的意思，与重组的关系有点类似，但是却又高于重组，它是在重组的基础上要求创造出新事物，具有反叛性、冒险性、创新性，表现出来的东西可以是夸张化、个性化，它是一种经过严谨思考下的产物，再造可以是一种元素的结合，也可以是多种元素的结合。

3.2.4 创 新

任何市场任何专业都离不开"创新"这两个字，它是酒店在竞争市场中、立于不败之地的核心设计思维，它要求酒店不仅在设计上寻求创新，在服务设施方面也要追求创新。创新要与时俱进，不能故步自封。相比上面三个因素，创新是最耗时又费脑的一项行为，但是同时也可能给酒店带来巨大经济收益。

3.3 探索得出的规律性

根据"破解、重组、再造、创新"等路径与方法的梳理，我们会发现这个过程是一个很复杂的过程，但是它们之间也是有规律可循的，根据这个规律性，可以对实践设计提供理论指导。

3.3.1 设计中多元化的存在

空间设计的形成，是多元化、多思维、多形式化的组合，一个空间除了需要层次感的叠加，还需要有文化底蕴的体现。独特的体验感，是视觉、听觉、触觉、嗅觉多元的统一，同时也是信息与内容，思维与创意多元化的碰撞，但是多元化的前提下，不是杂乱无章的添东西，是有计划、有秩序的规划空间。

3.3.2 设计中个性化的存在

"个性化"的存在要求酒店在设计时要追求大胆创新。这是出于人们喜新厌旧的心理，对新奇的事物会有好奇感。在设计时既要遵循规律又要积极研究探索新符号的表达，新材料的使用，同时，也需要增加具有个性化的历史文化、自然风光、风土民情等这些具有差异性的特色符号，与众不同的视觉符号。

3.3.3 设计中人性化的存在

路易斯 . 沙利文提出"形式追随功能"，功能第一，形式第二。换句话来说就是人在设计中首要考虑因素，不被人使用舒服的空间和产品都会不长久，即使它很别具一格，够引人眼球，还是会如昙花一现。要求在设计上多分析研究人的行为活动和心理活动，抓住人们的心理需求，是以体验历史的灿烂文化呈现还是历史渊源流长空间氛围。人性化的设计要求空间设计别具一格的同时要多关注人本身，同时在设计上与人背景差别越大，越引起人兴趣的东西的越容易被感知。

3.3.4 设计中美学的存在

在设计时，以美学作为空间设计的指导依据，无论是造型，还是色彩都要建立在美学的基础上进行，尊重美学的法则，在空间中形成有秩序、反复、和谐、对比统一的空间关系。要有整体意识，不能使各元素在空间中杂乱无章，要讲究平衡、和谐。空间中元素要有主次分明，结构性造型和装饰性造型根据情况各自让步，不能两者同时突显。还要考究空间中造型的情绪表达，如：直线给人以庄重、庄严、延伸的感觉；圆形给人以平衡、协调的感觉；螺旋形有一种无限上升、超然的感觉；破浪形给人绵延不断、具有节奏感的感觉；我们在设计的时候要根据空间的属性来寻求空间的语言，力求在视觉上达到想要表达的视觉感官。

第 4 章　基于大唐文化下西安万怡主题酒店设计方案实践研究

4.1 西安万怡主题酒店设计方案阐述

4.1.1 项目概况

西安万怡酒店是深圳 PLD 刘波设计顾问有限公司目前正在进行的一个设计实践项目，该酒店位于我国陕西省西安市西咸新区，距西安北站有 25 千米，到西安咸阳国际机场有 22 千米。西咸新区作为中国的第七个国家级新区，具有得天独厚的地理位置。

4.1.2 酒店品牌定位与项目规模

1. 酒店品牌定位

万怡酒店是万豪 (Marriott) 集团下的酒店，该酒店遍布全球 35 个国家 / 地区，共设超过 850家酒店，该集团立志打造一流的创新酒店设计，为五湖四海的旅客提供优良的服务。

基于大唐文化的酒店设计探索——以西安万怡主题酒店设计为例 / 罗娟

An Exploration of Hotel Design based on Tang Dynasty Culture ——Take the Design of Courtyard Theme Hotel in Xi'an as an Example / Luo Juan

图 4-1 西安万怡酒店平面图（图片来源：作者自绘）

图 4-2 唐朝建筑群体分析及空间意向图（图片来源：作者自绘）

图 4-3 城门的破解与重组（图片来源：作者自绘）

2. 西安万怡主题酒店

西安万怡酒店作为万豪旗下的子品牌，定位四星级酒店，酒店将以独特创新的空间设计呈现，以体现艺术性，文化内涵的空间感受为设计方向，以中高端客户消费为主。酒店设计将从体验服务型酒店入手，将"体验"放在服务的首位，打造一个具有大唐历史文化体验的空间表现。

4.2 西安万怡主题酒店大堂与大堂吧规划设计方案

本论文实践设计主要从大堂与大堂吧的设计入手，并确定以大唐盛世的历史文化作为本实践设计的设计主题。

4.2.1 大堂概念设计

以大唐宫廷文化作为酒店设计的主题

作为历史上历代最富强的王朝之一，唐代的经济达到空前的繁荣，政治清明。遵从对外开放的经济政策，科学技术、文学成就、工艺美术都有傲人的成就，唐朝以开放、自信、包容的态度走向世界，与我们现在欣欣向荣的国家不谋而合，同时唐朝是西安十三皇朝中执政最久远的一个朝代，也是历史贡献最大的朝代，因此在此次实践设计中，大堂设计以大唐的宫廷文化作为设计元素最为合适不过。根据以上探索得出的多元化、个性化、人性化、美学等几个规律性来决定设计元素的选择。

西安万怡主题酒店在进行平面布置（图 4-1）时，满足接待、休息、商务的功能区布置，根据唐朝建筑群体分析（图 4-2），在空间布置时讲究中轴对称，和借景的手法。进入酒店大堂区域，作为酒店接待处，与大明宫中的"宣政殿"作用一致，作为"中朝"主要解决宾客到来时住房安排和咨询等行为活动，大堂区域表现出一种欣欣向荣，富丽堂皇的皇家风范，整个大堂以香槟金色调为主，象征宾客们至高无上的尊贵。黄色在古代被看成是中央正色。加上唐代天子喜黄色，就规定除天子明黄、太子淡黄，其他人不得使用黄色。赤黄被认为近似日头之色，日是帝皇尊位的象征，"天无二日，国无二君。"故赤黄（赭黄）除帝皇外，臣民不得僭用。把赭黄规定为皇帝常服专用的色彩[3]。平面图入口以宏伟的城门作

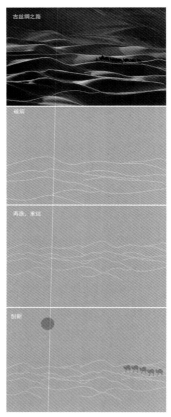

图 4-4 古丝绸之路的图形分解（图片来源：作者自绘）

图 4-5 大堂吧家具提取（图片来源：作者自绘）

为设计原型，通过破解、重组（图 4-3）、再造、创新等手法再现大唐盛世恢宏的气势。通过大堂区域的意向图（图 4-2）我们可以看到，这个空间将表现出一种既让人震惊又具有现代美感的设计空间。

4.2.2 大堂吧概念设计

大堂吧作为开放型消费区域，给客人提供一个能休息、茶水、酒水、咖啡、等候等服务的开放式场合。作为一个开放区域，与大唐文化中对外开放的特点十分吻合，这个区域主要是以软装设计为主，以大唐丝绸之路为设计灵感，这是对"形"的提取。丝绸之路将中国文化与外国文化相互碰撞，把中国四大发明带到世界各国去，促进了西方的发展，相反西方国家的宗教文化和其他文化也影响了当时的国家，增进了与西方国家经济和文化的融合。大堂吧的顶棚天花的造型从古丝绸之路的沙漠之路提取（图 4-4），波浪形的香槟金色不锈钢造型连接到水吧背景，使空间活跃起来，象征丝绸之路的精神在漫长的历史道路中延绵不绝。

在大堂吧中对"形"的提取也有对唐朝家具的研究与使用（图 4-5），通过分析出唐朝家具造型特点：浑圆丰满，宽大厚重，整体庄重。装饰的特点：富贵华丽，精致优雅。细致的雕刻和彩绘进行装饰。将唐朝家具进行解构与现代简约家具进行重组，再造一个具有创新又有传承的现代家具。

大堂吧中"色"的提取，整个大堂吧色调（图 4-6）主要提取天子服饰中赭黄色调作为空间主色调，局部点缀从妃子服饰提取的橘红暖色调和青蓝色，作为大堂吧软装部分的色彩。通过颜色之间的重组，再造等手法来营造出尊贵，奢华的空间感，赭黄和橘红的组合让人联想到悠远灿烂文化的唐朝宫廷色，这是对"色"的提取。

大堂吧中"意"的提取，其实是"形"和"色"的产物，"形"与"色"的结合呈现表达了大堂吧的"意"，在这个空间中，要能体现出丝绸之路的精神反映。

4.3 西安万怡主题酒店具体设计方案

4.3.1 空间结构上的运用分析

大堂是集会客、接待、登记、商务与一体的功能区，根据大堂这个空间属性，

图 4-6 大堂吧色彩提取（图片来源：作者自绘）

图 4-7 宣政殿还原图（图片来源：网络）

图 4-8 大堂初步设计 1（图片来源：作者自绘）

图 4-9 大堂吧初步设计 2（图片来源：作者自绘）

与大明宫中"宣政殿"作用一致，根据宣政殿的还原图（图 4-7）来看，整个空间中轴对称，庄重而严肃，气势宏伟，装饰繁复而富丽堂皇，颜色以黄红色调为主，为凸显皇家尊贵，至高无上的权力地位。本次方案中在大堂的设计上保留了宣政殿的空间特点，我们得出几个关键词：中轴对称、空高、用色单纯、装饰繁复、庄严肃穆等这几个特征。我们从色、形、意这三个方面选出最具有代表性的空间特征：中轴对称、空高、颜色单纯、庄严肃穆这几个特征，通过用现代的构建手法创新出一个具有现代审美的大堂空间（图 4-8），空间的意境表达主要借鉴佛教的"性空无我律"参禅之道，佛经中常举虚空为喻，"空"具有性空无我的宇宙观，于一切法能透过现象看本质，不落色相、心相、时空相。在大堂中有意识的留"空"，点到即止。这里的"空"并不是虚无缥缈，也不是空空如也，而是在空间中有目的的添加，使人在空间中通过自己的体验感受上升到精神的享受。

4.3.2 色彩选择上的运用分析

空间的使用目的决定空间的色彩倾向与运用，不同的色彩具有不同的性格特征，大堂与大堂吧的使用目的决定了使用颜色上有所区别。根据 4.3.1 章节中对空间结构的分析和大堂的初步设计，根据空间特征在色彩的选择上尽量单纯，营造庄严肃穆的氛围。在大堂（图 4-8）的选色上使用明度偏高的香槟金色作为整体色调，营造一种雍容华贵的皇家风范，香槟金色让空间显得沉稳又有奢侈感，使用大面积的金色，能引起消费者的新鲜感，局部再点缀橘红色，整个空间的色调通过重组过后选出最合适的方案。同时同色系使空间感更高级和奢华。大堂吧（图 4-9）是消费性的开放场合，既然是消费场所，那整个空间的色调选择比大堂略显热闹与温暖。色彩层次的处理上更加丰富，引起旅客的注意又有意识的引导旅客进行消费，大堂吧家具的配色上稍稍选择素雅，软装和硬装的一动一静结合，使空间节奏和韵律更生动。

4.3.3 材料选择上的运用分析

1. 材料属性的对比

材料本身有自己的纹理特征，我们可以通过视觉和触觉来感受材料的表现，在大堂和大堂吧两个空间中的材料选择大致相同，通过材质中粗糙度和光滑度，硬度与软度、冷感与暖感、材料的纹理感之间的对比。大堂的空间属性决定使用香槟金的光滑金属材料，中性偏暖色调，适中纹理感，金属的光滑度会表现出洁净，豪华的特征。整个空间中，城墙青砖的肌理感、原木纹理的柱子与香槟金的光滑形成视觉对比，突出主题材料，又有画龙点睛的作用；大堂吧中硬装与软装的对比，冰冷的金属感与质地柔软的纤维织物的对比；冷与暖的对比，各种材料颜色在空间中使用呈现出来的色彩倾向的对比，冷主要以材料的坚硬、光滑、色彩的冷调为冷感，暖主要是材料的柔软感，色彩上的暖色调为暖感；材料的纹理感对比，是香槟金的光滑度和粗糙的青砖对比，一个是现代技术的代表，一个是大地的自然属性，两者的对比是空间变得更加丰富，层次更加分明。

2. 材料的单纯性选用

空间中独特体验感的营造，可以通过不同材料之间的对比衬托，让空间的节奏韵律更活跃。同时也要把握材料使用的度，不同种类的材料过多堆积，会使空间显得满，杂乱无章。要合理控制材料的使用类别和数量。单纯的材料使用反而更出效果。如瑞士建筑师彼得·卒姆托 (Peter zumthor) 在其代表作品瑞士沃尔斯镇的温泉浴场 (1996 年) 中使用了石造层板技术，将石材的肌理、特性发挥得淋漓尽致，尽管材料使用非常单一，但是通过光，型及构成等手法同样使空间效果现得现代、简洁，从而体现出持久和迷人的艺术效果 [4]。

3. 新型材料的使用

要学会运用现代新型材料在空间设计中的使用，大胆使用追求创新，日本建筑师安藤忠雄在执着使用清水泥这一材料的研究上，最终形成了自己独一无二的设计风格；瑞士的建筑师赫尔佐格和德梅隆 (Herzog & De Meuron) 在作品奥夫丹姆沃夫信号楼 (1995 年) 的设计中，建筑的建造上大胆采用铜条，使用特殊金属材料完成他的作品，研究新材料在空间设计中的组合方式，使作品具有时代特色。这些先行者的行为告诉我们，要善于运用和挖掘新材料的碰撞，寻找自己独特的设计语言。

4.3.4 陈设设计选择上的运用分析

此次大堂与大堂吧两个空间设计中在选择陈设艺术品（图 4–10）上，选用代表唐朝当时先进技术和文化的优秀工艺品，代表唐朝经济繁荣的拴马桩，代表宗教文化的佛头，代表陶瓷文化的

基于大唐文化的酒店设计探索——以西安万怡主题酒店设计为例 / 罗娟

An Exploration of Hotel Design based on Tang Dynasty Culture ——Take the Design of Courtyard Theme Hotel in Xi'an as an Example / Luo Juan

图 4-10 陈设艺术品的选择（图片来源：作者自绘）

唐三彩，代表工匠精湛技术的侍女俑，代表金银器的舞马衔杯纹银壶，代表文人墨客的古画。选用的工艺品通过材料的重新赋予，形式的再创新，完成现在与过去的对话，不仅仅是满足历史的传承，更是历史得以创新。

第 5 章　结 语

本文通过一系列的分析和研究，总结出相关的设计方法和规律性，并结合实践设计进行探索，让我有以下三点总结：

1. 设计要同时满足使用功能和精神功能的结合

设计上一直强调形式上要突破创新，避免设计表现过于雷同，空间设计要做到合理化、科学化、舒适化，在符合人机工程学的条件下大胆创新，使用功能和精神功能两者是共存的关系，缺一不可。

2. 设计要满足文化和设计的有机结合

设计让文化拥有新的血液，基于文化发展下的设计才能禁受住时间的考验，文化给予设计指导，设计使文化拥有新生命，在空间设计中要有意识将文化融入设计中，两者相辅相成。

3. 设计是不断推倒突破的过程

设计作品的呈现，不是一蹴而成的过程，需要耐下心来细细探索与研究，从失败中总结经验，是有计划、有目的、有意识的经过重重推翻突破的过程。

致 谢

回顾在深圳工作站的时光，内心总是充满感动，在专业上能有机会与一流的设计大咖们如此近距离的接触，是前所未有的经历。这几个月里，承蒙受到刘波老师和公司其他同事的照顾，各位企业导师在专业知识上的输送，学校各位导师的悉心教导。使我设计眼界有所提高，收获宝贵的设计实践知识，并明确了未来道路要怎么走，如何走。在专业外获得十一份来自不同学校的珍贵友情，让我每每想起这段经历倍感珍贵。

参考文献

[1] 袁明曦. 利用利润理论分析主题酒店的可行性 [J]. 科技情报开发与经济，2011，(8)：163-166.

[2] 李绮霞. 酒店经营与管理 [M]. 北京：中国商业出版社，2006.

[3] 江倩倩. 唐代服饰特点初探 [J]. 新西部（下旬刊），2013，（6）.

[4] 当代室内设计中的材质运用 _Futuring121_ 新浪博客 ,[DB/OL].http://blog.sina.com.
cn/s/blog_97fe88910102vgcp.html .

基于大唐文化的酒店设计探索——以西安万怡主题酒店设计为例 / 罗娟

An Exploration of Hotel Design based on Tang Dynasty Culture ——Take the Design of Courtyard Theme Hotel in Xi'an as an Example / Luo Juan

导师评语

余毅导师评语：

"基于大唐文化的酒店设计探索 ——以西安万怡主题酒店设计为例"是罗娟同学在此次工作站实践教学中选择的论文研究方向。从论文选题的初步设定，对其提出两个要求：1. 内容务必紧扣主题；2. 研究范围精准到位。在初步确定论文选题时，反复进行讨论，并根据汇报过程中，各位导师给予的建议最终确定以大唐文化作为主题酒店设计的研究方向。

该同学的论文框架以中国传统文化结合现代设计进行探索，论文思路较清晰，层层递进，由浅入深。对主题酒店设计发展的脉络及当下国内外主题酒店的现状进行了分析，并对企业导师的设计实践案例和其他优秀主题酒店设计案例进行研究，从而总结出设计的方法与规律性，并运用到自己的设计实践中，做到理论结合实践。

落实到设计实践探索中，罗娟同学对大唐文化进行了系统性的挖掘和梳理，寻找可利用的设计元素和符号语言。就此对其提出设计要求：不仅仅是简单的文化元素提取和传统纹样的复原呈现，而是通过设计与再创造使其变成新的设计语言，摆脱传统选题设计中单纯追求表面装饰堆砌的现象，回归设计的本质。注重现代设计手法的运用，结合传统文化在空间中有内涵的表达，在设计形式上力求有所创新。吸取优秀设计案例的精华，提升自己的设计审美和品味。

通过此次工作站的学习，罗娟同学无论是在专业理论还是设计实践上都有所进步，为她未来的专业水平提高奠定了坚实的基础。

亲子旅游项目景观设计研究
——以重庆阳光童年荷兰小镇为例

Landscape Design of Parent-child Tourism Project
——Take Chongqing Sunshine Childhood Dutch Town as an Example

◎ 陈秋璇

亲子旅游项目景观设计研究——以重庆阳光童年荷兰小镇为例 / 陈秋璇

Landscape Design of Parent-child Tourism Project——Take Chongqing Sunshine Childhood Dutch Town as an Example / Chen Qiuxuan

重庆阳光童年旅游项目荷兰小镇景观设计

项目来源：深圳市筑奥景观建筑设计公司

项目规模：55560.34 平方米

项目区位：位于重庆市武隆县仙女镇，距东侧仙女山旅游度假区 2 千米，荷兰小镇处于项目地中东部，北侧是巴西小镇，西部毗邻日本小镇，西南侧为丹麦小镇，东侧为自然森林。

设计关键词"亲子"与"荷兰文化"，针对大人和孩子的亲子景观空间，根据孩子成长活动过程中的不同需求以运动、游戏、科普知识和自然野趣来划分空间。通过对荷兰文脉的梳理，整理出拥有荷兰特色的以"水"为主题的航海时代，艺术时代以及羊角村来打造亲子景观，以动静结合的方式贯穿整个空间，让参与其中的孩子和父母都能在无意中邂逅自己的"阳光童年"。

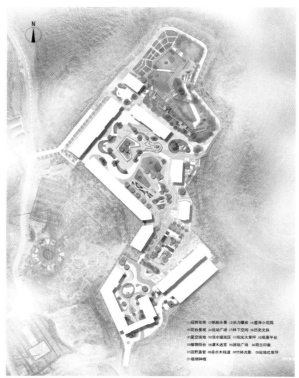

(1)迎宾花带 (2)帆船水景 (3)活力攀岩 (4)星海小花园
(5)花台景观 (6)运动广场 (7)林下空间 (8)历史文脉
(9)星空领地 (10)戏水碰碰区 (11)阳光大草坪 (12)观景平台
(13)植物阳台 (14)灌木迷宫 (15)游戏广场 (16)荷兰印象
(17)田野昌音 (18)亲水木栈道 (19)竹林光影 (20)台地式草坪
(21)植物种植

总平面图

台地式草坪

露天学习区

田野露营区

竹林光影

摘 要

日本学者诧摩武俊曾指出："不管你立足什么理论，孩子从婴儿期到儿童期的人格形成过程中，父母与子女的关系是一个极其重要的因素"。父母在孩子的成长中起着至关重要的作用。随着旅游经济的增长，火热推进的亲子旅游成为解决亲子问题，促进交流和增进家庭感情的新方式。本文主要研究关于亲子旅游项目景观的设计原则和方法，其重点在于研究如何营造亲子旅游景观空间，激发孩子的想象力和创造力，培养孩子探索世界的意识和完善人格；以及促进父母与孩子之间的交流和互动。本文首先对亲子旅游景观的相关理论进行综述，并对亲子旅游项目景观的现状进行分类分析，然后总结归纳出具体的表达原则和方法，最后通过实际案例探讨此类表达方法在亲子旅游景观设计中的创新运用与发展。

关键词

亲子游 亲子景观 家庭

第 1 章　绪 论

1.1 研究背景

1.1.1 国内旅游业进入爆发式增长时期

经济是旅游业的原动力，[1] 当一个国家或地区人均 GDP 超过 5000 美元，旅游进入普通化和普遍消费的阶段。随着我国经济的发展，在 2015 年，全国人均的 GDP 超过 7000 美元，旅游消费进入需求爆发式增长时期，旅游的形式从观光休闲旅游向休闲旅游和度假旅游过度。随着人们的休闲需求和消费能力增强，同时目的地的选择趋于多样化，不再是单一的名胜古迹，目的也不再是以打卡观光为主，满足好奇心和增长见识。旅游成为大众视野下时髦的生活新方式，他们更加注重体验休闲以及环境的优雅和设施的完善，目的是为了修身养性，尽享天伦和自然之乐，以此来提高生活品质。

1.1.2 "亲子游"的出现

旅游形式和消费的转变，让旅游目的地和内容变得更加丰富有针对性，旅游人群更加细分。亲子旅游是一种独立于家庭旅游和儿童旅游的新型旅游模式。[2] 在携程发布的《2017 中国旅游者意愿调查报告》显示 25.3% 的父母愿意带孩子外出旅游，特别是带薪休假的提出，让父母有了充足的时间陪伴孩子，所以可以看出亲子游在国内有一定发展空间。虽然二胎政策已经推出，但以一对夫妇及未婚子女（无论有无血缘关系）组成的家庭比例仍占多数。

1.1.3 真人秀节目推动的经济效益

2013 年开始陆续有电视媒体播出关于亲子类户外真人秀节目，随着节目的播出受到了大众的喜爱和关注，不仅为旅游景区做了免费的宣传，还为景区提供了大量慕名而来的游客，带来了巨大的经济效益。同时带动了亲子旅游业的发展，掀起了一股亲子游的热潮，节目中大人和孩子在景区中的互动体验，为亲子游产品内容提供了启示，衍生出了各种旅游产品。

1.2 研究目的及意义

1.2.1 目的

1. 让孩子充分认识自我

由于未成年人的身心都处于成长阶段，他们对于自我的存在，行为以及心理的认知都还呈现不成熟的状态。而未成年对自我的觉察或意识的形成，都来自于个体对外界环境刺激之后在大脑中产生记忆和思想的反应。本文将分析亲子旅游项目景观的现状和问题，并总结其对应的设计方法，全方位带动孩子的感官认识探索新的世界，从而增强孩子的自我认知意识和完善人格。

2. 促进亲子之间交流的重要媒介

对于未成年子女而言，父母是他们成长中时间最长、互动最频繁、接触最早的人际关系，在孩子们的成长中起着至关重要的作用。现代的父母与孩子交流的时间被挤成了碎片化，地点也仅限于接送孩子的路上和家里，与孩子的沟通上形成障碍和问题，亲子游的目的地成了父母和孩子的第三交流空间，对孩子的教育区别于在室内的死板说教，户外空间成为他们之间交流的载体。同时孩子的出现和成长也改变着父母，影响着他们的生活方式，婚姻关系和个人成长。两者之间产生的互动是了解彼此的重要渠道，良好的景观空间更加有利于感情的培养，环境中多样化的元素符号和空间形式能够为父母和孩子提供更多互动的可能性，发挥促进和改善亲子关系的作用。

1.2.2 意义

1. 丰富亲子旅游景观设计方法

亲子游是国内旅游业的一大发展趋势，相关的景观设计方法并不丰富和完善。通过从旅游业的角度，选取其优点与景观结合，丰富亲子旅游项目景观中设计方法的多样性，更有利于行为科学在景观中的应用，特别是近年来针对某一类别人群的专类景观研究较多，因此亲子旅游项目景观的研究有利于丰富景观环境行为的内涵。

2. 带动旅游业的发展和场地利用率

亲子旅游业已成为旅游市场中不可或缺的部分，具有广阔的发展前景和巨大潜力。本文对亲子旅游景观进行分析总结，达到丰富亲子旅游产品的开发思路，为旅游形式的转变带来更多可能性，这种可能性也会成为亲子之间新的生活方式。同时亲子旅游项目的开发将带动周边产业的发展和提升，当地经济的资源得到整合并形成业态链，提升土地利用率。

1.3 国内外相关文献研究综述

1.3.1 关于亲子游的相关研究

作为一种新的旅游类型，从家庭旅游和儿童旅游中分离出来。而我国关于亲子游的理论研究较少，2002 年由中青旅首次推出亲子旅游产品；2003 年国内学术界开展了第一次关于亲子旅游的研究，以厦门 "小白鹭亲子游" 为例，从旅行社特色产品营销角度对旅游产品差异优化进行分析；[3] 对于亲子游的概念李菊霞和林翔认为，是一种与其他旅游活动不同的新型旅游形式，其特点是由父母和未成年子女构成。[4] 张红提出了亲子游的内涵和它是兼具家庭游和儿童游放松心情，开阔视野，增进感情的属性。[5] 刘研认为亲子游是以关注 "子" 和 "亲" 之间的关系，满足亲子双方之间的需求。[6] 张磊和马莉慧认为亲子游作为现今新旅游模式，它兼具着教育未成年人的功能，是实现教育途径的一种方式。国外关于亲子旅游研究多集中于儿童对家庭亲子旅游的决策影响，亲子旅游对儿童影响，亲子旅游中的儿童体验等方面。

1.3.2 关于亲子互动的相关研究

在很早的研究中，有学者发现人们只关注父母的行为和教养会对孩子产生影响，却忽略了孩子这个视角的感受，所以在 20 世纪 30 年代，学者开始关注父母和孩子双方的行为心理等相关研究。国外关于亲子互动的研究已经从理论到实践进行了研究，并从亲子关系的角度设计亲子户外空间，如美国环球影城、霍索恩公园及日本东京迪士尼、海洋公园等，都是促进亲子关系，让他们有效互动的成功案例。而国内仅停留在理论上，国内学者[7]邓丽群提出亲子互动中父母的意识和家庭结构是影响家庭关系的主要因素，同时提出改善亲子互动的建议。汪光珩和李燕认为除了夫妻关系对亲子关系有影响外，家庭结构中祖辈的关系也产生影响。在实践设计中还处于初步发展的状态，没有进行系统的归纳和总结让其方法形成完整体系。

1.4 研究内容与方法

1.4.1 研究主要内容

论文总共分为五个部分：

第一部分，对亲子旅游项目景观设计的研究背景进行梳理，分析当前国内的研究现状，对于近年来国内外相关知识进行综述，明确论文的研究内容和方向。

第二部分，对于家庭结构以及亲子游的概念进行阐述，并介绍其特征，影响因素和所涉及的相关理论，为后文进行理论铺垫。

第三部分，将国内相关亲子旅游项目景观进行分析，概述其特点，存在的问题和影响因素。

第四部分，从亲子需求和旅游的视角进行亲子旅游项目景观设计方法的归纳，设计策略和表现手法的叙述。

第五部分，将根据相关设计方法结合实际项目重庆阳光童年荷兰小镇为例进行探讨，通过引入实际项目中探索设计中的创新运用和发展。

1.4.2 研究方法

（1）文献整理法：通过在图书馆查阅相关图书，在网上搜集相关的论文，期刊和网页，并整理相关的文献资料，以及一些和项目相关的案例图片等。

（2）实地调研：在总结和分析了本文的相关理论数据后，对设计的项目进行实地调研，根据实际情况进行分析，使论文不仅仅局限在理论的阐述，还有结合实际案例。

（3）案例研究：要重视相关国内外设计较好的案例，并对其进行剖析，学习优点总结不足。

（4）多学科交叉：由于本文所涉及的是多学科的知识，综合了设计艺术学、旅游等相关的知识，尽可能多视角、多侧面、多层次地进行交叉研究。

第 2 章　基本概念阐述

2.1 概念解析

2.1.1 家庭结构

家庭结构的概念指：家庭成员构成和成员之间相互作用后的状态，以及由这种状态形成的相对稳定的联系模式。其中包括两个方面：家庭成员的组成数量和规模大小；家庭模式要素、家庭成员之间如何相互联系，以及由不同接触方法产生的多种家庭模式。

根据家庭代际数和亲属关系的特征分为五类：(1)夫妻家庭，由夫妻两人组成的家庭。这些包括自愿不孕的丁克家庭、没有孩子的空巢家庭和未孕夫妇。(2)核心家庭，由父母和未婚子女组成的家庭，包括成人和儿童。(3)主干家庭由两代或更多代夫妻组成，每对夫妻中间不超过一对夫妻如：父母和已婚子女组成的家庭。(4)联合家庭，指任何一代家庭包括两对或更多夫妇的家庭。如父母和两对以上已婚子女组成的家庭或兄弟姐妹婚后不分离的家庭。(5)其他形式的家庭。包括单亲、隔代、同性恋家庭等。中国的核心家庭占绝大多数，随着时代的变化和独生子女政策的实行，逐渐形成了我国目前的"4+2+1"的家庭结构，以中青年夫妇和年幼及上中小学子女为主要群体。家庭结构向小型化、核心化方向发展，家庭关系上更加注重家庭感情和意识的培养，现代的家庭不再局限于物质和经济层面，更加注重文化传承和教育模式的变化，所以本文以现代核心家庭作为背景进行研究。

2.1.2 亲子旅游

亲子旅游是现代针对专属人群的旅游，从旅游市场细分出来，它不同其他旅游形式在于它的组合成员为"亲"代和"子"代共同参与。"亲"指的是以父母为主的长辈，"子"指的是以未成年为主的孩子，即是与孩子一起的家庭出游方式，其模式以一大一小、两大一小或是以父母为主导，孩子为核心，以家庭为单位。亲子旅游以"亲"和"子"产生情感交流以及拓展孩子视野和增强教育理念为动机。国内的亲子旅游还处于起步和探索阶段，虽然亲子旅游的形式和宣传多种多样，如每当节假日的时候旅行社会组织关于亲子游的路线供消费者选择或在网络上做一些亲子游的推荐路线。

2.1.3 亲子互动

亲子互动指的是父母和子女之间的互动以及对双方产生的影响，亲子互动和其他互动形式不同在于他们大部分具有血缘关系，少部分没有血缘关系但心理层面也足够稳定，存在一种不同常人的亲情。亲子互动从孩子出生开始到成年，每一个阶段都在与父母产生联系，婴儿时期陪伴孩子学会爬行，走路；幼儿时期和孩子一起玩耍，讲睡前故事；学龄前同孩子玩智力游戏。亲子的互动有利于孩子的心智成长，在亲子旅游中的亲子互动也是游客之间的一种互动形式。[8] 从旅游的视角出发，结合游客之间的互动概念，将旅游情境下的亲子互动界定为在旅游过程中孩子与父母之间的互动，具体是在家庭旅游过程中，孩子主动或被动地与其父母之间发生各种形式的直接或间接的沟通和行为交互。

2.2 相关理论基础

2.2.1 儿童心理学

儿童心理学研究以儿童为基础，研究从出生到青年每个阶段的心理发展变化规律的学科，儿童的幼儿时期、童年时期、少年时期、青年时期的发展过程规律不一样，这几个时期也是人生中变化最大的时期。通过儿童心理学的指导可以科学的把握每个阶段儿童的心理和行为特征，为本文研究的亲子旅游景观提供重要的参考指导。

2.2.2 人体工程学

人体工程学起源于欧美，最早运用在工业社会中，在生产和使用大量机械的背景下，为了让人和机械变得更加协调，成立了此学科，在现代这个社会，重视"以人为本"的理念，设计强调从人自身出发，通过对人体的结构尺寸的了解分析，并与设计的空间联系，探索出适宜人生活的空间，本文中针对成人和未成年人的身体结构特征和心理活动，进行理性的分析，为打造适宜的亲子活动的户外空间做支撑。

第 3 章 亲子旅游项目景观的现状分析

3.1 亲子旅游景观特点

3.1.1 具象原型

在亲子旅游项目景观中，每个营造主题都会有一个具体的原型，作为承载和传达信息，用意在于借用具体的形象或易懂的符号来代表指定的事物或情节，表现需要传达的情感和寓意。因为在亲子旅游景观中父母和孩子是主体，对于孩子接受外界信息的程度没有父母成人认知全面，所

图 3-1 亲子景观中运用具象的事物
来传达信息 1（图片来源：谷德网）

图 3-2 亲子景观中运用具象的事物
来传达信息 2（图片来源：谷德网）

以在这样的景观中会通过具象的原型来辅助他们，将信息和寓意表达到物质实体当中，不仅赋予其含义，又能直观地体现和影响孩子的情感，让孩子可以更加直接地通过五官的感受来理解景观中所传达的内容，通俗易懂（图 3-1、图 3-2）。在亲子旅游景观中运用非常广泛。

3.1.2 具有互动功能

作为以亲子为对象的景观，亲子之间的交流和互动是其核心内容，让家长和孩子在本身就充满故事氛围的户外环境中，展开各种可互动性的活动，这是为孩子创造探索世界的机会，同时培养孩子的社会互动方面有着重要的作用。在亲子旅游项目景观中极强的互动性不光体现在家庭内部之间，还体现在家庭和家庭之间的互动，同龄孩子之间的交往，让成长中渴望交流和互动的孩子对亲情和友情有全新的认知。孩子之间产生的交流，形成他们之间的深刻记忆和情感印象，使大脑中产生最初的合作意识，从小培养他们的团队精神，锻炼其思维方式和与人接触的交流方式。同时可通过一些动手实践、探索调研等活动，满足孩子在社会发展和情感的需要。

3.1.3 信息的传递

亲子景观是父母和孩子良好交流的第三场所以外，也是现今所提倡的寓教于乐为孩子提供高品质的学习空间。[9] 景观是作为传达信息的载体，将信息编辑植入在内，再由父母和孩子通过体验和感知进行解读和理解，并将信息解码。这其中所出现的传播者、传播内容、媒介和接收者是整个传递信息中必不可少的四个要素，它们之间独立存在但彼此影响。传播者是传播信息过程的第一步，它是传递信息的发送者，个人或者设计机构都可以是传播者，通过解决"传播什么"和"如何传播"的问题，信息被收集、组织、处理、生成并传递给接收者。传播内容是故事信息，简单说是讲述什么样的故事或传达什么样的信息给接受者，通过这种信息交流，实现信息贡献和精神共鸣。传播媒介是实质性的载体，作为传递信息的渠道和工具，信息是文字或抽象的表达，所以必须通过一定的物质实体来进行内容传递，如果没有可承载信息的实体，接收者将无法接受完整的信息并完成交流和情感共鸣，随着科技的进步，高科技装置及多维度概念被广泛应用于景观当中，以听觉和触觉等五感作为介质的传播方式也为大众所接受。接受者是信息传递过程中的结束，在设计亲子旅游项目景观中，父母和孩子是内容传播的接受者，也是参与过程的主体。当故事信息被接受者接受和理解，才能构成设计和接受主体之间的共识，完成整个传播过程。

3.2 亲子旅游景观中存在的问题

3.2.1 国内缺乏成熟的亲子旅游产品

由于我国亲子游的发展处于初步阶段，亲子旅游产品的种类过于单一、浅薄、缺乏创新和特色。特别是亲子真人秀节目的带动后，旅行社和景区急于推广和想获得高额利润的目的推出产品和景观，会从一般的旅游中增设适合孩子游玩的活动空间和项目，然后将父母和孩子作为主要的销售对象，将这种活动称为"亲子游"。这种产品在国内很常见，但这是形式上的亲子旅游方式，并没有真正解决亲子之间的问题和需要，景观空间很多的亲子产品没有按照孩子的心理活动和个人需要来设计，导致国内的亲子旅游市场非常缺乏根据未成年孩子不同特点而设计的旅游项目景观。

3.2.2 亲子旅游景观中配套设施和服务的不完善

在此类景观中，首先吸引父母和孩子的是此类产品的内容，要足够吸引孩子，除此之外景观中的配套设施和服务是否完善也是评判的标准，因为带着孩子出行，孩子的感受显得尤为重要。[10]作为父母他们不敢尝试不完善的产品，担心在出游过程中的缺失和服务不完善，会导致旅行的体验感受不佳，旅途过于劳累，所以大多数的父母会更愿意选择一个相对轻松的出游环境。合格的亲子旅游项目景观配套设施会让家长无需四处奔波，有的时候还可以享受托管服务，父母也可享受其中，所以需要加大力度完善亲子旅游景观的配套设施，比如是否培养母婴室、适合孩子身高尺度的座椅、儿童厕所等，这些小细节会在过程中对亲子的旅游交流等产生不可忽视的影响。

3.2.3 亲子之间的互动和角色定位不平衡

作为亲子旅游的主体是父母和孩子，而孩子是旅行中的核心人员，所以父母对于孩子的关注会变多，亲子旅行的目的是实现亲子之间的沟通和增强感情，需要父母和孩子共同参与的，但现实情况父母往往是陪伴孩子、扮演孩子看护者的身份。在旅途中照顾孩子，自身放松的时间缩短或没有，本该同孩子一起游玩，却总是劳累不堪。所以，亲子旅游景观不单单是带孩子旅行和陪伴孩子玩耍的空间，这需要达到"亲"与"子"双方的平衡，在考虑到孩子需要的同时也要想到

亲子旅游项目景观设计研究——以重庆阳光童年荷兰小镇为例 / 陈秋璇

Landscape Design of Parent-child Tourism Project——Take Chongqing Sunshine Childhood Dutch Town as an Example / Chen Qiuxuan

图 3-3 孩子用触摸的方式感受水体
（图片来源：谷德网）

父母的需求，在空间和景观表达上尽可能做到满足父母和孩子都能休闲娱乐。

3.3 亲子旅游景观影响因素

3.3.1 亲子的感官影响

人们与外界发生直接或间接的关系是通过感觉器官来获取信息，身体的状态和感知都是形成思想、想象力和情感活动的基础。在人处于感知的环境之中，接受到感觉器官的刺激来获取对周围环境的了解，所谓的感觉器官是指眼、耳、鼻、舌、身，也就是听觉、嗅觉、触觉、视觉。在亲子旅游景观中，孩子和父母也将通过感觉器官来接受景观中需要表达的信息。

1. 视觉维度

眼睛作为感觉器官中最为敏捷的器官，是帮助人体辨识世界的首要途径，它不仅接受外界信息让身体获得感知，更让获得的感知变成人们辨别事物的洞察力，使其在精神上收获更多体验。孩子对于视觉的需求，会因为年龄的增长有所变化，通过孩子所能看到的世界，从不同视角、颜色、形状、空间尺度等多方位的视觉刺激，它会影响孩子在户外景观空间中的行为活动和感知。

2. 触觉维度

触觉是唯一可以与外界事物有直接接触的感觉器官，也就是人体的皮肤，它所给人们带来的生理心理上的感知力是无法替代的，巨大的。往往比人们认为的要深刻和特别。作为最敏感的器官之一，人们通过皮肤的接触，获得更直接地触觉体验和强化感知，打开心理尺度。孩子对于新事物的好奇心理会驱使他们运用皮肤的触碰、按压、抚摸等方式感受事物，来获得认知形成记忆，随着年龄增长会形成自己的喜好（图 3-3）。在亲子旅游景观中，不同的材质肌理、温度、形状的变化都会满足孩子的触觉需求和体验。

3. 听觉维度

在景观设计中自然声音、人们的活动声音和声音装置营造的声景观，为空间主题营造的氛围添砖加瓦，烘托气氛。用声音进行空间营造是景观设计中常见的处理手法，它所传达的效果显而易见，因为不同的声音运用在不同的空间环境中，

图 3-4 香港海洋公园（图片来源：百度）

给人的空间感受不同。[11] 例如在室外人们听到的声音很微弱和遥远，可以让人们辨别空间的宽度和广度，景观中的自然声音如水声、风声、雨声都是刺激孩子的听觉体验和丰富知识，是丰富孩子的听觉素材，环境中声音的会直接影响到孩子们的情绪和行为。

4. 味道维度

味道体验包括舌头尝到的滋味和鼻子嗅到的气味。感觉器官之间相辅相成，帮助人们感受不同的事物，不一样的味道代表着事物的独特性和辨识度。因此，当人们再一次嗅到熟悉的气味时，大脑中会有一种独特的记忆，对记忆进行追踪，与之产生个人情感和共鸣。生活中，花草的芳香、泥土的清香、海水的咸涩以及寺庙的香火等都会让人对空间和事物产生回忆或联想，同时也会直接影响到心理情绪的变化，空间中香甜清新的味道会让人放松，心情愉悦，如空间中弥漫着恶臭或难闻的气味会使人急躁，不想过多停留。在景观中味道的来源大多是植物散发的气息，当孩子作为对象的空间，尽量选择有香味的植物，尽量给孩子提供一个好的嗅觉环境。

3.3.2 亲子旅游景观的主题营造

亲子产生互动都是发生在一定情境中，在景观中的形象塑造最重要的是氛围营造，正所谓"百闻不如一见"。对于场所第一印象的感官直接刺激亲子的情绪，影响他们的体验基调。所以，亲子旅游景观中主题的营造尤为重要，主题代表了故事需要表达的精神内涵和思想，是作品的内容主题和核心。这样的概念常常运用在亲子旅游景观中，为其空间体验限定一定的内容或需要传达的信息。故事的内容来源广泛：民间流传的神话故事、历史人物题材、具有地域特色的风土人情、文化艺术等。当亲子作为对象的时候，在选择主题上需要将丰富多样的题材上进行归纳总结，然后筛选的内容要有足够的吸引力和创新，满足孩子的好奇心理和探索欲望，其次是易懂和大众化，内容应该是孩子们熟悉的广为流传的经典故事或包含积极向上、具有独特寓意和教育意义的故事内容。最后是能够让其父母和孩子进行良好互动交流的主题空间。良好的主题内容会让在其中参观游玩的人流

亲子旅游项目景观设计研究——以重庆阳光童年荷兰小镇为例 / 陈秋璇

Landscape Design of Parent-child Tourism Project——Take Chongqing Sunshine Childhood Dutch Town as an Example / Chen Qiuxuan

连忘返，如香港以海洋生物为主题的海洋公园（图3-4）。

3.3.3 经营模式

在数字媒体的时代对于亲子游产品宣传上，应该重点从纸质传媒的投入转向网络推广，并注重于在亲子社区、相关公众号的宣传。要充分利用社区成员的影响力，有效地针对不同区域不同需求和年龄的亲子提供相适应的信息。旅游景区多与旅行社合作，通过媒体增加曝光度。在景区中的经营模式上尽量减少父母和孩子的负担，很多旅游景区除了门票费以外园内也隐藏着其他花销，这将构成二次消费和隐形消费，会在心理上为父母和孩子造成不好的游玩体验。在吃穿方面，父母也会顾虑食物的不卫生，孩子天性好动，活动频繁，身上穿戴的衣物在室外环境中总会沾染污垢等都是影响游玩体验的因素。

3.3.4 地理位置的选择

针对亲子旅游景观的场地选址，首先场地的环境是考虑的重点，景区的旅游资源是源头，如果没有舒适的风景和环境，会影响父母和孩子是否决定前往，没有足够吸引眼球和注意力的景区火热程度会大打折扣。以及它所处的位置如果交通不便，在路途上所花时间较长，会影响父母和孩子的出行心情，场地周边生活配套不完善，生活所需不能得到满足等因素都是亲子出行会考虑的问题。

3.4 案例分析

迪士尼主题乐园是一个非常典型和成功的案例，享誉全球。迪士尼公司成立于1923年，一开始从事于影视动画的制作，成功的创作了大量的成功的卡通形象如米老鼠、唐老鸭、迪士尼公主系列、小飞象等，随着发展形成了多形态的传媒公司，世界各国设置有童话空间构造的迪士尼乐园，以公司经典的卡通形象和故事作为原型，迪士尼品牌已经深入到人们生活的方方面面，在亲子旅游景观中也是值得参考的案例。迪士尼品牌足够吸引人的地方在于主题营造，无论是成年人或小孩心中总有向往的童话世界，迪士尼乐园就是这样的存在，它善于构建一个童话世界且是具有代表性的实践成果出现在世人眼中，为人们释放心中的快乐和纯真找到了出口。将童话故事中经典的场景和人物形象带到景观中，形成奇幻的故事氛围，将空间主题化，从建筑、服装、音乐和娱乐设施、食物等方面的不同来区别多样的主题，营造身临其境的艺术氛围。

迪士尼乐园在全球设有六个，所在地区不同，每个地区的时代背景和文化不一样，迪士尼乐园在这一点上会根据所处位置的不同，考虑推出符合当地特色的产品和节日主题，如上海迪士尼乐园，作为中国大陆第一座迪士尼乐园，上海迪士尼乐园将根据农历新年营造节日气氛，经典人物形象会换上中国的唐装，食物会根据中国人的口味进行调整。

迪士尼乐园销售与迪士尼品牌相关的各类商品，小到铅笔文具盒、故事书籍、手表、大到毛绒玩具等，生活中所用到的产品都会涉及，同时还会推出与景观主题相关的限定产品，乐园里会有主题餐厅，推出的食品与之关联，以此来吸引参与者，这也是参与者体验游玩的一种方式。

迪士尼乐园是全球最具知名度和人气的乐园，如此受欢迎的原因与它一开始创作的影视动画有很大关系，创作出的经典故事和动画人物出现在生活中或有实体存在时，满足了人们的好奇心，以及近几年迪士尼在电影上的宣传和服装行业的合作，产品行业所推出的一系列迪士尼联名，都是宣传和营销的一种手段。同时在园区内的基础设施和系统的改进更加科学方便的满足到参与者的体验需求，每个园区的游乐设施因为人气高会产生排队的现象，在上海迪士尼乐园开园前做了大量调研，研发出了一款手机 App，可以实时监测到排队情况。这样为参与者规划自身行程提供更加科学的服务，在园区内的工作人员的服务是参与者体验的加分项，在一个充满童话世界的空间里，工作人员更是置身其中，与参与者的对话中会运用到童话中的台词和话语，例如当和迪士尼公主合影时间结束的时候，工作人员会说："公主们睡觉去啦。"全方位调动参与者的感官进行互动，为参与者提供生理心理满意的服务。

第 4 章　亲子旅游项目景观的设计方法

4.1 亲子旅游项目景观的设计原则

4.1.1 安全性原则

由于此类景观中涉及的人群包含有未成年人，当处于少年时期的孩子生性好动，缺乏自我保护意识的能力，所以景观中设施和空间是否安全父母和孩子关注的重点，除了景观场所以外旅游路线，活动的选择和相关的游乐设施等都要全方位的按安全性的要求进行设计。大多以自然为主的景区距离市中心较远，相对来说配套设施不完善，同时受到自然天气的影响，安全防范要求更高。所以，亲子旅游项目景观在每个方面都要做到安全的考量，为父母和孩子创造一个可以全身心投入且富有安全感的活动空间。

4.1.2 创新性原则

创新性是体现自身的独特性，设计别人没有的东西。亲子旅游景观一定要找寻到创新点和适合自身的发展路线，如果没有自身特色就会处于发展停滞的状态。例如，刺激孩子多个感官，设置针对不同年龄阶段孩子的项目。结合自然（地形、特色农耕）和人文（传统手工、特色风俗）等多种资源，引导孩子主动参与。产业模式的创新和时尚的主题活动都是提高自身独特性的因素，随着科技时代的发展，在其中的城市家具和游乐设施应该融入现代化元素例如：3D 体验、食物3D 打印机、平衡机等。

4.1.3 互动性原则

互动性是亲子旅游项目景观的核心内容，亲子游的目的之一便是为了增进家庭的感情，优化亲子关系，其中互动便是实现目标的方法。在景观中要紧紧围绕互动性原则，根据孩子的心理和活动情感规律，以亲子体验为切入点进行设计，在景观游乐设施的选择和设计上，考虑两种人群的身体尺度，设计功能性强的设施，以提高亲子互动的质量和更好的亲子互动。

4.2 以人为本

目前我国亲子旅游项目景观中主要还是围绕"子"为主题，父母在旅游中的参与度不高，自然不会得到家长的青睐。因此，在亲子旅游项目的景观中必须充分考虑父母与孩子的不同需求，保证"亲"与"子"双方需求的平衡。这样才能在亲子旅游过程中既满足了孩子的需求父母也得到放松。父母和孩子的共同成长和需求才是亲子旅游需要关注的问题，防止父母在旅行过程中成为陪伴孩子的安全员或保姆，让父母有机会参与孩子互动的活动中，享受与孩子的亲密时光，才是亲子旅游的特色和目的。另外一方面这种方式还可以提高孩子独立生活的能力，并帮助孩子更好地成长。应从人性化的角度讨论亲子旅游景观设计，空间符合孩子以及父母的生理、心理需求和特点，使不同年龄阶段和兴趣爱好的孩子和父母都能方便舒适地使用景观空间。

4.2.1 心理需求

亲子旅游景观空间的形态、颜色和材质使用应符合不同年龄段孩子和父母的心理特征。在景观空间规划和造型上，设计出简洁利落、干净清晰的空间会更受父母和孩子的喜欢，同时满足他们的心理安全需求。相反错综复杂，凌乱的空间会让孩子的心理上产生不安烦躁的情绪。景观色彩上，鲜艳度和明度较高的暖色调，能够让天生对颜色有灵敏感知力的孩子快速地捕捉到并被吸引，

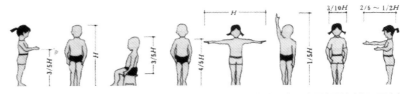

图 4-1 儿童身体尺度示意图（图片来源：百度）

灰色调会让孩子对空间失去积极性和活力，让空间变得安静沉闷。在游乐设施的设置，还要符合亲子的身体尺度，尤其要考虑未成年群体的身体尺度（如图4-1）。如果游乐设施不符合孩子的生理尺度的标准，会出现安全隐患，导致孩子在使用游乐设施的过程中受到伤害。例如，攀爬的楼梯和通道太窄会让孩子奔跑和行走的过程中摔跤，滑梯的高度过高会造成孩子使用不便，材质的选择不合理在天气的影响下会导致孩子烫伤。因此，设施设计要考虑孩子的生理尺度，提供适宜、舒适的游乐设施。丹麦康潘公司设计的儿童旋转设施和攀爬设施采用清晰的形态语言和醒目的颜色符号，提醒孩子如何控制设施和参与游戏，并在规模上深入考虑孩子的体型，确保孩子的行为安全和方便。亲子旅游景观中的乔灌木的高度选择上要考虑到孩子的身高和他们的视觉体验，如果按照成人的尺度来设置乔灌木的高度，会影响孩子的视线，在游玩的过程中容易和家人走散。以及相关的配套设施的设计上让孩子感受到亲和度和舒适感，使其在玩乐的空间中能感受到温暖、柔软，带来良好的心理感受，实现人性化设计。

4.2.2 行为需求

亲子旅游景观设计通过景观元素的提取、活动场景的设计来满足孩子的认知探索需求，特别是可塑性景观元素对孩子的动手能力和思维发展起着重要作用。在人的成长阶段中，孩子在未成年时期的身心都处于发育阶段，也是孩子学习知识、认知能力、模仿能力最强的时期。这个时期的孩子无论是心理上还是行为上对世界有着强烈的探索欲望和好奇心。所以，在亲子景观中的空间设计要考虑孩子行为上的探索精神，设计富有挑战和游戏趣味的空间和设施，满足孩子天性好动和探索的需求，与设施和空间产生互动，可以开动未成年时期孩子的大脑，锻炼他

图 4-2 以米奇、唐老鸭等动画为主的迪士尼乐园（图片来源：百度）

图 4-3 还原动画场景（图片来源：百度）

图 4-4 小猪的喂养（图片来源：百度）

图 4-5 猪肉制品的制作过程（图片来源：百度）

图 4-6 猪肉制品的作为商品出售（图片来源：百度）

们的注意力和观察力，散发他们的想象力和思维，让孩子形成独立思考和接触外界的方式。

4.3 主题营造

在亲子旅游项目景观设计中，首先要明确项目的主题，通过对国内外相关景观进行归纳总结，将亲子旅游项目的主题分为以下四大类：

4.3.1 动画影视要素

通常这类主题的景观以动画、电影或历史故事、神话传说为蓝本，通过人物、场景等的实景化，故事情节的高度还原，父母和孩子以观看者的身份阅读、感受故事（图4-2，图4-3）。在与场景人物的互动中，父母和孩子与故事情节产生交互，并获得别样的故事体验，他们既是景观空间中的阅读者也是书写者，从简单的参与者变成了空间的书写者。在迪士尼乐园中，可全方位调动游客感官的互动式场景和高度还原的人物动画，带给游客在感官上的刺激，以此来产生互动。

4.3.2 生产要素

按这类主题进行的条件是这件物品是具有商业价值的产品，将产品如何从生产、制作、完工、展陈、销售等一系列过程进行讲述，并还原在景观当中，让父母和孩子在参与浏览和制作中，获取相关知识和行为能力的提升。[12] 在日本的mokumoku 小猪农场（图4-4~ 图4-6）便是将猪作为产品，以"猪"为主题，以亲子教育为核心板块，以家庭为主要客源，突出家庭感和自然感，是一个集农业、制造业、购物消费为一体的农场。农场在把每一个加工商品的售卖店都包装成主题馆，例如加工猪肉的店铺就会以猪为主题建造。主题馆从风格装饰等方面都以可爱动物造型为主，很容易受到孩子的欢迎。

4.3.3 自然要素

有一位美国作家写过一本书，叫作《森林中的最后一个小孩儿》。大意是，现代的小朋友有一种症状，叫作"自然缺失症"：孩子们对电子产品更感兴趣，但他们失去了对自然的亲昵。当大人带领孩子出去玩的时候，孩子却不知道如何从自然中获得乐趣，也不知道该如何去"玩"。所以，这类便是通过自然中的基本元素如水、风、土、木头等作为景观中的主要内容，将它们形成的过程原因，每一个演变的形态在景观中具象化，在这过程中孩子和父母在可以接触到自然，让孩子激发天性，可以认识到和自然相关的知识。如云朵乐园是以一滴水的故事为概念（图4-7~图4-9），从水的不同形态出发，设计了一系列互动的、具有科普意义的景观节点。

4.3.4 历史人文

关于历史人文题材的主题，是通过传统历史文化场所、著名历史人物、构筑物以及地域文化和当地民俗民风来体验，这类的景观自身便带有历史痕迹，场所中的每一个构筑物都有故事，自身便是讲述故事的作者，父母和孩子是接受信息的人。例如，在山东曲阜孔庙、徽州呈坎古镇等是世世代代生活的名胜古迹，儒学文化也是世世代代传承下来，现如今许多家长会带着孩子在其发源地体验儒学文化礼仪和思想。

4.4 序列编排

在主题设计完成之后，需要通过序列的编排形成一个完整的结构，对主题进行充分的表达，只有参与者对情节产生好奇和吸引力才能驱使他们在编排的主题故事里继续前行。本文以时间和感官作为组织方式对主题进行诠释。

4.4.1 感官距离引导

人体感觉器官的眼睛、鼻子和耳朵是感知世界中最重要的三种器官。人们都喜欢且向往美好的事物和生活，身体的感官为人们提供了外界的信息，影响人们的情绪。对于未能亲眼所见所闻的事物无论是成年人还是小孩都有着强烈的好奇感，因此景观中常常运用感官串联的手法带领参与者体验景观空间。例如，园林中的漏景、框景、借景以及设计的曲径小路都是感官串联的手法，当人们的视线只能看到优美景色的一部分时，好奇心和求知欲会引导他们探索完整的景观空间，同时在其中穿插水声、鸟叫声以及四处栽种的花香来引导人们前行。让人们产生移步异景、步步有景的效果，最后将一开始看到的美景完整地呈现在眼前时，达到空间序列的完美收场，让人在探索游览的行进过程中和最后都能体验到不同游

图4-7 云朵乐园中蜿蜒的溪流（图片来源：谷德网）

图4-8 "曲溪流欢"（图片来源：谷德网）

图4-9 最终汇集成小池塘（图片来源：谷德网）

览感受。

4.4.2 时序性叙事

按照时序性编排是根据故事的前后果的关系，强调先后顺序，让整个空间显现得很有秩序性，这类方法要求要对整个故事和空间有很好的把握，往往是借助空间的处理、雕塑、景墙内容、水景、景观符号来表达，同时综合空间、视觉、感官的合理性达到整体的统一，懂得取舍主次内容，选取最能吸引注意力的中心事件进行设计。劳伦斯·哈普林设计的罗斯福纪念公园，根据罗斯福总统的四个时期的顺序排列（图4-10、图4-11），并引导参与者按照顺序参观，由花园和石墙进行分割，形成四个空间，每个空间与周围的景观密切关联，多处设有水景、植物和景观墙，让人在浏览的过程中让人联想到罗斯福一生四个不同的统治时期的历史事件，对人们心中形成新的认知和感受。

4.4.3 非时序性叙事

非时序性与时序性叙事不同，它不强调时间先后顺序，重点在故事的发生和编排的顺序，强调多元共生，杂糅无序，故事可以同时发生或持续发生。环球影城主题公园包括哈利波特的魔法世界、变形金刚3D冒险、神偷奶爸，小黄人、侏罗纪公园河流大冒险等。以好莱坞的电影作品为故事蓝本，每个主题在同一个空间同时发生，每个故事和故事之间没有时间先后顺序和内容上的联系，独立存在，通过景观中的雕塑、水景、植物，以及人物的还原来创作主题空间。

4.4.4 静态叙事

静态叙事所表现的是故事中或某一时刻的景观，将时间定格在某一个瞬间，记录下那一时刻的情景，从而达到让人联想和记忆的效果，比如某个故事中动物吃东西的瞬间、人们战斗的瞬间、小孩玩耍的瞬间，歌手唱歌的瞬间等，创作的题材广泛，从生活中流传的经典神话故事、历史人物、文学创作、童话故事、电影动画、动植物等。提取故事中精彩的瞬间，通过景观中雕塑或构筑物，游乐设施作为表现形式，将故事中不可错过的瞬间惟妙惟肖地表现出来，创造更加浓烈的主题氛围，渲染故事的感染力。西班牙瓦伦西亚格列佛公园（图4-12），便是

图4-10罗斯福纪念公园（图片来源：百度）

图4-11罗斯福纪念公园（图片来源：百度）

图4-12格列佛漂到小人国的瞬间（图片来源：百度）

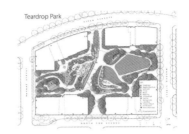

图 4-13 纽约泪珠公园平面图（图片来源：百度）

图 4-14 泪珠公园中儿童活动区（图片来源：百度）

根据英国作家乔纳森斯威夫特的《格列佛游记》中格列佛在航海船沉后漂到了小人国，在他疲惫沉睡时被小人国的城民用绳子将他捆绑在原地的场景，将场景定格在格列佛漂到小人国的瞬间，通过格列佛这个形象衍生出了供孩子们和前来玩耍的人的游乐设施，刚好玩耍的人们就像故事中小人国的城民，探索着格列佛这个"巨人"的奥秘。

4.5 空间细节处理

4.5.1 空间形态

亲子景观的空间功能要满足亲子之间的互动、游戏、交流、教育和休闲。所以此类空间在形态上要满足孩子的行为习惯同时满足成人的使用感受，根据具体的使用功能进行合理的划分大小，进行造型和衔接。在形态上分为两种自然形和规整的几何形态。这两种形态都会给父母和孩子带来不同的空间感受。几何形态的亲子旅游空间是根据几何基本元素进行组合分割，常见的几何形态有：圆形、方形、三角形、六边形等。例如，丹麦商业住宅区游乐场和芝加哥儿童医院皇冠天空花园以圆形和弧线作为空间的主要构成元素，通过圆形空间和弧线的有机组合，将整个空间显得活泼生动，围合感强，从心理的角度给亲子带来安全感，避免棱角的出现，划分出来的每一个弧形空间被设计成高坡或凹地，根据需要设有座椅，划分不同的功能满足孩子游戏的需求。曲线在亲子空间中使用频繁，除了带来装饰的作用以外，能更好地划分空间，给人以亲切的感受。如纽约泪珠公园（图4-13、图4-14）根据它地势高差进行的设计，通过自然形的处理方式，运用高墙隔断、借景和蜿蜒的步道系统，完成空间塑造，供孩子游玩的空间不像其他空间采用游乐设施，而是根据场地的高差和自然石块进行处理形成娱乐空间。这样的方式可以消除边界感，与周围环境融为一体。

4.5.2 色 彩

孩子对于色彩的捕捉从婴儿时期就开始了，孩子对色彩的感知很强烈，探索的欲望很强烈，在孩子的情绪、智力和个性的发展中起着重要作用，大多数孩子喜欢色彩明亮、冲击力强的颜色，暖色调和冷色系中的绿色和蓝色备受欢迎，因为绿色和蓝色接近自然中的植物和大海，是孩子们喜欢和向往的地方，随着年龄的增长，孩子对色彩的喜欢会产生变化，年龄越大颜色饱和度逐渐下降。色彩在亲子空间中多运用鲜明的颜色，会帮助孩子提高记忆力和想象力，局部采用淡雅的色彩进行平衡，做到主次分明，对比和谐。色彩可以帮助设计师划分空间，设计符合实际的主题，同时凸显空间特性，达到装饰空间的作用。北京颐堤港儿童游乐场，以橙色圆盘作为天棚，游乐设施以明亮的橙黄色为主色调，中间点缀着蓝色滑梯，在阳光的照射下，是整个空间显得舒适开敞，产生欢快的氛围。

4.5.3 水体

无论是大人还是小孩都喜欢亲近水。古往今来，人们习惯依水而居，水是人们生活中不可代替的部分，水也是人们亲近大自然的一种方式，水对于小孩来说具有强烈的吸引力，有水的地方孩子一定不会无聊，从母胎的水环境中出生，对于水会给他们带来亲近感和归属感。在景观中水的形式有很多，如喷泉、水池、跌水等因此产生的声音不同，营造的空间氛围也不同。如喷泉可以营造视觉中心，增加环境的变化和趣味；如镜面水池，为环境增添了一份宁静，形成冥想空间。在亲子旅游景观空间中，设置水景可以提升整个空间的互动性和活力，能增加孩子和父母与大自然亲近的机会，常见的水景形式是交互感应的音乐喷泉，人们通过声音与水体互动，喷泉随着声音的变化喷射出高低不一的水柱为人们带来互动体验。

4.5.4 植物小品

作为户外空间，植物是空间中重要的组成部分之一，它不但可以帮助我们进化空气调节场地的微气候，还可以在烈日炎炎的夏天，遮阴防晒。在亲子景观中的植物配置有所讲究，在植物的选择上需要考虑到孩子的需求，尽量避免有毒有刺有异味的植物，配置较多的观赏性植物，尺寸上不易过大，种植的密度不能过于密集，植物作为围合手法尽量不要遮挡过多，使得空间狭小，影响情绪和活动。同时可种植一部分可食用的植物，提供一个采摘的机会，让孩子和父母可以参与其中，孩子可以从中收获对植物和大自然的新认知，提升孩子参与活动的积极性和创造力，同时是与父母增进感情的好机会。景观小品会显得亲子景观空间丰富和活力，起到点缀的视觉效果。如迪士尼乐园中不同造型的雕塑小品和植物（图 4-15），都是根据主题内容进行设计，让这个空间呈现一种戏剧性效果，空间成为舞台，将它们一一展现出来。如台湾南科几米公园就是根据漫画家几米的绘本设计的景观，其中有大量的几米漫画中的人物造型通过景观小品表现出来（图 4-16），

图 4-15 迪士尼的植物造型（图片来源：百度）

图 4-16 几米漫画中小男孩浇花的场景（图片来源：百度）

不但满足了亲子的视觉需求，增加的故事情节和形象对孩子的探索有着启蒙的作用，同时父母心里所隐藏的美好童真得到满足产生记忆，生成怀旧的心理。产生空间和亲子的情感上的呼应和共鸣。

4.6 经营模式

亲子旅游景观作为旅游景点，它的经营模式和服务设施是需要考虑的，从第3章分析到现在国内旅游景点所产生的问题。景区的服务都是根据人的需求来的，作为带孩子的父母来说，景点的便捷和舒适是首要考虑的问题，首先是门票上采取的是一站式购票，将进入景区里的所有收费项目进行归纳，价格根据数量和游客需求定位，并在进入景区前完成购票这一步骤，这样可避免进入后有再次购票的情况和担心收费的顾虑。因为实施入园购票，当节假日人流量增多时会产生排队的现象，所以线上线下做好购票连接，开通网上购票节约时间。在餐饮方面全部采用景区里种植的蔬菜水果，安全卫生。可以设置家庭制作的厨房，让父母和孩子自己下厨自己做想吃的食物，增进感情的同时增强孩子的动手能力。在景区游玩中父母会担心孩子的衣物在玩耍的过程中会产生污垢，导致不愿让孩子活动的情况，在园区中发放统一的服装给孩子，让父母消除所有的顾虑，让小孩全身心地投入到空间中去。在孩子单独玩耍和学习的过程中全程有工作人员的陪伴，父母在亲子游中也可以有自己的闲暇时光。

第 5 章　以阳光童年荷兰小镇为例

5.1 项目概况

5.1.1 场地简介

"阳光童年"是重庆武隆仙女山旅游度假区的一个项目，以亲子旅游度假为核心，项目占地面积6,500余亩，分别体现中国"巴蜀文化"、丹麦"童话世界"、瑞士"冰雪乐园"、日本"动漫世界"、巴西"百鸟世界"、荷兰"郁金香王国"和美国"未来世界"等不同风情的全季候童年度假体验项目。

5.1.2 地理区位

武隆县位于重庆市东南部，乌江下游，东邻彭水县和酉阳县，南领贵州省道真县，西连南川区和涪陵区，北靠丰都县，距重庆主城区 139 公里，交通体系发达。武隆区作为渝东南承接和传递"一小时经济圈"辐射的接口和支点，作为渝东南的中心地带，未来将成为渝东南的经济、商贸流通中心。境内风景名胜众多，是长江三峡库区集雄、奇、险、峻、秀、幽、绝等特色于一身的旅游胜地。

项目地交通便利，距武隆县仙女镇镇政府 2.7 千米，距东侧仙女山旅游度假区 2 千米，四周自然景色优美，开发潜力较大；仙女山国家森林公园西北侧项目选址优美，景色宜人，风景秀丽。

荷兰驿站总面积 55560 平方米，处于项目地中东部，北侧是巴西小镇，西部毗邻日本小镇，西南侧为丹麦小镇，东侧为自然森林。从周围小镇步行可达，离主入口有一定距离。远眺荷兰小镇，地势较高，植被覆盖率较高，林地资源基底保持良好，生态多样性丰富。部分地区地形起伏较大，地势陡峭，容易积水，破坏景观。植被丰富，涵盖地被、草本、灌木、乔木，但植物颜色单一。

5.1.3 地理资源

项目地属于典型的喀斯特地貌景观，四面多低山和峰林，底部平坦，雨季容易形成积水，旱季容易干燥；典型的喀斯特地貌，构成崇山峻岭，沟谷纵横；除高山河谷外还有较少的平坝，绝大多数为坡地梯土；土壤为黄壤、黄棕壤，其次为紫色土。[13] 属亚热带湿润季风气候，气候温暖湿润，四季分明。年平均气温 15℃～18℃，立体气候较显著。这里居住着汉族、苗族、土家族、仡佬族等 13 个民族；具有"三月三"踩花节、"六月六"晒衣节、赶香会等习俗；同时拥有众多文化遗迹、江口汉墓群、土坎商周遗址等。

5.2 总体设计

5.2.1 设计理念

项目是以荷兰的文化为主题，以家庭为对象的亲子旅游景观，所设计的基本原则：

以人为本，充分考虑到亲子的生理和心理需求，结合场地的地形设计，尽量将孩子游玩的设施与场地结合，避免单一的机械游乐设施。营造充满荷兰文化氛围的主题景观，为父母和孩子创造优良的交流空间。尊重原场地，做到因地制宜，就地取材。将施工留下的大量可取材料进行再利用到景观中去。设计的理念是通过对荷兰文化的梳理，整理出拥有荷兰特色的主题来营造空间，设计适宜父母和孩子一起互动和玩耍的空间，让不同年龄段的游客在项目中都能在无意中邂逅自己的"童年时光"。

5.2.2 荷兰文化空间营造

时间和历史塑造了开放多样的荷兰，传统和创新在荷兰互相交融：艺术作品、风车、郁金香和烛光咖啡馆与拔地而起的建筑物，时尚设计和丰富多彩的夜生活交相辉映。荷兰驿站的主题营造源于对荷兰文化的梳理，分别从历史、艺术、绿色农业三方面讲述。荷兰是位于西欧的一个小国家，这个国家与水有着解不开的缘分，发明的风车由连续不断的海风提供动力，为堤坝抽水，磨面粉以及其他用途，在西班牙获得独立之后，荷兰发展成为 17 世纪航海和贸易强国。荷兰的商船数量超过了所有欧洲国家的商船总数，被誉为"海上马车夫"。荷兰在世界各地建立了殖民地和贸易基地。这段时期在荷兰被称为"黄金年代"。水将作为提取元素，贯穿整个场地，根据荷兰特色设计水景形式，结合武隆四季变化形成的水形态，丰富亲子空间，让父母带领孩子认识自然与荷兰。荷兰是一个包容性极强的国家，这个小小的国家孕育了无数举世闻名的艺术家凡高、维米尔、伦勃朗、蒙德里安等，以及多元化的建筑，鹿特丹市场、立体方块屋、乌特勒支建筑等。将艺术家的经典画作和建筑进行元素提取，将抽象转化为立体，从 2D 转为多维度艺术体验，让孩子和父母全方位感受到来自荷兰的艺术气息。荷兰的农业作为国家的第一产业，常年位居第二大农产品出口国，随处可见的郁金香，花卉是荷兰支柱性产业，大大小小的温室用于种花，被誉为"欧洲花园"，位于荷兰西北方自然保护区的羊角村被称为"绿色威尼斯"，将农业和绿色生态结合场地地形进行设计，让父母和孩子能够感受到大自然所带来的乐趣（图 5-1）。

5.2.3 空间序列的编排

荷兰文化主题将通过非时序性的手法进行编排，根据父母和孩子的互动空间和孩子成长阶段中对于户外空间的功能需求作为空间划分的标准，将场地分为休闲运动区、科普学习区、游戏玩耍区、自然农耕区，以动静结合的方式作为明线贯穿整块场地（图 5-2）。将荷兰的航海时代、艺术上的发展、城堡故事和羊角村作为每块区域的主题以暗线的形式衔接。其中运用景墙小品等作为每个主题中穿插的静态叙事，来营造空间氛围。荷兰小镇总共两个入口，南面为主要入口，西北侧为次要入口。以三条路线分别为消防通道，主要道路和次要道路三个层次的道路系统作为连接每个空间的通道（图 5-3）。

亲子旅游项目景观设计研究——以重庆阳光童年荷兰小镇为例 / 陈秋暖

Landscape Design of Parent-child Tourism Project——Take Chongqing Sunshine Childhood Dutch Town as an Example / Chen Qiuxuan

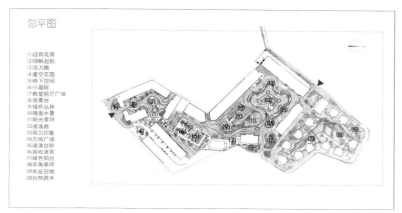

总平图

(1)迎宾花带
(2)扬帆起航
(3)活力圈
(4)星空花园
(5)林下空间
(6)小庭院
(7)教堂前厅广场
(8)观景台
(9)绿色丛林
(10)镜面水景
(11)阳光草坪
(12)波浪路
(13)荷兰印象
(14)方块广场
(15)波浪台阶
(16)游戏迷宫
(17)绿色阳台
(18)转角草坪
(19)农业田地
(20)自然跌水

图 5-1 荷兰小镇总平面图（图片来源：自绘）

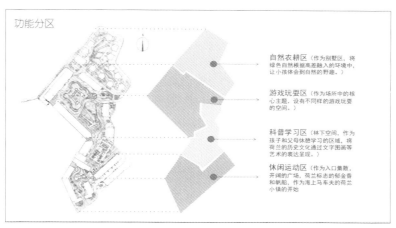

功能分区

自然农耕区（作为别墅区，将绿色自然根据高差融入的环境中，让小孩体会到自然的野趣。）

游戏玩耍区（作为场所中的核心主题，设有不同样的游戏玩耍的空间。）

科普学习区（林下空间，作为孩子和父母休憩学习的区域，将荷兰的历史文化通过文字图画等艺术的表达呈现。）

休闲运动区（作为入口集散，开阔的广场，荷兰标志的郁金香和帆船，作为海上马车夫的荷兰小镇的开始

图 5-2 荷兰小镇功能分区图（图片来源：自绘）

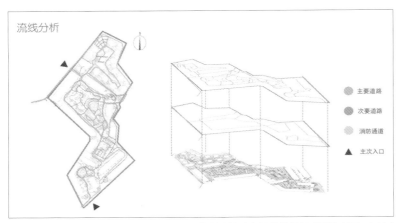

图 5-3 荷兰小镇功交通流线分析（图片来源：自绘）

5.2.4 空间元素

空间的规划根据常见的几何形态，弧形和直线进行穿插设计，运用弧线显得场地更加柔和且贴近主题，让孩子心理上感到更加亲切和安全感，其中穿插直线型和方形元素让整个平面更加丰富不单调，在运用方形的同时考虑到有棱角的地方进行圆滑处理，防止小孩磕碰受伤，在自然农业区有高差的地方进行自然处理，结合场地现有的材料，打造有趣的空间来柔化高差，让边缘和空间能自然地融合在一起。

1. 色彩

根据第 4 章的分析，孩子喜欢明亮的和偏暖色调的颜色，结合动静的空间划分，将活泼开朗的暖色调作为动态空间的主色调或从艺术家凡高梦幻的作品中抽取出舒适的颜色进行设计，在静态空间中以绿色、蓝色以及中性色调为主，给人以安逸干净的心理感受。

2. 植物小品

荷兰小镇地理位置位于武隆仙女山，在选择植物的种植中需要考虑植物是否满足在山地中的存活条件以及受气候影响的大小。在满足存活的基础上选择带有芳香和观赏功能性的植物，灌木的种植尺度需满足未成年孩子的身高需要，避免孩子在游走的过程中出现视线盲点。在植物和小品的造型上参考荷兰航海时期，艺术和风土人情中的元素进行设计编排，合理且又大众化的设置在场地中，以此来烘托荷兰小镇的特色氛围。

第 6 章 结 语

　　文章的大部分观点来自于对文献的梳理和总结，提出了亲子旅游项目景观的设计方法，希望通过论文的研究可以给亲子旅游景观的研究带来更多可能性，但在旅游方面的亲子景观还在发展过程中，理论和实践都有欠缺，导致在理论方面，展开面还有不足，案例不够丰富，希望以后有机会对课题做更进一步的完善和补充。

致 谢

　　很感谢一直以来在课题上给予同学们宝贵建议的每一位校内外导师，感谢提供课题的张青老师和帮助我的筑奥设计团队，感谢老师们在生活上给予我们的支持，深圳校企合作项目在我人生中是一次珍贵的人生经历，再次表示敬意和感谢！

参考文献

[1] 石培华. "旅游 +" 是实现全域旅游的重要路径 [N]. 中国旅游报，2016-05-11.

[2] 携程网 .2017 中国旅游者意愿调查报告 [EB/OL].（2017-04-05），[2017-11-09].http://b2b.toocle.com/detail--6391704. html].

[3] 李菊霞，林翔. 亲子游市场若干问题探讨 [J]. 企业活力，2008(12): 32- 33.

[4] 张红. 有关亲子游产品及其开发的几点思考 [J]. 旅游研究，2010，2（04）: 51-55.

[5] 刘妍. 我国亲子旅游开发的现状、问题与对策 [J]. 科技广场，2013（11）: 206-210.

[6] 张磊. 浅谈亲子教育旅游的发展 [J]. 今日科苑，2008（20）: 40-41.

[7] 邓丽群. 论和谐亲子互动关系的构建 [J]. 四川理工学院学报 (社会科学版)，2008（05）: 53-55.

[8] 聂心怡. 家庭旅游中亲子互动对父母旅游体验质量的影响研究 [D]. 湖北：湖北大学，2018-05-07.

[9] 刘茜茜 . 叙事性景观多维传感法研究——以望城县西湖公园景观设计为例 [D]. 湖南：中南大学，2011-05-01 .

[10] 刘慧武，王维 . 亲子旅游项目的现状、问题及对策 [J]. 建材与装饰，2018,17(1)：156-157.

[11] 胡仲月 . 基于儿童身心健康需求的儿童公园设计方法初探——以重庆儿童公园为例 [D]. 四川：四川农业大学，2014-06-01 .

[12] 刘丹丹，吴倩 . 亲子农庄景观规划设计初探 [J]. 艺术与设计（理论），2017,12：64-66.

[13] 百度百科 . 武隆县（重庆武隆县）_ 百度百科 .https://baike.baidu.com/item/%E6%AD%A6%E9%9A%86%E5%8C%BA/19947575?fromtitle=%E6%AD%A6%E9%9A%86%E5%8E%BF&fromid=37045&fr=aladdin.

导师评语

马一兵导师评语：

一开始在准备研究课题的时候，有几个不同类别的项目在手上，有关于乡村建设和发展的，有产业园区方面的，也有关于旅游方面的项目。在与秋璇初步沟通和交流后，彼此觉得着眼于儿童、亲子类旅游项目的景观研究方向。

在进入项目的研究阶段初期，我们做了几个方面的探讨。其一，为什么要做这个方面的课题研究？其二，这方面的研究能够提供什么样的一些方法？其三，这方面的研究是否具备代表性等？基于这样的思考和设想，我们一起到达现场进行实地考察和认知。建立初步对项目实施感官认知与运营模式的思考。

经过多轮的讨论和交流后，明确了对这个课题研究的意义。随着现在大众生活需求不断地提升，对于生活品质和家庭亲情的关注越来越高。这方面的研究就是针对亲情和亲子情感延伸所做，研究的意义旨在：对亲子和亲情的旅游项目探索，研究一些普遍性的参考依据和设计方法；针对不断新兴的亲子旅游市场，结合创新模式下探索的景观设计研究；对特定的地理地貌情况下，所作的专项研究提供一些研究思路和方法。

主要研究关于亲子旅游项目景观的设计原则和方法，其重点在于研究如何营造亲子旅游景观空间，激发孩子们的想象力和创造力，并培养孩子探索世界的意识和完善人格；以及促进父母与孩子之间的交流和互动。

张青导师评语：

长期以来，围绕研究生专业选题、论文研究方向，有着不少的纠结。限于个人知识和能力的判断，学生们在各种选项中徘徊，在多种抉择方面游离。然而本次校企联合培养，使得问题和状况明显释然。企业的发展过程，对市场有着高度的敏感，对于需求热点及问题表现出持续的热忱和关注，校内校外双师培养模式，企业导师将研究方向，直接带入问题与需求，基于这样的背景，该项选题《亲子旅游项目景观设计研究》能够顺利而成。

社会经济的发展，拉动旅游业态的升级，市场进一步细分后，环境产业的景观营造，亦成为旅游服务项目，参与到产品的服务与关怀。景观功能的针对性得到强化，景观设计有了更具体的职责，该研究从亲子旅游、亲子互动、儿童心理学、人体工程学、亲子旅游景观特点、旅游景观问题以及影响的因素、视觉的维度、触觉的维度、听觉的维度、味道的维度以及主题营造和经营模式等相关理论进行了梳理，将内容展开了讨论。

特别值得肯定的是，在基本概念的解析中对家庭结构和家庭模式及类型化的解析，亲子旅游专属人群"亲"和"子"概念核心，以及亲子互动互教、动机与驱动的关系梳理与解析，为本项目研究奠定了基础。使论文的研究与写作、设计的定位和进一步的展开树立了核心，铺平道路。期待该课题研讨进一步深入全备并服务于旅游业的发展。

以『建构理论』引导中国传统木构的当代转化

Study on the Contemporary Transformation of Chinese Traditional Wood Structure Guided by "Tectonics Theory"

◎ 陈依婷

以"建构理论"引导中国传统木构的当代转化 / 陈依婷

Study on the Contemporary Transformation of Chinese Traditional Wood Structure Guided by "Tectonics Theory" / Chen Yiting

北京前门草厂 24 号院接待中心设计

项目来源：HSD 水平线空间设计公司

项目规模：717.738 平方米

项目区位：该项目位于北京市东城区前门地区，由草厂二条的 24 号院和草厂三条的 19 号院组成

设计关键词是"建构"与"木构"，运用新的现代材料和传统材料结合，使旧建筑去吸收现代性，在传统营建的木构体系下转译成属于当代的建构逻辑。从"新陈代谢"的角度去做一些创新的尝试，先消化原有的传统结构，包括结构支撑、材料性能、构成语言等，再结合现代材料技术做一些优化，把建筑内部语言通过新的建构逻辑关系可视化，代谢旧的生成新的。

休闲区

茶室一层

茶室与内院

前厅玻璃廊

茶室建筑结构剖面图

餐厅送餐廊

餐厅效果图

前厅玻璃廊

茶室二层

摘 要

中国当代建筑实践，将传统文化的传承重点集中在了对建筑形式的模仿之上，始终无法调和中国传统木构建筑的结构形式和现代建造技术之间的矛盾。因而造成了中国木构建筑的建造体系与建筑形式的相驳，理论与实践的脱节。本文从 "建构理论" 的视角去研究中国木构建筑在当代的转化与运用，是希望跳出传统建造体系的形象概念，从核心要素出发，探索中国建筑在时代环境下的可持续成长。且建构理论的三大研究板块分别是材料、构造、结构，所以由 "建构理论" 引导传统木构在当代的转化应用，形成理性和诗性并重的当代建筑观，具有逻辑上的因果关联。

本文首先对研究对象之一 "建构理论" 进行论述，分别从词源学层面、理论层面、历史层面论证 "建构理论" 能否作为引导研究的系统经验理论；其次对主要研究对象——"木构" 的体系进行归纳和分析，再从物质层面、操作层面和案例设计层面，探索中国传统木构建筑在当代的转化应用方式，处理好传统继承与时代创新的关系。

本文创新点是将 "建构理论" 作为一种方法论，从 "理性" 出发重点探究中国传统木构在当代进行 "新陈代谢" 的可能性，是当代木构建筑发展的新思路。

关键词

建构理论 传统木构 当代转化

第 1 章 绪 论

1.1 . 研究背景

当今，中国建筑的实践多在重点表现建筑外在形式的统一以及过于追求建筑形式的标新立异，甚至对传统建筑的设计改造趋向表皮化。当前，特别突出地体现在乡建中，这种形式化的改造，产生的结果就是乡村建筑的套路化和虚假性。其原因在于，在旧建筑改造中，因为完全不理解传统建筑的内在结构逻辑，只是纯粹地对外部形态进行了一定的意象转化，再贴上传承传统、延续

图 1-1 世博会中国馆（图片来源：百度）

图 1-2 世博会中国馆（图片来源：百度）

文化的标签，反而建筑中主要的承重支撑结构体系并未关联建筑形式的生成。所以在这个时候引入建构理论是非常有意义的，因为从建构理论出发能使建筑真实地表达结构本体与建造内涵，能使建筑的生成更为理性、合理，而不纯粹是传统符号的延续。

把"建构理论"作为一种研究视角，一种方法论是有价值的。建构理论的引入早在 2001 年，南京大学王群教授在《A+D》上发表的"解读弗兰姆普顿的《建构文化研究》"，使"建构"一词得以传播，正式进入建筑学者们的视野。并尝试引入了西方建构文化理论而形成相应的中国建构体系，但是依然会有些实践迷失方向。首先，当建构理论被引入中国，就有一种较强的批判性，从理性角度对当代中国建筑现状的审视。因为建构理论与中国传统木构建筑的结合性不强，出现了一些"非建构"的建筑作品，例如 2010 年上海世博会中国馆（图 1-1，图 1-2），建筑由大红色的斗拱造型，但是其受力方式却和斗拱力学结构没有必然联系。它只模仿了斗拱的形式，其建筑外部形式是枋材垂直和水平方向分层垒叠而成，实际上的承重结构是由四个混凝土核心筒体支撑着大跨度钢梁构件形成。中国馆的结构体系与形式的相驳，说明理论上没有从建构角度去深入导致实践难有成果。

1.2 研究对象与范围

主要研究对象是中国传统建筑的木结构体系，重点是以"建构理论"为引导，在材料、构造、结构方面的转化与运用。首先，木构是中国最为核心的传统营建体系，是一个非常庞大及复杂的有机体系，同时存在时代、地域、类型、自身结构的差异化，存在形式难以概括。因此，通过建构的研究视角划分主流建筑样式，本文的研究范围进一步缩小为：从构造的视角划分的"抬梁式"木构与"穿斗式"木构；从结构视角划分的"层叠式"木构与"连架式"木构，在不同分类方式中研究木构的连接思维和结构逻辑，找到能够通过"新陈代谢"进行转化的方式。在当代建筑趋同化的今天，现代材料现代技术已是主要趋势，为了避免建筑的"中国性"被消解，使木构在当代建筑体系中进行"新陈代谢"，而不是直接被代替和替换；使之与现代技术和材料很好地结合，既能提升传统技术，也能体现中国木结构体系的包容性，又能将传统建筑语言通过转译进而超越建筑思想、超越符号化而存在。

1.3 研究现状

1.3.1 国外建构理论的研究

理论研究方面：国外关于建构的研究起步较早。首先是 1830 年，卡尔·奥特弗里德·缪勒(Karl Otfried Müller)在他出版的《艺术考古学手册》中，将"建构"作为一个专业术语引入了建筑学范畴，他试图用一系列的艺术活动去阐释建构的含义，并强调建筑是建构的最高代表，成功地吸引了一批学者对"建构"的关注。戈特弗里德·森佩尔是受其影响较大的建筑理论家之一，他认为对建筑本体的真实表达便是建构，其中既包含了对结构技术的强调，也包含了对结构象征意义的关注。随之，1851 年森佩尔出版了的《建造艺术四要素》，首次从人类学的视角阐释"建构"发展体系丰富了建构学的内涵。肯尼斯·弗兰姆普顿(Kenneth Frampton)归纳并完善了建构文化的发展，于 1995 年完成了《建构文化研究》著作，直接将建构定义为"诗意的建造"，高度概括了建构的理性和艺术性，将建造活动上升到了一种以结构逻辑为本体的艺术活动的高度。

建构实践方面：19 世纪的建筑大师虽有理论方面的启示和发展，但是在实践过程中，由于过于遵从建构原则，导致实践和理论的分离。但在现代主义时期，密斯、赖特、路易·康在对建构理论进一步发展的同时，也在实践上完成了许多具有建构性的建筑。例如，密斯的巴塞罗那会馆，证明了密斯有能力将建构的象征意义隐匿地表达于建筑空间内；康的宾夕法尼亚大学理查德医学研究大楼，其建筑主体都使用了空心结构，是康建构手法多样化表现的代表作品。在后现代主义时期，彼得·卒姆托、伍重、卡洛·斯卡帕等也都多角度地践行着建构原则，例如伍重对东方文化的探索，致力于跨文化建构的实践，他设计的兰格里尼塔楼餐厅（1953 年），其结构就是对佛塔的一种转译，显示出伍重丰富的建构表现力。

1.3.2 国内木构体系的研究

理论研究方面：国内对于木构体系的研究面广，深度不一。国内学者对传统木构体系的现代研究，从 1930 年朱启钤先生所创办的"营造学社"开始，而营造学社发轫于 1929 年开始的关于《营造法式》的一系列松散的个人学术讲座。梁思成先生是其中学术贡献最大的学者之一，于 1934 年著成《清式营造则例》，著作中详述了官式建筑的构件、结构等的做法；1937 年出版《＜营造法式＞注释》、1945 年著成《中国建筑史》，著作中从中国传统建筑的材料、工法、营造语言，梳理了主流建筑的发展脉络，奠定了中国传统木构的研究基础。后来，刘致平先生于 1957 年出版《中国建筑类型及结构》，从历史沿革、布局特点及艺术特色方面划分了中国的主流建筑结构类型。刘敦桢先生于 1957 年撰写了《中国住宅概说》、1965 年著成《中国古代建筑史》，完善了中国传统木结构建筑的发展史。2004 年，孙大章著成《中国民居研究》，从传统木构建筑的结构类型出发，详细论述了我国地域性木结构民居的形制、空间构成、结构建造等的特征。

　　建筑实践方面：一批重视建筑用材、注重建造过程、关注构造逻辑的建筑师，如张永和、王澍、袁烽等年轻建筑设计师，在木构建筑实践中探索着建构能带来的多种可能性。例如，王澍的中国美院象山校区和水岸山居，在关注旧材料循环利用的同时，关注传统建筑的木文化和园林文化的表达，赋予建筑作品理性和诗性的双重含义；袁烽的竹里采用了高度预制产业化的数字建造方式，把木结构的建构视野拉到了关注未来的高度。

1.4 研究目的和意义

1.4.1 建筑的理性与诗性的碰撞和融合

　　肯尼思·弗兰姆普敦将"建构"定义为一种诗性的建造技艺，而建构文化体系包含着材料、构造、结构三大板块都是以理性为出发点，它又同时被建筑美学法则所支撑，所以它同时具有理性和诗性的双重含义，因此研究建构的目的就是要形成理性和诗性并重的建筑观。"理性是建构表现的基础，诗意是建构形态设计的灵魂。"如果理性就是建筑的核心，那么诗性就是建筑的本质。用理性的逻辑生成建筑的结构内核，用诗性的隐喻塑造建筑的气质，从高度综合的层次上体现建筑的建构美学价值。

1.4.2 "技道合一"是中国建筑永恒的课题

　　技术是建筑建造的基础，具有较强的技术特性，象征性同样也是建筑的特性其一。无论何时，建筑都是当代文明的体现，具有最先进的结构技术和丰富的人文艺术情感，所以建筑不仅仅是展示建造技术，而是注入了人们的智慧和情感的。"技道合一"能通过技术实现从抽象到具体的转化，从技术到艺术，从思辨的研究到实证的研究，我们才能超越纯粹技术的外观，走向一种"诗意的建造"。传统营建工法若无法留存，那传统文化也将会被消解，所以"技道合一"的相互制约与融合在任何时代都是建筑创作永恒的主题。

1.4.3 在当代建筑中传承传统美学的价值与意义

梁思成先生曾在《清式营造则例》一书中写道："以现代的眼光，重新关注中国建筑的人，在尊崇建筑形式之美的同时，往往忽略了其结构的价值……"。为什么要推崇中国建筑，不仅是因为中国建筑的色彩、形式、材料符合美学标准特征，更是因为中国建筑的木结构体系是力学与美学的交融，是真实的智慧和情感的结合。其实，虽然中国没有所谓的非常系统的类似"建构"理论的总结归纳，但是真实存在的中国传统建筑就能说明一切，它和西方的结构理性主义是极为契合的，可以说中国思维的"建构"是以"木结构"为核心的营建体系。其次，梁思成先生的《图像中国史》及侯幼彬先生的《中国建筑美学》都可以发展成为中国建筑文化语境下的建构文化体系。现代建筑体系和传统建筑文化并非冲突而不可调和，只是暂未找到合适的结合方式，木结构建筑应结合时代背景，创造更多的可能性，并在发展中延续传统。

1.4.4 对当代传统建筑设计具有理性的指导意义

避免一味地标新立异、故弄玄虚等的非理智行为。现在太多的建筑和室内完全凭感性地输出整个空间，感性在建造技术面前显得过于苍白无力，没有精密而严谨的结构逻辑去承载建筑空间是不符合建构理性的。过于强调"意境美"、"意象说"等单向建筑情感的传递，反而不注重建筑构造本身，重形式轻建造，缺乏理性思维的创造。当代建筑设计应在建立理性的思维模式之上，再进行建筑实践，关注建造技术和结构本身，同时还要关注建筑空间的诗性传达以及建筑实践的社会意义和价值。总之，从理性出发的建筑设计方法和价值取向对当代传统建筑更新设计具有一定的理性指导作用和当代意义。

1.5 研究方法

1.5.1 文献研究法

本文主要研究方法之一是通过收集相关文献、组织文献，然后对相关文献进行分析、分类或重新归纳总结。需要进行大量有关西方建构理论、结构理性主义、新陈代谢派、中国传统木作、营造工法、现代材料技术等资料的收集，包含相关专著、学术期刊、论文集、学位论文、电子文献等，获取的渠道为图书馆、博物馆、学术会议、信息网络。

1.5.2 案例研究法

通过选择一个或多个典型的案例为对象，系统地收集案例有关数据和资料，进行深入的分析和研究，这样个案的研究结果具有启示意义和参考意义，可以从特定角度洞悉课题的一些可能性。通过系统地分析个案全方面的资料，或许会发现一些新的研究问题、新的观点和新的成果预设。其成果可以作为本文理论的假设，提炼出更有意义和更具洞察力的问题，为课题提供新的思路和方向。

第 2 章　建构理论

2.1 建构理论的概述

据肯尼思·弗兰姆普敦在《建构文化研究》（1995 年）中的词源学考证，"建构"（Tectonics）源自古希腊语，其最初形式为"Tekton"，意为木匠或建造者。其动词形式是"Tektainomai"，与梵文"Taksan"有关，意指木匠的木工工艺活动。从词源学可以看出，"建构"一词与中国的"意匠"颇为相似，赋有超越物质意义上的艺术活动。其实，早在 1830 年，"建构"不再仅是指狭义上的艺术作品和木工活动，开始延伸到了建筑学领域。缪勒在他的《艺术考古学手册》中首次将"建构"引入了建筑学范畴，接着一大批现代主义建筑家对其开展了多角度的建构理论研究和建构实践活动。

并且，建构不同于建造。建造既包含一般意义上的建造技术过程，即建筑采用何种材料、通过何种技术手段而完成，缺少建筑美学法则的约束；也包含诗意的建造，即对建筑结构（力的传递关系）的忠实体现和对建造逻辑（构件的组合关系）的清晰表达。"建构"贯穿从设计到建成的整个过程，是既符合各项力学规律、遵循结构特征的同时也符合艺术审美美学特征；加之能在建造实施过程中诠释其以上特征的过程，完美体现建筑"本体"与"再现"的法则。所以，建构通常与建筑的"诗性"有内在联系，它既遵循着建筑的力学结构特征，又表达着理性为主体的建筑美学法则。

2.2 建构理论的兴起

森佩尔的建构理论

戈特弗里德·森佩尔 (Gottfried Semper，1803~1879)，是 19 世纪末德国著名的教育家、建筑界领袖，是"建构理论"影响力最大的建筑理论家。最早，缪勒通过分析艺术形式的产生，释义"建构"是器皿、瓶饰、房屋这一系列的人类活动结果，而建筑是最高代表。森佩尔受到缪勒观点的直接影响, 于 1851 年发表了《建筑艺术四要素》(Die vier Elemente der Baukunst), 从人类学的角度提出了四个建筑的基本元素: 基座、壁炉、屋顶、墙体。除此外, 还将建构分为两种基本类型: 第一种是轻质线状构件组合而成的围合架构体系, 例如中国传统的建筑结构; 第二种是重复砌筑中形成体块和体量的砌体结构, 例如西方古建的砖石砌筑结构。森佩尔虽然重视材料和建造, 但是他并不是一个完全的结构理性主义者, 他更为注重材料与建造的象征意义, 这也是他后期 "面饰理论"（Bekleidungs Theorie）和 "材料置换论"（Stoffwechsel Theorie）的重要基础。

1. 建造与建构的超越

森佩尔坚信任何建造活动都是为了满足人们精神上以及物质上的双重需求, 因此他对材料的重视和对建造技术的强调正是他的 "面饰理论" 的核心概念, 尤其是从人类学视角进行了考察与思考。"面饰" 就像装饰一座建筑物, 是指用来覆盖建筑的内部材料, 由另外的材料构成建筑外部面层。形成的这样建筑表皮既可以是出于技术性的考虑——比如说防止气候的侵蚀, 也可以是出于视觉美学的考虑…… 它始终是建立在森佩尔的实用艺术原则之上的, 也为森佩尔后来的 "材料置换论" 提供了支点。在早期, 森佩尔曾提到建筑的表皮艺术存在内在动因和外在动因, 内在动因就是材料与技术, 外在动因会使建筑表皮的某种 "织理性" 象征意义得以延续。也就是说, 被覆盖的原有材料并未消失, 而是通过超越呈现了另一种材料性, 通过新的面饰隐喻原有材料的特质, 增强了建筑表皮作为纯粹形式的意义, 这就是建构的超越。

这也是受到了博提舍 "核心形式" 和 "艺术形式" 概念的影响, 森佩尔和博提舍的相关论述, 实际上构建了 19 世纪有关建造和材料表现的基本理论框架。两位理论家都特别关注超越技术含义的艺术和象征层面, "结构" – "技术" – "象征", 而森佩尔更强调一种实用艺术下的建构超越, 非形式主义、无用艺术。森佩尔关于建构超越的理论是和建造诗学相关的, 单纯的建造并非建构, 因为它没有与美学关联, 没有把材料转化为材料性, 仅仅是通过技术去生成的建筑没有诗性的传递和超越材料本身的象征意义。所以, 建构需要通过结构技术超越材料本身, 达到诗意的建造。

2. 材料置换论与新陈代谢

首先, 森佩尔在《建筑艺术四要素》中, 从人类学视角构建了艺术发展的理论体系, 一切艺术形式的产物都源于人类的四个基本动机。

图 2-1 约翰逊制腊公司行政大楼
（图片来源：百度）

图 2-2 行政大楼建造过程（图片
来源：百度）

图 2-3 斗拱结构图解（图片来源：
百度）

1. 汇聚 – 炉灶 – 陶艺 (gathering hearth ceramics)

2. 抬升 – 平台 – 砌筑 (mounding terrace/earthwork stereotomy/masonry)

3. 遮蔽 – 屋顶 – 木工 (roofing roof/framework carpentry/tectonics)

4. 围合 – 墙体 – 编织 (enclosing wall/membrane weaving)

原始人类是群居的，汇聚之后产生了"炉灶"的需求，因此发明了陶艺；为了避免炉灶受潮有了"抬升"的需求，后来演变成了砌筑基座；再是对遮蔽的需求产生了对应的形式要素——屋顶，进而与木工的工艺有内在关联；编织是人类最早的艺术活动，其织理特性以一种象征的方式转化到了墙体的语言中。所以，森佩尔认为建筑是一个象征性的演变过程，用赋有建构表现力的艺术形式来隐喻建造的物质性成为了森佩尔的材料置换论（Stoffwechsel Theorie）。在材料置换过程中，为了保持传统的价值符号，传统的材料组织形式象征性地隐喻在新的材料属性之中，即使实质的建筑材料被置换了，但原有材料的形式特征和象征意义仍在新的材料中得到延续。

"Stoffwechsel"的构词是"stoff"（材料）和"wechsel"（转换），在德语里面就是新陈代谢的意思。新陈代谢是一种源自生物学的概念，它是机体与外界环境进行物质和能量的交换，经过分解代谢和合成代谢后自我更新的过程。森佩尔在《风格》一书中曾提到了与"新陈代谢"极为相似的观点，在书中森佩尔认为不同材料之间可以相互转换，新的材料也可以加入传统的制作法之中。新材料与传统材料之间、两种或多种材料之间可以进行一定规律的替换和转化，从材料到技术、技术到结构、结构到形式或者反向循环转化，也就是"材料置换"与"新陈代谢"。

2.3 建构理论的延续

2.3.1 织理性建构与木构

西方的建构文化理论体系是在 19 世纪末到 20 世纪之间，逐渐形成与完善的。特别是在森佩尔的影响下，得到广泛传播。其实现代建筑的源起可以算是芝加哥学派进行的一系列"编篮式"建筑的尝试，而对于 19 世纪末的芝加哥学派来说，

图 2-4 金贝尔美术馆（图片来源：百度）

图 2-5 金贝尔美术馆室内（图片来源：百度）

森佩尔的影响是广泛且深远的，在他的"面饰理论"中，就表达了砖块砌体都属于编织性肌理特征的建构形式，而"绳结"又是编织的最初表现。这一点进而影响了路易斯·沙利文（Louis Sullivan），沙利文接着影响了赖特，赖特于 1927 年发表"织理性砌块体系"的论述，提到建筑的预制构件如同东方地毯，用材料"编织"成预定的形式。赖特还将混凝土砌块视为一种包裹建筑的织理性表层，在 1939 年建成的约翰逊制腊公司行政大楼的外立面上，就呈现了对织理性建构的隐喻，用玻璃管完成了建筑的外表，这种材质很像清水砖墙的肌理，从某种意义上说，它回应了森佩尔的"材料置换论"，作为一种具有编织性肌理特征的建构理论概念。

同样，中国的传统木构架的建筑，也是由一种材料充分发挥其组织的力学特性，其结构形式也呈现出了一种编织特性，这和"织理性"建构理论颇为相似。从人类学的角度来看，木构的榫卯连接同样是由"结"原理的发展，例如斗拱的结构，像"绳结"一般由各构件相互穿插和咬合、多向搭接完成一种稳定的结构，每个细节的处理完全体现出了对结构和材料的诗意表达，这就是中国思维的建构观。

2.3.2 新纪念性与当代性

"新纪念性"是路易斯·康（LouisI.Kahn，1901~1974）建筑生涯中最重要的建构理论，他所进行的一系列建筑实践都是围绕着现代技术和象征纪念性展开的。他毕生追求是在建构性结构中表现现代建筑的纪念性，在他的早期建筑实践中，非常关注现代化进程，例如：钢管、混凝土等现代材料，但是他并不认为仅仅依靠现代技术与使用现代材料就是现代化建筑，在他的设计之中，会注重对传统的隐喻、对节点构件进行转译等，从而体现他的新纪念性思想，所以康的建构理论思想是现代化与纪念性的交织。

康不仅是纯粹地表现结构理性主义，他不仅把表现建构元素的特征放在首要的位置，还会运用东方文化中的哲学思想，甚至也包含有中国的老庄学说，在他的建筑语言中有着若隐若现的东方意境。在具体的结构表现上，康尝试着用现代化的材料与建造手法将建筑文化的传统语言如挑檐、拱券、拱顶、飞扶壁等融合

图 2-6 悉尼歌剧院（图片来源：百度）

图 2-7 悉尼歌剧院细部（图片来源：视觉中国 www.vcg.com）

在设计之中；例如，金贝尔美术馆（1972 年）的钢筋混凝土拱顶、沙尔克研究所的露天中庭的细部设计里，康对微观世界的象征性表达极具纪念性和东方意境。在金贝尔美术馆中，康也特别喜欢将现代材料的肌理特点与传统材料或有年代特质的工艺效果并置，这也是他对材料置换论的实践，当代性与纪念性的结合。康的建筑思想和实践项目可以成为建构理论中国当代化的方法之一，有一定的启发性和引领性。相信中国现代木构建筑的发展能从建构理论的视角，像康一样借助现代技术和材料，将传统建筑的结构形式和语言思想象征性地表现出来。

2.3.3 跨文化建构与现代转译

在 20 世纪众多出色建筑大师之中，约恩·伍重（Jorn Utzon）是和中国营建思想结合得最为密切的建筑师。对于建构文化的发展而言，伍重对跨文化建构的实践集中体现在他对建筑结构和建造表现力的特别关注。尤其是在悉尼歌剧院的设计中，通过建构手法遵循结构逻辑，巧妙地转译故宫三大殿的屋顶；以及歌剧院室内对木材和色彩的运用。他本人也把建筑的三组屋顶比作"飘浮"于空中的中国大屋顶，因为支撑双曲抛物面屋顶的结构是以"举折"为原型的，伍重设计了多组尺度不同、高度不同的平行窗棂获得不同的举折角度，进而形成的类似于中国建筑的挑檐。

可以说，伍重受《营造法式》的启示以及他对中国传统建筑的理解，不仅是建筑形式层面上的，更是建构意义层面上的。因为伍重没有仅停留在对形态表面的观察，而是敏锐地意识到非正交的屋顶举折与正交的梁架之间的构成逻辑，从而设计出具有举折般韵律的窗棂，以连接屋顶和基座，实现了对中国传统木结构体系的现代转译，体现了对建筑物质性的超越。其中直接涉及了"建构"与"营建"的关系，对"怎样在建构理论的引导下去研究木构的当代转化"提供了理性的研究路径。伍重的跨文化建构的方式给我们研究中国传统建筑的当代化、对营建工艺现代性的挖掘和再表达提供了更多的可能性，给探究传统建筑的当代转化提供了更多的新思路。

第 3 章　中国的木构体系

3.1 传统木构架连接方式的分类

从"钻木取火"开始，木材就与人类文明密不可分，木材作为优势的建筑材料，在早期就出现在了西方和东方的建筑之中，随着时代的变化，木材在中国作为最主要的建筑材料、木构建筑也发展成为最主流的建筑类型。分析中国传统木构架连接方式的分类，有助于研究木构的转化运用，从划分木构架的分类方式，看结构的连接思维。关于中国传统建筑结构的分类方式有学者从不同的研究视角进行了主要划分，其中从建构视角进行的划分有以下两种：（一）由梁思成先生、刘致平先生、刘敦桢先生为代表，从构造交接的角度划分为抬梁式和穿斗式；（二）由傅熹年先生、陈明达先生、张十庆教授为代表，从结构整体的角度划分为："殿堂式"和"厅堂式"、"层叠式"和"连架式"。

3.1.1 构造视角的分类

从构造的角度，也就是从木材搭接方式去分类。从梁思成先生等人对中国建筑的研究开始，其分类方式是基于对节点构造的详细分析。20 世纪 50 年代，刘致平先生在《中国建筑类型及结构》中，先明确提出了两种木构架的类型："穿斗式"和"架梁式"。20 世纪 70 年代，刘敦桢先生在《中国古代建筑史》中，用"抬梁"替换了"架梁"一词，至此"抬梁式"与"穿斗式"就作为传统木构建筑的常见结构类型，两者的主要区别体现在柱、梁与檩的交接关系，是檩承于梁上还是檩直接承于柱上。

1. 抬梁式

抬梁式木构架，又称为"叠梁式构架"，是中国传统建筑中最为常见的木构架类型之一。从刘致平先生于 1940 年完成的《四川住宅建筑》中，对抬梁式木构架的定义如下："梁柱式的通常没有中柱，在相聚五檩的柱上过横梁，横梁两端由柱支撑。"所以抬梁式的连接方式为柱承梁端头，梁端头承以檩，其余在横梁之上的檩由瓜柱支撑于短梁之上，短梁再托以檩，直至脊檩。例如（图3–1）的七檩硬山式，柱上架五架梁，五架梁上搭下金檩，上金檩由三架梁承托，三架梁由瓜柱承托，不落地，层层叠落至屋脊，各檩条承以椽的形式。刘敦桢先生在 1980 年出版的《中国古代建筑史》中对抬梁式木构架的定义与刘致平先生的定义类似，"石础上立柱,柱上过梁,梁上叠数层瓜柱和梁,柱间连枋。"这样的木构架类型坚实稳固，使得空间的运用非常灵活，建筑内部的空间少柱体、较为宽敞，利用率高。可以看出，刘致平先生、刘敦桢先生对于抬梁式的定义是从梁与柱的连接方式出发的。

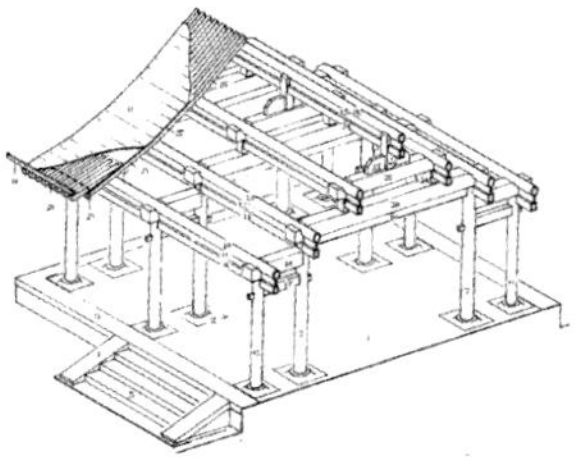

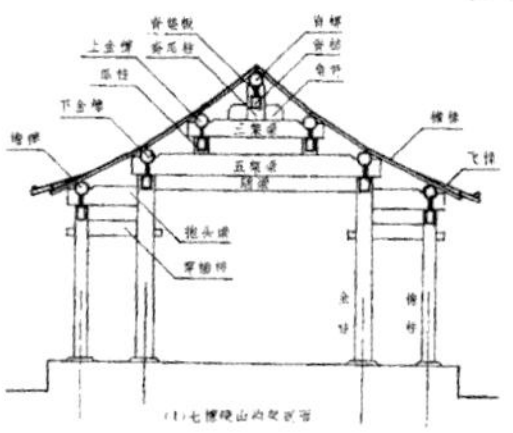

图 3-1（左图）七檩硬山抬梁式（图片来源：《中国古建筑木作营造技术》.1991/8.P18）
图 3-2（左图）七檩硬山式构造剖面（图片来源：《中国古建筑木作营造技术》.1991/8.P18）

2. 穿斗式

穿斗式木构架，又称为"立帖式构架"。沿进深方向立柱，两柱之间排列较密，大多是隔一檩落一柱，也有每一檩落一柱，柱上不承瓜柱，不承托横梁，柱直接承以檩，它的特点是枋"穿"过一排较细的柱身，组成排列较密的构架。刘致平先生在《四川住宅建筑》中，对穿斗式的定义如下："每间与间交接的地方立柱架梁，称为'列子'或'排列'。列子的顶部过檩条挂枋欠，这种结构不同于北方。柱与柱之间穿以枋，通常是隔一檩条下一柱，柱柱落地。"这种做法是柱直接承托檩的重量，柱上不再承托梁，但梁以穿枋的形式紧扣入柱体的卯口内，顺着檩条的方向联络柱体，梁在这里的作用是联系柱与柱之间起到对抵横向推力的作用，因此穿斗的柱体较抬梁的柱体细，构架较轻，屋顶的重量通过檩条直接分担到每个柱头上，再传向地面。这样的结构，构造较为简单，而且用材经济。刘致平先生对穿斗的定义也集中在梁、柱构件之间的交接关系，是从檩条与柱头的连接方式出发的。

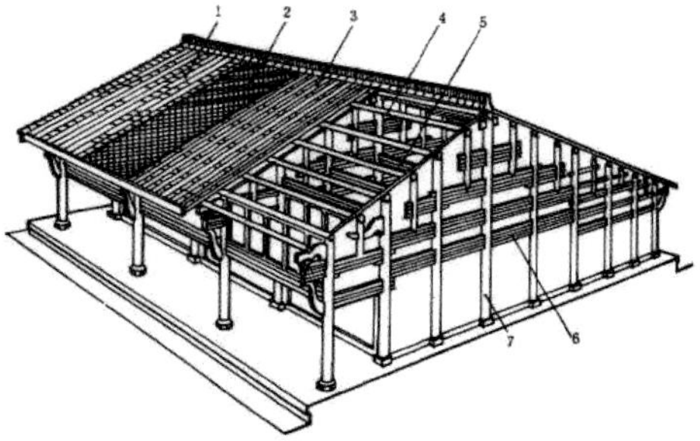

穿斗式构架示意图
1 瓦 2 竹篾编织物 3 椽 4 檩 5 斗枋 6 穿枋 7 柱

图 3-3 穿斗式（图片来源：百度）

3.1.2 结构视角的分类

从结构的角度来看，即从结构层面来划分中国传统木构架的类型，以陈明达先生为代表，把建筑大致分为寺庙殿阁和民居余屋两种基本类型，于是木构架被分为"殿堂式"和"厅堂式"；以张十庆教授为代表，从建构的视角将木构架划分为："层叠式"和"连架式"，这是在"殿堂式"和"厅堂式"的分类基础上发展而来，相比较殿堂多表现为一种水平层叠式的构架体系（"层叠式"），而厅堂式多表现为同方向并列的架构体系（"连架式"）。张十庆教授在 2007 年发表的"从建构思维看古代建筑结构的类型与演化"中，详细阐述了"层叠式"和"连架式"的区别和分类方式，体现了他从结构的分类视角辨析传统木构架的连接方式。

1. "层叠式"

"层叠式"是横向主导的分层叠加式结构，有框架意识，承重结构依靠构件的分层叠加，自下而上地传递能量，各柱等高，相对独立，不设穿枋，靠层叠产生的垂直支撑力维持结构的稳定性，荷载分层传递。张十庆教授指出若从这种结构角度划分木构架，抬梁式的定义变得模糊不明确，因其不是单一的结构类型，既有层叠式，又有连架式的结构存在，在这种分类形式下抬梁式只能作为一种衍生型。

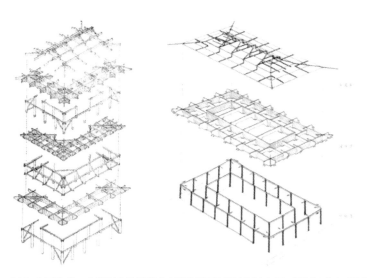

图 3-4 层叠式－山西五台县佛光寺大殿构架示意图（图片来源：傅熹年《宋式建筑的特点与减柱问题》）

2. "连架式"

"连架式"即垂直的分架连接式结构，承重结构以分架方式交接、多榀架并列并置的方法。"连架式"侧重竖向构架的纵向串联，依靠构件相互拉结和联系形成整体框架，以保持结构的平衡，强调竖向完整性和相互拉结咬合关系，整体的意识强烈。张十庆教授也提出"连架式"的结构逻辑和建造程序不同于"层叠式"，"连架式"相对于"层叠式"木构架更注重由自重体量产生的稳定性，连架式木构架更注重由拉结咬合联系的整体性，稳定性强于层叠式木构架。总的来说，张十庆教授对"层叠式"和"连架式"的分类定义集中在结构构件之间的受力关系，是从木构架的建构视角出发划分结构类型的。

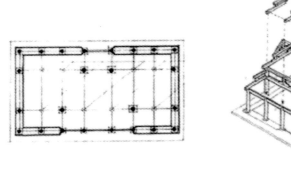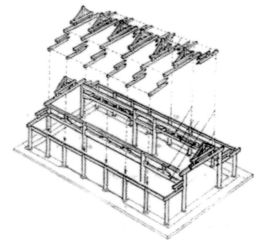

图 3-5 连架式 – 佛光寺文殊殿构架示意图（图片来源：傅熹年《宋式建筑的特点与减柱问题》）

3.2 榫卯连接方式的分类

研究榫卯连接的分类方式较木构架的分类方式更微观、更细致、更全面。传统的搭接方式分为垒叠搭接、绑扎搭接、榫卯连接、钉木连接等，其中榫卯连接应用更为普遍广泛，从细部到整体都有运用。中国传统榫卯的门类多、应用广、形态各异、组合复杂，形式的形成与其功能直接相关，而且与木构件所在位置、组合角度、组合方式，以及安装顺序和安装方式等都有直接关系。

马炳坚在 2003 年出版的《中国古建筑木作营造技术》中，根据榫卯的功能将其划分为六大类：（1）用于固定垂直构件的榫卯（2）用于水平构件与垂直构件拉结相交的榫卯（3）用于水平构件互交使用的榫卯（4）用于水平或倾斜构件重叠稳固的榫卯（5）用于水平或倾斜构件叠交或半叠交的榫卯（6）用于板材拼接的榫卯。笔者根据榫卯的交接方式和受力方式的不同，在根据功能分类的基础之上，从交接关系的角度进行二次分类，大致分为三大类：单向交接的榫卯、双向交接的榫卯和多向交接的榫卯。

3.2.1 单向交接的榫卯

单向交接的榫卯是指单个方向的榫卯连接方式，一般是以固定垂直构件的榫卯居多，无论是短柱还是落地柱都主要是垂直方向的受力关系，而不管柱体处于哪种位置，都需要榫卯固定其位置，起到抗弯矩效应和抗扭矩效应。例如管脚榫、套顶榫、馒头榫等，用于固定柱根和柱头的榫，主要为防止柱体产生横向位移，在一般情况下，不发挥受力的作用，但在出现较大的水平外力时才会起到抗弯抗扭的作用。

3.2.2 双向交接的榫卯

双向交接的榫卯是指两个方向的二维榫卯连接方式，一般是以水平与垂直构件拉结相交的榫卯和水平构件互交使用的榫卯居多，常见的有檩与檩、平板枋与平板枋之间的水平方向顺接和十字搭接，柱与梁、柱与枋之类的横向与纵向的榫卯连接方式，例如燕尾榫、箍头榫、十字卡腰榫等，主要是固定两个方向的构件交接，同时受到两个方向的抗剪切力和抗拉力，箍头榫是双向交接榫卯中各方面性能较为优越的一种。

3.2.3 多向交接的榫卯

多向交接的榫卯是指三个或三个以上方向的榫卯连接方式，三维的连接方式较多，一般是以用于稳固水平或倾斜构件重叠的榫卯和稳固水平或倾斜构件叠交或半叠交的榫卯居多，常见的有用于两层或两层以上构件的叠合，水平或倾斜构件叠合，避免单个构件产生位移，主要受拉力的作用，具有抗拉和抗弯抗扭的功能。斗拱是多向交接特征最明显的一种榫卯组合形式。

表 3-1

榫卯交接关系分类	受力方式	名称	图示	作用
单向交接的榫卯	抗弯抗扭	管脚榫		固定柱脚，防止柱体产生横向位移
	抗弯抗扭	套顶榫		长短尺寸超过管脚榫，用于加强荷载较大的建筑物的稳定性
	抗弯抗扭、抗剪切力	馒头榫		固定柱梁垂直相交关系，防止水平位移
双向交接的榫卯	抗剪切力、抗拉力	燕尾榫		结构型榫卯，增强构件之间的稳固性
	抗剪切力、抗拉力	箍头榫		固定枋与柱在转角和端头时的交接关系，保护柱头
	抗剪切力、抗拉力	十字卡腰榫		基本同半刻榫做法，主要用于搭接桁檩
多向交接的榫卯	抗弯抗扭、抗拉力	穿销		销子穿透构件，常用于多层构件搭接
	抗弯抗扭、抗拉力	趴梁阶梯榫		用于趴梁与桁檩的半叠交部位

根据《中国古建筑木作营造技术》第三章绘

第 4 章　中国传统木构的当代转化

4.1 材料的转化

在当代提倡传统营造的原因是传统营造工艺的渐失，现代木构建筑的不合理性，没有遵循理性的结构逻辑，只是追求建筑形式的异化。随着现代新技术、新材料的不断进步，生产了许多比木材性能更好的建筑材料，出现了更满足时代需求的高层建筑，使得传统的木构建筑在当代的发展有着很大的局限性。但是重提传统木构建造技术并不是退步，回归过去，而是从建构理论的视角看传统木构营建技术，利用 "材料置换论" 借助现代技术，将传统建筑的 "中国性" 象征地表现出来。基于森佩尔的材料置换论和新陈代谢理念，其实传统建筑的大木作、木构件与现代材料的结合，使传统木构的咬合交接关系被转换成现代技术新的连接关系；或新的材料替换木材等传统材料而继续呈现原有的连接关系和结构逻辑，都是传统木构建筑的新陈代谢，符合结构逻辑的材料转译。材料与结构的转化、传统与当代的转化就是建构视野的当代意义。

4.1.1 材料特性与表现力

材料是建造艺术的载体，对于传统木构营建工艺而言，材料的转化应该是现代发展的第一部分。新材料的发展虽已是历史的必然，传统木构建造仍可以从材料置换的建构角度，将木结构可替换的部分构件转化为其他材料或新材料，或者在全新的材料体系之中转译传统木构件的搭接方式和结构逻辑，使其成为新的载体，既保持了良好的材料特性，又具有当代的材料表现力。

1. 木材

木材是一种质强比极佳的建筑材料，自重轻，富含纵向平行排列的木纤维，具有良好的硬度、弹性、可塑性、耐磨性、冲击韧性等性能，可承受大单位荷载，能够吸收振波及冲击能量，降低受损性。木材又是良好的保温材料，可以降低能耗；同时具有温度、湿度调节特性，能有效调节室内温度、隔热保温，又能通过吸湿和解吸作用维持室内的稳定湿度；由于木材多孔的特性，能吸收声能，有效提高隔音性能；相对于金属材料，木材具有柔和的光学特性，因为它会吸收光线，经过漫反射后对人的视觉刺激减低。在众多建筑实例中，木材体现出了良好的结构性能和亲切质朴的美学表现，集技术、文化、自然为一身。天然木材不能满足大跨度建筑结构的材料规格，因为木材的天然裂纹会破坏材料受力的完整性，容易发生脆性断裂，所以就针对木材的局限性研发了新型木质复合材料，例如：层板胶合木、结构复合木材、木基复合材、集成木材等，增加了木材的抗拉、抗压强度，使木材的物理性能得到优化。

2. 钢材

钢材是现代建筑中应用最广泛的结构材料之一，抗拉性能极高，具有良好的形体塑造能力和承重能力。拥有物理性能稳定、结构轻、易加工、可预制化、结构稳固的特点，能承受冲击和振动荷载，韧性好易于加工成板材、型材和线材。可以说，钢材的出现使得当代建筑愈发呈现轻型化、纤细化的趋势。钢材也常与玻璃、混凝土等现代工业材料相结合，尤其是和木材相接时有着焊接和铆接等优越的结合方式，创造了非常具有现代感的建筑形态，表达出简洁的逻辑美和强烈的韵律感，是现代工业建筑材料的代表。

材料种类	性能
木材	抗压、抗拉、抗剪、抗扭、易加工、良好的韧性、弹性、耐磨性
钢材	易加工、耐磨、耐冲击、高抗压强度、 抗拉、抗扭、硬度强、耐疲劳性、耐腐蚀性、结构轻巧

材料性能表 　　　　　　　　　　　　　　　　　　　　　　表 4-1

4.1.2 材料组合的质感对比

质感的对比形式美法则是美学中的一个重要概念，是一种具有独立审美价值的美学。材料的质感指的是对材料质地的视觉感受和触觉感受，包括色彩、光泽、肌理、触感等，不同材料的组合将产生质地对比、肌理对比、色彩对比、触感对比、工艺对比等，尤其是非同质的材料在建造逻辑之下的组合，所形成的对比美，像传统材料与现代工业材料的二元并置，确有建构美学的意味。例如，康认为诗意的建构来自于呈现材料的本真性，在金贝尔美术馆中，将混凝土的质地特征与石灰岩大理石的化石特征和工艺效果并置。其实不止是呈现材料对比之下的视觉美感，还有建构意义，这是因为混凝土有一个缺点是它在潮湿的环境中会变得难看，于是康将石灰岩大理石和混凝土材料并置，这有助于吸引人们的眼睛远离潮湿的混凝土。康在美术馆的建造中，展示了他如

图 4-1 金贝尔美术馆 1(图片来源 : 百度)

图 4-2 金贝尔美术馆 2(图片来源 : 百度)

何将大理石与混凝土进行材料的质感对比，除了结构上的处理，也对混凝土材料本身进行了处理，为了使混凝土呈现一种淡褐色的色调，在混凝土原料中加入了一定配比量的白榴火山灰，使粗糙的混凝土与经过抛光的大理石结合，既在材质色彩上进行了呼应，又产生了材料质感的对比美。

钢材与木材的结合

钢材优越的物理性能能弥补木材的缺陷，可利用钢材、木材结合组成功能构件节点，不仅是对理性的追求也是对诗性的回应。钢材和木材的感官特征差异大，木材通常给人一种自然、温暖、感性的感觉，钢材通常给人现代、精致、理性的感觉，木材会吸收光线，光泽感弱，与光泽感强的钢材结合在一起，有趋向于调和不同材料之间 "对立" 与 "变化" 的统一和谐。木材的天然棕色属于暖色系，给人可靠、天然、健康的感觉，钢材本色是冷色系，两者在色彩的搭配上可以互补，形成协调的视觉感受。木材和钢材在肌理上的对比非常大，木材的肌理感强，而钢材的表面十分光滑，在两种材料结合的时候，有较强的感染力，产生一种传统与现代的碰撞，并又和谐统一。钢材与木材的结合具有良好的整体美学效果、适用性强，所以钢木结合是理性与感性的融合。

4.2 构造的转化

4.2.1 新型榫卯搭接

燕尾榫的新生

密斯・凡・德・罗 (Ludwig Mies Van der Rohe) 的建构理论名言："建筑始于两块砖被精心地放在一起。"（Architecture begins when two bricks are put carefully together.）而对于中国传统的建筑营建体系来讲，建筑是始于两块木构件被精心地搭接在一起，木材的搭接使得材料转化为建筑，而建筑的建造与形态均取决于材料放置在一起的方式。木材的连接方式有很多种，但最具有代表性的便是榫卯连接方式，通过凹凸咬合的关系得到一个稳定和谐的结构体系，"虽由人作，宛如天成。"。在当代建构意义下的建筑构造节点不仅承载了建筑整体与局部之间的联系，更是材料和技艺的展现，能将传统木结构的连接逻辑运用到

图 4-3 前童木构（图片来源：叶曼《榫卯再生》）

图 4-4 前童木构结构图（图片来源：百度）

图 4-5 前童木构展览现场（图片来源：叶曼《榫卯再生》）

现代建筑中，即是对传统文化的延续与再表达的一种方式。

例如，叶曼的"前童木构"采用了燕尾榫的形式，将六根木榫分为三阴三阳，两两拉接，并通过螺旋式的对接相互咬合在一起，形成一种新的结构形式——"六向偏心自平衡结构"的榫卯。燕尾榫的斜角短边与长边的比例很有讲究，与木材的密度有关，木质较松的比例优选为 1：6；而密实的木材，可以采用 1：8 的斜度。经过多次实验，选择了 1：8 的比例，形成了稳定的新型榫卯结构。在 2015 年"上海城市空间艺术季"的展览中，在不到三天时间里，由 136 块木构件建成了一个新型的无钉无胶的全木榫卯结构建筑。

4.2.2 钢木节点结构类型

1. 钢材与木材的搭接

现代木结构构件之间的连接也不再单单限于榫卯连接、钉木固定等传统的技法，像钢材与木材的结合是较为普遍的。其实，钢木节点延续了传统榫卯结构的形式和意义，其力学意义又仍然存在，甚至更高效。与传统有所不同的是更多地应用了现代新型技术，其美学潜力得到了更多样、更广泛的发挥，使建筑形式表现更加简洁、更符合现代美学。现代钢木节点的类型有铆接、铰接、销接、嵌套、钢箍拉接等，使加工安装更加简便，传力更加高效。

钢木节点结构类型 　　　　　　　　　　　　　　　　　表 4-2

节点类型	结构特点	图示	作用
螺栓	良好的延性、安装加工简便		固定梁柱的连接
铆钉	施工性较好，抗弯抗扭矩效应		固定梁柱的连接
节点板	结构简单，抗剪抗扭		用于处于同一平面的木构件的连接和固定

续表

节点类型	结构特点	图示	作用
板式钢节点板	对木材伤害最小,可叠加		利用钢板对木肋条进行绑扎固定
球形节点	节点小巧、自重轻,传力性高		可支撑多向、跨度大、较为复杂结构体系
铰接	抗剪抗弯、良好的减震效果	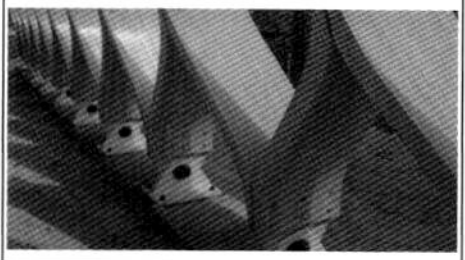	常用于固定柱脚,柱可以有相对位移
销接	抗弯抗压,承载拉力	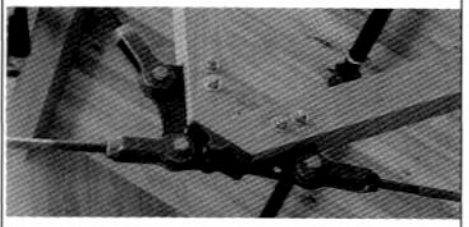	增强支架节点强度并使协调构件之间变形
嵌套	承载构件本身摩擦力和压力		固定多维度的木构组合
钢箍拉接	主要承受拉力、抗压抗拉		常用于钢木桁架
铸钢节点	根据需要铸钢构件以便连接木构件		常用于固定垂直和水平方向的木构件

4.3 结构的转化

木结构建筑的现代转化要"忠于"结构,对结构的忠诚意味着建筑忠实地反映了结构,建筑形式直接表现出其结构组成与受力关系,追求真实的构造关系与建造技术表现。在建构视野下,材料、技术与象征性构成了一种复杂的关系,有时技术能使结构与形式直接呼应,这时建筑的"骨"

图4-6 隈研吾的"食材之家"(图片来源：www.gooood.cn)

图4-7 "食材之家"细部构造(图片来源：www.gooood.cn)

图4-8 王澍的"水岸山居"(图片来源：百度)

图4-9 "水岸山居"节点细部(图片来源：百度)

和"皮"是完全一体的；有时技术能将本质属性不对应的两种材料通过某种符合内在逻辑的转化再相呼应，这是建造的诗学，也就是建构的魅力。在建构文化中，没有漂浮的墙或戛然而止的柱子，也就是说建筑的建构性质体现在，建筑的物质形态、外部形式是依附建造技术从内部支撑结构生长出来的，不能脱离结构体系而存在，不是两个独立存在的体系，反之就是非建构。

结构表现是结构在建筑设计中能动作用的最高层次，它超越了仅反映结构的直白与粗野，实现了建筑的"本体"与"再现"之间的融洽关系，使建筑形式的诗性建立在结构有效性的基础之上，而内在结构逻辑直接赋予了建筑形式深刻的内涵。对于结构表现的运用，由于时代背景的不同，有必要突破传统的桎梏，从材料到构造再到结构方面去进行转译，体现对建筑和建造材料物质性的超越，营造和谐的结构与建筑的和谐。

4.3.1 以抬梁式为例的转化

"抬梁式"木构架从建构的角度看，是一种层叠型结构。在当代木构建筑的发展中，抬梁式木构架经过改良和更新转译为一种层级化的木构体系，其力学传递原理和传统的抬梁式大致相同，遵循梁柱的框架思维，简化了构件之间复杂的交接节点，减少了构件的类型和数量，使整体结构的传力简单清晰，加上木材物理性能的优化，实现了比原生"抬梁式"木结构跨度更大、更稳定、更耐腐等的优点。

例如，隈研吾的"食材之家"采用了现代梁柱结构建造技术，主体结构是最为基础的梁柱结构和框架结构，对梁柱的交接节点进行了简化，木构件之间的连接不再仅限于榫卯，运用了螺栓稳固榫卯木构件，摒弃装饰构件、精简结构构件，使结构的形式和功能更符合现代美学的意义。这样，材料和结构形式关系密切，结构对形式有着制约作用，尽管是采用的新型木材，建筑仍然保持着传统木构的建构思维。在进行结构优化的同时，使功能构件之间的力传递更加直接、效率更高，所以对于中国木构建筑的当代发展而言，重要的是在材料和技术的基础之上，更需要注重对建构思维的当代转化。

图 4-10 "水岸山居" 建筑内部（图片来源：百度）

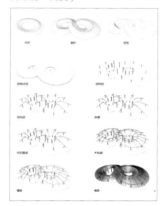

图 4-11 竹里结构体系（图片来源：鲁安东《竹里 一种激进》）

图 4-12 竹里内庭院（图片来源：百度）

4.3.2 以虹桥结构为例的转化

现代常见的木构建筑类型除了层级化木结构体系以外，还有杠梁木结构体系的应用最为常见，其特征是由单型木构件按照一定规律相互交织、反复叠加，实现大跨度的结构覆盖。以王澍的 "水岸山居" 为代表，由传统的桥梁结构——虹桥结构转译而来，建筑的屋顶是钢木混合桁架结构的单向连续斜屋顶，每榀桁架通过多个看似随意的交叉斜杆和曲折的连续屋面共同形成屋顶支撑体系，钢结构柱体支撑着钢木的大跨度屋顶，以现浇钢筋混凝土框架为承重支撑结构体系，是一个木、钢、混凝土的混合结构体系，实现了大跨度木构屋面结构的建构实践。

4.3.3 木构体系的创新尝试

"竹里" 是一个成功的乡村建筑预制产业化的实践活动。该项目位于四川省崇州市道明镇，崇州的竹编工艺有悠久的历史和良好的传承，设计从南宋诗人陆游的《太平时》的诗句开始："竹里房栊一径深，静悄悄。" 建筑背山跨溪，朝着广袤的油菜花田，设计在最大化地保留原有的地形和竹林，不破坏乡村的原有环境。∞（无限）形的屋顶非常具有数字化的特征，由胶合弯木与轻型钢结构形成；在 ∞ 形的特殊屋顶所形成的两个的内庭院里，巨大的瓦屋面翻折无限接近地面的内庭院景观之上，让人感受到 ∞ 形屋顶的建构魅力。

设计师袁烽称这次建筑实践为 "机器人木构工艺"，建筑由 70% 轻质 ∞ 形预制钢木结构支撑起的一个内向重叠的环形青瓦屋面，建造方式是高度预制化的，从建筑到室内，仅仅经过 52 天的快速现场安装而呈现。通过参数化建模方法实现从传统木结构到现代几何型木结构的转化，使得建筑结构成为建筑形式的前提条件和计算结果，而非建筑形式，用实践证明了建构在中国的当代化，数字化建构设计的未来可能性。

图 5-1 项目地理位置（来源：笔者自绘）

图 5-2 草厂三条 19 号院街道现状（图片来源：百度地图）

图 5-3 草厂二条 24 号院入口（图片来源：笔者自摄）

第 5 章　研究成果在北京前门草厂 24 号院接待中心中的应用

5.1 项目概况

5.1.1 项目区位

该项目位于北京市东城区前门地区，前门地区目前是城区内文脉肌理保存的较为完整的地域之一。作为北京历史文化保护区之一，街巷和胡同的原貌保存较好，街区形态形成于明朝，建筑院落等多为居民自行建造，未经过统一的规划建设，存在大量的一进院、二进院和大小杂院，合院模式多种多样，因此该地区四合院的保护和更新受到更高的关注。本项目的四合院位于前门大街以东，崇文门内大街以西，北临翰林院，南近天坛公园，前门草厂二条街道和草厂三条街道之间的中心地段，由草厂二条的 24 号院和草厂三条的 19 号院两个院落尾尾相连而成，场地占地面积和设计面积分别为：草厂二条 24 号 279.136 平方米，草厂三条 19 号 438.602 平方米。现存建筑面积分别为：草厂二条 24 号 223.752 平方米，草厂三条 19 号 111.165 平方米。

5.1.2 场地现状

环境现状：项目因位于前门东区旧城中心，但又毗邻天安门广场、前门公园、前门大街所形成的北京中轴线核心商区，其发展相对滞后，街区传统风貌也受到一定的破坏。区位的周边街巷胡同相对较窄，人车流线混乱、停车空间缺乏、交通十分不便，且胡同内的院落私搭乱建现象严重，导致院内杂乱拥挤、建筑损毁严重、四合院空间肌理被破坏。绿化环境恶化严重，以内院落的绿化为主，但因私搭乱建现象被破坏，有的四合院院落仅存几株乡土树种，绿化景观丧失殆尽，有的四合院的院落空间甚至被新建房完全侵占，没有绿化一说。

建筑现状：24 号院和 19 号院现存建筑均有不同程度的破损和毁坏，24 号院部分外墙已经坍塌，损毁严重，部分建筑已经达到需拆除重建的标准。24 号院有两栋保存相对完好的建筑可以进行修缮和改造，19 号院有一处两层建筑可保留进行改造。目前草厂二条 24 院落面向西侧草场二条有出入口，草厂三条 19 面向东侧街道草场三条有出入口。由于目前院落已有原建筑已大部分坍塌，整体院落改造需在原建筑格局基础上修建，包括保留已存的有价值的建筑部分，及新建建筑部分，使其具备完整性和整体性。

5.2 设计理念

5.2.1 设计思路

设计要解决的第一个问题就是拆除自建房，扩大空间利用率，恢复四合院的院落属性。且 24 号院和 19 号院的自建房屋毁坏情况严重，安全系数低于基本标准，需要对其进行拆除。而保存的相对完好、损毁较小的 A、B 两栋建筑，以及 19 号院的 C 栋建筑（图 5-4）对其进行修缮和房屋加固、调整建筑和院落的关系，保存其传统风貌，并尝试恢复四合院传统空间布局及其庭院的空间肌理。

在原有沿街外立面原则上采取保护处理，修复加固已经破损的部分，整体外墙位置遵循原院落外墙位置，外墙风格遵循原街道院落风貌样式。出入口位置不变，将草厂三条的出入口设置为主入口（正门），草厂二条的出入口设置为次入口（后门），主次入口将进行着重设计。结合原有用地范围，在场地内进行整体设计，因为设计面积偏小，仅 717.738 平方米，所以会考虑于主入口的右侧扩建 260 平方米的地下室。设计要解决的第二个问题是，结合运营团队运营需求，在场地面积十分有限的情况下，最大化地赋予接待中心各种接待功能，包括前厅接待区、休闲区、茶室、书吧、餐厅、酒吧、地下影音室、办公区、厨房、后勤保洁室，进行整体建筑设计、室内设计及景观设计。

草厂三条 19 号院根据传统四合院的进院制将空间划分为三栋建筑，围合一个较大的内院。从主门入，经过影壁使人的空间感受有段缓冲与期待，踏过屏门，来到前院与内院一体的第一个内庭院，也就是"正院"。左侧是茶室、休闲区和书吧，右侧就是前厅，前厅分为第一部分和第二部分，由玻璃廊相连，可从前厅第二部分到达餐厅，再经过第二个内庭院，也就是"后院"，到达酒吧。因为项目为梵天接待中心设计，场地面积有限，原场地不能带来非常宽敞的空间感受，但设计在19 号院内尽量留出一个大的内院空间，使空间能够达到一个使人舒适的尺度，又拆除了餐厅与酒吧两栋建筑之间的简陋自建房，还原了 24 号院的内庭院空间，景观自然介入庭院，也增加了建筑的自然采光，餐厅室内的光照环境得以改善。设计强调庭院在空间中的关系，提升庭院品质的同时也提升了接待中心的品质。

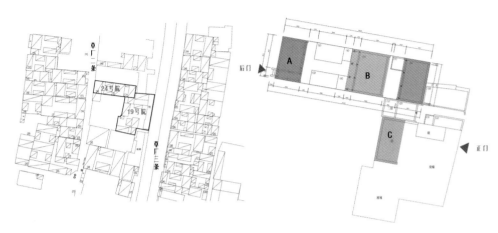

图 5-4 场地原状（图片来源：笔者自绘）

图 5-5（左）设计一层平面图（图片来源：笔者自绘）
图 5-6（中）设计二层平面图（图片来源：笔者自绘）
图 5-7（右）设计地下一层平面图（图片来源：笔者自绘）

5.2.2 建构手法

　　设计关键词是"建构"与"木构"，运用新的现代材料和传统材料结合，使旧建筑去吸收现代性，在传统营建的木构体系下转译成属于当代的建构逻辑。从"新陈代谢"的角度去做一些创新的尝试，先消化原有的传统结构，包括结构支撑、材料性能、构成语言等，再结合现代材料技术做一些优化，把建筑内部语言通过新的建构逻辑关系可视化，代谢旧的生成新的。在场地建筑关系上，餐厅和酒吧是被保留的旧建筑，代表着建筑的"生存"和过去，茶室是保留了旧建筑的山墙，结构内核是新建的木构框架，代表着建筑的"生长"和现在，书吧休闲区是通过对抬梁式木结构的转译形成的全新的木构建筑，代表着建筑的"新生"和未来。在"新陈代谢"的生物概念中，建筑的"生长"如同"同化作用"：建筑吸收现代材料、运用现代技术转化为自身的"能量"，同时存在传统与当代。建筑的"新生"如同"异化作用"：建筑将传统的结构材料和气韵"消解"，将"能量"转化到新的建筑形式中，在全新的建筑体中表现传统。

1. 材料的建构思维

原场地的建筑材料是以原生木材和青砖为主。在建筑材料的选择上，依然会用到原场地的青砖，青砖的运用不但体现了对传统的回应，也能和钢材、混凝土材料相结合，体现青砖的包容性。例如，双层廊架采用了极具现代性的钢材，不仅隐喻了传统四合院的抄手游廊，也带来了强大的视觉冲击力，传统木材、青砖与钢材的并置，呈现出传统与现代的差异化，赋予材料在矛盾对比中的形式美感。除了青砖，还会运用胶合木作柱梁，胶合木能承受最大 50 米的跨度，比原生木材更优越，还能保持吸收振波这样优越的材料特性。

2. 构造的建构逻辑

新材料的出现会导致新的构造方式，在茶室的屋顶结构中运用到了钢木节点，因为屋顶是由抬梁结构和虹桥结构转化而来，在屋顶的杆件相接处采用螺栓加固。在书吧休闲区的层级化木构体系中，梁柱的交接除了主要的榫卯连接，还加以螺栓和铆钉辅助支撑，在兼顾合理性的同时，也兼顾构造的美学性。青砖的垒砌方式也尝试了构造的多种可能性，青砖如何垒砌正隐喻着构造的建构逻辑。

3. 结构的建构表现力

茶室是个两层的旧山墙、新结构框架的建筑，整个主要支撑体系是抬梁结构，虹桥结构会介入到屋顶的结构体系里面，虹桥结构本是两个不稳定的拱骨结构通过插入横杆形成一个稳固的超静定系统。在茶室的设计方案中，金檩替换了横杆，金檩得到横梁和柱的承托，分担了屋顶虹桥结构的横向力传递，使屋顶的举折跨度变大，突破原有的屋檐空间限度，扩展檐下空间，强调檐下空间在中国传统建筑里的重要关系，强调建筑的"中国性"。

书吧休闲区是建筑的"新生"，因为整个建筑完全新建，材料是胶合木，建筑结构是层级化的木构体系，一种层叠型结构，通过对抬梁式木结构的转化，遵循抬梁式的力传递关系，简化了檩和屋顶，直接从柱到梁的传递，使力的传递更加高效，胶合木的运用也使得梁柱的跨度增大，有更好的承载力。建筑分为三个结构体系，主要起支撑承重作用的新型层级化木构体系、起分隔作用的轻质混凝土墙体、起保护作用的半透塑料浪板壳体结构。塑料浪板由轻钢支撑，钢结构隐喻卷棚悬山式的屋顶。

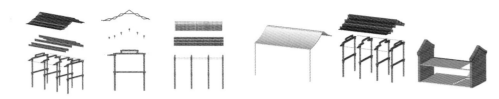

图 5-8 茶室建筑结构分析图（图片来源：笔者自绘）

图 5-9 书吧休闲区建筑结构分析图（图片来源：笔者自绘）

5.3 设计成果

图 5-10 茶室正面效果图（图片来源：笔者自绘）

图 5-11 景观盒子效果图（图片来源：笔者自绘）

图 5-12 休闲区效果图（图片来源：笔者自绘）

图 5-13 前厅玻璃廊效果图（图片来源：笔者自绘）

图 5-14 玻璃廊效果图（图片来源：笔者自绘）

图 5-15 餐厅入口效果图（图片来源：笔者自绘）

图 5-16 书吧二层效果图（图片来源：笔者自绘）

图 5-17 餐厅效果图（图片来源：笔者自绘）

图 5-18 茶室二层效果图（图片来源：笔者自绘）

图 5-19 茶室二层效果图（图片来源：笔者自绘）

图 5-20 茶室、书吧后立面效果图（图片来源：笔者自绘）

第6章　总结

本文是在"建构理论"的引导下，研究中国传统木构的当代转化，将木构作为主要研究对象，尝试探索在当今时代背景下木结构建筑新的可能性。通过建构理论的三大板块：材料、构造、结构入手，分别探究木结构在这三个层面如何进行转化。首先，对建构理论做了较为系统的阐释，对赖特、康、伍重的建构理论体系和建构实践活动进行了分析，找到其中的建构思维，给第4章和第5章提供了转化思维和转化方式。其次，分解剖析中国传统建筑木构连接的分类方式，从如何划分木构架的分类，看结构的连接逻辑，结合建构的转化思维和转化方式，对连接逻辑进行转译，最后在设计中进行运用。

本文得出结论：建立建构的思维模式的必要性

建构理论所关注的材料、构造、结构都是能解决现目前中国建筑发展问题的，能够平衡中国建筑传统与当代的关系，甚至传统与未来的关系，中国现在就正处于这个重要的交接点，建构理论带来的理性思维模式，是当代意义下对中国木构建筑的审视与鞭策。

以上是本文的研究成果和实践畅想，但笔者有限的硕士知识水平和局限的研究视野，并不能对建构理论和木构的当代转化方式作更为系统和深入的论述与研究。因此，本论文仅是初步探索，还有可以提升的空间，这样的理论需要建立在实践的基础之上，才能有更扎实的研究成果。笔者希望能在之后的设计实践中，继续朝着此方向进行更深入的研究。

以“建构理论”引导中国传统木构的当代转化 / 陈依婷

Study on the Contemporary Transformation of Chinese Traditional Wood Structure Guided by "Tectonics Theory" / Chen Yiting

参考文献

[1] (宋) 李诫. 营造法式 [M]. 人民出版社. 2006.

[2] (美) 弗兰姆普敦. 建构文化研究 [M]. 中国建筑工业出版社. 2007.

[3] 刘致平. 中国建筑类型及结构 [M]. 中国建筑工业出版社. 2000.

[4] 马炳坚. 中国古建筑木作营造技术 [M]. 科学出版社. 1991.

[5] 侯幼彬. 中国建筑美学 [M]. 黑龙江科学技术出版社. 1997.

[6] 史永高. 森佩尔建筑理论述评 [J]. 建筑师, 2005(06): 51–64.

[7] 张十庆. 从建构思维看古代建筑结构的类型与演化 [J]. 建筑师, 2007(02): 168–171.

[8] 张永和, 张路峰. 向工业建筑学习 [J]. 世界建筑, 2000(07): 22–23.

[9] 朱涛. “建构”的许诺与虚设——论当代中国建筑学发展中的“建构”观念 [J]. 时代建筑, 2002(05): 30–33.

[10] 叶曼. 榫卯再生 [J]. 时代建筑, 2015(06): 52–55.

[11] 袁烽, 林边. 竹里——四川崇州道明镇乡村社区文化中心 [J]. 中国建筑装饰装修, 2018(11): 92–97.

[12] 赵潇欣. 抬梁？穿斗？中国传统木构架分类辨析——中国传统木构架发展规律研究 (上) [J]. 华中建筑, 2018, 36(06): 121–126.

[13] 王文慧, 吴明. 建构视野下木构建筑的新机遇 [J]. 建筑与文化, 2017(09): 116–117.

[14] 罗西子. 中国传统建筑的现代转译 [J]. 建筑与文化, 2017(03): 75–76.

[15] 赵潇欣. 基于“间架”的中国传统木构架原型及其发展规律研究 [D]. 南京大学, 2015.

[16] 陈皓. 建构视野下的结构逻辑及其表达 [D]. 合肥工业大学, 2014.

罗臣玮. 当代建筑材料表现理论与设计策略研究 [D]. 上海交通大学, 2013.

[17] 杨怡楠. 建构的织理性研究 [D]. 大连理工大学, 2009.

[18] 徐洪涛. 大跨度建筑结构表现的建构研究 [D]. 同济大学, 2008.

[19] 邹青. 追随木构诗性的技术之美 [D]. 东南大学, 2005.

[20] 潘闪. 基于类型学方法的前门四合院保护与更新 [D]. 北京建筑大学, 2013.

导师评语

琚宾导师评语：

研究传统，是为了更好地传承与创新。将"木构"作为主要研究对象，在"建构理论"的引导下，研究中国传统木构的当代转化，尝试探索在当今时代背景下木结构建筑新的可能性。

就"材料、构造、结构"入手，分别探索木结构的具体转化形式。找到其中的建构思维，继而探究出转化的方式以及转化的思维依据。分解中国传统建筑木构建的分类方式，在归类总结的同时，研究其内在思维与逻辑。最终引出转化思维和转化方式，对连接思维进行转译，联系到在实际设计中的进行运用。

本文阐述了建立建构的思维模式的必要性。在建构理论过程中，所关注的材料、构造、结构的思维模式，都将会在未来平衡中国建筑传统与当代的实际工作里，发挥出积极的作用。

赵宇导师评语：

中国的建筑，光辉焕发了几千年后，在现代变革的世界局面之下，经受了巨大的冲击，百年巨变，到今天已经全面退出了主流行列，现代建筑的威力横扫市场，传统建筑的用武之地缩小于复制与模仿，无法与时代的步伐结合，融入进步的世界潮流。因此，身处其中的设计师们、学者文化人们，在完成"居有其屋"的基本普及工作后，升腾起建筑的"文化觉悟"，对建筑传承文化的使命感和责任心油然而生。

正如文章所说，"中国当代建筑实践，将传统文化的传承重点集中在了对建筑形式各种途径的模仿之上，始终无法调和中国传统木构建筑的结构形式与现代建造技术之间的矛盾。"从民国时期开始，就有设计师探索中国建筑与西洋技术的结合，出现了上海"石库门"建筑、成都"华西医科大学"的"青砖大屋顶"民国风建筑，中华人民共和国早期，借着国庆 10 周年献礼的北京十大建筑在现代主义建筑与中国传统建筑形式上的折中，出现了"高楼戴帽"的形式主义"中西互鉴"，很像西装不配革履而配布鞋，虽有新鲜，但感觉别扭，直至文中举例的"2010 年上海世博会中国国家馆"，依然是"内"、"外"脱节的形式"斗拱"，与原初意义的斗拱在构建的机巧与形式的巧合上相去甚远。这些尝试，终因对传统形式抱残守缺似的固执，而难以成为气候。

　　基于这种看法，本篇论文在导师的引导指导下逐渐成形，其经历可谓曲折多磨——当现代理论遭遇传统经验时，语言表述的艰难与设计本身面临着同样的挑战，如何以一个研究生的知识经历在有限的企业学习阶段完成这样一篇理论与技术相遇的探索性文论？然而，在多次修改标题，多次调整结构，多次反复重写之后，这篇文章还是强悍地如期而至，其中包含了作者大半年的时间和心血，看得到一个人成长的痕迹。

　　文章其实比较套路，以规范的论文结构建立起按部就班的论述体系，绪论开篇的亮点在于研究的目的与意义所包含的几个小节标题："建筑的理性与诗性"、"技道合一的中国追求"、"建筑中传承传统美学的价值与意义"，这些是文章所要极力建立的信念。第 2 章比较系统介绍了 "建构理论" 的来龙去脉，算是一些知识的搬运，也说明了它的核心内容与传统建造并无绝对的分离，依然是建造的精华：材料、构造与结构。第 3 章则是对中国传统木构体系的尽力梳理，用功很大，效果有限，因为这是一个庞大的系统，很难用一篇论文就说清楚，好在作者设计了较为清晰的图示、图表，对木构体系进行了形象的总括。第 4 章触及问题的核心，试图说明中国传统木构在 "建构理论" 的引导下，可以通过 "材料转化"、"构造转化" 和 "结构转化" 获得与时俱进的生命力，实现建筑、建造的理性与诗性共存的艺术局面。第 5 章则介绍了一个其亲历的支撑案例设计，这是作者参加的校企联合培养课题的精华——通过与企业的合作，使环境设计的研究生快速进入设计的专业世界，从这里可以得到印证。文章最终能够完成，与这样一个由企业提供的案例设计具有强烈的因果关联。

　　作者的努力值得肯定，作者在企业导师引导下对诗性化建筑的思考和角色进入更有价值，这样的观点，可以帮助我们持续努力将建筑与艺术链接起来而不是割裂开来——这是多年来，中国建筑在低端旋涡中迷失方向的首要原因。但应该指出，论文的写作还比较粗糙，文句的准确性、逻辑性还有待提高，整个文章的系统过于庞大缺乏精选与驾驭，希望在此基础上，找到更好的介入与突破，精研深耕，使 "建构理论" 成为有益于专业，促进社会进步的设计理论。

从明清绘本中寻找
院落更新与重塑的来源

Study on the Renewal and Remodeling of Courtyard
from the Picture Books of Ming and Qing dynasty

◎杨蕊荷

四川阆中古城桂香书院设计

项目来源：中国中建设计集团有限公司

项目规模：1417 平方米

项目区位：四川省阆中古城马王庙街县学坝北侧（阆中古城之南清代"桂香阁"旧址）

本项目提取阆中院落形态，进行整体布局，解析平面关系，把传统院落分解为建筑空间、天井空间、庭院空间和花园空间，保留传统建筑的特征并结合现代建筑的布局手法，进行空间规划。主体建筑以天井为中心形成四合院建筑形式，天井过后是中堂，穿过廊道可以到达后面的花园，并采用缩小天井和建筑空间，形成以庭院包围建筑的布局方式，为每个客房增加单独小庭院，解决了传统空间采光和通风不顺的问题。地下区域作为文化交流空间，以天井为中心，其他空间环绕天井进行布置，通过天井到达各个空间，形成一种完整的空间序列。

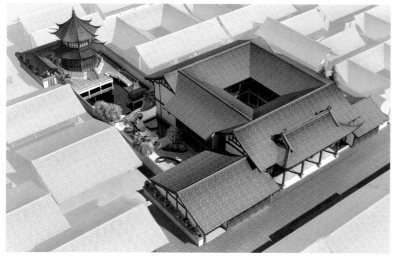

桂香书院鸟瞰图

桂香书院建筑剖面图

会客室

会议室

休闲吧

茶室

摘 要

中国传统绘画描绘了大量的传统建筑及其周边环境，作为一种记录方式。不同时期绘画作品中建筑直接或间接地体现了当时人们居住环境和精神追求方面的信息，作为研究当时的建筑情况提供了史料记载，具有很大的借鉴价值。明清时期是小说绘本发展的顶峰时期，绘者自身对于空间的感知，结合前人关于空间刻画的经验进行艺术创作。本文以明清绘本为研究对象，通过对绘本画面的解读，分析画面中不同时期建筑形制、建筑风格，以及古人如何使用建筑空间，从而对传统民居有一个比较真实的认识，并对于传统建筑空间的有所启发。通过研究绘本中空间关系，作为研究传统建筑设计手法的依据，尝试用解析和重塑方法来对传统建筑空间进行重新塑造，在设计中融入当地地域文化特征，形成具有当地特色的建筑空间。

关键词

明清绘本　空间叙事性　建筑语言

第 1 章　绪　论

1.1 研究背景

古代建筑受到其建造材料的影响，其耐久性是有限的，这导致在研究古代建筑实体时缺少与当时相对应的空间环境依据。而中国传统绘画描绘了大量的传统建筑及其周边环境，可以成为一种记录方式。绘画是相较于文字的另一种记录方式，它既展示了当时的空间环境，又对当时的空间尺度、结构比例进行了描述。贡布里希在《艺术与错觉》描述绘画是绘者精心安排的虚拟瞬间，通过把三维的立体空间在二维的画布上表现出来，展示空间逻辑关系，实际就是把一段时间发生的情况打乱重新排序而已。

中国绘画不同于西方绘画，它们体现在技法和风格上——中国绘画侧重立意，注重抒发内心主观感受，不追求客观写实；西方绘画侧重写实，要求客观地再现眼前的世界，注重造型与透视关系。

随着中西方文化的交流与碰撞，两种不同的绘画风格开始出现在大众视野。中国绘画在很多时候甚至比西方的透视方法更能传达出我们想要表现的信息，尤其是空间多点透视的表达，多种场景并置，其表达方法更自由，更全面。

明清时期是小说绘本发展的顶峰时期，绘者通过自身对于空间的感知，结合前人关于空间刻画的经验（大部分绘者对于空间的描述，是根据前人的作品和当时社会对于空间建筑普遍的认知方式来进行创作），把小说内容中的叙事性设想，把三维的空间转化为二维的平绘画。绘本容易流传原因；一是因为绘本是直观的图像表达，最贴近普通人生活的艺术作品之一，容易被大众接受；二是因为绘本流传已久，最早可以追溯到以前佛经插图；三是展现当时真实的生活面貌。研究者通过对绘本画面的解读，分析画面中不同时期建筑形制、建筑风格，以及古人如何使用建筑空间。

1.2 研究意义

为了适应社会革新和经济高速发展的需求，现代城市高楼大厦林立，虽方便实用，但也伴生出城市建筑逐步趋同，城市差异越来越小，缺乏地域特色的问题。想要设计出具有文化特色的建筑，还需要扎根于我国丰富深厚的文化——比如传统建筑。但传统建筑的保存也情况不容乐观，大量传统建筑因年久失修而坍塌、损坏，被当地缺乏保护意识的居民拆除——或者夷为平地或者更新为现代建筑或者拆真造假，继而导致大量具有研究价值的古代建筑面临消失的尴尬境况。对于建筑形式千篇一律、建筑元素被不合时宜的盲目套用、传统建筑研究缺失的现状，笔者尝试从明清绘本中寻找依据。通过对古代绘本的研究，研究者可以得到关于建筑的类型、结构形式、建筑各部以及整体的布局关系以及如何使用建筑空间的有效信息，从而对传统民居有一个比较真实的认识。研究者通过研究明清绘本中空间环境与生活空间的对应关系，作为解读传统建筑空间的一种研究方式。

1.3 概念的界定

1.3.1 明清绘本

绘本在《辞海》中被定为画册，也是绘画的一种方式。绘本最早形式来源于小说插画和连环画演变的，描绘线条、形体、色彩、构图艺术语言，是对客观事物比较真实的反映，同时也是当时社会形态比较客观的呈现，在表现形式上通过对空间层次和空间立体感的视觉表达，成为人们记录的唯一手段，也成为一个借鉴和文献价值的艺术表现形式。小说插画最早产生于佛教的插图，随着佛教文化的传入中国，便通过文字配以故事情节的插图来解释经文的内容。明清时期，是插画艺术大发展壮大的时期，插画的种类有很多出现在各种书籍中，有医用书籍、历史考古、国家地理、日用百科的等，配以文字让人们通俗易懂地了解想要表的内容。

1.3.2 建筑语言

建筑语言是经过人类漫长的创造实践总结出来的一种建筑的语言。建筑语言构造性组成部分小到单位词汇，大到环境空间设计，通过对造型、材料、光影、色彩等方面的设计，将人们抽象的情感以具体外在的形象表达出来，形成一套可以被人们视觉感知的建筑语言。

1.4 国内外研究现状

随着城市全球化的发展，经济的繁荣，信息技术的不断更新，人们对美好生活的需要，建筑行业也受到了很大的影响。中西方交流变得频繁互通，西方的绘画历史悠久，绘画中描绘许多建筑形式，对于传统建筑发展和现在建筑设计的研究有很多借鉴的文献资料。绘画方面有意大利绘画巨匠皮耶罗德拉弗朗切斯卡《圣母和圣婴》、《天使报喜》绘画中描绘了建筑的样式，表现了一种庄严的建筑学风格。《建筑十书》是一部古老的建筑学著作，提供了建筑学的起源基本理论，建筑产生的理论是对于自然界动物植物一种模仿，通过学习这种构成来研究建筑的形式，书中提到建筑美是建筑得尺度比例，说明建筑的起源和对人的意义，也是提出了自然环境与人生活环境息息相关。《视觉艺术的含义》中古代建筑形式多从传统绘画中得到，对于传统园林建筑规划形式有一定的借鉴作用，形成了多种建筑表现形式。《符号学原理》一书中提到作者的研究得出中国传统建筑设计可以借鉴绘画表现手法。

在中国社会文明发展的历史长河中，留下了许多关于传统建筑相关的历史文献，记载了古代建筑发展历程，可以作为文献资料。我国早期手工艺技术专著《考工记》，是一部关于生产技术的资料，记录了手工艺制造方式和技术规范。北宋时期《营造法式》是建筑设计学的经典论著，其理论体系融入人文与技术，不仅标志着古代建筑设计已经发展到了一个新的水平，同时也是中国古代设计思想理论发展的重要里程碑。梁思成先生在关于敦煌壁画研究中论述了绘画在古建研究中的作用：我们对于唐代及以前木构建筑在形制方面的认识甚少，很难根据史料记载来考研唐代佛寺建筑的情形，可以参考的资料就是珍贵敦煌壁画及窟檐实物遗存。敦煌壁画可以作为早期的界画，对于研究魏晋和隋唐时期的建筑史，提供了珍贵的文献资料。虽然壁画多为佛教经变图为主体，绘画内容涉及了众多的建筑，到了后期唐代增加一些"净土"绘画，当时的画家没有见过真正的净土，大多描绘的是唐代宫廷建筑绘画。《敦煌壁画》、《清明上河图》、《千里江山图》、《东园胜概图》这些画作都被当作珍贵的历史资料，因为这些绘画都是对于传统建筑的描摹，通过描绘人物、建筑及其周边的环境关系，来还原当时建筑风貌。古代"界画"作为一种独特绘画艺术手法，通过借助尺子规范工具，来构建可以用来测量绘画，多适用于建筑。随着学者对界画认识深入，也逐渐发现界画并非仅是工匠循规蹈矩之作，而是蕴含着十分丰富的创作意图。[1]界画在史料记载之外作为一种新的历史考据材料，虽然没有实物价值之高，有时确胜于史料记载，作为一种补充资料，具有很大的借鉴价值。

1.5 研究方法

文献收集：通过参观展览和历史博物馆，进行资料收集，查阅相关文献资料，整理有关期刊、论文、图书，梳理相关研究理论。

实地调研：在研究期间以四川阆中古镇民居为研究对象，对其周边环境地域文化进行了解。对项目进行田野调查，收集整理相关资料，为研究提供依据。

实践法：将理论结合实际，将绘本中整理的理论依据运用到设计案例中去，在项目设计实践中深入研究。

第 2 章　明清绘本的叙事性特征

2.1 在不同视角下的情境表现

叙事性在美术领域最直观的呈现是以影片的形式，通过连续的故事情节将所要表达的内容呈现出来。绘画是一种静态艺术形式，通过画面呈现出的故事情节，来给人一种连续情节的表达，说明静止的画面也是有叙事性的。贡布里希在《艺术与错觉》一书中论述了关于绘画如何呈现的理论研究，如果画面要呈现出叙事性，其表达中必须要有可以用于连续手势、动作、表情获得对叙事的认知，一个连贯性的行为，是比较容易判断其叙事性的元素线索。贡布里希认为绘者作品表达内容是根据自己所见，在头脑中产生的图像，经过自己的艺术风格处理，组合到一起，最后呈现在画布上是一组画家精心安排的瞬间。

2.1.1 场景视角

中国小说插画中绘本风格注重写意，轻写实的特点，对于人物主要注重神韵的表达，比较少关注人物所处的环境空间，因此人物绘画中往往只表达一些小景，不会像西方绘画一样精细的描绘人物所处的空间环境。大多数的插图就是如此，不会很细节地描述所处空间，只是象征性的表达，至于空间细节则不在绘者的考虑范围内。

2.1.2 观者视角

明清绘本中都使用视角多为平视或者俯瞰的视角，这种叙事性表达方式有助于观者更能清晰直观地了解周围环境和故事情节全貌。"叙事视角是从一部作品或一个文本中看待世界的特殊眼光和角度，具有选择性和过滤性"。[2] 绘本中描绘采用俯瞰和较为低的视点结合手法，通过视角的转换引导观者了解建筑外部整体形制和内部空间的进深关系，进而了解整体与局部关系，让读者直观地看到室内外空间的层次递进关系。

2.1.3 情节视角

绘本中的视角是绘者描绘特定环境下人物的视角，观者可以通过小说人物的视角来体验绘本中人物故事情节的发展，通过绘本中人物视角的变换来展示人物居室空间的不同层次，让观者能够更深入地了解当时特定的时间情景。在静止画面中表现出叙事动态感，展示了故事时间的连续性。可以通过人物的视线来感受建筑体量的大小、空间的形状和室内外的环境。通过人物自身的尺度感来衡量建筑空间的大小，对人的视觉和心里产生的冲击。

2.2 明清绘本表现手法分析研究

2.2.1 多点透视

中国古典园林建筑平面规划采用了传统山水画的取景手法，传统山水画采用多点透视手法，采用意境的描写来表达画家的精神境界。绘本中的园林建筑具有独特的价值意义，经过建筑师的精心设计，把传统绘画虽由人做，宛自天开的精神内涵进行模仿。可以使居住者不出门，远离外界世俗之地，就能体验寄情山水的乐趣。

对比于西方绘画方式，中国传统绘画透视为多点透视，具有中国特色的表现手法，讲究在作画的时候视点根据绘画的情节移动，在一个空间选取多个具有典型视域进行描绘创作，并把多场景组合并置到一组画面里。这种透视原理结构更自由，更灵活，也比较符合中国传统绘画的表达方式。清代王翚《山水图卷》全长 31.1 厘米（图 2-1），长卷描绘山峦水景，画面上层峰峦叠嶂、连绵不绝；亭台楼阁井然有序。对比于现代西方透视原理，通过定点透视观察是不可能全部被记录到一幅绘画上的。但绘者运用多点透视原理截取具有特色山水景象，经过艺术处理重新组合排列，形成一种多画面叙事手法，既能表现山水重峦叠嶂，趣味丰富，引人入胜，让观者看到绘画能有身临其境游览于山水之间的意境，从而达到恢宏的效果。

2.2.2 多场景并置

绘画中多种人物情节绘制到一幅画卷上，把不同场景前后并置到一起，是绘画的一种叙事方式。仇英的《汉宫春晓图》（图 2-2）在这幅画作中绘者用长卷的方式描绘宫殿中宫女生活和休闲活动，同时运用建筑、树木、山石把几个时间段的场景分隔开，这种手法既能体现出皇宫内建筑的尺度、体量和多种建筑样式，也能记录当时人物活动的场景，作为一种记录方式。

图 2-1 清 王翚《山水图卷》（图片资源：网络）

图 2-2 明 仇英《汉宫春晓图》（图片资源：网络）

图 2-3 清 孙温,《红楼梦》局部（图片资源：网络）

图 2-4 清 孙温,《红楼梦》局部（图片资源：网络）

图 2-5 清 孙温,《红楼梦》（图片资源：网络）

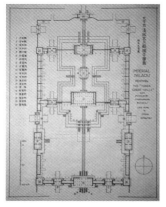

图 2-6 近代 梁思成，北京市清故宫三殿总平面图（资源：网络）

2.2.3 时间的并置

绘本将一件事情前后发生的变化，事件前后人物状态描绘到一幅画面，这种表现手法为时间上并置。第一册第六回刘姥姥初会王熙凤，贾蓉借物言谈隐情（图2-3），绘本中描绘刘姥姥拜见王熙凤时，贾蓉前来借炕屏画面。前后场景内人物的变化并置在一幅画面上，突出事件在时间上的动态变化、人物出场的顺序，一幅画通过时间的并置形成了连续故事情节。

2.2.4 空间移位法

为了突出故事情节，将画面中的事物移动到中心位置，避免建筑的遮挡。例如《红楼梦》（图2-4），房屋空间进深大，一直延到外面，而碧纱橱及床上的人物位于画面的最前端，紧贴着入口。对比于传统空间布置方法，床不会暴露在外面，不符合正常规律，但是绘者在有限的空间内充分表现人物的动作行为，而采用的一种绘画技巧。

2.2.5 夸张表现手法

夸张的艺术表现形式在很多方面体现，可以是尺度、色彩和形体等方面，主要作用是为了突出。绘本通过人物与建筑的比例关系，将建筑的体量变大，避免人物缩小无法辨认，并置在同一个空间，用来表达描绘高门大院来凸显建筑的等级（图2-5）。

2.3 明清绘本叙事表现方法对空间设计的影响与启发

中国古代建筑绘画有多种风格，对于建筑界和艺术界有着重要的影响。在传统绘画的形式中，中国古代园林是建筑师对于自然景观的模仿，山水画中体现着中国传统建筑想要表达的意境。古人向往畅游自然山水的情趣，用山水来寄托情怀，来表达对于自由生活的向往。绘者在绘制的初期基本采用建筑为主要题材，构图方式以建筑为中心进行作画。中国古代园林的设计也采用传统绘画方式作为设计的参考标准。传统园林追求天人合一境界，所以中国传统绘画对中国传统建筑有着很深影响，绘画的发展与建筑有着相辅相成的影响和启发。

2.3.1 主次分明

根据历史记载，中国传统生活空间多以群落聚居的方式出现，传统建筑也多以群落组合的方式出现，形成一个整体的建筑群体。根据建筑的格局和朝向，可以分析出整个建筑的主要空间位置。例如，北京故宫（图2-6）建筑形式，其宫殿气势雄伟，从整体规划布局就可以看出建筑群的主次关系，布局多为中心对称式结构。从建筑体量上看突出强调中轴线上的三个正殿，为整个建筑群落的重中之重，三个正殿的周围没有规划任何的建筑，大面的留白也强调凸显其重要地位。绘画中的主次关系可以看出绘者想要表的重点，突出绘画的主题，但并不是什么都不画，而是有的放矢，根据空间关系进行取舍，做到疏密有致，让观者觉得心情舒畅，不会感到身体及心理的不舒适。中国古典园林规划上也是有适当的留白，不会全部都紧凑地放置在同一个空间，通过大面积的水面，树林、花草的适当布置，也体现在空间层次上表现为曲径通幽，高低错落形成强烈对比关系，来营造一种环境空间，以增添自然情趣。

2.3.2 藏景与露景

中国古代传统建筑室内外空间划分界限并不清晰，建筑多以群落为主，例如四合院建筑通过亭台、廊子与内部空间连接，室内外空间没有明确界限，这种构图手法也是绘者想要达到天人合一的最高境界。绘画作品中藏的构图手法，是为了让主题体现得更加清晰，把不重要的事物隐藏起来。但是有些情节刚好相反，绘者把精致的画面有意识的遮掩，让观者看不到全貌，可以引起观者的好奇心和想象的空间。

2.3.3 虚实相生

传统水墨画提倡虚实相生，以山与水来讲，山为实，水为虚，对于传统建筑来讲，墙体为实，廊、隔扇、漏窗、门洞为虚，只有虚实互相结合，才能使绘画达到更好的效果。绘画中构图的虚实对比，白与黑，灰与黑，是一种绘画的表现技法，都是起到互相关联，互相呼应作用。山水画中大面积留白，把云和水做留白处理，是绘者想通过留白使观者在脑中产生联想。留白并不是什么都不画，其作用是为了反衬水面的宽广和山峰的壮观。

第3章　以明清绘本为据的传统庭院环境研究

3.1 分析绘本中传统建筑空间布置手法

绘本与中国传统庭院有着同样的构成元素，凭借花木、山石、水体等，都是通过建筑元素组合创造出新的艺术形式，表达空间关系。例如在墙上与建筑上经常出现大量匾额和对联作为装饰，通过这些传统人文意识的室内装饰品来表达文化的弦外之音。《红楼梦》绘本中描述了传统的宅第和庭院，整个宅第分为四个尺度，分别是府、院、房、间。笔者以院为单位作为研究对象，通过分析空间组织模式，来理解空间整体布局，分析空间尺度，进了解整建筑的布置手法。

3.1.1 庭院的格局

绘本中建筑环境不管面积多小，其内部都有一个向内庭院，使建筑活动的中心。庭院空间设计，使人们可以感知四季气候变化，满足人类精神的需求。山石和花木的布置直接反映出庭院的自然美与构图方式，山石的造型与层次关系是庭院的基调，花木的生长与色彩是其衬托，山石与花木使庭院不显得呆板，而是生动活泼。水体是庭院中最重要的元素之一，有了水才具有流动性，才会有生命的张力，它给传统庭院增添了些许自然韵律，营造了愉悦的氛围。

1. 花木

通过分析绘本中的景观，来研究院落花木配置。庭院设计不只是视觉艺术，涉及五感的嗅觉和听觉等感官。花木的配置还能体现季节和气候的变化，而这些因素也可以通过使用花木起到间接作用，影响人的感受。根据花木色彩的调和，开花季节的先后，每个季节都能保持常绿的花木，根据花木的特点做出合理搭配，这样不至于秋冬季节没有绿色植物点缀院落。中国古典园林不追求对称整齐，所以在选择树木上比较灵活，可以选择一种树木种植（例如：竹子、垂柳），也可以选择不同植物进行搭配着种植（例如：岁寒三友）。传统文化领域植物都有特定的文化性格，通过某种象征元素，联想到中国文化中蕴含的特殊意义。《园冶》中提到"院广堪梧，堤湾宜柳"就包含因地制宜地选择合适的园林花木进行布置。由于院落受空间的限制，可以根据空间大小选取孤植和点种两三株乔木用来点缀院落，可以起到很好的效果。点种的花木大多是比较高大的树木，突出树木的姿态美，需要根据树木的特点来进行合理的选择（表3-1）。

绘本中花木的布置手法 表 3-1

作用	特点	内容
烘托建筑	以建筑为中心，使树木围绕着它四周种植，主要突出建筑物主体。如果枝叶浓密，还可以形成一种界面，来弥补建筑空间的不足，起到限定空间的作用。白墙衬托翠竹，白与绿色调搭配，突出主人的高雅。 竹子：生长快，不择阴阳，四季常青，所以园林中常常有种竹子。在堂前、屋后、墙根、池畔，都可以种植，或直，或斜，或依，各具形态	
点缀院落	小院落空间种植孤植为宜，位置应为院落的一角，切勿居于中心，花木的品种和花木形制应与院落的大小相适应。 松：四季常青，不畏严寒，常绿乔木，树形高达挺拔。在绘本中常与鹤或梅、竹搭配，组成松鹤延年、岁寒三友等吉祥图案	
丰富院落层次	稍大一点的院落，花木的配置方式是二、三株搭配，丰富了院落空间，与环境相衬	
丰富园林层次	园林空间，花木配置功能又有所不同，空间的变大，点植不能满足大空间需求，需要点植和丛植结合，乔木与灌木的搭配，使园林形成枝叶茂密，并根据地势高低错落，形成自然山林情形	

（表格来源：作者自绘；图片资源：来自网络）

2. 山石

园林空间为了避免空旷，通常运用山石分隔空间，通过山石的分隔，空间界限不明显，更自然，使园林空间变化丰富。对于小院落空间，采用稀疏散落的石块加二、三块玲珑石，可以丰富空间层次。园林中水池，一般形状不规则，多以山石做成驳岸，可以通过山石的自然形态变化来丰富水池，作为一种过渡手法，形成一种自然山水结合的形式（表3-2）。

绘本中山石的布置手法

表3-2

类型	特点	内容		
山石	绘本山石花木配置，中园林湖石山岩的堆叠、山涧瀑布的处理、池岸石肌的设置都别具匠心。	玲珑石	山石堆叠	
		假山		

（表格来源：作者自绘；图片资源：来自网络）

3. 水

水是构成园林景观的要素之一，中小型庭院多采用以水池为中心四周环绕建筑形式。水池除了少数以规则的矩形，一般采取自由曲折的形状，岸边配以山石，虽是人工建造，宛如自然天成，赋予自然情趣（表3-3）。

绘本中水的布置手法 表3-3

类型	特点	内容
水	绘本中园林布置山水搭配，细部描写水中、水岸的植物很多，水边水上的建筑、亭子、桥、建筑等	

（表格来源：作者自绘；图片资源：来自网络）

3.1.2 建筑的形制

1. 屋顶

传统建筑以屋顶的造型最为突出，从屋顶形式可以分辨建筑等级。歇山式屋顶建筑等级比较高，是悬山顶与庑殿顶结合，屋顶中直线与曲线巧妙地结合，形成向上翘起的飞檐，不但扩大采光面，也有利于屋顶排水，给建筑增加灵动的美感。硬山式屋顶造型比较简单，特点是屋顶与山墙齐平，没有挑檐，山墙墙面没有装饰构建（表3-4）。

绘本中屋顶样式 表3-4

类型	内容		
	歇山式		硬山式
屋顶			

（表格来源：作者自绘；图片资源：来自网络）

2. 建筑空间

通过整合绘本中客厅、书房、卧室空间布局，归纳出建筑内部空间格局和家具的摆放方式。在建筑空间内，为了使相邻的两个空间层次丰富，多运用隔断形分隔空间，将一个大空间分隔成几个活动范围，目的是通过借景的手法，将室外的景色引入室内，从而在精神上产生空间划分；有的只是遮挡视线的高度，上部是联通的，这样不会阻挡空气流通；有的是一半联通，一般遮挡，没有固定的门；有的用博古架、屏风等进行分隔，隔断不会隔绝空气流通、光线等，营造一种空间意境。

3. 装饰陈设

中国传统建筑以形象的手法给人以最大的直观性，而室内陈设又以丰富的形式给人们呈现一种具有中国传统人文意识的室内陈设理念。传统文化领域中绘画都有特定的文化性格，可以通过某种象征元素，联想到中国文化中蕴含的特殊意义。绘本中房屋室内外的装饰画面中，可以看见许多名人字画镶嵌在门幅、隔断、围板，这是清代贵族室内外常用设计手法，多用字画装饰体现主人品格（表3-5）。例如："岁寒三友"，放置于书房，象征文人品格和高雅的情趣。我们在故宫、颐和园和恭王府等处都可以看到类似这样的实物。传统建筑空间布置中摆放盆景、插花小型植物，把室外的植物引入室内，都是再现天人合一、与自然和谐共处的设计观。

绘本中装饰陈设的布置手法　　　　　　　　　　表3-5

类型	内容
	花瓶、瓷器、玉器、盆景、青铜器、西洋钟表
装饰摆件	

续表

类型	内容
装饰书画	

（表格来源：作者自绘；图片资源：来自网络）

3.2 绘本情境对行为与心理表达

"为人所造，供人所用"是建筑的核心属性。[3] 绘本描绘建筑环境和人们的日常生活情形，绘者根据自身对于空间的感知，结合前人关于空间刻画的经验进行创作，所以绘本具有社会属性。"图像空间与人的联系十分密切，具有一定的社会属性，这种社会属性随着时间推移不断地变化和丰富。人作为行为的主体在社会环境下生存，建筑空间为人的行为提供了行为空间"。[4] 本文以明清绘本为研究对象，通过绘者对人的心理揣摩和对空间的感知，用人的行为来表达所处的环境关系。通过光影变化、地理环境变化、色彩变化和尺度变化，给人们带来不同的心理感受，营造出更适合人们居住的空间环境。绘本中描绘每个情节都有人物所处空间的刻画，分析人们内心的感受，通过营造空间氛围来达到优质的体验感。

3.2.1 绘本建筑空间对行为表达

建筑空间功能配置对人的行为也有不同程度的限制，通过研究传统绘本中人物活动空间进行比对分析，列出相似空间人物活动行为的共同点和不同点，作为基础来研究空间行为模式，应用到我的设计实践中。建筑空间中，满足人生理需要的功能空间为基本配置，其次是满足人公共活动行为的功能空间。在建筑空间中生活行为主要分为两条动线，一个是主人的行为，第二个是来访客人的行为。基于功能来划分空间，可分为公共空间用来社交活动，私密空间用来保护个人隐私。室内空间划分能保证空间的使用体验，如果所有活动都在同一空间进行，那空间的正常秩序会被打乱，影响人们的社会行为需要。厅堂及暖阁对家人提供日常是使用，或者是接待客人公共空间，属于动态空间，应该与静态空间分隔开。传统建筑中卧室和书房属于私人空间，是居住环境中睡眠和休息读书的场所，所以位置设于角落，传统卧室空间比较狭小，因此通透性比较重要。

3.2.2 绘本建筑空间对心理表达

在空间的中光影变化、空间尺度、色彩变化和地理环境变化都会对人心理产生影响，不同空间环境，给人带来不同的心理感受。绘本中建筑空间多用隔扇来分隔空间，用于组织空间形式，隔扇的种类有很多种，格子门、落地长窗、碧纱橱、屏风等。绘本《红楼梦》第十七卷中描述怡红院室内空间格局："原来贾政等走了进来，未进两层，便都迷了旧路，左瞧也有门可通，右瞧又有窗暂隔，及到了跟前，又被一架书挡住。回头再走，又有窗纱明透，门径可行；及至门前，忽见迎面也进来了一群人，都与自己形象一样，却是一架玻璃大镜相照。转过镜去，益发见门子多了"。有些访客无法到达主人不希望到达的地方，空间分隔手法就很好地解决了私密性问题，但是心里仍然保持窥探的好奇感。

第 4 章　绘本史料对于现代设计的借鉴方法

4.1 解析——绘本中传统建筑空间功能

解析是分解、分析与提取的过程。中国古典园林的营造讲究"移步异景"，随着人物所处位置的变化，人对空间景物的感知也会发生变化，这种效果也正是重塑建筑空间风貌所追求的。要达到这种效果，就需要对建筑空间功能进行准确定位，形成丰富、多样的外部空间形式。庭院作为人与自然交流的空间，庭院与建筑空间边界处理的方式有多种，作为空间像外部的延伸，通过隔断进行分隔，形成半开敞或半通透的空间形式。为了遮阳，建筑加大出檐，也使建筑空间向外部延伸，采用门窗的虚与墙柱实进行对比，以增加空间层次，并营造一种空间意境。

4.2 重塑——绘本中建筑空间格局

重塑把传统文化重新塑造，将文化进行保留、更新、创新的过程。中国传统庭院与西方庭院不同：西方是以建筑为中心，庭院包围建筑；中国以庭院为中心，用建筑包围庭院，从而形成一种以外部空间为中心的独特组合形式。例如，传统民居建筑采用"四合院"布局形式。研究提取院落形态，进行整体布局，解析平面关系，把传统院落解析为建筑空间与院落空间，并结合现代的建筑形式，进行空间设计。

4.3 再现——绘本中的历史资源利用

4.3.1 绘本中传统建筑构建方式的再现

绘本中的建筑多采用木质构造，以柱子作为主要的承重结构，支撑屋顶的木构架和室内分隔空间的墙体，这使得墙体不承担重量，在功能处理上更具有灵活性。设计在保证空间正常使用的情况下，减少砌筑墙体运用，使用可以移动或者拆卸的隔断，把传统隔断进行解构，分解为几个部分，运用自由组合方式，给人一种空间多变的形式。隔断在不改变功能的情况下，形式上发生的改变，使其具有现代简洁的设计风格，又是传统空间设计的延续，使这一传统样式获得新的价值。

4.3.2 绘本中传统园林景观的再现

运用绘本中景观布置方式，将室外的植物引入室内，使室内外空间界限模糊，丰富空间层次。园林空间设计中，为了避免空旷，通常运用山石分隔空间，通过山石的分隔，使园林空间变化丰富。园林布局中增加自然水池，与山石结合做成驳岸，可以通过山石的自然形态变化来丰富水池，形成一种自然山水结合的形式。在设计中提取自然景观中植物线条柔和，枝叶柔美，花木之态以柔克刚，使建筑空间与自然环境相融合，使人联想景外之景。

4.3.3 绘本中传统建筑装饰手法的再现

绘本中建筑空间开窗尺度较大，形式多为几何纹样的镂空窗扇，使建筑空间更通透，能够很好地散热和通风。根据空间功能设计窗户位置、尺寸及开启方式，多用于书房等活动的空间。将绘本中设计手法运用到室内空间设计中，墨色、线条、形体，梳理线条粗细、疏密、曲直样式，画面上进行构图，通过层次的明暗、物体的造型来表现视觉形象的艺术，使建筑空间呈现的立体感。

4.3.4 绘本中光影关系在当代设计中再现

绘本中建筑通过加大屋檐及廊道空间，避免了阳光直射室内，通过镂空窗花门扇作为遮挡，在阳光照耀下，室内墙上产生了丰富的光影效果。通过提取建筑形态中木构架，运用大量的线条勾勒建筑形式。运用现代设计手法，多采用暗藏灯带安装在天花顶棚、墙面交界处和楼梯底部空间，通过灯光来描绘室内空间轮廓，使空间呈现出不同层次感。通过改变这些线条变化、灯光塑造、材料的选择等塑造形式，使空间更有层次感，画面更为丰富，达到一种空间的环境氛围。

第 5 章　项目实践——以阆中桂香书院为例

5.1 项目介绍

5.1.1 场地概况

本项目位于四川省阆中古城之南清代"桂香阁"园林旧址（马王庙街县学坝北侧），依托古"桂香阁"文化底蕴，建设一座与古城风貌协调的园林式建筑。本设计总建筑面积 1520.3 平方米，地上建筑面积 648.9 平方米，地下面积 835.4 平方米。项目优势是利用了古城区丰富的地下资源，让空间功能向下展开，解决的地上空间对建筑的限制，对于古城区发展是一个可行性途径。

5.1.2 项目文化定位

中国传统书院我国最具有代表性的文化建筑之一，注重环境的选择，多落于依山傍水、风景优美文化胜地。书院承载了许多文人思想和哲学内涵。其建筑的功能是藏书、祭祀、讲学、斋舍等。书院在建筑布局方面有别于普通民居建筑形式，具有文化艺术价值，书院更注重环境营造，追求人与自然山水的互动，形成书院丰富的文化背景。

5.1.3 项目规划

(1) 依托古"桂香阁"文化底蕴，建设一个文化交流中心。

(2) 按阆中民居格局风貌，临街至北建大天井的四合院，两侧为桂树环围的水池、花圃。房舍外观为小青瓦，白墙壁，风貌和高度与临近周围房舍协调一致。房舍内部可布设现代设施，满足现代工作、生活需要。主要用途有：文创教室、学术研究、名人专家书画交流创作、雕塑创作、宾客住房。

(3) 地下一层文化交流中心。地下区域设有会议室、茶室、餐厅、接待办公用房，可以举办讲座、学术交流和小型展览活动。

5.2 设计思路

5.2.1 地域文化特征提取

1. 自然特征提取

（1）地势

图 5-1a 小天井（图片来源：作者自摄）

图 5-1b 大出檐（图片来源：作者自摄）

图 5-1c 外墙封闭（图片来源：作者自摄）

阆中地处四川盆地东北部，位于嘉陵江中游，秦巴山南麓，山围四面，水绕三方。由于地形的限制和朝向的影响，民居建筑多采用灵活的平面布局，形成高低层次丰富的空间特色，这种形式将建筑与自然环境很好地融合在一起，利用地形的高低落差，建筑形成垂直分布、高低错落的表现形式，使空间变化更为丰富。

（2）气候

四川地区潮湿多雨的气候特点影响了当地居民建筑的建造形式。当地四合院建筑屋顶通常会有很深的出檐，屋檐向内倾斜使得雨水可以汇集流入天井之中，用来防止屋檐被雨水浸泡腐烂，这种建造手法在当地被称作"四水归池"。除此之外，还有很多依据气候类型形成的建筑构造，例如斜撑拱、宽街沿等（图5-1），这些构造在改善居民居住条件的同时也使得建筑造型变得更加灵动独特。店面临街建筑挑檐加长，形成店铺与街面雨棚，这样可以起到遮挡阳光和雨水的作用，丰富了街道层次，成为一种独特的建筑风格。

2. 文化特征提取

阆中古城坐落在"三面江光抱城郭，四围山势锁烟霞"的半岛上，山川形胜，风光秀美。古城中亭台楼阁星罗棋布，青瓦脊檐鳞次栉比，街巷古雅，宅院幽深，传统观念同建筑布局巧妙结合，放眼皆美景，举步有文化，自古就是骚人墨客荟萃之地，画家诗人流连之所。历史上不少著名画家莅临过阆中，留下优美诗画、千古传说。东晋大画家顾恺之莅阆赴云台山创作道教故事画《云台山图》。唐代画家吴道子入蜀以阆中城南和锦屏山为轴心画成著名的《嘉陵江三百里风光图》。唐代调露年间滕王李元婴来阆中作隆州刺史，同样在张彦远的《历代名画记》中，记录李元婴是画家，画花鸟尤擅蛱蝶。宋代苏轼是文豪、诗人，也是大书画家，两次过阆中应有诗书画作，可惜未流传见流传，至今只见状元洞"将相堂"题刻，县志记载还为凤凰山上"状元坊"题额。桂香阁园林旧址在古城之南，距江陵江边仅百余米，杜甫诗中盛赞"阆州城南天下稀"，阆中桂香书院落户于最优美的自然环境和最深厚的人文环境中，可谓得天独厚。

3. 建筑特征提取

图 5-2 清末四川省城市模型局部 天井建筑（资料来源：作者自摄）

图 5-3 阆中桂香书院建筑布局平面图（资料来源：作者自绘）

（1）院落和空间布局

建筑给予人们生活安全的保障，避免受到自然灾害的同时，也给人一种精神寄托。例如祭天的一些传统建筑，一个祭拜场所，给人一种精神上的寄托和慰藉。四川民居既融合了南方建筑特征，利用穿斗结构作为民间建筑的主要结构体系，也融合了北方四合院和南方的敞厅建筑形式，形成了多种风格的建筑群。典型的四合院（图 5-2）形式规模不同，有的设有园林，有的设有天井，四合院的布局符合人们生活习惯和礼仪规矩，同时保证安全。由于气候的原因，建筑为了解决防暑降温问题，改变了建筑之间的间距，把院落空间缩小，形成建筑围合天井的形式。四川建筑合院主要特色为天井空间，大家族共同居住的建筑为多天井合院，整个大院以天井为中心，主次分明。天井除了主要的建筑功能外，也是一个文化交流的空间。

（2）构建元素

四川民居特色为"青瓦出檐长，穿斗白粉墙，悬崖伸吊脚，外挑跑马廊。"阆中古城院落建筑多为悬山顶和歇山顶，建筑特色为白墙壁、小青瓦屋顶，装饰风格色彩淡雅，木雕色彩多以原木色为主，不过多地使用彩绘进行装饰，与院落装饰一致，整体给人古朴大方的感受。

5.2.2 设计中对绘本的参照与解析

本项目提取阆中院落形态，进行整体布局，解析平面关系，把传统院落分解为建筑空间、天井空间、庭院空间和花园空间，保留传统建筑的特征并结合现代的建筑布局手法，进行空间规划。院落以中轴线为主，把临街建筑分为三个空间，中间为大门，左右两边为临街店面。主体建筑以天井为中心形成四合院建筑形式，天井过后是中堂，穿过廊道可以到达后面的花园，并采用缩小天井和建筑的空间，形成以庭院包围建筑的布局方式，为每个客房增加单独小庭院，解决了传统空间采光和通风不顺的问题。这样，建筑既有天井作为公共活动空间，每个客房又有独立的小庭院，形成私密的活动空间，给人们一种新的体验（图 5-3）。

地下区域作为文化交流空间，以天井为中心，其他空间环绕天井进行布置，通过天井到达各个空间，形成一种完整的空间序列。进入地下空间首先通过天井，然后到达其他空间，优点是突出中心，主次分明，与各个空间形成对比关系。

5.2.3 在设计中对绘本历史资源的运用与空间重塑

（1）传统建筑空间设计再现

传统的建筑形式是有历史记忆的，能够得以传承，说明建筑是可以满足人们日常生活的功能，并成为民居过往的记忆载体。其中有些生活方式对现代生活造成了一些不便，所以建筑在此基础上进行优化。本项目属于古城区新建项目，原址建筑被政府定为不和谐建筑被拆除，笔者认为复建建筑不应该修旧如旧，一味模仿传统建筑形式，应该结合现代的生活方式，满足古城居民现代的生活需求，并结合现代新科技和新材料方法进行合理的应用，以适应社会发展的需求。通过对建筑风貌进行重塑，通过提取周围临近房屋形态，对有明确风貌要素建筑进行规划，丰富局部的空间层次。本设计正门屋顶采用歇山顶形式，屋顶中直线与曲线巧妙地结合，形成向上翘起的飞檐，给建筑增加灵动的美感。通过丰富建筑立面的材料和色彩，增加具有特色象征性的元素，保持建筑风貌上相对和谐的关系。并通过对当地地域文化的挖掘，对其细节进行从分析，从而实现重塑后的风貌与传统建筑风貌有机地统一。

（2）园林景观设计的再现

本设计运用绘本中景观布置手法，规划建筑与园林空间关系，包括水池、山石、花木、小桥、亭子等传统园林造景手法，形成游览的园林空间环境。在园林规划中运用自然山石和不规则水面结合，用山石作为水池驳岸，形成一种过渡形式，形成虽由人做，宛如天成的自然水景。并借用自然山石与竹子进行庭院空间分隔，提取自然山石和竹子枝繁叶茂的自然形态，形成下部密实，上部稀疏的界面，虽由人做，但是不着人工痕迹的把庭院空间分隔出来，使空间相互联系，互相延伸，显得曲折幽深。

（3）室内空间设计手法再现

提取绘本中传统建筑室内陈设灯饰、艺术品、盆景等，运用在空间中，通过传统装饰文化的象征元素，体现出中国文化中蕴含的特殊意义。在茶室空间运用现代的设计手法，使用隔断进行分隔，减少砌筑墙体运用。把传统隔断进行解构，分解为几个部分，运用自由的组合方式，给人一种空间多变的空间形式，并结合灯光的变化来营造空间氛围。

第 6 章　结 论

　　绘本是一种载体，展现着中国的璀璨的艺术历程，从唐代、五代、宋代、元、明清，中国绘画经历了多个阶段的发展与变化，作为研究当时建筑的参考文献，有很大的借鉴价值。绘本对于建筑的描绘更为直观，是对建筑形式和建筑文化的一种保存形式，体现了一段传统的历史记忆。绘本作为传承中国传统文化精神和建筑结构技艺的艺术形式，应该受到大家的关注，作为本民族重要的历史文物被保留下来。

　　城市发展速度的变快，导致越来越多地区的传统建筑失去自身的特色，本文通过从明清绘本中寻找传统建筑文化的延续和表达，从传统建筑文化入手，研究传统建筑空间风貌，对地域文化的传承进行分析，提出重塑传统建筑，来研究传统街区风貌。在设计中，探索了中国绘本元素与传统建筑，分析绘本中不同视角下的情景表现，结合绘本表现手法对空间进行处理。在装饰手法上，提取山水画表现形式，将绘画与隔断结合起来，将山水画的意境移植到隔断。在色彩上，提取绘本表现手法，气韵生动，在艺术的氛围下，展示具有文人风骨的美。在构图上，运用绘本中借景方式，将景色收入框中，把一个空间的装饰或者景色引入到另外一个空间作为装饰。在表现手法上，运用绘本叙事表现方法，将绘本中主次分明、藏景、露景、虚实相生等表达方式，形成层次丰富的院落空间。绘本元素融入建筑设计中，用解析和重塑方法来对传统建筑空间进行重新塑造，让设计因地制宜地融入当地地域文化特征，让更多的具有传统特性的建筑出现在城市中。

参考文献

[1] 杨义 . 中国叙事学 [M] 北京：人民出版社 2009, 5.

[2] 付宁 . 社会行为与建筑空间的关联性研究 [D], 2008, 6.

[3] 沈福煦 . 建筑概论 [M] . 北京：中国建筑工业出版社 , 2012, 6.

[4] 郭国勋 , 杨国军 . 空间环境与人的行为 [J] . 甘肃科技学报 , 2006, 5.

[5] 梁思成 . 清式营造则例 [M] . 北京： 清华大学出版社 , 2006, 4.

[6] 关华山 .《红楼梦》中的建筑与园林 [M] . 天津：百花文艺出版社 2008, 4.

[7] 康海飞 . 明清家具图集 [M] . 北京：中国建筑工业出版社 , 2009, 10.

[8] 赵新良 . 诗意栖居——中国传统民居的文化解读 [M]. 北京：中国建筑工业出版社 , 2009, 8.

[9] 金秋野，王欣 乌有园 – 观想与兴造 [M]. 上海：同济大学出版社 ,2018,11.

[10] 席田鹿 . 传统山水画中的古代建筑形态研究 [D], 2016.

[11] 秦仲文 . 清代初期绘画的发展文物参考资料 [J] 1958,8：14–18.

[12] 陈磊 . 屋木山水——中国古代建筑与山水绘画研究 [D] . 杭州：中国美术学院 ,2011.

[13] 曹雪芹 . 红楼梦 [M]. 北京：人民文学出版社 ,2013,1.

[14] 陈骁 . 清代《红楼梦》的图像世界 [D]. 中国美术学院 ，2012，4.

[15]（英）E.H. 贡布里希 . 艺术与错觉——图画再现的心理学研究 [M]. 南京：广西美术出版社，2015,5.

[16]（清）孙温 . 绘清·孙温绘本红楼梦 [M] . 北京：中华书局 ,2016.

导师评语

潘召南导师评语：

杨蕊荷同学从 2018 年 9 月 ~ 2019 年 1 月进入四川美术学院·北京中建校企联合研究生培养基地，进行研读。学习期间认真努力，在校企双方导师的共同协助下，根据所选实际项目所具备的基础条件，阆中古城"桂香书院"复建，设定了论文研究方向——从明清绘本中寻找院落更新与重塑的来源，以此展开设计实践和相关理论研究。论文从选题立意上很好地结合了项目具有的特质，针对处于古城环境中的书院复建项目，如何传承、发展本土传统人居的文化精神与院落美学意义，并在今天发挥更好的社会价值，则是设计关注的焦点和研究缘起的关键。该同学以思辨的历史观将研究的视野跳出阆中古城的现状格局，从明清绘本中寻求历史的共时性参照与经典的答案。

通过对明清绘本中所描绘的场景、情境、院落、绿植、人物与情节等构成的人居环境状况，展开系统的分析、归纳、稽考和推测，以现代设计的空间测绘方法，综合画面人物、景物的比例关系，形成较为系统的传统院落建筑、景观、绿植的营建格局研究成果，并结合设计项目进行针对性的运用。较真实地反映出中国传统绘画的人文追求和传统人居环境所讲求书卷气质，以设计从画中来、到画中去，借助经典、形成经典的新设计思路。针对当今乱象横生的新中式、新东方、新古典的无源喧嚣的现象，以尊重历史、挖掘历史、演绎历史和发展历史的设计理想，较好地探索了以设计创新的方法传承与发展传统文化主张。该论文选题视角独特，有新意，论文结构较为完整，史料查找丰富，较好地掌握了研究分析法。存在的问题：

1. 分析内容过多，主题论证不足。

2. 文章结构不够严密，章节之间逻辑性不强。

3. 论文本身依据实际项目展开的设计思考和创意缘起，但在论证中明显缺乏与项目设计的关联，研究成果与项目实际在论文内容中较为脱节。

4. 遣词用句的表达准确性不够，还需要加强论文写作能力提高。

张宇锋导师评语：

杨蕊荷同学在四川美术学院·北京中建校企联合研究生培养基地研读，经过校企双方导师的指导，选取了阆中古城项目"桂香书院"复建。该书院为阆中传统民居风貌保存比较完整的古镇，建筑和街区多为明清时期建筑，针对该项目设定论文的方向——从明清绘本中寻找院落更新与重塑的来源，以此展开设计实践和相关理论研究。

论文选题的角度很新颖，寻找被我们忽略的那些承载群体记忆和场所精神的传统建筑，从明清绘本中寻找依据，针对古城传统院落进行研究。绘本记载了历史某一时期的生活场景，建筑以及建筑相关的艺术表现和古典的美学思想，通过分析绘本来进行研究，可以反哺到今天对于人居环境和院落格局的影响。在研究的过程中，更好地运用到现实生活环境里，对研究历史遗存留下更全面的资料。

城市发展速度变快，导致越来越多地区的传统建筑失去自身的特色，通过研究明清绘本中空间环境与生活空间的对应关系，解读传统建筑空间。较好地探索了传统建筑空间风貌，对于研究传统街区风貌有一定的参考价值。通过分析明清绘本中建筑风貌与历史文化的结合，提取元素带入到建筑中，并将其优化结合。在设计中，探索了中国绘本元素与传统建筑，分析绘本中不同视角下的情景表现，结合绘本表现手法对空间进行处理，形成了对于传统院落格局的研究成果。

针对项目存在的现实问题，分析传统绘画中建筑设计理论在中国现实社会环境、空间中的设计运用与呈现方式，很好地补充了知识。该生在设计过程中表现积极，态度端正，能够及时与导师沟通，并听取意见，论文的观点有一定的创新精神，但整体结构的考虑上还有待加强。望该生在未来的学习中能够继续努力，在此基础上继续深入研究，积极探索古代元素与建筑的有机结合。

城市人行天桥文化性表达与形态设计研究——以湖北十堰市北京路人行天桥更新改造为例 ◎夏瑞晗

Study on the Cultural Expression and Morphological Design of Urban Pedestrian Bridge
——Taking the Renovation of Pedestrian Bridge in ShiYan City, Hubei Province as an Example

城市人行天桥文化性表达与形态设计研究——以湖北十堰市北京路人行天桥更新改造为例 / 夏瑞晗
Study on the Cultural Expression and Morphological Design of Urban Pedestrian Bridge
—— Taking the Renovation of Pedestrian Bridge in ShiYan City, Hubei Province as an Example / Xia Ruihan

湖北十堰市北京路人行天桥更新改造

项目来源：中国中建设计集团有限公司

项目规模：278 平方米、230 平方米、480 平方米、220 平方米

项目区位：该项目位于湖北省十堰市城市主干道——北京路，由北京南路、北京中路、
北京北路三段组成，贯穿十堰城市核心区，跨越并连接旧城与新城，汇聚城市政治、经济、
文化，与生活。是在高山，峡谷之间建成的城市道路，也是十堰市山地整理的成果标志，
是连接往昔与当今的交通纽带。道路全长约 6.4 公里，现存天桥共 4 座，总体呈现标准
化形式，陈旧、大同小异、毫无特色。

概念分析图

设计关键词是基于过度商业、文化淡漠的社会氛围，劈山造屋、混凝土化的城市生机，
以及缺乏人性关怀的便民服务。从城市病呼应社会需求—环境—人，提出"多元的文化
熏陶—韵""生态低碳的环境滋润——璞""智能技术的渴望——炫"的设计理念，将
十堰文化承载于形态之中，就现状病因，提出方案，摒弃模数、因地制宜，为城市竖向
景观增添靓丽一线。

万达广场——"漂浮之桥"

汉江师范学院——"武当春秋"天桥

十堰文化馆——"龙骨"天桥

城市人行天桥文化性表达与形态设计研究——以湖北十堰市北京路人行天桥更新改造为例 / 夏瑞晗
Study on the Cultural Expression and Morphological Design of Urban Pedestrian Bridge
—— Taking the Renovation of Pedestrian Bridge in ShiYan City, Hubei Province as an Example / Xia Ruihan

摘 要

随着我国经济建设的日益发展，现代城市被大量簇团的家居住宅和公共建筑所填满，环境层次增多，交通网状组织也错综杂乱。为了缓解城市交通压力、保障行人安全，由此担负疏导城市交通大任的人行天桥逐渐转化为组成城市景观的重要角色。

虽然当前国内的城市人行天桥正热火朝天地建设着，但我们的归属感和安定感却在渐渐消失，缺乏文化底蕴和审美意识的形态设计，使大多数人行天桥都处于模数化的建设状态，仅满足功能方面的基本需求，导致我国大多数人行天桥置身千桥一面、索然无味、毫无特色可言的局面。而纵观国内外的城市人行天桥设计的学术研究，多数以解决桥梁的构造技术为主，性能应用为辅，还有小部分研究城市人行天桥的景观分析，但目前从文化性表达角度来研究城市人行天桥形态设计的理论书刊寥寥无几，于是将人行天桥的文化性表达与形态设计有机结合的探索带入到城市景观环境中，该怎么着手研究引发了思考。

本文以城市人行天桥作为主体研究对象，通过文献查阅、案例分析、实地调研等方法对中心问题进行梳理，借助形式美学、符号学等学科知识进行综合解读，本文正文的探究分为三个过程：理论研究、方法探索以及案例实践。

（1）形态设计和文化性的相关概念在城市人行天桥上的应用：通过查找国内外相关文献参考资料，了解文化性表达在天桥设计上的理论与应用。针对国内外人行天桥的设计研究现状及反思，提出文化性在城市市政设施里的重要性。

（2）解读国内外文化性城市人行天桥的优秀实例，通过分析所在城市地区的自然和人文环境、地域风情、经济条件等相关因素，了解文化性的构成内容，并在符号学的导入下，将文化性通过符号承载的方式来表达情感，认识文化性与形态设计之间的关联，为第4章人行天桥的文化性表达和形态设计的有机结合的探索提供切入点。

（3）以前期理论研究作为指导和基础，研究当代城市人行天桥基于文化性表达的形态设计理论基础。以形式美学及天桥设计规范为标杆，通过对人行天桥形态语言构成内容，例如结构技术、地域色彩、材质肌理，以及局部设计的研究探索，使其与文化元素碰撞，归纳总结表达城市人行天桥文化性的形态设计方法。

（4）研究理论立足于设计实践，进一步验证理论，为设计出彰显城市文化性的人行天桥形态提供可行的设计思路和途径。

关键词

人行天桥 形态设计 文化性表达 更新改造

第 1 章　绪 论

1.1 研究缘起

从"柳疏桥尽见，水落路全通"到"一桥飞架南北，天堑变通途"，人类最早临水而居来实现跨越对岸扩展生活领域的需求。在诗歌文学中，人们也喜欢把生活中遇到的困难比作阻隔道路的河水，而把到达彼岸的愿望具象为桥。而当下，绝大多数的城市地区常以当地的桥来命名，比如北京的天桥社区、上海的虹桥区、重庆的观音桥商圈都根据本地的天桥而取名，乃至一座城市人行天桥还会带动旅游业的发展，比如伦敦的摇滚桥吸引了全国乃至全球的游客来观光打卡。可见天桥对城市及人们的生活需求有着义无反顾的责任。

随着时代的进步，各地现代化水平的进一步提升，交通变得更加便利化，同时也趋于繁杂。在匆忙的城市之间，穿梭的行人和车辆矛盾逐渐加深，维持道路的通畅性和减少车与人的冲突，进行人车分流是当务之急，人行天桥的大规模建设由此应运而生。但鉴于其规模小、数量多、建设快、侧重功能、节省资金等因素的影响，一直以来，强调通行功能反之疏忽了人行天桥的形态设计。

国际著名设计师沙里宁曾说过："让我看看你的城市，我就能说出这个城市居民在文化上追求的是什么；城市是一本打开的书，从中可以看到它的目标与抱负。"[1] 换句话说，城市人行天桥是城市文化下所塑造的产物。他与周边的建筑、景观共同勾勒出城市印象。天桥形态的设计也是文化呈现的分支。随着十九大报告中提出对文化自信的强调，针对一个城市的文化，同样要深挖优秀文化底蕴，结合时代来继承创新，彰显市民对于城市文化的自信和底气。但放眼当下，虽然城市现代化在不断推进，城市人行天桥也正在不同城市中大量批次地建设，却有基于不同城市文

城市人行天桥文化性表达与形态设计研究——以湖北十堰市北京路人行天桥更新改造为例 / 夏瑞晗
Study on the Cultural Expression and Morphological Design of Urban Pedestrian Bridge
—— Taking the Renovation of Pedestrian Bridge in ShiYan City, Hubei Province as an Example / Xia Ruihan

化但桥形一致的矛盾性。看似真正解决了行人的跨越和通行的功能需求，但缺乏对行人的心理考虑和与城市特色文化的呼应，缺少文化性表达及归属感的天桥形态设计，推远了文化—城市景观—人群之间的亲密关系。所以，在保障基本功能的前提下，摒弃复制的设计形式，让人行天桥的创造性及文化性相融，力争为城市环境增添审美性与文化性兼具的城市人行天桥，为城市景色增加亮点。

1.2 研究目的与意义

1.2.1 研究目的

伴随人口数量的增长，道路交通所承受的压力越来越大，天桥作为缓解车行和步行交通矛盾的道路设施，是不可或缺的。在以往的城市人行天桥的设计过程中，设计常常仅从纯粹的工程学角度来进行思考，虽是满足了天桥的基本功能，却将基本款天桥在不同城市复制粘贴，毫无美感和特色而言。随着人们精神需求的提升，城市景观被追加更高的要求，架立在生活环境中的人行天桥不仅仅作为跨越的媒介，更是竖直的立体景观，是城市的名片，彰显城市的文化魅力和文化情感，给予市民在公共环境中更多的安全感和归属感。所以在如今社会，更应该结合城市文化的独特特点，运用生态可持续发展的概念或者科技智能的技术等，来研究新城市化进程中的天桥建设，以实现人行天桥设计的文化性与审美性并行的设计之路。基于表达文化性的人行天桥的形态设计是时代发展的新目标。

1.2.2 研究意义

理论意义：本文从城市文化的角度入手，真正把其当成城市环境中的一件艺术品，通过研究城市人行天桥的文化性表达与形态设计碰撞形成的设计原则与方法的重要意义，为同类天桥形态设计提供了理论基础。

实践意义：通过对十堰北京路人行天桥更新改造使得整个设计回归本土感，拉近市民与城市文化之间的距离。还会在潜移默化中提升市民的文化自信感，满足受众人群对于景观的精神需求，提升景观文化的生命力。同时还加强了在进行天桥形态设计的同时，要将文化性表达融合在一起的意识，为其他基于城市文化表达的人行天桥形态设计提供方向和参考。

1.3 研究方法

1.3.1 文献研究法

城市人行天桥在形态设计研究的相关理论研究相对较少，通过相关权威的网站及数据库收集整理本领域以及跨学科的相关文献资料，对天桥的相关基本知识比如种类、材料运用、文化表达、规范化构造、景观营造等进行多角度地深入了解，为研究课题的可行性提供更为全面和客观的依据。

1.3.2 案例研究法

人行天桥的设计是属于市政应用范畴，在理论分析的同时，结合收集的国内外优秀案例进行深层次的剖析和汲取，分析其在设计天桥时所考虑的因素，以及从哪些方面来影响天桥的形态造型？天桥的文化表达在设计中如何体现？怎么在设计中达到审美性与文化性的互融等，将心得体会运用到自身的设计实践之中，取其精华，去其糟粕，总结设计的方法及原则。

1.3.3 实地调研法

对城市人行天桥板块设计出彩的城市——深圳、香港实地考察，深入剖析设计元素的来源、影响其形式的因素以及城市文化表达的着力方向，找到设计的共通点和发光点。随后再调研实践项目实地——十堰，通过亲身对现场分析和环境氛围的体验，为解决问题提供依据。

1.3.4 问卷调查法

设计中最重要的原则是以人为本，受众人群的需求是设计的第一要义。行人的内心需求、通行感受以及意见反馈是我们设计中重要的参考要素。由于设计的主体物是天桥，所以问卷出题围绕主体物内容而展开。通过采用简单的选择题形式来亲密接触受众人群，了解其真实想法和设计需求，归纳总结继而为设计做铺垫。

第 2 章　城市人行天桥文化性表达与形态设计的双重解读

2.1 城市人行天桥形态设计概述

2.1.1 城市人行天桥形态设计的释义

城市人行天桥是指在城市错综复杂的交通环境中，设置在道路路段或岔路口、建筑物之间、城市绿地、广场及铁路之上，为保证行车和行人安全进行人车分流的行人过街设施。它不仅是一个解决交通过渡的工程设施，它在城市景观和城市建筑中也起着非凡的作用。

而天桥的"形态"是可以把握的，是可以感知的，是可以体验的。其形态设计是一个非常庞杂的系统问题，它不仅涉及产品的功能、材质、肌理、构造技术，而且与当下的设计趋势、时代

城市人行天桥文化性表达与形态设计研究——以湖北十堰市北京路人行天桥更新改造为例 / 夏瑞晗
Study on the Cultural Expression and Morphological Design of Urban Pedestrian Bridge
—— Taking the Renovation of Pedestrian Bridge in ShiYan City, Hubei Province as an Example / Xia Ruihan

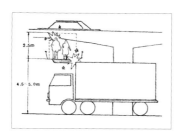

图 2-1 人行天桥桥下净高规范（图片来源:《人行天桥的设计与施工》）

的需求、社会审美观都有着密不可分的联系。任何的产品形态发展到今，如若仅仅符合实用功能那么最终会被更兼具的设计所取代，所以要继续在此基础上发展认知和审美功能，通过满载信息的传达媒介，力求用形态语言来表达情感及意义。

2.1.2 城市人行天桥组成结构及规范标准

人行天桥是车流人流聚集地常用的交通媒介，它为市民服务而生。其天桥结构是基于人机工程学下通过分析使用者的视觉、听觉、触觉等感官的机能特性，探讨使用者在通行中影响心理状态的因素以及对使用者通行效率的影响，乃至对于车行道路交通的影响综合所得的数据，对适合受众人群通行的人行天桥各结构的尺寸比例关系，以及空间氛围起到约束作用。为设计出令受众人群舒心、有安全归属感的天桥空间提供了基础设计标准，并开拓了新的思路。

1. 桥体：天桥桥面尺寸 ≥ 3 米，具体桥面大小尺寸，应根据设计年限内高峰小时人流量及设计通行能力来计算。桥下尺寸，如若为机动车道最小净宽为 4.5 米，非机动车道最小净宽则为 3.5 米，天桥、梯道或坡道下面为人行道的话，为了便于人行，净高 ≥ 2.3 米。(图 2-1)

2. 栏杆与梯步：栏杆高度 ≥ 1.05 米，残疾人较多时应该在 0.65 米处另外设置栏杆，低龄儿童较多时应该在 0.8 米处另外添置栏杆，且栏杆之间间距控制在14 厘米内。对于天桥的梯步来说，每段梯步不能超过 18 级，梯步大小宽 30 厘米，高 15 厘米，长为 1.5 米最佳。双向交通时阶梯宽度最小 0.75 米，螺线状楼梯梯步大小可适当减少。梯步的高宽关系按照 2R+T=0.6m 的公式计算，R 为梯步高度，T 为宽度。

3. 天棚：人行天桥中天棚并不是必须的，但是会为行人提供遮风避雨的服务，增加很多人性化的思考，所以在当今的天桥设计中，桥身结合天棚的整体打造也逐渐增多，天棚的尺寸必须 ≥ 2.5 米。

4. 步道：天桥每端楼梯坡道之和 > 桥宽 1.2 倍以上，楼梯或坡道净宽 ≥ 2 米。如若自行车并行坡道，则一条推车带 ≥ 1 米，但是具体步道尺寸，应按照自行车流量计算增加步道的净宽。坡道大小 ≥ 2 米，如若考虑推自行车的梯道，应该采用梯道加坡道的布置形式，并且一条坡道的净宽≥0.4米，梯道坡度≤1∶2。手推婴儿车和自行车坡道坡度≤1∶4，残疾人坡道坡度≤1∶12（表2-1）。

人行天桥坡道坡度及坡宽

表2-1

步道类型	自行车	婴儿车	残疾人	通常
纵坡坡度	≤1∶2	≤1∶4	≤1∶12	≤1∶8
坡道净宽	单坡、坡道加阶梯≥2m			

（表格来源：《人行天桥设计与施工》）

5.无障碍设计：人行天桥的设计必须要结合人性化，要考虑到受众人群的种类，为残疾人、老人、孕妇以及推婴儿车的家长带来便利。根据场地现状以及使用者的种类从手扶电梯、垂直电梯以及轮椅升降机选择类别。垂直电梯起码设置两列运行于刚性导轨之间，另外设置手扶电梯后人行天桥的最小宽度不得低于1.5米。

2.1.3 城市人行天桥的功能价值

1. 通行与跨越

城市人行天桥是为了保证行人的过街安全以及减缓车行压力的有效解决方式，通常临空修建在车流量大、人流拥堵的路段或岔路口，为人群地穿行和跨越提供了更为安全和舒心的保障，通行和跨越是对于天桥的第一功能需求，这不仅能够疏散人群，阻止行人横穿马路，还能为行车的人群提供优良的道路交通环境，城市人行天桥越来越被市民所需要。

2. 景观与观景

通过半年内对深圳香港城市里的人行天桥进行调研考察后发现，走在潮流前端的现代化都市，对于城市人行天桥这类市政设施的设计与修建，注入的心血越来越多。城市人行天桥作为城市组件单元中的重要一环，不再是传统意义上实现人车分流的交通设施媒介，更是一个城市文化彰显的名片，给市民传递文化自信，满足受众人群更多的内心需求以达通行的便利性和趣味性。为天桥增添了可能是售卖商铺、立体花园、观光阳台的可能性。吸引不同城市的游客来观赏驻足，成为城市地标公共景观。

城市人行天桥文化性表达与形态设计研究——以湖北十堰市北京路人行天桥更新改造为例 / 夏瑞晗
Study on the Cultural Expression and Morphological Design of Urban Pedestrian Bridge
—— Taking the Renovation of Pedestrian Bridge in ShiYan City, Hubei Province as an Example / Xia Ruihan

图 2-2 ROC Mondriaan Laak 学校天桥(图片来源: GOOOD 设计网)

图 2-3 the bay 天桥（图片来源: 百度）

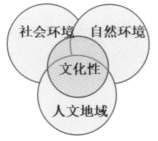

图 2-4 文化性形成图（图片来源: 作者自绘）

3. 商业与分流

抛开本身实力来看，为什么靠近人行天桥的商业效益明显要高于其他同等条件下的呢？是因为天桥上人流量的增大，会增加对于周边商业的收视，不仅能够很好地加强商业人流动线的流通，提高商业空间或品牌的眼熟率，还可以使得商业广告融入流动空间，对商业内容也有着一定的宣传作用。ROC Mondriaan Laak 学校的活动室（图 2-2）与商业建筑之间修建了人行天桥，使得孩子们能够由此穿梭到对面二层的商业建筑，也分担了商业写字楼的人流量，同样比如 Eaton Centre 商圈 the bay 天桥（图 2-3）在减轻建筑的人流量的同时也使得消费购物的可能性大大增加。

2.2 文化性与文化性表达概述

2.2.1 文化性的概念

在中国，文化通常被分为精神文化和物质文化，对于文化的定义也是众说纷纭。美国文化学家克鲁伯和克拉克提出："文化是包括各种外显或内隐的行为模式，通过符号的运用使人们习得并传授，构成了人类群体的显著成就，文化的基本核心是历史上经过选择的价值体系；文化既是人类活动的产物，又是限制人类进一步活动的因素"[2]。所以，文化性体现的是一种人与自然的关系性生产过程，在人与自然的实践和碰撞过程后，形成了人类的观念意识、行为习惯和实用技能。所以文化是具体的、历史的，可以继承流传的，它是一个民族在自己的历史过程中创造出来并经岁月沉淀的价值体系，是被这个文化滋养孕育的人们的情感纽带，是这个文化系统内人们用于认识自我和甄别他者的参考。文化属性就是文化本身固有的特性，是人内心对文化需要的反映，是对文明精华的保留提升及归纳总述。

2.2.2 文化性表达的概念

文化性表达，则是把文化性这种抽象的形式，从城市本土的地域、人文、生态历史等方面进行文化因子的挖掘，借用符号承载，通过回归表达，体现物体对于文化性的回应与对话。在这里，结合人行天桥的形态设计语言来抒发情感，能让市民得到文化底蕴的熏陶，从而满足内心的安定感和精神需求。文化性表达是以人为本的体现，会更好地改善人的生活质量和品位，去更多地关注人的内心。所以，人行天桥的文化性表达则反映出其本身在满足通行功能的同时所体现的内心需求和价值取向（图2-4）。

2.2.3 文化性表达在城市人行天桥设计中的意义

（1）景观可辨性的增添

城市人行天桥作为市政设施的大设计单元，是组成城市风景线的重要部分。由于长时间对于天桥造型的疏忽和轻视，造成普通标准的天桥形式大量模数化的复制现状，与蒸蒸日上的现代化城市建设形成鲜明的矛盾。而当城市里注入结合文化性表达的人行天桥形态时，通过对本地特色文化的挖掘提炼，甄别与其他城市与众不同的独有造型形态，增加城市景观的可辨识性，创新性以及美观性，让与城市文化相呼应的公共景观映入市民的眼帘。

（2）场所精神的再现

城市文化的直接投影即是场所精神[3]。当公共景观与城市文化碰撞时，一个漫长的不断完善的创新过程和一个动态的文化传承过程，在不同程度上使文化和设计紧密联系在一起，相互促进和彼此填补。所以改变城市组件的局部细节会潜移默化地改变着空间场所的文化氛围，他们共同为城市文化的继承和流传铺平了道路，都为自身城市的场所精神的发扬和再现提供了最为适宜的展示舞台，使市民产生对环境认识的一致性，达到共鸣。

2.3 当今城市人行天桥的现状及反思

2.3.1 国内外城市人行天桥研究现状概述

1. 国内建设现状思考

在原始社会，我们的祖先就开始伐木置于溪，将圆滚的大树驾于河道之上供人通过时不沾湿衣襟，确保更安全的跨越河岸，这种独木桥就是最早的"支梁桥"的原身。乃至当时还有用植物的藤编而造的悬索桥，它也是吊桥最初的雏形。在惊叹古老祖辈先明智慧和精湛手艺的同时，人行天桥的溯源也由此应运而生。

我国的近代天桥建设的发展过程中，国内的不同城市的发展步伐参差不齐，20世纪七八十年代为识桥时代，依附市民的好奇心，接触、认识人行天桥的作用，打开建设的大门。随之到了20世纪90年代渡桥时代的到来，人行天桥成为城市附属的元素，为市民提供便利，普及开来。但总的来看我国的城市人行天桥的发展还处于发展的初期阶段，纵观我国人行天桥的设计实践，大部

城市人行天桥文化性表达与形态设计研究——以湖北十堰市北京路人行天桥更新改造为例／夏瑞晗
Study on the Cultural Expression and Morphological Design of Urban Pedestrian Bridge
—— Taking the Renovation of Pedestrian Bridge in ShiYan City, Hubei Province as an Example / Xia Ruihan

分的天桥为造型单一的标准化建设，为城市景观留下千桥一面的不良印象。缺乏建筑美感、人情化考虑且毫无空间体验感的人行天桥也会在控制人车分流上效果不佳。而在理论研究上，研究的方向更多针对桥梁结构，振动特性等，站在环艺的角度来对研究基于文化性表达的天桥形态设计，更是寥寥无几。

莫春林编著的《中国桥梁文化》，是一本了解桥型从古至今演变的发展科普史，展现了千秋古桥的风韵和魄力，揭示桥梁的发展与社会经济的亲密关联，提出满足人行天桥的基础功能下，要尽可能彰显其神韵与城市风采 [4]。这让我对桥梁的来源及基本知识有了初步的了解，并且对于人行天桥的设计该如何着手，如何在满足基本使用功能的前提下能彰显其独有的美感，产生景观效应，提供了有利的理论依据。

由陈正斌教授编写的《城市人行天桥美学造型解析》阐述了美学造型在公共景观中的重要性，提出当下的人行天桥大多停留关注基本功能的修建上，不关心其美学造型在城市中的影响。比如天桥的形态与当地的建筑风格不一致，以及用材、色彩上与周边氛围的矛盾性。提出人行天桥的造型与装饰是现代城市景观中必不可少的关键一环 [5]。

此外，在资料的搜集期间，还精选阅读了对于城市人行天桥形态造型设计以及基于文化表达的前提下所塑造的凸显本土文化的城市天桥设计的相关期刊和博硕论文，对理论研究打好坚实的基础。（表 2-2）

国内相关研究

表 2-2

序号	题目	文献来源	主要内容	提取与论文相关部分
1	《浅谈我国人行天桥作为城市景观的现状及未来建设问题》	钟媛媛，美术教育研究，2012	本文通过客观的对比分析法将济南和大阪的人行天桥现状进行述说并提出我国城市人行天桥的建设意见 [1]	通过国内实际案例分析，分析国内人行天桥的缺点和不足之处，通过分析国外优秀案例提出人行天桥的未来趋势和前沿思想
2	《人行天桥设计探讨》	陈通、唐建强，山西建筑，2008.12	本文对天桥的名词释义，功能、，提出对于天桥的设计更应该结合城市的环境特征、人们生活习惯综合打造 [2].	通过对论文中天桥功能的梳理，总结了天桥的设计原则，对于论文的写作开展有指导意义
3	《人行天桥造型设计研究》	陈姗姗，华中科技大学硕士论文，2012	文章从影响物体造型的色彩感情、构造形态、美学特性出发，将天桥的功能与艺术完美契合，站在环境艺术的角度来把天桥当成艺术品来思考 [3]	对于人行天桥的造型设计语言和对形态设计的影响要素分析很仔细，对论文的天桥形态的设计的书写起到基础的理论基础。

续表

序号	题目	文献来源	主要内容	提取与论文相关部分
4	《基于文化视角的景观人行天桥形态设计》	黄一鸿，四川美术学院硕士论文，2014.05	文章侧重从文化的角度来就城市人行天桥的形态设计来进行探讨，并总结出基于文化下的人行天桥形态设计策略 [4]	由于本文的关键词为文化性表达和形态设计，所以这篇文章站在文化的角度来讨论人行天桥对于形态的影响要素对论文有一定的参考价值
5	《城市桥梁群景观的地域性表达与设计研究——以武汉市楚河汉街桥梁景观为例》	胡湘晖、贺慧、阳文琦，建筑文化，2014	本文试图基于地域性背景下研究城市桥梁的景观设计，用实例来验证文本所提炼出的设计原则和城市地域性的特征分析 [5]	地域性属于城市文化中重要部分，通过本文了解天桥的地域性表达所承载的元素，以及表达的形式方法
6	桥文化在城市景观中的研究与应用	郦文俊，南京林业大学硕士论文，2009.06	本文试图从文化、美学及现代景观设计学等方面着手，全面、系统地论述天桥的文化内涵、美学意义并分析其在城市景观中的作用 [6]	对文章中文化性表达与天桥形态的两者关联，以及对城市景观的影响起到启发作用

（图片来源：百度网络）

2. 国外发展概况

相对于国内来说，国外对人行天桥的研究步伐要更早更快。随着混凝土和钢材的诞生，纽约布鲁克林桥以轻巧明快的构造形式问世，这对国际的天桥诞生和发展起到引导作用。1978 年，德国工程师 Leonhardt 为了开始着手研究结构美学，创办了"结构工程美学"研究队，声誉大振。随之《桥梁美学设计册》的问世，为人行天桥的设计提供了参考和借鉴。

1986 年，Leonhardt 在《桥梁建筑艺术与造型》中阐述了立交桥以及人行桥等桥梁在审美和造型艺术上的研究，引起国际专家对于人行天桥的持续关注。

2003 年，英国 Martin pearce 和 Richard hobson 编写的《桥梁建筑》专著，图文并茂地吸纳了国内外优秀的人行天桥的案例介绍，配有设计概况与理念的文字介绍、现场图纸、调研图片，为天桥设计建设，提供了具体的参考。

2013 年，英国 Buke 编著《人来人往：天桥设计》一书，收录了世界 30 个天桥优秀实例，从各角度对现代天桥设计的技术美学与环境协调的设计原则进行解说。

如今，天桥在城市之中的景观作用越来越大，是城市的会客厅，是地标。从一定程度上来说，还会引起商业经济效应，可塑性极大。所以，越来越多的著名设计师开始涉及天桥的创作，他们往往把桥体结合地块环境整体打造，为天桥的创新设计拉开序幕。

城市人行天桥文化性表达与形态设计研究——以湖北十堰市北京路人行天桥更新改造为例 / 夏瑞晗
Study on the Cultural Expression and Morphological Design of Urban Pedestrian Bridge
—— Taking the Renovation of Pedestrian Bridge in ShiYan City, Hubei Province as an Example / Xia Ruihan

2.3.2 当下人行天桥文化缺失现象的反思

1. 侧重经济控制、忽视地域风情及历史沿革

我国城市人行天桥数量多，建设快，缺乏系统的结合地块整体规划。导致天桥的形态概念性和文化性特征不明确，许多设计者按照市政要求追求快节奏的建设，注重经济效益，满足最简单的通行功能，虽然可以很快满足现代化建设的推进，但大部分都忽略掉城市文化的身影和地域的独特风情，造成千篇一律的现状场景。而城市景观形态从来都不是想当然，更多的是文化在时间的沉淀和相互作用下形成，城市在代代的继承更新下保留了最能代表城市文化的城市记忆，其过程促进文化因子间的吸纳和补充。所以，城市景观形态是城市文化的直接映射，而天桥则是成就景观形态中的大角色。

2. 生搬硬套、缺乏对时代文化的创新思考

随着工业化城市的进一步发展，人行天桥基于的标准化修建激发了设计师们对城市空间的审美和精神价值的思考。从简单的物质功能提升到艺术审美以及文化底蕴层次的飞跃，从传统陈旧的文化形式到新颖、前卫的景观形态的进化，必然会发生激烈的碰撞。若只关注文化的表达，忘记其时代性，是一种偏激。只有承接本土文化元素的形态表达，并着于眼当下，结合时代特征有效地体现城市文化才不会文不对题，格格不入。

3. 建设团队成分单一、缺少全面思考

公共景观的形成与团队的设计指导分离不开，绝大多数的城市人行天桥都归属市政设施建设，由经验丰富的桥梁结构专家从力学角度上来设计，所以对于形态美学的把控上，建立在文化视角的形态设计显得略微薄弱，缺少艺术性人才的融入和共筑，造成人行天桥缺乏文化和艺术的思考，最终成果过于趋同，缺乏魅力和趣味。

第 3 章　文化表达在城市人行天桥形态设计中的思考

3.1 国内外优秀案例赏析

3.1.1 增厝安渔桥——艺术与人文文化的碰撞

随着厦门的旅游业的发展，被誉为中国最文艺渔村——曾厝安，变成网红打卡城市。为了连接曾厝垵文青路和圣妈宫戏台，为环岛观景的行人提供便利和安全，于是在此修建"渔桥"。在

图 3-1 厦门增厝垵人行天桥（图片来源：百度网络）

图 3-2 佛山荷岳人行天桥（图片来源：GOOOD 设计网）

图 3-3 温哥华公园天桥（图片来源：景观中国网）

设计师深入了解曾厝垵村的历史和文化后，提出与百年闽南渔村历史和现代文创村艺术融合的理念，来连接渔村与大海，传统与现代。其主梁选用异型钢结构，平面线型为三角圆曲线，幅面沿桥梁轴线方向慢慢变宽，全桥呈现出"似鱼骨又似渔船龙骨"的灵巧多变。

桥底被一条条红色的 U 形钢结构镶包，串联成韵律弧形的"鱼骨"。踏梯而上，桥面逐渐变宽，至"鱼肚"位置最开阔，驻足观景也不影响通行。鸟瞰全桥，更像是处于建造中的渔船，桥身是龙骨，桥面则是甲板。盘旋于环岛路上之上，增添一处靓丽的风景线（图 3-1）。

3.1.2 佛山荷岳人行天桥——现代技术与地域风情的邂逅

桥横跨佛山新城南区车行主干道之上，是为当地老百姓日常生活通行提供安全便利的交通介质。当设计在满足基本功能并结合无障碍设施的基础上，如何在设计中感受与风土的对话，启发了建筑师在新旧之间捕捉灵感。

设计焦聚于"本土情感"，通过对所在地域建筑风格——岭南传统建筑群的屋檐窄巷，进行符号元素的提炼并抽象地表达于天桥的外观造型上，提取其边缘折线通过参数化的设计赋予理性与逻辑，使整个天桥的天际线与周边的建筑高度相仿。并应用钢结构的多变性和可塑性来营造天桥的形态造型，借用木材柔和的质感刻画出洁净、淳朴的空间感受。亦做到温和地融入在地的建筑语境，隐隐透出对自然、对本土情感的缅怀之情。

当穿行于天桥廊道之中，可以感知造型的元素来源。每一个'屋形'的模数单元都是抽象化的建筑民居的剖面，以同一元素不断重复，最终形成强烈的景深感和视线引导力。与此同时，建筑空间的硬朗与透过缝隙的光影彼此呼应，动静结合，形成别有风趣的步行体验空间（图 3-2）。

3.1.3 温哥华公园天桥——生态低碳与地形的交融

为了纪念具有历史意义的温哥华堡与毗邻的哥伦比亚河滨的连接，纪念克拉克和刘易斯与土著人民汇合的探险远征，设计师与艺术家们集思广益用简洁优雅的弧线跨越 14 号公路，飘逸的弧线像根脉一样从一端高高低低的发散开，似等

城市人行天桥文化性表达与形态设计研究——以湖北十堰市北京路人行天桥更新改造为例／夏瑞晗
Study on the Cultural Expression and Morphological Design of Urban Pedestrian Bridge
—— Taking the Renovation of Pedestrian Bridge in ShiYan City, Hubei Province as an Example / Xia Ruihan

高线般紧紧抓住大地。在天桥上，还布满不规则张力曲线围成的覆土绿植，继承了高地大草原到哥伦比亚河滨之间的自然景观的延续性，并把握好景观脉搏，巧妙利用地形因素横跨公路，进而成为连接温哥华堡和哥伦比亚河滨的系带。使天桥不仅生态低碳，还使桥体与周边环境相互呼应，让后天修建的痕迹淹没在美景中（图3-3）。

3.2 文化性人行天桥设计构成内容

3.2.1 自然、气候环境的包容

在进行构思之前对设计场地现状的调研是设计师入门的第一堂课，基于尊重场地选址以及自然环境是我们后期设计的硬条件。地形是自然因素中对竖向景观形态影响的直接因素，也是表达文化性城市景观的基础，在设计中对地形高差加以利用，并充分协调环境中的各个自然因素，会直接影响外观形态，使其成为带有独特亮点的地域文化性公共景观。

当然，日照方向、温度、湿度、风向、降水量等环境中的自然因子也是进行设计时的参考条件，它对于本地人群的生活方式以及需求条件得以把控，与此同时，也影响天桥的材质、铺装、结构材料。比如降水量多的城市，更多要考虑外观材质的不氧化性和持久性，铺装材质的防滑处理，乃至排水系统的安排。温度过高的城市，要考虑例如天棚类的挡阳降温设计，注入更多的人性化关怀。场地的自然环境因素是进行城市景观文化表达的根本要素，也是城市人行天桥因地制宜的基础。

3.2.2 人文、地域文化的挖掘

人文文化是人类文明优选的结果，代表一个群体，一个族所共有的符号，习惯、观念等，具有深远的社会价值和美学意义。在人文文化中首当要提的是影响古代中国哲学家的主流思想——宗教哲学，从建筑园林的风水布置到构造材质的表皮运用，都受到人文文化色彩的影响。同样也延续到当代市民对宗教神明虔诚祈佑，寄已心灵的依托。

而对于地域文化的把控，则是验证当地审美标准的评判，是区别于其他城市的独特之处，也是设计表达的重头戏，对于城市地块空间、天桥的景观形象，以及对环境的感知都只有建立在地域文化的基石之上，才能为受众者赶除冰冷感和陌生感，回归亲切和温暖。再通过调研地区市民色彩、材质以及需求偏好，感知当地的审美倾向。捕捉本土的文化元素，将其符号化地运用在结构、表皮、局部装饰上来体现对人文底蕴的思考。

3.2.3 社会经济的考虑

城市人行天桥作为一种市政步行设施，在受到自然环境和文化影响的同时，也受到经济财政的约束。投入相近的经济价格，采取相似的修建方式，缩短建设期限，最终得到的形态结果也会别无二致。城市经济的状况与景观形态设计密不可分，两者相互制约，同时也相互促进。拮据的投入会羁绊天桥的发展，反之，经济的发展同样会带动构造技术的革新和材质的更替，自然所得到的也会是与众不同的公共艺术品。

3.3 文化回归表达——符号学的导入

3.3.1 符号是文化的承载介质

符号诞生于人类的社会劳动，是社会需求与精神文明的碰撞产物，是人类对于满足使用需求和审美之后产生的设计意识，表达人——自然——社会的伦理关系，符号化是从古至今贯穿于生活及设计始末的一种抽象处理，是一种对行为方式和文化立场的概念提炼。

从古时的结绳记事到族群图腾，都是等级文化的缩影，这种对于文化的实体表现方式是我们追溯历史、认识历史记忆的直接手段。设计具有一定的社会属性，不以自身意识作为主观考虑，应该从文化层面来塑造可识别性，从而为不同人群提供充足的信息来为人们的基本认知活动提供便利。而设计作为人类生活方式的媒介物，符号化是最频繁常见的文化形式，对于设计语言的提取我们应该采用可识别性、共鸣性、可理解性的符号来承载，其意义一定要可聚集可分散，能激发使用者对其产生联想，从而促进设计的表现形态转化为文化符号进而使物质情感得到表达和释放。

3.3.2 符号的传译

1. 浓缩——精炼化

浓缩泛指用一定方法减少事物中不需要的部分，反之需要的部分含量增加，在这里是表达对于精华的萃取。浓缩是设计中最基础的提炼手法，通过城市历史或时代文化要素进行概括、提炼和加工。留简去繁，深入地接触、了解和汲取本土经典元素，借以抽象的手法将其减法化、精炼化，浓缩整合到最能代表城市文化典型特征的符号元素，所提取的形式应该在视觉和心理上最能起到暗示和引起行人共鸣的作用。

2. 变形——多样化

现代城市景观的美学造型集聚闪光点，就构造手法上值得效仿临摹之处都不计其数。在设计

城市人行天桥文化性表达与形态设计研究——以湖北十堰市北京路人行天桥更新改造为例 / 夏瑞晗
Study on the Cultural Expression and Morphological Design of Urban Pedestrian Bridge
—— Taking the Renovation of Pedestrian Bridge in ShiYan City, Hubei Province as an Example / Xia Ruihan

中如果直接使用不加修饰的符号会显得过于仓促和直白，若能对基本形态，通过重复、错位、重叠、拼贴、重组等手法将其变形，赋予原形态基础上更多的相似衍生物，既能保留旧符号的经典认知，又能以新形式出现唤醒人们的精神感知，焕发文化的生命力。

3. 重塑——技术化

重塑的现代解释为重新塑造，即在保留原有造型的基础上，对特征元素重新组合。引进新兴技术进行加工和归并，替换传统符号样式，强化原有符号感染力，借助加工出来的新颖符号来重塑再现其形态的文化性表达。

4. 再生——时代化

城市文化本身并非一成不变，而是处在成长状态之中，随着人类社会的不断发展，同时推动着新设计思潮的出现 [12]，而核心文化是设计的支撑，若忽视其存在，与现代关系不够紧密，则会产生传统文化与现代思潮的脱节。概括来讲，一是要保留与历史时空的联系，让现代社会与本土历史文化间对话，使历史价值观与当代价值观碰撞火花，二是要立足于当今时代，就时代意义的文化元素形式进而创新与再生，保持符号形式的与时俱进。

3.4 城市人行天桥文化性表达与形态设计之间的关系

纵观城市景观多年来的发展，像一本记录册般，记载着人类世世相传的文明产物。设计者在进行规划和创意中常常研究运用符号学的原理，使其风格样式和功能需求与城市文化相互制约，再通过对文化符号的整理加工，结合天桥材质、结构、色彩等设计语言来传达情意，在尊重地域文化和历史风貌的前提下，以达城市历史地域的追忆留恋到再现。

通常来讲，物体的文化性表达和形态设计的关系等同于天桥的文化内涵与审美诉求，文化性表达是基于场地所在的自身文化属性出发，来满足受众者内心高层次的精神需求，而对于天桥的形态设计，最根本的是达到景观的装饰化和美观性，完美满足视觉审美需求。前者则需要通过装饰性落实到组成

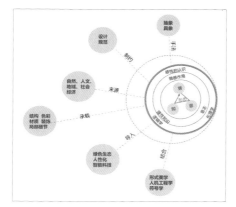

图 3-4 文化表达与形态的关系图（图片来源：作者自绘）

天桥形态的局部上，以实体给受众人群带来丰富的视觉体验，所以文化为天桥形态造型的形成提供了基础保证。他们还存在着一种良性互动，形态虽是文化表达的载体，同样也反作用于城市文化向前推动的发展，着力加快城市文化的挖掘、提取与抒发（图3-4）。

第 4 章　城市人行天桥文化性表达要素与形态设计语言有机结合的探索

4.1 城市人行天桥设计的原则组合

4.1.1 协调与统一

构筑物在城市中的加入，考虑与周围景观环境以及建筑风貌的匹配度是设计思考第一步。协调与统一是组成构筑物的各类个性元素的组成、对比及变化。构筑物本身拥有大小、方圆、曲直、简单繁冗、规则与不规则之分的形体之分。有刚柔、干练、冷酷温暖等的性格之分，有明暗、强弱、阴晴的色彩之分，打破在钢筋混凝化的城市里一切都是方正、灰蒙、枯燥无味的固态，融入这些更有生气的对比，会为城市注入更加新鲜年轻的血液，但是如果过于张狂，没有与周边产生相似的呼应则适得其反。而人行天桥设计的协调与统一，包括两部分内容：一是桥体本身各主体部分以及细节局部之间的协调；二是人行天桥与环境间的协调，如山涧竹筒桥、城市建筑间过街桥。

4.1.2 比例与尺度

比例与尺度是形态美的基础，比例是指天桥的主体结构以及与各个局部细节等构成单元之间的相对比例关系，例如天棚与桥体之间的比例，又如栏杆的比例关系，合乎比例关系是形态美的基本法则，适当的数比才能使形态更具理性美。比例不仅是从微观来看其长、宽、高尺寸之间的关系，从宏观来看，其开敞空间与封闭空间、虚实之间、凹凸之间的关系也包含在内。

尺度则是该物体与周边环境相关单元之间的体量大小的变化关系，是在特定环境下对于该物体所产生的视觉效应和心理感受。这里的尺度不涉及具体的数字，而更是一种感觉，是物体与人之间联系所产生的反应。当然在人行天桥的设计中，尺度更多是满足行人的舒适感、稳定感以及安全感，以人机工程学当作形态设计尺度的基本标准，并再根据环境氛围、资金条件和审美技术来确定工程建筑的比例与尺度。

4.1.3 韵律与节奏

自然界中许多事物或现象，通常因其有规律地重复出现或有秩序地变化而激发人们对美的享

城市人行天桥文化性表达与形态设计研究——以湖北十堰市北京路人行天桥更新改造为例 / 夏瑞晗
Study on the Cultural Expression and Morphological Design of Urban Pedestrian Bridge
—— Taking the Renovation of Pedestrian Bridge in ShiYan City, Hubei Province as an Example / Xia Ruihan

受。这就被称为事物的节奏与韵律。节奏是形态的生命、形态的血液，是形态的构造与人的身体或身体的某一部分之间所发生的共振，是有组织有规律的重复同一固定元素的形式，节奏承担着形态设计中不可或缺的重任。而韵律，则是由节奏所产生的情感表达，他们的交织能碰撞出更生动、活跃的生命花火。两者都是对构筑物形态设计的一种常见的造型手法，是产生协调美的共同因素，同样频繁的运用于城市人行天桥的形态设计。

4.1.4 性格与风格

建筑是一个城市历史与现代风貌的体现，不同的地域也是方圆疏趣。城市中的人行天桥也是一张市貌名片，是城市的民俗、风情、历史以及技术工艺在工程建筑细节上的反映体现。比如侗族的风雨桥，檐角翘起，绘凤雕龙。顶有宝葫芦、千年鹤等吉祥物，结构严谨，形态独特，极富民族气息。

而建筑物的性格，则是蕴含在形态之内的属性，是人对于其形态风格的内心感受，比如大面积的壮观、小体积的亲近、水平状态的平缓轻松、垂直状态的积极刚进，正是因为构成了这些空间感受，所与之对应带来人的情绪波动，这就是建筑的性格。

4.2 结构技术：理性科学的表达

4.2.1 结构形式的传承

城市人行天桥的诞生源于市民的交通需要，是桥梁在城市街区条件约束下，基于人群需求和文化交融的市政产品，其构造方式多种多样。而结构是功能的物质承载，它依据天桥的功能价值来选择和建立，所以一般而言结构对于外形的决定占了很大比例。

纵观国内桥文化的发展，可见桥梁的构建与场地地块的自然条件、历史发展以及社会经济都是息息相关的，也潜移默化地影响着桥体结构技术的发展进程，对于本地地域特征的彰显有相当的代表性。虽然在我国正处于现代化城市的快速发展中，各地区对天桥的构造技术都互相学习和效仿，都趋于梁式、拱式、钢构式、综合体系式这四类。

但不同地区的结构形式，由于文化存在地域差异性，在地域系统下的构造技术就造就了景色各异的天桥景观。地域的结构技术是人们与生活环境磨合、协调、适应，不断通过自我挖掘地域的特殊特征的结果，是历代人民在探索路上的智慧结晶。如果在城市景观中，先对传统地域技术的原理和思想有深入的认知，再对传统的地域构造方式采用巧妙的挖掘、提炼、继承、来革新传

图 4-1 新加坡 DNA 人行天桥（图片来源：百度网络）

图 4-3 鹿特丹市人行天桥（图片来源：GOOOD 设计网）

统地域技术，对创造出有文化性气息的城市人行天桥将是一种推动。

4.2.2 结构形式与现代技术的结合创新

城市人行天桥在基于行人的基本通行功能上，对天桥的创新设计也应该勇于跃进。目前我国传统的人行天桥结构形式大部分为 2D 直线结构，但随着科学技术的发展，3D 空间结构的天桥形式诞生在设计舞台，其优点不仅在于立面造型的新颖和独特，在桥体的平面布局上也更为丰富，在未来设计中轻巧秀美的大弧线、折线、环型等新形式会逐渐替代曾经厚重、粗糙的成品效果。

所以，直白地将传统构造方式原封不动的照搬，传统技术下的陈旧形态会与现代化的景观氛围显得过于生硬，把传统的构造技术与当代的新技术相结合，才是城市景观构筑物的未来发展之道。正如新加坡的 DNA 人行天桥，属于市中心较为地标的位置，延续钢构的基础上，结合对天桥新城市定位，利用双向不锈钢构造世界第一座双螺旋结构支撑的钢构桥（图 4-1）。通过对传统技术原理的提炼和升华，使新技术与城市文化特色相辅佐，基于新时代新技术的条件下为本土构造方式提供可行性方案。

4.3 色彩基调：性格情感的抒发

4.3.1 地域色彩的继承性与包容性并行

色彩作为造型元素中三大重要板块之一，也是对构筑物最直接的第一印象。张鸿雁教授认为，城市本身是一种色彩的表现体，人们生活在城市里，就是生活在某种色彩关系之中。和谐、良好的城市色彩景观，体现着城市的生命力，说明着城市人居环境的文化构成表现，更隐喻着居住在这个城市的人们的价值和文化时尚 [13]。所以，色彩的表达设计是物体呈现的重要环节，也是异于其他城市，凸显地域特色的重要承载方式，是区域特征的直观映射（图 4-2）。

对于地域色彩来说，地域文化和自然地理环境的相互交织，是导致社会发展的差异性。其色彩的迥异来源于所属地区自然条件的气温、日照、降水和湿度。以及客观因素，包括对于天桥所在地块的设计定位、受众人群的种类和偏好分析，综合景观功能的表现全方位考虑。从而整理冷暖色系、比对色彩组合，将色彩的

城市人行天桥文化性表达与形态设计研究——以湖北十堰市北京路人行天桥更新改造为例 / 夏瑞晗
Study on the Cultural Expression and Morphological Design of Urban Pedestrian Bridge
—— Taking the Renovation of Pedestrian Bridge in ShiYan City, Hubei Province as an Example / Xia Ruihan

图 4-2 色彩情感产生的过程（图片来源：作者自绘）

选择和定位与周边环境色呼应统一，维持和巩固当地的地域色彩内涵意蕴，让城市地域性的文化得以表达和继承。

然而在当今发展中，更多地在于对当代审美要求的包容，切勿将色彩作为表皮化、形式化的设计参考，停滞不前。而要进行略微的更新调整，赋予色彩因子更多的丰富性与动弹性，会让城市文脉有更好的延续。鹿特丹市中心天桥就正是如此，用一抹金黄代表城市的活力与朝气，将花园，以及重要的城市商业公共空间与建筑串联起来，最终实现一个与周围色相融的三维城市景观（图4-3）。

4.3.2 地域色彩新用方式

对于地域色彩的包容性体现在城市人行天桥从纯地域化向现代化的转型，我们务必要在尊重其传统地域文化的基础上而展开，使地域色彩的基础色系新用，用新的手法来表现地域色彩的当代美。

（1）改变色彩的调性，对选定的地域色系进行同类色的微调，通过调整色系的亮度、纯度、饱和度，以及色彩的性格情感来转换人们的直观感受。

（2）重组色彩的构成形式，有以下几种方式，其一是布置色彩位置的不同，其二是巧用色彩比例和上色面积，通过设计色彩组合中各局部与局部、局部与整体、长度宽度以及面积的大小关系。其三是转变色彩节奏，通过对色彩的聚散、叠加、拼贴等手法下，在色彩的更变回旋中形成重复秩序的节奏。包括将色彩按照某种定向规律循序渐进的推移转动的渐变节奏以及在运动时受到某种规律束缚的多元性节奏。

（3）借用不同的材质或新技术，在同色系的基础上，利用不同材质或现代肌理，创造出相类似的色彩属性，比如葡萄牙天桥通过铝材上橘漆，用含蓄间接的方式表达出葡萄牙浓厚艺术文化熏陶下的活力城市形象（图4-4）。并且随着科技的发展，现代城市中搭配 LED

图 4-4 葡萄牙人行天桥（图片来源：景观中国网）

图 4-5 澳大利亚人行天桥（图片来源：GOOOD 设计）

图 4-6 深圳春花人行天桥（图片来源：花瓣网）

电子媒体作为表达媒介的方式与日俱增，为城市人行天桥色彩的运用方式注入新鲜血液（图 4-5）。

4.4 材料肌理：视觉与触觉的碰撞

材质是材料和质感的结合，质感由色彩、纹理、光泽感、表面形状等构成视觉和触觉的感受。有些会通过光滑坚硬的不锈钢呈现出科技未来的时代感，也会通过赤红的锈铁彰显旧工业风的魄力，通过木材的拼接传递生机原生态的滋味。人们会通过材质感受到粗犷、庄重、朴素、华丽、通透等效果。对于不同的形态要求，所能达到塑形效果的材质也是可挑可选，值得斟酌。当想追求沉稳又朴素不凡的视觉感受时，选用混凝土与钢材的结合是不错的选择，钢材的延展性很强，具有更多的可塑机会。当然除开材料本身的肌理属性以外，可以结合特定的人工技术比如照相机制版技术来设计肌理构成，与此同时新触感的营造可以通过喷洒、擦刮、拼贴、拓印、熏灸等方法来获得。

而地域性材料，又可称为"就地取材"，是指在本地找寻有地域特点的，能为我所用的材料来激发城市文化性的潜力。用地域材料承载我们在文化领域下对于形态的勾勒和表现。之所以地域材料又被视为城市文化的重要符号，是因为地域材料不仅仅受限于物质层面，更是记载着人们生活中琐碎的情感记忆。随着日转星移，所在地区的人们对于材料的审美性有着相似的认知倾向，包括材料的视觉、触觉乃至心理感受，都属于精神的审美统一。在设计领域中，越来越多的设计师开始着眼于地域性材质的运用。在继承技术和手法的基础上，发挥创新性来建造与当下时代审美相融合的且有实用价值的新型地域材料.

4.5 局部细节：整体与个体的点缀

城市人行天桥除了桥体、步道设计这些主体重要结构以外，还有天棚、栏杆、桥面的铺装、导视系统、桥底设计等的局部处理，细部的设计对于整体的视觉效果和人群心理感受也是不可或缺的一部分，能体现出蕴涵的理念和对人文的关怀。

4.5.1 天棚

没有不存在的设计，只有满足需求的设计，天棚对于一个天桥来说亦是如此。

城市人行天桥文化性表达与形态设计研究——以湖北十堰市北京路人行天桥更新改造为例 / 夏瑞晗
Study on the Cultural Expression and Morphological Design of Urban Pedestrian Bridge
—— Taking the Renovation of Pedestrian Bridge in ShiYan City, Hubei Province as an Example / Xia Ruihan

图 4-7 永河畔拉罗什天桥（图片来源：花瓣网）

图 4-8 卡里加尔人行天桥（图片来源：花瓣网）

图 4-9Motril 人行天桥（图片来源：百度网络）

夏能乘阴，阴能挡雨，冬能隔风，能够为行人所服务固然是好事，但是人行天桥是否真的需要天棚，我们要综合考虑其功能和区域环境，从城市整体环境角度进行思考。比如在空间较大，视野宽广的区域范围，提取周边环境的元素，设计统一呼应的天棚，也会使得这座城市景观更加夺目和惊赞。天棚同时还是横向的文化性表达媒介，比如深圳的春花天桥(图 4-6)提取城市迎春花的概念，综合"春茧"体育馆来呼应打造，为行人提供了一个保护空间，走在其中的每一步都能感觉到文化、形式、材料所结合的技术美以及丰富的视觉变化。比如法国永河畔拉罗什市天桥及卡里加尔天桥，设计师着力通过结构与抛光材质的融合来表达城市印象的动态变化，使其成为城市的宣传片以及市民的网红打卡地，让更多的人认识其城市的魅力（图 4-7、图 4-8 ）。

4.5.2 桥墩

桥墩作为人行天桥的力学支撑结构，其托起桥梁的力量感和张力，也是竖向景观的支撑点，给人带来拔地而起的竖向动势感以及横向的节奏感，其设计的标杆主要以桥体的梁与桥墩形成的高度要足以使车辆正常安全通过来判断。然而在当下对于天桥的设计中，桥墩作为组成天桥形态的大比例部分，在满足支撑安全的需求上，也应该注入美学的建造思想，结合桥身与桥柱风格统一设计装饰，要注意风格的色调和谐以及周边的环境的融合（图 4-9）。阿尔泽特河畔埃斯市人行天桥的桥墩结合城市文化，采用现代简约风格，利用钢材表皮，营造平和的氛围，与桥下的繁冗交通形成对比（图 4-10）。

4.5.3 栏杆

栏杆在天桥设计中不仅是保障行人安全的必要结构之一，是承载城市文化的名片，同样是传递新科技技术的媒介。通常在设计中，我们一般选用铝合金、不锈钢、玻璃，以及钢网等材料。在保障行人通行安全的条件下，会通过对栏杆的粗细大小、虚实变化、材料的交织以及图案化的运用来丰富栏杆的造型。但对于栏杆的设计既要考虑到与周边环境的结合、栏杆与整体桥身设计风格的统一和美感。并加强

图 4-10 阿尔泽特河畔埃斯市人行天桥（图片来源：百度网络）

图 4-11 Motril 人行天桥栏杆（图片来源：百度网络）

图 4-12 Vispa 人行天桥栏杆（图片来源：百度网络）

图 4-13 鹿特丹人行天桥栏杆（图片来源：百度网络）

对无障碍设施的思考，包括残疾人、孕妇、年迈老人以及幼童的安全保护。栏杆作为车行和人行直观的立面造型，是承载和彰显文化底蕴的可用方式，所以对当地地域风情的元素提取，强调文化自信，都应该巧妙地通过抽象的形式融入我们设计中来（图 4-11~ 图 4-13）。

4.5.4 其他设施

导视系统作为一种加强城市环境与人之间交流的信息系统，在交通组织的要塞地，显得格外重要。导视系统在城市环境中的形式越来越多样，有传统悬挂立牌式、地面符号式、也有结合ＬＥＤ等科技产品的出现，使导视的形式变得丰富有趣。并且不同的材质比如木材、亚克力、玻璃钢等会产生不一样的视觉效果。但重要的是材质的选用不能过于突兀，应该使其与人行天桥的整体风格保持和谐统一。当然，在进行视觉符号设计中需要加强体现其趣味性以及互动性，满足人民群众的心理需求。与此同时还应该尽可能地展现城市的文化内涵，为城市环境的营造提供稳定依靠。

站在当今时代审美和城市需求下，部分的人行天桥桥体上还增设座椅、观景阳台、垃圾箱等来完善天桥市政体系。但是并不代表这是天桥的设计配套规范，而是需要根据整体的设计定位、环境现状，以及人群的流动量来综合思考，如若天桥正处于城市开阔地带，具有环境观赏的价值，那么在空间允许的条件下，可以根据需求为之加置。

第 5 章　实践案例——十堰市北京路城市人行天桥更新改造设计

5.1 设计背景及区位分析

5.1.1 感知十堰

1. 城市背景

十堰西北依山，东临襄阳，南靠神农架，汉江自西向东贯穿全域。四季分明，气候宜人，属亚热带季风气候，夏季较长，冬季最短，夏初雨水量较多。整个市

城市人行天桥文化性表达与形态设计研究——以湖北十堰市北京路人行天桥更新改造为例 / 夏瑞晗
Study on the Cultural Expression and Morphological Design of Urban Pedestrian Bridge
—— Taking the Renovation of Pedestrian Bridge in ShiYan City, Hubei Province as an Example / Xia Ruihan

图 5-1 湖北十堰市（图片来源：百度网络）　　　　　图 5-2 十堰武当山（图片来源：百度网络）

区地势南北高，中间低，自西南向东北倾斜，是一座名副其实的山地城市。因清朝时期人们在百二河和犟河拦河筑坝十处以便灌溉，由此得名十堰（图 5-1、图 5-2）。

十堰市总面积 23680 平方公里，因由城市的汽车产业、水电产业、旅游产业、生态产业发达，先后荣获国家卫生城市、中国宜居城市、国家森林城市等称号。

2. 项目背景

在建设宜居城市的背景下，国家及地方出台了大量政策，城市双修、海绵市等词条逐渐走入大众的视野，受到社会的高度关注。并且随着十九大的召开，其中明确提出城市形象提升建设是对接国家城市发展要求的重要抓手，所以城市人行天桥作为市政竖向景观中最能彰显城市文化及形象的重要板块且正处于城市建设热潮，我选择以本项目——十堰市北京路城市景观提升，针对十堰市北京路人行天桥的更新改造作为研究实践点来进行设计理论论证。

5.1.2 区位分析

北京路由北京南路、北京中路、北京北路三段组成，是汇聚城市政治、经济、文化，与生活的核心地带。更是十堰市城市重心东移的标志。其贯穿十堰城市核心区，跨越并连接旧城与新城，是在高山，峡谷之间建成的城市道路，也是十堰市山地整理的成果之一。规划道路全长约 6.4 公里，现存天桥共 5 座，总体呈现模数化形式，陈旧、大同小异、毫无特色（图 5-3）。

5.2 前期调研

5.2.1 城市发展及文化分析

1. 城市空间发展

从 1967 年中央在十堰建设我国第二汽车城开始"单中

图 5-3 项目区位分析（图片来源：作者自绘）

图 5-5 恐龙化石（图片来源：百度网络）

图 5-6 武当山（图片来源：百度网络）

图 5-7 凤凰灯舞（图片来源：百度网络）

图 5-8 鄂西民居（图片来源：百度网络）

心"城区布局雏形，到 1973 年，随着十堰升为地级市，中心城区开始逐渐形成，呈"单中心"发散布局渐渐向多中心，城市骨架的形成，最后到如今的"多中心，五大组团"网状路网结构，依托城市的现状骨架进行适度的调整，以中部组团和茅箭组团为未来城市的核心服务组团（图5-4）。

图 5-4 十堰城市空间发展（图片来源：作者自绘）

2. 文化分析

十堰历史源远流长，极富文化底蕴。经过对十堰当地的博物馆、文化馆以及艺术馆参观整理记录后将本地文化分为以下五种（图 5-5~ 图 5-10）：

汉水古文化：1989 年、1999 年文物学家在十堰郧县发现远古人类头骨化石、恐龙蛋和恐龙化石。其化石是距今 100 万年的远古人类——郧阳人的化石，而且十堰还发现了大量国外无法媲美的恐龙蛋，由于龙与蛋共存同一地区的现象实属罕见而被称为恐龙之乡。

武当道文化：十堰武当山位居道教四大名山之首，是我国著名的道教圣地，以绚丽的自然景观、规模庞大的古建筑群、源远流长的道教文化、博大精深的武当武术所闻世[14]，被誉为"亘古无上胜景，天下第一仙山"。

民俗文化：主要有凤凰灯舞、竹山皮影戏，房山剪纸，以及竹溪山二黄，都是本地每逢佳节的必备节目。

民居文化：十堰民居属于鄂西北传统民居，以砖木结构为主，上覆小青瓦，多为合院式民居。

现代文化：南水北调及东风二汽的汽车文化是十堰本地市民最为自豪的文化。南水北调将丹江水运输至豫、冀、津、京去缓解津京和华北地区的"焦渴"，其奉献精神也被世代歌颂赞扬。而东风企业在十堰的诞生，带动十堰的民企创新的萌芽，为十堰的发展拉开了序幕。

图 5-9 南水北调（图片来源：百度网络）

图 5-10 东风汽车（图片来源：百度网络）

5.2.2 选址定位及现状分析

基于偌大的北京路，进行天桥的选址定位，通过把整条路段分为三片段进行调研。由于设计的最终目的都是为了服务于人，为人们带来更加安全便利的过街方式，所以对于本地的选址进行了市民问卷调查。通过对市民的身份职业、工作地点、对城市天桥满意情况、不满意天桥设计的因素，以及自身认为在本路段最应该添置天桥的路口来综合问答。并且对收到的 288 份问卷所有数据反馈进行归整，得到最佳 10 所天桥位置（图 5–11）。最后在通过对这 10 所天桥所在道段的公共资源整合，对周边的环境现场调研，归纳梳理现存矛盾与问题以及此处的人流量情况。基于以上两个板块的同时开展，最终获得市民需求最高，建设价值最大的三所天桥位置：汉江师范学院人行天桥、北京路立交桥天桥、万达广场人行天桥（图 5–12、图 5–13）。

位置	所处段	车道	人流量	周边	交通情况	地下通道	问题	所需程度
北京路立交桥	北京中路	双向 4 车道	▲▲▲▲	·博物馆 ·十堰柳林小学 ·世纪幼儿园 ·各种教育培训中心	▲▲		底层人行仅南北通行、很不便利	▲▲▲▲
郧阳中学	北京北路	双向 6 车道	▲▲▲▲▲	·以郧中家园、阳光花园为主的住宅区 ·两所幼儿园 ·底层商业区	▲▲▲	√	车行速度过快、无法保证学生的人行安全	▲▲▲
凤凰路	北京南路	双向 6 车道	▲▲▲	·以春华嘉园、北京小镇、香山苑为主的住宅区 ·配底层商铺	▲▲▲		道路经常拥堵，需要天桥为行人提供能安全的人行	▲▲▲
锦绣园	北京中路	双向 4 车道	▲▲▲	·十堰邮政管理局 ·以紫嫣美苑、大美盛城为主的住宅	▲▲▲	重庆立交在修	中路与上海路交叉形成十字路口，红绿灯太慢，东西南北通行需要等太久	▲▲
卫生局	北京南路	双向 4 车道	▲▲	·南阳国际花园住宅 ·搭配底层商铺	▲▲		车流量较大，无红绿灯	▲▲
小王国主题酒店	北京南路	三岔口	▲▲	·紧邻十堰向氏骨科医院 ·茅箭区委党校 ·茅箭实验学校 ·以及朗琴国际、华夏公馆为主的住宅区配少量底层商铺	▲▲▲	√	处于三岔口，有弯道、车速过快，无法保证行人安全	▲▲
万达广场	北京北路	双向 6 车道	▲▲▲	·九州文府及万达华府为主的住宅区 ·万达及周边商业区 ·紧邻能家湾立交桥	▲▲▲		紧邻能家湾立交桥呈大下坡，车速很快，商圈人流量大，无法保证行人安全	▲▲▲▲
汉江师范学院	北京南路	双向 6 车道	▲▲▲▲	·十堰卫生局 ·十堰民俗中心 ·大学时代星辰广场 主要以住宅区附带一二层商业	▲▲▲		道路向下下坡延伸至重庆立交，上下班时间人车冲突，并且人群学生居多	▲▲▲▲
文化局	北京北路	双向 6 车道	▲▲▲▲	·十堰海关 ·十堰文化局 ·以阳光晒谷、中东国际为主的住宅区和商业区	▲▲▲		上下班时刻人车矛盾冲突	▲▲▲
湖北工业职业技术学院	北京中路	双向 6 车道	▲▲	·紧邻北京路小学、十堰职业技术学院	▲▲	√	上下班时间人车冲突，并且人群学生居多	▲▲

图 5–11 北京路天桥选址调研表（图片来源：作者自绘）

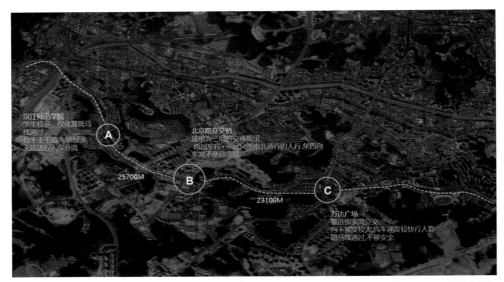

图 5-12 人行天桥选址定位（图片来源：作者自绘）

图 5-13（左）汉江师范学院（图片来源：作者拍摄）
图 5-13（中）北京路立交桥（图片来源：作者拍摄）
图 5-13（右）万达广场现场调研（图片来源：作者拍摄）

5.2.3 建筑布局及空间层次分析

1. 汉江师范学院

由于汉江师范学院面对时代星辰住宅区，正处于新建的重庆立交下坡与北京南路的交汇处，周围被老电梯公寓所包围，周边建筑形式以年代久远一些的多层建筑为主，建筑之间相对较为密集、拥挤。呈现出狭小、紧凑式 U 形空间层次，处于十堰市老城区。

城市人行天桥文化性表达与形态设计研究——以湖北十堰市北京路人行天桥更新改造为例／夏瑞晗
Study on the Cultural Expression and Morphological Design of Urban Pedestrian Bridge
—— Taking the Renovation of Pedestrian Bridge in ShiYan City, Hubei Province as an Example / Xia Ruihan

2. 北京路立交桥

北京路立交桥，周边主要以公共建筑为主，临近博物馆及几所中小学校，且地形拥有两边高中间低的特性，处于新旧城结合之地，所以此处交通组织层次繁乱，上下叠加，行人交通拥堵不便。有一小段路的一侧还呈现山体坡度，呈现半开敞 U 形空间。

3. 万达广场

万达广场所在十堰市的新经济开发新区—北京北路，地势平坦。周边建筑主要为万达商圈以及新兴开发的高层房地产为主，紧挨熊家湾立交桥，道路宽广，建筑间距离较远，视野宽余，呈现出开敞型 U 形空间层次（图 5-14）。

5.2.4 人群及交通组织分析

1. 交通组织分析

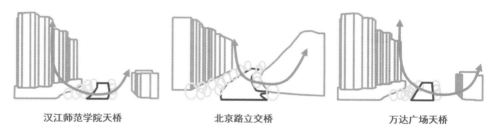

汉江师范学院天桥　　　　　北京路立交桥　　　　　万达广场天桥

图 5-14 空间层次及建筑布局图 （图片来源：作者自绘）

对于桥型的选择与交通组织和人流方向有直接的关系，在三处天桥所在地进行调研分析后发现，汉江师范学院和万达广场分别处于六车道的北京南路和北京北路主干道上，其道路为北京路两端的出入口，此处添建天桥为连接两侧道路，满足横行跨越的功能需求，所以此处的天桥形式主要以直线型的条状布置为主。

而北京路立交桥位于北京中路，处于复杂的三层交通系统下，是北京路的核心要塞。北京南路下与柳林路所交织，上与北京北路交叉在一起，两者都是行车立交桥，而底层为只能南北通行天津路的人行交通系统，对于行人只能采取步行下坡至底层南北步行，要东西通行则要再步行几千米过斑马线，对于学生、老人，以及上班族都极其不便，引起了市民的众多不满和怨言（图 5-15）。

2. 受众人群分析

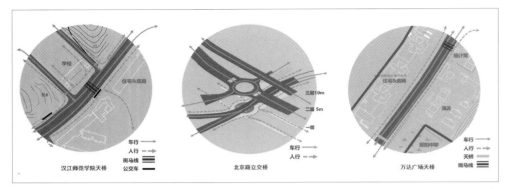

图 5-15 三座天桥交通组织分析图（图表来源：作者自绘）

通过对三座天桥所在地块的工作日以及周末日进行人流量统计以及人群种类的分析之后得出以下信息：

汉江师范学院：正处学校地块，学生占其中最大的比重，所以在天桥的设计中需要更多考虑安全性、造型形态的活泼化、年轻化与文化感知（表 5-1）。

北京路立交桥：在此处的人群统计中发现，由于良好的桥下生态空间吸引了周边老人来此乘凉休闲洽谈，所以老人的人群比重为 30%，并且周边拥有大量教育学校机构，所以低龄学生的比重也与前者不分上下。综上考虑，此地设计中应更多考虑安全便利性及营造休闲生态的环境氛围。

万达广场：由于所处城市新建区，人车拥堵，所以在未来几年此处必定是北京北路的痛点，在天桥的设计中应更多考虑现代时尚感、融入对未来天桥造型形式的思考。（表 5-2）

5.3 改造策略及方案展现

5.3.1 "武当春秋" 桥——拓扑文化底蕴，体验叙事情怀

1. 设计策略及文化挖掘

汉江师范学院与熊家湾立交交汇，行车速度快，无法保证学生及过街人群通行的安全，所以在此增设天桥是城市所需的当务之急。根据前文的分析可知，该天桥可以从城市人文、地域文化来综合塑造，充分挖掘城市本地文化后，提炼出两种构思角度。其一就闻名全国的武当道文化入手，以武当八观、九宫建筑形态、仙人走兽、神佑佛像组成的具象表达，以及以武当武术的动态美、

城市人行天桥文化性表达与形态设计研究——以湖北十堰市北京路人行天桥更新改造为例 / 夏瑞晗
Study on the Cultural Expression and Morphological Design of Urban Pedestrian Bridge
—— Taking the Renovation of Pedestrian Bridge in ShiYan City, Hubei Province as an Example / Xia Ruihan

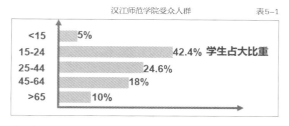

汉江师范学院受众人群   表5-1

<15	5%
15-24	42.4% **学生占大比重**
25-44	24.6%
45-64	18%
>65	10%

（图表来源：作者自绘）

万达广场受众人群   表5-2

上班族	45% **年轻人占大比重**
学生	30%
底商	17%
退休老人	8%

（图表来源：作者自绘）

图5-16 元素提取（图片来源：作者自绘）

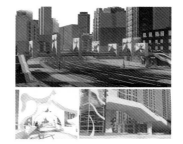

图5-17 武当春秋人行天桥效果图
图片来源：作者自绘

武当音乐、宁静致远的心境等组成的抽象表达形式。其二从武当山山景为设计元素出发，赋予天桥更多的造型美。就过度商业、文化淡漠的城市病提出城市对于文化的需求，结合地块周围环境的可利用有效因素，融入地域化的审美性，摒弃传统的模数化天桥标准建设，塑造具备精神美学的人行天桥。最后将汉江师范学院主题定为领武当春秋之玄妙，悟本色地域之蕴美。

2. 成果展现

（1）方案一：武当春秋天桥桥体的设计来源于武当太极含蓄内敛、连绵不断、以柔克刚、急缓相间风格的意、气、形、神间的虚实结合，疏中有密（图5-16）。

将武当太极行云流水的动态美用抽象的手法结合天桥所打造。行人穿梭在不同的武当动作中，像浏览一套完整的拳术。而同时基于周边学生居多的情况，用一抹亮色将桥底带过，营造出活泼年轻化流线的桥下休闲景观（图5-17）。

（2）方案二：设计元素来源于武当山山形的剪影，将云雾弥漫山谷，那时茫茫的大海；云雾遮挡山峰，层层山峦跌进，此起彼伏（图5-18）。

桥顶采用武当山山外有山的形式，运用模数化格栅拼装成立体组件，栏杆延续其风格与顶棚上下呼应，从桥上桥下看都会有腾云驾雾的浮云中屹立着崇山峻岭，给人连贯舒畅的视觉感受（图5-19）。

图 5-18 武当山景元素（图片来源：百度网络）

图 5-19 武当春秋人行天桥效果图 （图片来源：作者自绘）

5.3.2 "明镜之眼" 桥——环境与建筑互塑共生

1. 设计策略

北京路立交桥人行天桥位于是三层交通系统之间，所以其现场环境具有阴暗潮湿、空高矮小紧凑、沉闷压抑、混凝土化的先天缺点。而立交桥两端则种满各种绿植，低碳生态，吸引众多市民在此休闲玩耍，呼应十堰森林城市的文化。就面对劈山造物、水土流失、城市混凝土化的城市现状，提出城市走生态之路的必要性。在此提出"隐于市"的设计概念，我们希望在城市中创造一方纯净的土地，把城市屏蔽在视线之外，在精神上给予人们一个寄托，以此唤醒人们对于自然的感知。我们将"现代都市里的桃花源，忙碌生活中的小确幸"立为我们设计定位（图 5-20）。

2. 改造成果

针对打破仅南北通行的弊端，我们对于在复杂空间层次上进行了桥型的选择（图 5-21）通过考虑阳光照射面积、空高的限制、与环境协调性的综合考虑，最终确定大环形的平面布置。我们采用透明玻璃，外侧单层覆镜面膜来消除空间的拥挤和沉闷，并将绿植引入到桥面与两侧现状相呼应，再注入雨水花园的概念，在雨季为天桥减重，收存雨水加以利用。实现隐于市的生态小花园。

城市人行天桥文化性表达与形态设计研究——以湖北十堰市北京路人行天桥更新改造为例 / 夏瑞晗
Study on the Cultural Expression and Morphological Design of Urban Pedestrian Bridge
—— Taking the Renovation of Pedestrian Bridge in ShiYan City, Hubei Province as an Example / Xia Ruihan

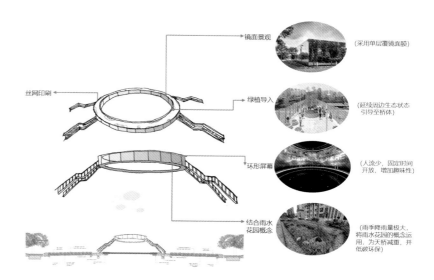

图 5-20 明镜之眼人行天桥概念图（图片来源：作者自绘）

图 5-21 明镜之眼人行天桥效果图（图片来源：作者自绘）

5.3.3 "漂浮之桥"——品时间的游走，感受科技递进

（1）改造策略

万达广场处于十堰新城区，是城市未来发展的核心区，被赋予智慧城市的期望。互联网＋时代的到来为人们带来了更多的便利性、人性化以及设计的可能性。在满足基本功能的前提下，向其中注入时刻的参与性的互动，会使使用者自身愉悦程度大幅攀升。站在135规划中渴望科创智慧城市的到来来看，科技是未来发展的必经方式，万达广场基于科技文化下，定义为"愉享于行，乐品科技美"。

（2）改造成果

来往万达广场的人群主要以青年人为主，对现代趣味性的构筑物更为倾向，基于智慧城市的理念下，融入像素化的设计构思，层层叠起，有虚有实。借助智能机械结构——类似百叶窗，使其桥体天棚，依靠智能技术随天气变化而变化，晴天如图所示（图5-22），当雨天来临时，会通过两侧的智能伸缩杆伸缩带动每一块水平版水平运动，从而合上顶棚的栅格，形成遮雨密封的状态，当吹大风的时候，水平板又按规律叠开呈原状态。增加桥体多变的趣味性。

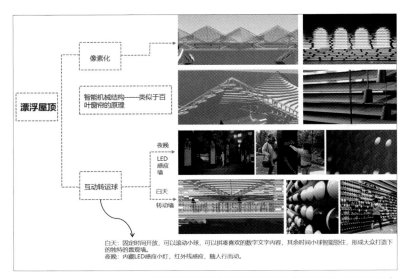

图5-22 漂浮之桥形态推导图（图片来源：作者自绘）

城市人行天桥文化性表达与形态设计研究——以湖北十堰市北京路人行天桥更新改造为例 / 夏瑞晗
Study on the Cultural Expression and Morphological Design of Urban Pedestrian Bridge
—— Taking the Renovation of Pedestrian Bridge in ShiYan City, Hubei Province as an Example / Xia Ruihan

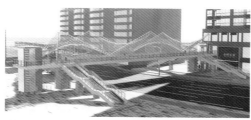

图 5-23 漂浮之桥效果图 （图片来源：作者自绘）

当然，在较为休闲的地块里，我们为桥的立面增加了互动转运球，固定时间开放，可以滚动小球，可以拼凑喜欢的数字文字内容，其余时间小球智能锁住，形成大众打造下的独特的景观墙。使其站在环艺的角度下成为真正的公共艺术构筑物（图 5-23）。

十堰被誉为恐龙之乡，出土大量恐龙蛋及恐龙化石，在中国远古恐龙文化中占据重要的位置，令国民自豪。进而提取并将恐龙骨骼抽象化表现，采用新分子透明混凝土，构造恐龙骨架形态天桥，使人穿梭其中，若隐若现，饶有趣味（图 5-24、图 5-25）。

图 5-24 十堰恐龙化石 （图片来源：百度）

图 5-25 漂浮之桥方案二 效果图 （图片来源：作者自绘）

第 6 章　结论与展望

人行天桥随着 20 世纪 70 年代发展度过 40 年来，早已成为城市交通组织中重要的一员，为减轻城市人车间矛盾做出了巨大贡献。随着城市经济水平的提升，人们也不再着眼于使用功能，对天桥的审美需求也开始具有新时代要旨。而在当今大环境下，彰显本地文化特色的城市景观更被人们所需要，是被历史和自然所接受的承载形式。所以，结合文化表达来综合设计天桥的形态造型是当代的设计趋势，为城市增添无数道，归属情怀及审美意识共筑的绚丽风景线，为我们设计之行指路点灯。

此外，在本次课题研究之中，从前期的理论准备到实践案例的现场调研，再落脚于项目的设计实践，这一套连贯的设计流程，使我找寻到设计思考的角度，从而形成自己的一套逻辑模式，这让我受益良多。但由于作者的研究经验不足导致对某些人行天桥的相关问题以及文化与形态的有机结合的方式，论证还不够全面和深刻，对辞藻的运用还不够精炼准确，所以在未来学习的探索实践中还应怀揣持之以恒的心，潜心研究、再接再厉。人行天桥设计之路还漫漫长远，其设计创作令人期待并憧憬。

参考文献

[1] 周秀梅.城市文化视角下的公共艺术整体性设计研究：[D].武汉.武汉大学,2013.

[2] 张文勋.文化学基本理论[M].云南：云南大学出版社，1993.

[3] 王靖.城市区域空间的文化性研究.[D].哈尔滨：哈尔滨工业大学.2010.

[4] 莫春林.中国的桥梁文化[M].江西：高校出版社，2008.

[5] 陈正斌.城市人行天桥美学造型简析[J].重庆交通大学学报（自然科学版），2007,26(4):120–123.

[6] 钟媛媛.浅谈我国人行天桥作为城市景观的现状及未来建设问题.[J].美术教育研究，2012(6):41–42.

[7] 陈通，唐建强.人行天桥设计探讨[J].山西建筑.2008(35):103.

[8] 陈珊珊.城市人行天桥造型设计研究——以深圳市滨河大道人行天桥更新改造设计为例[D].武汉：华中科技大学，2012.

[9] 黄一鸿.基于文化视角的景观人行天桥形态设计[D].重庆：四川美术学院.2014.

[10] 胡湘晖，贺慧，阳文琦.城市桥梁群景观的地域性表达与设计研究——以武汉市楚河汉街桥梁景观为例[J].华中建筑，2015(11):177–181.

[11] 郦文俊.桥文化在城市景观中的研究与应用[D].南京：南京林业大学.2009.

[12] 陈柳钦.城市文化：城市发展的内驱力[J].西华大学学报（哲学社会科学版），2011(1):108–114.

城市人行天桥文化性表达与形态设计研究——以湖北十堰市北京路人行天桥更新改造为例 / 夏瑞晗
Study on the Cultural Expression and Morphological Design of Urban Pedestrian Bridge
—— Taking the Renovation of Pedestrian Bridge in ShiYan City, Hubei Province as an Example / Xia Ruihan

[13] 孙旭阳 . 基于地域性的城市色彩规划研究 [D]. 上海 . 同济大学 ,2006.

[14] 浩宇 . 亘古无双胜境天下第一仙山——独具特色的湖北武当文化 [J]. 民族大家庭 ,2017(2):39-40.

导师评语

龙国跃导师评语 ：

随着时代及城市化进程的发展，城市人行天桥已经成为城市中特殊的附属元素，并为市民出行提供了极大的便利。而如今，城市人行天桥已经不完全是市政设施，更多的是城市文化的载体和彰显风采的竖向名片。该生本次校企联合培养论文选题《城市人行天桥文化性表达与形态设计研究——以湖北十堰市北京路人行天桥更新改造为例》，选择城市人行天桥为研究主题，是结合本专业的特点、符合当下社会所关注的城市民生热点，同时也具有学术可研究性和设计价值。文章从城市景观的视角来探索"文化性"与"形态"之间的关系，尝试表达城市文化的人行天桥形态的可能性，反映出了在当今公共景观中实现审美性与文化性并行的设计之路。

该论文在对国内外人行天桥研究文献梳理和整合后，对于城市人行天桥的起源、价值、设计规范等基础知识了解于心，并基于国内外优秀人行天桥的设计研究来反思现状，强调文化性在当今城市市政设施中的重要性，并从收集的优秀设计实例中解读文化性的构成内容及对于文化元素的符号传译形式，进而认识文化性与形态设计间的关联，为深入分析人行天桥的"文化"与"形态设计"的有机结合提供机遇。文章根据形式美学及天桥设计规范为限制，再以人行天桥的形态语言：结构形式、地域色彩、材质肌理以及局部设计的研究探索与文化元素碰撞，归纳总结表达城市人行天桥文化性的形态设计方法。最后与企业的实际项目结合，综合进行验证。全文结构安排合理，层次清晰，且根据研究方向，有针对地进行研读和调研，态度端正、研究路径正确，对于自身的学术研究有一定的促进作用。但文章不足之处在于论证还不够深刻充分，部分语言处理还不够精练。望在后续的学习中再接再厉，不断进取。

张宇锋导师评语：

城市人行天桥是服务于社会的公共建筑，与人类社会的发展和人们的生活密切相关。海德格尔曾在《诗、语、思》中这样写道："桥梁飞架于城市之间，轻盈而刚劲，并非仅仅把已存在那里的两岸连接起来。"可见，在当今社会，伴随人类文明的不断进步，人们审美观念的提高，对桥梁设计的要求也逐渐提高。

城市人行天桥作为市政交通设施，在各大城市中随处可见。只要有车行、人行及交叉路口，人行天桥就会被大众所需要。城市人行天桥虽然体量小，但数量多，在城市景观中必定会引起关注，天桥不仅是功能性的设施，也是承载城市文化的媒介，所以城市人行"天桥的形态设计"及"天桥形态设计对城市景观的影响"也成为现代城市景观建设中重要的议题，具有创新性及可研性。

夏瑞晗同学的论文课题《城市人行天桥文化性表达与形态设计研究——以十堰市北京路人行天桥更新改造为例》在总体的把握上还是不错的，侧重研究了基于表达文化性的城市人行天桥形态，通过站在城市文化的角度来寻找适合的天桥形态，打破千城一面的形态格局。从论文选题到论点的梳理，到最终与企业实践项目的共融，能看得出作者在课题上的用心和努力。文章通过规范的论文结构建立起研究框架，第 1 章通过对城市人行天桥的背景研究、目的及意义提供了论题的研究依据。第 2 章基于对人行天桥的文化表达、形态设计的相关文献研究，在理论的基础上，对知识点进行了梳理和归纳，系统地了解文化性表达在天桥设计上的理论与应用，并针对国内外城市人行天桥的设计研究现状提出反思，深刻认识到文化性在城市市政交通设施里的重要性。第 3 章对国内外优秀设计案例进行了图文并茂地研究分析，通过对空间的自然、人文、地域、经济等方面的分析，总结影响城市人行天桥文化性的构成内容。借助符号学的承载，将文化表达为符号形式与形态的共筑。也说明了文化性与形态设计之间的互助关系，相辅相成，为后文的探索提供切入点。第 4 章是文章之重，试图通过形式美学及天桥的规范标准作为设计原则，借助人行天桥形态语言构成的内容包括：构造工艺、地域色彩、材质肌理以及局部设计的研究探索与文化元素的碰撞表达，结合时代审美，归纳总结出基于表达文化性的城市人行天桥形态设计方法。最后一章则是本次校企联合的关键点，理论聚焦并落实于企业实际项目，结合十堰市北京路天桥的更新改造作为课题的支撑点，进而反推验证的结果。

文章至此，历经 4 个月校企培养的锤炼顺利完成，我认为与作者自身的努力是不可分割的。

城市人行天桥文化性表达与形态设计研究——以湖北十堰市北京路人行天桥更新改造为例 / 夏瑞晗
Study on the Cultural Expression and Morphological Design of Urban Pedestrian Bridge
—— Taking the Renovation of Pedestrian Bridge in ShiYan City, Hubei Province as an Example / Xia Ruihan

虽然选题体量较小，容易入手研究，但总的来说，论文框架较为清晰，行文体现了作者的学术思考及思辨结论，有自己的创见。就实践来说，通过对项目的实地调研和问卷调查的整理，得到了丰富的一手资料，数据准确，资料翔实，时效性较强。美中不足之处为论文的措辞还不够精准，行文间稍缺逻辑性，针对论文要表达的重要内容还应懂得有所选择和删减，关键的知识点还需详细展开，无关紧要的局部可删掉，文章会更加简明精炼。希望作者在未来的学习中能继续努力，在此基础上继续深入研究，争取在城市人行天桥的形态研究中有所突破，为城市增添更多的天桥美景及公共景观。

图书在版编目（CIP）数据

顾　四川美术学院艺术创客众创空间研究成果 深圳校企艺术硕士研究生联合培养基地产教融合与设计创新 / 潘召南主编 . — 北京：中国建筑工业出版社，2019.7
ISBN 978-7-112-23852-1

Ⅰ. ①顾… Ⅱ. ①潘… Ⅲ. ①设计学－产学合作－研究生教育－教育改革－研究－深圳 Ⅳ. ① TB21-4

中国版本图书馆 CIP 数据核字（2019）第 118103 号

　　本书为设计学专业研究生教育改革探索与实践的重要成果，通过校企双方的导师共同对学生进行培养、教育，增加异地培养和校企培养的更多优选可能性。结合新的培养思路和目标要求，加强基础理论培养、提高设计能力和研究能力的培养，并通过企业导师制培养学生对专业的认识和对职业的认知，逐渐提高学生自身的综合能力。书稿内容新颖，是艺术设计专业研究生培养中，较为创新的一次教学尝试，对未来专业培养模式的发展与改革具有重要意义。本书可供环境设计、艺术设计等专业师生及从业人员阅读使用。

责任编辑：唐　旭　张　华　李东禧
书籍设计：汪宜康　孟　瑾
责任校对：赵　颖

顾　四川美术学院艺术创客众创空间研究成果
深圳校企艺术硕士研究生联合培养基地
产教融合与设计创新
潘召南　主编
赵宇　刘波　张宇锋　副主编

*

中国建筑工业出版社出版、发行（北京海淀三里河路9号）
各地新华书店、建筑书店经销
北京富诚彩色印刷有限公司印刷

*

开本：889×1194毫米　1/20　印张：22⅘　插页：2　字数：517千字
2019年7月第一版　　2019年7月第一次印刷
定价：138.00元
ISBN 978-7-112-23852-1
　　（34179）